Carl Traugott Grellmann

Lehrbuch der praktischen Zimmermannskunst

REPRINT – VERLAG
LEIPZIG

Die zum Teil geminderte Druckqualität ist auf den
Erhaltungszustand der Originalvorlage zurückzuführen.

Ursprünglich erschienen Text- und Tafelband getrennt.
Für vorliegende Reprintausgabe wurde der Text vergrößert
und beide Teile zusammengefaßt.

Volker Hennig, Goseberg 22-24, 37603 Holzminden
ISBN 3-8262-0712-2

Reprint der Originalausgabe von 1856-1858
nach dem Exemplar der Sächsischen Landesbibliothek -
Staats- und Universitätsbibliothek Dresden
(Signaturen: Archit. 1067 u. Archit. 311)

Lektorat: Andreas Bäslack, Leipzig
Einbandgestaltung: Jens Röblitz, Leipzig
Gesamtfertigung: Sebald Sachsendruck Plauen

Lehrbuch

der

practischen Zimmerkunst.

Bearbeitet und herausgegeben

von

C. T. Grellmann,

Zimmermeister.

Leipzig,

bei

Eduard Heinrich Mayer.

Vorwort.

Motto: Uebung macht den Meister.

Bei der großen und allgemeinen Ausdehnung des gewerblichen Verkehrs in den letzten Jahrzehnten, war es wohl die Baukunst, und darin namentlich die Zimmerkunst, für welche daraus die verschiedenartigsten Anforderungen hervorgingen. Wenn nun, um diesen zu genügen, Baugewerkenschulen entstanden und sich zeitgemäß entwickelten, auf denen sich junge Leute, materiell und geistig befähigt, neben zeitweiliger practischer Beschäftigung heranbilden, um das nöthig gewordene Meisterexamen bestehen zu können, so ist doch für diejenigen, welchen sowohl materielle als auch geistige Mittel nicht erlauben, dieses Ziel zu erreichen, wenig, namentlich für die von größern Städten entfernt Wohnenden, gar keine Gelegenheit geboten, es im glücklichen Falle bei strebsamen Fleiße durch wissenschaftlichen Unterricht, in kürzerer Zeit als früher, bis zum Polir bringen zu können.

Bei der erhöhten Bedeutung der Zimmerkunst, und allgemein der des Zimmermeisters, ist auch die Stellung des Polirs, welche noch zu wenig erkannt wird, durchgängig eine bedeutendere geworden, und ist jetzt wenig

Unterschied zwischen der eines Polirs in einer großen Stadt und der in einer kleinen oder auf dem Lande. Einem solchen Wechsel konnten aber namentlich die Letztern, welche sich nur in ein gewisses Einerlei eingearbeitet hatten (abgesehen von Mehrern, welche früher auf leichte Weise den Namen Meister erlangten), nicht folgen, und somit muß sich der Meister daselbst (wie dies den Verfasser und vielen andern Meistern die Erfahrung gelehrt hat) mit Ausführung schwieriger Constructionen speciell selbst befassen, bei andern muß er sich in lange Erklärungen einlassen, um sich dem Polir verständlich und diesem eine Sache begreiflich zu machen, welches aber, um dieses Nöthige bei mehrern Polirern und bei jeder, auch gering abweichenden Construction, nachzuholen, viel Schwierigkeiten macht.

Wenn auch der Meister einem Lehrling oder Gesellen, welcher die Baugewerkenschule besucht, oder den eine mehr als gewöhnliche Bildung befähigt, zur Stellung des Polirs zu gelangen, — denen also daran liegen muß, die wichtigsten Regeln und Arbeiten der practischen Zimmerkunst in möglichst kurzer Zeit und gründlich zu erlernen, — Etwas beibringt, so ist doch die Stellung des Polirs, in Ermangelung der nöthigen Kenntnisse, eine ganz verfehlte, weil sich erstere, als auch andere Lehrlinge und Gesellen auf dessen Unterweisung, Anstellung und Beaufsichtigung verlassen müssen.

Unter erwähnten Umständen mag das Erscheinen vorliegenden Werk's, neben vielen andern Werken über Zimmerkunst, gerechtfertigt erscheinen, indem darin, zum Unterschied von diesen, wohl für den, die Zimmerkunst Lernenden, das Wichtigste aus der p r a c t i s c h e n Ausführung derselben angeführt ist, und somit Gelegenheit bietet, dieselbe schneller und gründlicher als auf dem gewöhnlichen Wege zu lernen, ohne daß jedoch dadurch die practische Ausbildung ganz unnöthig gemacht, sondern dieselbe wesentlich erleichtert werden soll, sei es für den, der später Meister werden will; oder für den weniger Begabten, der, ohne wissenschaftlichen Unterricht genießen zu können, es durch Selbstunterricht bis zum Polir bringen will; oder für den mit Bauentwürfen Beauftragten, der sich zwar nicht speciell mit der Zimmerkunst allein befaßt, diese jedoch genau kennen sollte. Doch muß der Meister darin dasselbe gelernt haben und kennen, als der Polir, (welches leider nicht immer der Fall ist), um diesen anstellen und eine Arbeit übergeben und richtig angeben zu können, sowie dessen Stellung zu würdigen wissen, weil dieser bei Ausführung der Arbeiten sein Stellvertreter ist.

Zu vorliegendem Zweck enthält das Werk im ersten Abschnitt „Geometrische Hülfskenntnisse". Wenn auch Derjenige, welcher die Baugewerkenschule besuchte, meinen sollte, diesen Theil nicht zu brauchen, indem er ihm ausführlicher gelehrt wurde, so möge er doch denselben durchgehen, es findet sich vielleicht noch Etwas, des Wissens werth, da derselbe in Anwendung auf die Praxis gegeben wurde; wenn er auch mit dem Gesagten bekannt und im Klaren war, so wird doch eine Wiederholung des Gelernten nur von Nutzen sein. Anderntheils ist demjenigen, welcher diesen Unterricht nicht genoß, anzurathen, sich mit diesem Theile nebenbei vertraut zu machen und ihn nicht ganz zu überschlagen, in der Meinung, daß derselbe unnöthig sei. Obgleich derselbe nicht unmittelbar von der Zimmerkunst handelt, so erfordert er doch einiges Nachdenken, und wird die Auffassung desselben, namentlich die Construction der Figuren, Manches später erleichtern und der Ausbildung förderlich sein.

Der zweite Abschnitt handelt von der Praxis, und

zwar: vom Handwerkszeuge, vom Beschlagen des Bauholzes, von den verschiedenen Holzverbindungen bei dem darauf folgenden Abbinden der verschiedenen hauptsächlichsten Dachconstructionen und der Wände, von der Ausmittelung der Dachflächen, von den verschiedenen Arbeiten beim Ausbau der Gebäude und bei andern Bauwerken; als Anhang Einiges über Stellung und Verhalten des Polirs.

Möge dieses Werk dem Bedürfnisse abhelfen, demzufolge es verfaßt wurde, und vielen Gelegenheit geben, sich schneller in einer Kunst auszubilden und dieselbe verstehen zu lernen, welche auch im weniger schwierigen Fall Interesse bietet und dieses durch Lösung der gestellten Aufgabe immer belohnt.

Der Verfasser.

Inhaltsverzeichniß.

Vorwort.

Erster Abschnitt.

Geometrische Hülfskenntnisse.

Zweiter Abschnitt.

Praxis.

Erster Abschnitt.

Geometrische Hülfskenntnisse.

Einleitung.

Die Geometrie beschäftigt sich mit Größen, welche einen Raum einnehmen; diese sind: Linien, Flächen und Körper. Die äußern Seiten eines Körpers sind Flächen, die Grenzen einer Fläche sind Linien, die Grenzen einer Linie sind Punkte.

Die Linie kann man sich aus Punkten, die Fläche aus gleich- oder ungleichlangen Linien, den Körper aus gleich- oder ungleichgroßen Flächen zusammengesetzt denken. Genau genommen kann man aber weder einen Punkt noch eine Linie darstellen; da jedoch der Raum, welchen sie einnehmen, ganz unbedeutend anzunehmen ist, so kommt dieser hier, bei ihrer Darstellung zur Versinnlichung, nicht in Betracht.

Von den Linien.

Haben alle Punkte einer Linie gleiche Richtung nach einem andern angenommen, so ist diese eine grade Linie, ab Fig. 1. Aendern jedoch einige Punkte in gewissen Entfernungen die Richtung der vorhergehenden, so ist diese Linie eine gebrochene, abcd Fig. 2. Geschieht diese Abweichung in gleichmäßigen Entfernungen und nach sich wiederholenden Richtungen, so wird diese Linie näher durch regulär gebrochen bezeichnet. Aendern alle Punkte ihre Richtung verschieden unter einander gegen die vorhergehenden, so entsteht die krumme Linie, ab Fig. 3. Aendern jedoch alle Punkte ihre Richtung gleichmäßig gegen die vorhergehenden, so entsteht die regulär krumme Linie, ab Fig. 4. Wird eine solche Linie auf diese Weise verlängert, so trifft sie wieder auf den Anfangspunkt zusammen, und es wird dann die hieraus entstandene Linie eine Kreislinie, oder ein Kreis genannt, Fig. 5.

Wenn später von Linien gesprochen wird, so sind dieselben als grade Linien anzunehmen, wenn sie nicht als andre näher bezeichnet werden.

Liegen zwei Linien so neben einander, daß alle einander gegenüber liegende Punkte derselben gleichweit entfernt sind, so heißen sie gleichlaufend oder parallel, Parallellinien, ab, cd Fig. 6; vermehrt oder vermindert sich jedoch nach einer Seite hin, die Entfernung der einander gegenüberliegenden Punkte, so heißen die Linien auf der einen Seite auseinandergehend oder divergirend, auf der andern zusammengehend oder convergirend, ab, cd Fig. 7.

Von den Winkeln.

Werden die Linien Fig. 7 da, wo sie zusammengehen, verlängert bis sie sich treffen, so wird die daraus entstehende Fig. 8 ein Winkel genannt; die Linien ab und cb heißen die Schenkel oder Seiten, der Vereinigungspunkt b der Scheitel oder die Spitze desselben. Die Bezeichnung des Winkels geschieht mittelst des Zeichens $\angle$, entweder durch den Buchstaben am Scheitel, z. B. $\angle$ b, oder durch drei Buchstaben so, daß der am Scheitel stehende in die Mitte kommt, z. B. $\angle$ abc, oder man setzt innerhalb des Winkels einen Buchstaben an den Scheitel, z. B. $\angle$ x.

Wird eine dieser Linien verlängert, so entsteht noch ein Winkel und beide heißen dann Nebenwinkel, wie $\angle$ abc und $\angle$ cbd Fig. 9.

Wird auch der gemeinschaftliche Schenkel cb verlängert, so entstehen unterhalb noch zwei Winkel, welche mit den ihnen gegenüberliegenden, Scheitelwinkel genannt werden, wie $\angle$ abc und $\angle$ ebd, oder $\angle$ abe und $\angle$ cbd Fig. 10.

Werden zwei Parallellinien ab, cd Fig. 11, von einer dritten Linie ef durchschnitten, so heißen die Winkel v, y oder w, x Wechselwinkel.

Hat der Schenkel cb Fig. 12, zu dem andern ab sowie zu dessen Verlängerung bd gleiche Neigung, so heißt $\angle$ abc ein rechter Winkel, und man sagt: cb steht rechtwinklich oder senkrecht oder perpendicular auf ab, welche, im Gegensatz zu jener, mit wagrecht oder horizontal bezeichnet wird. Hat hingegen der Schenkel cb Fig. 13 mehr Neigung zu ab als zu dessen Verlängerung bd, so heißt ∠ abc ein spitzer Winkel; der entgegengesetzte ein stumpfer Winkel, wie ∠ cbd. Beide Winkel erhalten auch den Namen schiefe Winkel, und eine Linie, welche überhaupt weder wagrecht noch senkrecht ist, heißt eine schiefe Linie.

Von den Dreiecken.

Kommt zu den Linien eines Winkels noch eine dritte hinzu, welche dieselben verbindet, so entsteht das Dreieck. Die Dreiecke werden sowohl nach den Seiten als auch nach den darin befindlichen Winkeln näher bezeichnet und unterschieden.

Das Zeichen für Dreieck ist △

Nach den Seiten eines Dreiecks heißt es:
gleichschenklich, wenn zwei Seiten gleich sind, wie △ abc Fig. 14.,
gleichseitig, wenn alle drei Seiten einander gleich sind, wie △ abc Fig. 15.,
ungleichseitig, wenn alle drei Seiten verschieden sind, wie △ abc Fig. 16.

Nach den Winkeln heißt ein Dreieck:
rechtwinklich, wenn zwei Seiten einen rechten Winkel bilden, wie △ abc Fig. 17.,
spitzwinklich, wenn alle drei Winkel spitz sind, wie △ abc Fig. 18.,
stumpfwinklich, wenn zwei Seiten einen stumpfen Winkel bilden, wie △ abc Fig. 19.

(Die ersteren Dreiecke, Fig. 14, 15, 16 könnten jedoch auch spitzwinklich genannt werden, und es kann ein rechtwinkliches Dreieck auch gleichschenklich sein u. s. w.)

In einem rechtwinklichen Dreieck heißen die beiden Linien, welche den rechten Winkel bilden, die Catheten, die dritte Linie die Hypothenuse; im Allgemeinen aber heißt die untere Linie die Grundlinie, die andern beiden die Schenkel.

Von den Vierecken.

Umschließen vier Linien eine Fläche, so heißt die dadurch gebildete Figur ein Viereck. Die Vierecke werden eingetheilt in reguläre und irreguläre. Zu den ersteren gehört:

das Quadrat abcd Fig. 20, dessen Seitenlinien einander gleich und die Winkel vier rechte sind;

das Rechteck (Rectangel, Oblongum) abcd Fig. 21, welches zwar auch vier rechte Winkel, aber nur die gegenüberliegenden Seiten gleich hat;

die Raute oder der Rhombus, (ein verschobenes Quadrat) abcd Fig. 22, hat, wie das Quadrat, vier gleiche Seiten, aber zwei gleiche spitze und zwei gleiche stumpfe Winkel;

die längliche Raute oder Rhomboide (verschobenes Rechteck) abcd Fig. 23, hat, wie das Rechteck, nur die gegenüberliegenden Seiten gleich und, wie die vorige Figur, zwei gleiche spitze und zwei gleiche stumpfe Winkel.

Zu den irregulären Vierecken gehört:

das Trapez abcd Fig. 24, in welchem nur zwei Seiten parallel sind, die andern, nach verschiedenen Richtungen gehend, mit diesen verschiedene Winkel bilden;

die Trapezoide abcd Fig. 25, in welcher keine Seite mit der gegenüberliegenden parallel ist.

Die Fig. 21, 22, 23 werden auch Parallelograme oder halbreguläre Vierecke genannt.

Das Zeichen für Quadrat ist □.

Von den Vielecken.

Figuren von mehr als vier Seiten werden entweder nach der Anzahl derselben, z. B. Fünfeck, Sechseck u. s. w., oder im Allgemeinen Vielecke genannt; diese heißen, wenn alle Seiten und Winkel einander gleich sind — regulär, oder mit dem Namen Polygon bezeichnet, wie abcdefgh Fig. 26;

irregulär, wenn Seiten und Winkel gegeneinander mehr oder weniger verschieden sind, wie abcdefgh Fig. 27.

Die Winkel abc, bcd u. s. w. in einem Polygon, heißen Polygonwinkel; der Winkel ahg Fig. 27 heißt ein ausspringender und hat mehr als zwei rechte zusammen.

Eine Linie, welche in einem Viereck oder Vieleck zwei Ecken

verbindet, so, daß dadurch ein Dreieck entsteht, heißt eine Diagenale wie bd Fig. 23, ac Fig. 25, bh Fig. 27.

Vom Kreise.

In der Kreislinie (Umfang, Peripherie des Kreises) liegen alle Punkte gleichweit vom Mittelpunkte entfernt; diese Entfernung ab Fig. 28 heißt der Halbmesser (Radius). Wird ein Halbmesser bis an die andre Seite des Kreises verlängert, so heißt diese Linie ac der Durchmesser (Diameter), und es sind sich sowohl alle Halbmesser als auch alle Durchmesser eines Kreises, einander gleich.

Berührt jedoch eine Linie die Kreislinie in zwei Punkten ohne durch den Mittelpunkt zu gehen, so heißt diese Linie de Sehne (Chorde); die über derselben befindlichen Kreislinie dfe wird ein Bogen, und beide zusammen, dfe ein Kreisabschnitt genannt.

Zwei Halbmesser bilden einen Centriwinkel wie ∠ abg, und mit dem zugehörigen Bogen ag einen Kreisausschnitt abg.

Ein Winkel, von zwei Linien hi, ki, auf der Peripherie des Kreises gebildet, heißt ein Peripheriewinkel wie ∠ hik.

Eine Linie lm, welche den Kreis äußerlich berührt, heißt Berührungslinie (Tangente).

Werden mehrere Kreise abcd, efgh, Fig. 29, aus einem Mittelpunkt i gezeichnet, so heißen dieselben concentrisch; haben dieselben, Fig. 30, verschiedene Mittelpunkte i, k, so heißen sie excentrisch.

Von dem Maaße der Winkel.

Zur Bestimmung der Größe der Winkel und zur Vergleichung der, zwischen denselben liegenden Entfernung, nahm man die Kreislinie und theilte sie in 360 Theile, Grade genannt, welche man zu größrer Genauigkeit jeden wieder in 60 Theile, Minuten, und diese nochmals jede in 60 Theile, Secunden, theilte, wofür man folgende Zeichen hat: ° bedeutet Grade, ′ bedeutet Minuten, ″ bedeutet Secunden, so daß 80° 16′ 11″ so viel heißt als: 80 Grad 16 Minuten 11 Secunden.

Aus obiger Theilung ergeben sich sonach, Fig. 31, auf den Halbkreis 180°, auf den Viertelkreis (Quadrant) 90°, als auch, daß ein spitzer Winkel weniger, ein stumpfer Winkel mehr als 90° hat.

Zur Messung der Winkel im Kleinen dient der Transporteur, ein halbkreisförmiges Instrument, auf dessen Bogen 180 Grade abgetheilt sind, die kleinere Eintheilung jedoch weggelassen ist, theils weil diese wegen der geringen Größe des Instruments nicht vollständig angegeben werden konnte, theils aber auch, weil diese in der niedern Geometrie ohne Berechnung seltener gebraucht wird.

Möge aber nun der Bogen zur Messung der Winkel klein oder groß sein, so ändert dieses doch nicht das Maaß eines Winkels, wenn der kleine sowie der große Bogen, z. B. Fig. 31 der Halbkreis efg oder hik in 180 Theile, Grade, getheilt wird. Es sind von e bis f 90° gleichwie von h bis i, und es ändert sonach keineswegs die Verlängerung der Schenkel eines Winkels das Maaß desselben, da hier ∠ acd immer ein rechter bleiben würde.

Bei den folgenden Berechnungen und Vergleichungen kommt das Zeichen = vor; dasselbe bedeutet: gleich, und zeigt an, daß zwei Größen einander gleich sind.

Das Maaß zweier Nebenwinkel ist zusammen genommen 180°; ist demnach, Fig. 32, ∠ abc = 107° so ist ∠ cbd = 180 — 107 = 73°.

Scheitelwinkel sind einander gleich. Fig. 33. ∠ a und ∠ b sind als Nebenwinkel zusammen 180°, ist demnach ∠ a = 130° so ist ∠ b = 50°; da nun ∠ a und ∠ d ebenfalls, als Nebenwinkel betrachtet, zusammen 180° haben, und ∠ a = 130° war, so muß ∠ d = 50°, also ∠ b = ∠ d sein. Durch denselben Beweis ist ∠ a = ∠ c.

Werden zwei Parallellinien ab, cd, Fig. 34, von einer dritten Linie ef geschnitten, so sind die zwischen denselben an einer Seite der Durchschnittlinie liegenden ∠ u, v, zusammen 180°. Rückte man ab auf der schiefen Linie parallel fort, bis sie cd deckte, so würde auch der Winkel w den Winkel u genau decken, wodurch sich die Gleichheit derselben ergiebt. Da nun

I. ∠ w + ∠ v als Nebenwinkel 180° haben, so müssen auch ∠ u + ∠ v so viel betragen. Es sei ∠ w = 120°,

II. also ∠ v = 180° — 120° = 60°, so giebt, für ∠ w in I. ∠ u gesetzt, ∠ u + ∠ v = 120° + 60° = 180°.

Wechselwinkel sind einander gleich. Es ist Fig. 34, ∠ w = ∠ x als Scheitelwinkel; es ist aber auch ∠ w = ∠ u, also muß ∠ x = ∠ u sein.

Construction geometrischer Figuren in wagrechter Ebene, zugleich mit Berücksichtigung ihrer Anwendung nach gegebenen Maaßen in der Praxis.

Sollen diese Constructionen von Nutzen sein, und will sie der Lernende sich einprägen, so muß er dieselben nach der Beschreibung aufzeichnen.

Um Linien ausmessen oder gegeneinander vergleichen zu können, wurde ein Maaß, Fuß genannt, als Einheit angenommen; dieser ist zur Bestimmung kleinerer Maaße in zwölf Zoll und der Zoll wieder in Halbe, oder Viertel, oder Achtel, oder Sechszehntel eingetheilt. Doch ist dieses Fußmaaß nach Gegenden verschieden und es wurde, um das Verhältniß der verschiedenen Fußmaaße zu einander zu bestimmen, der pariser Fuß als Maaß angenommen, zur Vergleichung in 14,400 Theile (Linien) getheilt.

Hiernach ergab sich für das Fußmaß

in	Baden	13299	Linien.
„	Baiern	12938	„
„	Braunschweig	12638	„
„	Bremen	12826	„
„	Dänemark	13909	„
„	Frankfurt	12617	„
„	Hamburg	12696	„
„	Hannover	12953	„
„	Hessen, Großh.	11082	„
„	„ Kurf.	12630	„
„	London	13511	„
„	Meklenburg	12890	„
„	Oesterreich	14012	„
„	Polen	13200	„
„	Preußen	13913	„
„	Rußland	13500	„
„	Sachsen	13300	„
„	Schweden	13160	„
„	Schweiz, Bern	13000	„
„	„ Schaffhausen	13204	„

in Schweiz, Zürich	13360	Linien
„ Weimar	12500	„
„ Wiesbaden	12736	„
„ Würtemberg	12700	„

Will man nun wissen, wie viel z. B. 10 preußische Fuß als sächsische Fuß betragen, so multiplicire man das Maaß des preußischen Fußes mit 10 und dividire das gefundene Product durch das Maaß des sächsischen Fußes.

$$\frac{13913 \times 10}{13300} = \frac{139130}{13300} = 10\tfrac{913}{1330} \text{ ungefähr } 10\tfrac{1}{16} \text{ Fuß.}$$

In manchen Gegenden werden jedoch auch zwei Fuß zusammengenommen, eine Elle genannt, und nach dieser gerechnet, was auch hier bei vorkommenden Maaßen der Fall sein soll. Für diese Eintheilung sind folgende Zeichen: für Elle $\underline{^0}$, für Fuß $\underline{'}$, für Zoll $\underline{''}$, für Linie $\underline{'''}$, wobei durch den Querstrich unter dem Zeichen leichter unterschieden wird, ob von Gradmaaß mit ähnlichen Zeichen, oder von Längenmaaß die Rede ist.

Beim Abmessen von Linien nach ihrer wirklichen Größe hat man gewöhnlich eine Latte auf welcher 5 bis 8 Ellen abgemessen sind, ein Maaß genannt; zu kleineren Maaßen als einer Elle bedient man sich des Zollstabes oder der Schmiege, welche jeder Zimmermann haben muß, und auf welcher sowohl die Zolle als auch die Viertel- und Achtelszolle angegeben sind.

Um jedoch das Verhältniß großer Linien auf dem Papiere abmessen und bestimmen zu können, bedient man sich eines verjüngten Maaßes, des Maaßstabes; welchen man auf folgende Weise construiren kann: man ziehe eine Linie ab Fig. 35, trage darauf gleiche Theile ch, hi, ik, kl, hierauf theile man ch in fünf gleiche Theile cd, de u. s. w., welche letztere hier Ellen sein mögen, trage einen solchen Theil von h nach p und theile diesen in vier Theile ho, on, nm, mp, so daß einer derselben eine Viertelelle ist; von h bis i sowie von i bis k u. s. w. sind fünf Ellen, wie die untere Bezeichnung mit Zahlen angiebt.

Will man nun hier z. B. $4\frac{3}{4}\underline{^0}$ abmessen, so setzt man den Zirkel auf die Linie d (mit 4 bezeichnet), und öffnet ihn bis an die Linie m, welche Entfernung das verlangte Maaß ist. Sind jedoch $6\frac{3}{4}\underline{^0}$ abzumessen, so setzt man den Zirkel auf die Linie i, öffnet ihn bis g, so hat man $6\underline{^0}$; ohne die Weite des Zirkels zu verändern, hebt man denselben nach rechts auf, setzt die Spitze links auf die Linie b, so daß die andere zwischen die Linien i, k trifft; nachdem man den Zirkel auf letzterm Punkte fest hält, öffnet man ihn andererseits bis zu m, so hat man das verlangte Maaß von $6\frac{3}{4}$°.

Sind bei der Größe einer solchen Maaßstabeintheilung einzelne Zolle zu bestimmen, so wird der Maaßstab nach Fig. 36 auf folgende Weise gefertigt: man trage auf die Linie ab vier gleiche Theile ac, cd, de, eb; theile die ersten beiden, jeden in 6 gleiche Theile af, fg u. s. w. so hat ab 24 solcher Theile (Ellen). Hierauf ziehe man die senkrechten Linien ao, b 24, mache sie = af = 1 Elle, ziehe die Parallellinie o 24, ferner die senkrechten Linien f1, g2 u. s. w. und dann die Diagonale a 24, welche die Höhe ao in 24 Theile (Zolle) theilt, so daß man zwischen a bis d von 1 bis 23 Zoll abmessen kann; denn es sind die Höhen von der Linie ab bis an die Diagonale, das Maaß für die obenstehenden Zahlen, während die Höhen von der Diagonale bis an die Linie o 24, das Maaß für die Ergänzung der obenstehenden Zahl zu 24 ist; z. B. von 7 bis an die Diagonale = 24 — 7 = 17 Zoll.

Um eine Linie an diesem Maaßstabe abzumessen, verfährt man auf ähnliche Weise wie in der vorigen Fig. indem man erst für die Ellenzahl den Zirkel öffnet und dann auf der betreffenden senkrechten Linie das Maaß der Zolle hinzunimmt.

Dieser Maaßstab ist vortheilhaft anzuwenden, wenn die Eintheilung größer genommen werden kann, und dann Maaße bis auf einzelne Zolle genau abgemessen werden sollen.

(Es giebt noch einige andre Constructionen von Maaßstäben wie man sie je nach Ort und Größe am vortheilhaftesten brauchen kann, diese sowohl, als auch das genaue und schnelle Abnehmen von Maaßen findet sich bei erforderlicher Anwendung und mehrer Zeichnenfertigkeit von selbst, und würde deren Anführung zu weitläufig sein, da das Angeführte soweit genügen dürfte.)

Um eine kurze grade Linie zu ziehen, bedient man sich eines Linials, des Winkeleisens oder eines Richtscheites; zu einer langen Linie jedoch einer Schnur, welche straff ausgezogen wird. Soll damit eine Linie sicher gezeichnet oder bemerkt werden, so bestreicht man die Schnur mit Kreide oder Bolus, oder Kohle, hebt sie in der Mitte lothrecht in die Höhe, wodurch sie noch straffer wird, und läßt sie niederschlagen, so, daß auf der

Unterlage eine farbige, wenn auch nicht ganz feine, aber doch grade Linie entsteht.

Ist zu einer graden Linie ab, Fig. 37, eine andere cd, parallel zu ziehen, so beschreibe man aus den Endpunkten a, b oder aus beliebigen Punkten e, f mit der gegebenen oder einer beliebig anzunehmenden Weite, die Bögen gh, zu welchen die Tangente cd gezogen wird, welche ab parallel ist.

Das Zeichnen der Bögen hat man nicht nöthig, wenn zwischen den Parallellinien rechtwinkliche Linien sind, auf welchen man das Maaß anschreiben kann, da die rechtwinkliche Linie die kürzeste Entfernung zwischen Parallelen ist.

Ist auf einer graden Linie ab, Fig. 38, eine Senkrechte zu errichten, so bedient man sich des Winkeleisens; reicht der Schenkel desselben jedoch nicht aus, so könnte man eine Schnur nehmen und diese nach der Richtung des Schenkels (nach der Flucht) ziehen; da dieses aber nicht ganz genau werden könnte, so verfährt man auf folgende Weise: aus einem gegebenen oder beliebig anzunehmenden Punkte c, trage man zu beiden Seiten nach d und e, z. B. 3', hierauf nehme man ein größeres Maaß, z. B. 6', beschreibe aus d den Bogen g und aus e den Bogen f, so wird die Linie hc, durch den Durchschnittspunkt der beiden Bögen gezogen, senkrecht auf ab stehen.

Hierbei ist zu bemerken: daß man die beiderseits aufzutragenden gleichen Theile, den Linien entsprechend groß genug, das zweite Maaß, zu Bestimmung der Bögen, aber auch weder zu groß noch zu klein annimmt. Wenn auch im ersten Fall durch das flache Schneiden der Bögen f, g, Fig. 39, der Durchschnittspunkt sich nicht ganz genau bestimmen läßt, und die Linie ch sich auch nur sehr wenig nach a oder b neigen sollte, so muß dieses doch im zweiten Falle, bei einer langen Linie, schon viel betragen, wenn diese in dem tiefliegenden Durchschnittspunkte der Bögen i, k, etwas abweicht.

Soll eine gegebene Linie ab, Fig. 40, halbirt werden, so kann man dieses sehr leicht mittels der Schmiege oder des Maaßes thun; soll aber zugleich in dem Mittelpunkte derselben eine rechtwinkliche Linie errichtet werden, so verfährt man auf folgende Weise: mit einem Maaße, ziemlich oder ebenso lang als die Linien ab, beschreibt man aus a die Bögen f, h; aus b die Bögen g, i. Verbindet man die Durchschnittspunkte dieser Bögen durch die Linie de, so wird sie durch den Mittelpunkt der Linie ab gehen und diese rechtwinklich schneiden.

Soll umgekehrt aus einem Punkte, z. B. dem Durchschnittspunkte der Bögen f, g, eine Senkrechte zu ab gezogen werden, so schneide man aus demselben mit gleichen Maaßen die Linie ab, bestimme aus diesen mit denselben Maaßen den Durchschnittspunkt der Bögen i, h, welchen man mit dem obern verbindet.

Ist an dem Ende einer Linie ab, Fig. 41, eine Senkrechte zu errichten, so verfährt man, wenn auch hier, wie schon früher bemerkt, das Winkeleisen nicht ausreichen sollte, auf folgende Weise: man trägt auf die Linie ab von a nach d vier beliebig gleich große Theile, nimmt dann drei solche Theile auf ein Maaß, und beschreibt mit dieser Länge aus a den Bogen e; dann nimmt man fünf solche Theile, und schneidet mit dieser Länge aus d, mittels des Bogens f, den Bogen e. Die Verbindung des erhaltenen Durchschnittspunktes mit a, giebt die auf ab senkrechte Linie ah.

Diese Construction kommt in der Praxis sehr oft vor; man nimmt dann zu den erforderlichen Maaßen 3, 4 und 5 Ellen oder das Doppelte, 6, 8 und 10 Ellen, und es wird dann dieses Verfahren überhaupt „einen Winkel machen“ genannt.

Ist ein solcher Winkel mit Schnuren, welche freihängend, an Pfähle gebunden sind, zu bestimmen, so geschieht dieses auf folgende Weise: man ziehe die Schnur ab, Fig. 42, nach einer gegebenen oder beliebig anzunehmenden Richtung an den Pfählen a und b straff, schlage dann, etwas enfernt von dem Scheitelpunkte x des zu bestimmenden Winkels, außerhalb der Schnur ab, den Pfahl c, ziehe die Schnur cd nach Augenmaaß winkelrecht zu ab an den Pfählen c und d straff. Hierauf trägt man aus dem Durchschnittspunkte dieser Schnuren, welcher den Scheitelpunkt x decken soll, wie oben gesagt, 4 Ellen nach f, 3 Ellen nach g, und bezeichnet dieses daselbst; nimmt dann das Maaß 5 Ellen, hält dieses über dem Punkte g, ohne jedoch die Schnur zu berühren, fest, und sieht ob von hier bis an den Punkt f dieses Maaß trifft. Ist dieses nicht der Fall, so wird der Pfahl d mit der daran befestigten Schnur aus- oder einwärts gerückt, bis dieses richtig ist.

Muß dieser Pfahl viel gedrückt oder gar anders eingeschlagen werden, so ist es nöthig, daß die Maaße 3 und 4 Ellen auf den Schnuren nochmals untersucht werden, weil bei der geringsten Veränderung der Schnuren, auch der Scheitelpunkt x verrückt wird. Anstatt des dann schiefstehenden Pfahles d, wird lothrecht an die Schnur ein anderer Pfahl h eingeschlagen, und es ist anzurathen, die übrigen Pfähle vorher möglichst lothrecht einzuschlagen, sowie die Stellen anzumerken, an welchen die Schnuren lagen, wenn der Winkel später wieder gebraucht wird.

Hierbei ist noch zu bemerken: 1) daß die straff ausgezogenen Schnuren möglichst wagrecht liegen (obgleich dieses den Winkel nicht ändert), wenn Längen an denselben abgemessen werden sollen; 2) daß die Maaße genau abgemessen und nachgesehen werden, so daß man, wenn man die ersten Maaße von der Mitte der Schnuren im Durchschnittspunkte gemessen, beim Aufhalten der Hypothenuse wieder auf die Mitte der Schnuren halten muß, weil bei ziemlicher Länge der Schnuren die Unrichtigkeit bedeutend werden würde, wenn man diesem nicht durch Vervielfältigung der Maaße, z. B. mit dem Verhältniß 12, 16, 20 Ellen, abhelfen will. Diese Arbeit ist nur bei ruhiger Luft genau vorzunehmen, weil der Wind die Schnuren treiben wird; doch ist nicht allemal die haarscharfe Genauigkeit erforderlich; dann kann man sich dadurch helfen, daß man den Winkel mit kurzen Schnuren z. B. a bis k, c bis i bestimmt, und darnach die langen Schnuren bis b und d auszieht.

Bei Zeichnung einer senkrechten Linie am Ende einer wagrechten Fig. 41, kann man auch auf folgende Weise verfahren: man errichtet nach Fig. 38 eine senkrechte cg in einem beliebigen Punkte c, und zieht zu dieser aus a die Parallele ah.

Einen gegebenen ∠ x, Fig. 43, an die Linie de zu tragen, kann auf zwei Arten geschehen: 1) man mißt den Winkel mit dem Transporteur und trägt dann dieses Maaß an die Linie de, oder 2) man beschreibe in dem gegebenen Winkel mit einem beliebigen Maaße aus a den Bogen cb, mit demselben Maaße aus d den Bogen fg, messe die Sehne bc, schneide damit aus f den Bogen gf durch den Bogen h, und verbinde den erhaltenen Durchschnittspunkt mit d durch die Linie di. Dieses letztere Verfahren ist im Großen leicht und sicherer als das Erstere auszuführen.

Um ein Dreieck nach gegebenen Maaßen abtragen oder construiren zu können, müssen drei Sachen bekannt sein: entweder 1) drei Linien, oder 2) zwei Linien und der von ihnen eingeschlossene Winkel, oder 3) eine Linie und beide daran liegende Winkel.

(Bei Construction von Dreiecken ist noch zu bemerken: daß in jedem zwei Linien zusammengenommen, größer als die dritte sein müssen, weil sie sonst über dieser nicht zusammenreichen würden; ferner, daß zwei Winkel eines Dreiecks zusammen, nie so groß als zwei rechte sein können, sowie, daß man bei gleichseitigen Dreiecken nur das Maaß einer Seite, bei gleichschenklichen nur das Maaß der Grundlinie und eines Schenkels zu wissen braucht.)

Mit drei gegebenen Linien ab, ac, bc, Fig. 44, **ein Dreieck zu construiren.** Man mache die Linie a′b′ = ab, nehme dann ac und beschreibe damit aus a′ den Bogen e; ferner nehme man bc und beschreibe damit aus b′ den Bogen d, so giebt die Verbindung des erhaltenen Durchschnittspunktes c′ mit a′b′ durch die Linien c′a′ und c′b′, das △ a′b′c′, die gegebenen Linien enthaltend.

Die gegebenen Linien und Winkel sind so bezeichnet, wie sie nach ihrer Bezeichnung und Lage zusammengestellt werden.

Mit zwei Linien ac, ab **und dem von denselben** eingeschlossenen ∠ x, Fig. 45, **ein Dreieck zu construiren.** Man mache die Linie a′ b′ = a b, trage ∠ x, wie in Fig. 43 gezeigt, an dieselbe, den Scheitelpunkt auf a treffend, mache den Schenkel a′c′ desselben = ac, und verbinde c′ mit b′.

Mit einer Linie ab **und den beiden, an derselben** liegenden ∠ x, ∠ y Fig. 46, **ein Dreieck zu construiren.** Man trage ∠ x auf die mit ab gleiche Linie a′ b′ an a′, und ∠ g an b′, verlängere die Schenkel a′d′ und b′e′, bis sie sich in c′ schneiden.

Einen gegebenen ∠ abc, Fig. 47, **zu halbiren,** oder in zwei gleiche Theile zu theilen, beschreibe man aus b mit einem beliebigen Maaße den Bogen de oder mache bd = be, nehme dasselbe oder ein beliebiges Maaß, beschreibe damit aus d den Bogen f, aus e den Bogen g, und verbinde den erhaltenen Durchschnittspunkt mit b durch die Linie bh, welche den gegebenen ∠ abc halbirt.

Ein Quadrat mit der gegebenen Linie ab, Fig. 48 zu construiren. Man errichte in a die Senkrechte ac und mache diese = ab, beschreibe damit aus c den Bogen g, aus b den Bogen f, und verbinde den Durchschnittspunkt d mit c und b.

Will man die Richtigkeit eines so construirten Quadrates untersuchen, so sehe man, ob die diagonale Entfernung ad = bc ist.

Auf ähnliche Weise wie die vorhergehende Figur, wird das Parallelogramm mit den gegebenen Linien ab und ad, Fig. 49, construirt. Man ziehe ad senkrecht zu ab, beschreibe mit ad aus b den Bogen f, mit ab aus d den Bogen e, und verbinde den Durchschnittspunkt c mit d und b.

Um einen Rhombus, Fig. 50, construiren zu können, muß außer der gegebenen Linie ab entweder der daran liegende stumpfe, oder der spitze ∠ x gegeben sein. Man trage ∠ x an die Linie a'b' = ab, in a', mache den Schenkel a'd' desselben = a'b', nehme dieses Maaß, beschreibe damit aus d' den Bogen g, aus b', den Bogen h und verbinde den Durchschnittspunkt c' mit d' und b'.

Um eine Rhomboide, Fig. 51, construiren zu können, müssen, wie beim Parallelogramm, zwei Seiten ab, bc, außerdem aber noch, wie in der vorhergehenden Fig. ein ∠ x an der Grundlinie gegeben sein. Man mache a'b' = ab, trage ∠ x an a'b' in b', mache den Schenkel b'c' = bc, beschreibe mit bc aus a' den Bogen g, mit ab aus c' den Bogen f, und verbinde den Durchschnittspunkt d' mit c' und a'.

Beide schiefe Parallelogramme werden auch, anstatt mit dem gegebenen Winkel, mit der senkrechten Höhe u. s. w. construirt.)

Einen Rhombus, Fig. 52, mit der Seitenlinie ab und der senkrechten Höhe ae zu construiren. Man mache a'b' = ab, beschreibe mit ae aus a' den Bogen e', aus b' den Bogen f', ziehe in der Höhe dieser Bögen zu a' b' parallel die Linie h'd', schneide mit dem Maaße ab aus a' diese Linie durch den Bogen g; aus diesem erhaltenen Durchschnittspunkte c' mache man c'd' = a'b', und verbinde c' mit a', d' mit b'.

Einen Rhombus, Fig. 53, mit der Seitenlinie ab und einer Diagonale ac zu construiren. Man mache a'b' = ab, beschreibe mit diesem Maaße aus b' den Bogen e, schneide mit dem Maaße ac aus a' durch den Bogen f den Bogen e;

mit ab beschreibe man aus a' den Bogen g, aus dem Durchschnittspunkte c' den Bogen h, und verbinde den erhaltenen Durchschnittspunkt d' mit c' und a', c' mit b'.

Zur Construction eines Trapezes sind erforderlich: 1., die Länge der beiden Parallellinien, ein Winkel und eine Seitenlinie als Schenkel desselben; oder 2., beide Parallellinien, eine Seitenlinie und die senkrechte Höhe; oder 3., eine Parallellinie, beide Winkel an derselben, sowie eine Seitenlinie.

Ein Trapez, Fig. 54, mit den Parallellinien ab dc, der Seitenlinie ad und ∠ x zu construiren. Man mache a'b' = ab, trage ∠ x an a'b' in a', mache den Schenkel a'd' desselben = ad, suche aus d' die kürzeste Entfernung bis a'b' durch den Bogen e, beschreibe mit diesem Maaße aus b' den Bogen i, ziehe d'f parallel a'b', mache d, c' = dc, und verbinde c' mit b'.

Ein Trapez, Fig. 55, mit den in der vorigen Fig. gegebenen Linien ab, dc, ad und der senkrechten Höhe ah zu construiren. Man mache a'b' = ab, beschreibe mit ah aus a' den Bogen e, aus b' den Bogen f, ziehe die Linie ef, schneide dieselbe mit ad aus a', durch den Bogen i, mache d'c' = dc und verbinde d' mit a', c' mit b'.

Ein Trapez, Fig. 56, mit der gegebenen Parallellinie ab, den beiden daran liegenden ∠ x, ∠ y, und einer Seitenlinie ad zu construiren. Man mache a'b' = ab, trage an diese in a', ∠ x, in b', ∠ y, mache den Schenkel a'd' = ad, und d'c' aus d' parallel a'b', bis an den verlängerten Schenkel des ∠ y'.

Eine andere Construction des Trapezes geschieht, außer den angeführten, mit Linien und Winkeln; ohne letztere durch die Diagonale, und ist ähnlich der in Fig. 53.

Zur Construction einer Trapezoide gehören 1., vier Seitenlinien und ein Winkel; oder 2., zwei Winkel und drei Seitenlinien; oder 3., vier Seitenlinien und eine Diagonale.

Eine Trapezoide, Fig. 57, mit vier Seitenlinien ab, ad, bc, dc und ∠ x zu construiren. Man mache a'b' = ab, trage an a'b' in a', ∠ x, mache den Schenkel a'd' = ad, nehme dc und beschreibe damit aus d' den Bogen e, ferner nehme man bc und beschreibe damit aus b' den Bogen f, so ergiebt sich der Durchschnittspunkt c', welchen man mit d' und b' verbindet.

Eine Trapezoide, Fig. 58, mit ∠ y und, aus der Fig. ∠ x, den Linien ab, ad, bc zu construiren. Man mache a'b' = ab, trage an a'b' in a', ∠ x, in b', ∠ y, mache den Schenkel a'd' des ∠ x' = ad, den Schenkel b'c' des ∠ y' = bc, und verbinde diese beiden durch die Linie d'c'.

Eine Trapezoide, Fig. 59, mit der Diagonale ac und den in Fig. 57 gegebenen Linien ab, ad, bc, dc zu construiren. Man mache a'b' = ab, nehme bc, beschreibe damit aus b' den Bogen e, nehme die Diagonale ac, schneide damit aus a' durch den Bogen f den Bogen e, nehme dc, beschreibe damit aus dem gefundenen Durchschnittspunkte c' den Bogen h, nehme ad, schneide damit aus a' durch den Bogen g, den Bogen h, verbinde hierauf die Durchschnittspunkte c' mit b' und d', d' mit a'.

Die bis jetzt angeführten Constructionen von Figuren nach gegebenen Linien und Winkeln, geschahen innerhalb derselben; doch kommt es in der Praxis auch oft vor, daß man beim Abmessen einer Fläche nicht in dieselbe hinein, und somit auch nicht das Maaß für die Winkel oder Diagonalen u. s. w. erhalten kann, welches z. B. bei Aufnahme des Grundplanes eines stehenden Gebäudes der Fall ist; dann muß die Messung desselben äußerlich geschehen. Es sei z. B. die Grundfläche, welche ein Gebäude einnimmt, von der Gestalt abcd Fig. 60; soll dieselbe abgemessen und aufgezeichnet werden, so verfährt man auf folgende Weise: nachdem die vier äußerlichen Linien ab, ad, bc, cd durch Messung gefunden, ist die Lage derselben zu einander, oder die Winkel, welche sie mit einander bilden, zu bestimmen. Man verlängere die Linie ad nach i, die Linie ab nach k, so entsteht äußerlich ein ∠ z; dieser ist nach Fig. 33 gleich dem innerlichen ∠ x, weil sie Scheitelwinkel sind. Hat man also das Maaß für ∠ z erhalten, so ist dies dasselbe für ∠ x, und man kann nach Fig. 57 die Trapezoide aufzeichnen.

Ebenso verfährt man auch unter gleichen Umständen, um bei einer anscheinend richtigen Grundfläche eines Parallelogramms die Richtigkeit desselben zu untersuchen, wo dann jeder äußere Scheitelwinkel gleich dem innern = 90° halten muß.

Um einen Kreis zu zeichnen, bedient man sich im Kleinen des Zirkels mit mannichfachen Veränderungen; im Großen bedient man sich einer Schnur, indem man dieselbe am Mittelpunkte beweglich befestigt, straff anspannt, auf der gegebenen Länge des Halbmessers einen Stift umschlingt, und mit diesem den Kreis zeichnet.

Genauer geschieht dieses jedoch mit einer Latte, Fig. 61, indem man in dem Punkte b, und von diesem entfernt in der Länge des Halbmessers in a, Stifte durch die Latte einschlägt und mit a den Kreis zeichnet.

Ein gleichseitiges Dreieck in einen Kreis zu construiren, Fig. 62, nehme man den Halbmesser ab, trage denselben auf f nach d und e, so giebt die Entfernung de die Seitenlinie des gleichseitigen Dreiecks, indem man damit aus d und e nach c schneidet und diese Punkte verbindet.

Ein Quadrat in einen Kreis zu construiren. Fig. 63. Man ziehe den Durchmesser ed winkelrecht zu dem Durchmesser bc, so giebt die Verbindung der dadurch erhaltenen Punkte in der Kreislinie das □ becd.

Ein reguläres Fünfeck in einen Kreis zu construiren. Fig. 64. Man theile den Bogen db eines Quadranten adb in 5 gleiche Theile d—1, 1—2 u. s. w., nehme dann 4 Theile von d bis 4, so wird sich dieses Maaß fünfmal auf die Kreislinie tragen lassen, und man erhält durch die Verbindung dieser Punkte das Fünfeck d4fgh.

Ein reguläres Sechseck in einen Kreis zu construiren. Fig. 65. Man nehme den Halbmesser ab, so wird sich dieser genau sechsmal auf die Kreislinie in gbdecf tragen lassen, welche Punkte, mit einander verbunden, das Sechseck geben.

Ein reguläres Siebeneck in einen Kreis zu construiren. Fig. 66. Man theile den Bogen bc des Quadranten abc in 7 gleiche Theile c—1, 1—2 u. s. w., nehme 4 solcher Theile von c bis 4, so wird dieses Maaß genau siebenmal auf die Kreislinie in die Punkte 4defghc treffen, deren Verbindung das Siebeneck giebt.

Ein reguläres Achteck in einen Kreis zu construiren. Fig. 67. Man ziehe die Durchmesser bc und de rechtwinklich zu einander, theile die Bögen der so gebildeten Quadranten in zwei gleiche Theile, so erhält man vier Punkte, fghi, welche, mit den erstern Punkten in der Kreislinie verbunden, das Achteck b f e g c h d i geben.

Soll ein reguläres Zwölfeck oder Sechszehneck in einen Kreis construirt werden, so theile man denselben in Quadranten, theile diese wieder in 3 oder 4 Theile und verfahre wie in der vorigen Fig., oder man verfährt wie beim Fünfeck und Siebeneck, indem man den Quadranten in so viel Theile theilt, als das Vieleck Seiten haben soll, und allemal vier Theile als das Maaß zur Seitenlinie annimmt, wenn man nicht, ohne dieses, durch Versuche gleich die ganze Kreislinie eintheilt.

Auf andere Weise geschieht die Construction der regelmäßigen Vielecke mittels des Transporteurs, indem man nach der Anzahl der Seiten berechnet, wie groß jeder Centriwinkel nach Graden wird, und diese dann um einen Mittelpunkt trägt; dabei dürften jedoch sehr leicht Fehler vorkommen, da diese Construction nicht allemal beim ersten Versuche richtig sein wird.

Ist ein Vieleck um einen gegebenen Kreis zu construiren, so construire man dieses erst in dem Kreise, ziehe dann nach den Ecken die Halbmesser, verlängere dieselben nach auswärts, und ziehe zu den Seiten des innerlichen Parallellinien, welche den Kreis berühren, (Tangenten). Fig. 68.

Soll ein Sechseck, Fig. 69, mit einer gegebenen Seitenlinie construirt werden, so geschieht dieses auf folgende Weise: man construirt mit der gegebenen Seitenlinie a b ein gleichseitiges △ a b c, dann mit der Seitenlinie a c das gleichseitige △ a d c, mit der Seitenlinie c b = a c, das gleichseitige △ c b g u. s. w. sechs gleichseitige Dreiecke um den Punkt c. Aus diesem konnte man auch mit der Seite a c des Dreiecks die Kreislinie beschreiben, auf welcher sich die gegebene Linie sechsmal auftragen ließ.

Ein reguläres Siebeneck, Fig. 70, mit gegebener Seitenlinie a b zu construiren. Man beschreibe mit a b aus a den Bogen b c, aus b den Bogen a c; durch den Durchschnittspunkt c fälle man auf a b die Perpendiculare g k, theile dann den Bogen a c in sechs gleiche Theile, nehme einen solchen Theil c 5 und trage denselben aus c nach d, so erhält man in d den Mittelpunkt der Kreislinie, auf welcher sich die Linie a b siebenmal auftragen läßt, indem man d b oder d a als Halbmesser annimmt, und durch die Verbindung der Punkte aefghib das Siebeneck erhält.

Auf ähnliche Weise verfährt man bei der Construction des Neunecks, Fig .71, indem man wie vorher mit der gegebenen Seitenlinie ab den Bogen ac beschreibt 2c., diesen in sechs Theile theilt, aus c drei solcher Theile nach d trägt, welches der Mittelpunkt zu dem Kreise, mit ad gezeichnet, ist, in welchem sich die Linie ab neunmal auftragen läßt und man durch Verbindung dieser Punkte aefghiklb das Neuneck erhält.

Bei den andern Vielecken bis zu 12 Seiten ist hiernach das Verfahren folgendes: man zeichnet mit der gegebenen Seitenlinie aus den Endpunkten derselben zwei Kreisbögen, in dem Durchschnittspunkte dieser errichtet man auf der Seitenlinie eine Perpendiculare, theilt einen Bogen in sechs Theile und nimmt zu diesen noch so viel Theile auf die Perpendiculare, daß die Anzahl dieser zusammen so viel beträgt, als das Vieleck Seitenlinien haben soll, wodurch sich der Mittelpunkt für die Kreislinie bestimmt, auf welcher sich die gegebene Seitenlinie eintheilen läßt.

Sollen unregelmäßige Vielecke construirt werden, so müssen außer den gegebenen Umfassungslinien, noch Winkel und Diagonalen sowie die Lage dieser, näher angegeben werden. Sollen dergleichen abgemessen und wieder aufgezeichnet werden, so kann dieses auf mancherlei Art geschehen; z. B. mit Fig. 72 A. Man zerlegt dasselbe durch Diagonalen in die Dreiecke agh, ahb, bhc u. s. w., und setzt dann die Dreiecke nach Fig. B nebeneinander zusammen, wie Fig. 44 gezeigt wurde.

Um zu einer gegebenen Kreislinie abci, Fig. 73, den Mittelpunkt zu finden, nehme man auf derselben drei Punkte abc an, beschreibe mit beliebigem Maaße aus a die Bögen 5—1, aus b schneide man dieselben mit diesem Maaße durch die Bögen 6—2, und verbinde die Durchschnittspunkte durch die Linie gf; beschreibe ferner aus b die Bögen 4—7, schneide dieselben aus c durch die Bögen 3—8, und verbinde diese Durchschnittspunkte durch die Linie eh, so erhält man durch den Durchschnittspunkt d dieser Linien, den Mittelpunkt für den Kreis.

Auf gleiche Weise verfährt man, um den Mittelpunkt zu einem Stück Kreisbogen, Fig. 74, zu finden, indem man darin drei Punkte abc annimmt, und dadurch den Durchschnittspunkt h bestimmt, wenn man de rechtwinklich auf ab, fg rechtwinklich auf bc und zwar in die Mitte der Sehnen zieht.

Von der Ellypse und andern Bögen.

Zu den regulär-krummen Linien gehört die Ellypse, welche in der Praxis oft vorkommt und wovon es verschiedene Constructionen giebt. Sie ist als gedrückte Kreislinie zu betrachten, in welcher ein größter und ein kleinster Durchmesser, (Achsen), sich rechtwinklich schneiden; doch wird bei den folgenden Constructionen nur ein Theil gezeichnet, da es nach diesem leicht ist, das Nöthige hinzuzufügen.

Eine gewöhnliche Construction einer Ellypse ist die nach Fig. 75, mit der gegebenen großen Achse ab und der halben Achse cd. Man nehme die halbe Achse ad, schneide damit aus c die große Achse in e und f; in diese Punkte ef, Brennpunkte genannt, schlägt man Stifte, und befestigt daran eine Schnur, jedoch so, daß sie, straff angezogen, noch in der Mitte bis c reicht, also den ∠ ecf bildet. Indem man die Schnur auf diese Weise anspannt und befestigt hat, fährt man mit einem Stifte innerhalb an derselben hin, so daß man die Linie agchb erhält.

Eine Ellypse mit denselben gegebenen Achsen, nach Fig. 76, zu construiren. Man construire mit den gegebenen Achsen ab, cd, das Parallellogramm abef, theile fc in 10 gleiche Theile f—1, 1—2, 2—3 u. s. w. sowie fa ebenfalls in 10 gleiche Theile f—1′, 1′—2′, 2′—3′ u. s. w., verbinde hierauf 1 mit a, 2 mit 9′, 3 mit 8′ u. s. w., wonach man aus freier Hand die innerlichen Durchschnittspunkte dieser Linien verbindet. Auf der andern Seite ist dasselbe Verfahren anzuwenden; doch ist hier 9 mit 1′ und 1 mit 9′ rc. verbunden, so daß man die ellyptische Linie durch die innere Seite der gezogenen Linien erhält.

Eine Ellypse mit denselben gegebenen Achsen, nach Fig. 77, zu construiren. Man construire mit der halben kleinen Achse ae = dc, den Viertelkreis afe, theile af in eine beliebige Anzahl gleich großer Theile f2, 2—3 u. s. w., errichte in diesen Punkten Senkrechte bis an den Bogen fe; theile ferner die halbe große Achse db in eben so viel gleich große Theile b2′, 2′—3′ u. s. w., errichte darin Senkrechte, trage das Maaß der Linie 2—8 von 2′ nach 8′, das Maaß 3—9 von 3′ nach 9′ u. s. w. und verbinde die so gefundenen Punkte 8′ 9′ u. s. w., nachdem man die Theile f2, b2′ an den Seiten, zur sicheren Zeichnung des Bogens, noch einmal getheilt hat.

(Diese drei Constructionen sind bei jedem andern Verhältniß der Achsen anwendbar.)

Construction einer Ellypse, in welcher sich die große Achse zur halben kleinen Achse ziemlich wie 9 zu 24 verhält, Fig. 78. Man theile die Achse ab in drei gleiche Theile ae, ef, fb, beschreibe mit ae den Kreis ahfg, mit fb den Kreis bheg, ziehe aus den Durchschnittspunkten dieser Kreise durch die Mittelpunkte derselben die Durchmesser gk, gi, und beschreibe mit diesem aus g den Verbindungsbogen kdi, so ist akdib die ellyptische Linie.

(Bei diesen Constructionen, noch mehr aber bei den folgenden, aus mehr als drei Mittelpunkten, ist vorzüglich darauf zu sehen, daß bei dem Uebergang der Bögen kein Bruch entsteht, sondern daß dieselben leicht in einander verlaufen.)

Construction einer Ellypse, in welcher sich die große Achse zur halben kleinen wie 7 zu 18 verhält, Fig. 79. Man theile die halbe Achse ab in 9 gleiche Theile a1, 1—2 u. s. w., trägt 4 solcher Theile auf die in b errichtete rechtwinkliche Linie unterwärts nach d, macht bh = b6, zieht aus d durch 6 die Linie df, durch h die Linie dg, beschreibt mit a6 aus 6 den Bogen ai, mit hc den Bogen ck, nimmt dann di und beschreibt damit aus d den Bogen iek.

Construction einer Ellypse aus mehrern Mittelpunkten, Fig. 80, worin sich die Achsen wie 1:2 verhalten. Man theile ab in 3 gleiche Theile, nimmt davon zwei Theile ca in 15 gleiche Theile, c1, 1—2, 2—3 u. s. w., trägt unterwärts auf die Senkrechte ao sechs Theile aus a nach k, aus k nach l u. s. w., zieht aus k durch c die Linie ke, aus l durch 1 die Linie lf, aus m durch 3 die Linie mg u. s. w. und beschreibt aus c, sowie aus den Durchschnittspunkten pqrs und o, den zwischen zwei, den Durchschnittspunkt bildenden Linien, liegenden Bogen at, tu u. s. w., wodurch man die ellyptische Linie btuvwxd erhält.

Construction einer Ellypse, in welcher sich die Achsen wie vorher = 1:2 verhalten. Fig. 81. Man construire mit den halben Achsen das Parallelogramm abcd, halbire ∠ bdc durch die Linie de, den ∠ dbc durch die Linie bf, welche Linien sich in g schneiden; hierauf errichte man in der Mitte von gb die Senkrechte lk, welche ab in m schneidet, auf dg in der Mitte die Senkrechte hi, welche die verlängerte kleine Achse in i schneidet; dann nimmt man m als Mittelpunkt für den Bogen gb und i für den Bogen dg.

Construction einer flachen Ellypse. Fig. 82. Man theilt ab in 12 gleich große Theile a—1, 1—2, 2—3 u. s. w., trägt auf die verlängerte kleine Achse 9 solcher Theile aus a nach d, aus d nach e, aus e nach f, zieht aus d durch 9 die Linie dl, aus e durch 7 die Linie ek, aus f durch 4 die Linie fi. Hierauf beschreibt man aus 9 den Bogen bo, aus g den Bogen on, aus h den Bogen nm, aus f den Bogen mc.

Eine andere regulär-krumme Linie bildet der sogenannte steigende Bogen, welchen man als verschobene Ellypse betrachten kann, da dieser in einem verschobenen Parallelogramm (Rhomboide) gezeichnet wird. Fig. 83. Man construire mit der gegebenen großen Achse ab, und der kleinen Achse 5′—14′, nach der Steigung ea, (welche der halben wagerechten Weite gleich ist), die Rhomboide abdc, zeichne auf der Wagrechten eb den Halbkreis e 14 b, theile eb in 10 Theile e 1, 1—2 u. s. w. und errichte in diesen Punkten Senkrechte bis an die Linie cd, hierauf trägt man auf die entsprechenden Linien das Maaß 1—10 von 1′ nach 10′, das Maaß 2—11 von 2′ nach 11′ u. s. w., und es giebt die Verbindung der so erhaltenen Punkte a, 10′, 11′—b, wenn man zuvor die Theile e 1, 9 b auf beiden Seiten der Wagerechten noch einmal theilte und deren Maaße auf die Senkrechten von f′ nach 19′, von g′ nach 20′ trug, den Bogen a 14′ b. Oder:

Fig. 84. Man construire mit der gegebenen großen Achse ab und der halben kleinen Achse cd = ½ ab, nach der Steigung ga, (welche ⅓ der wagerechten Weite ist), die Rhomboide abfe, ziehe zu ef aus deren Mittelpunkte d, die Rechtwinkliche di bis an die Wagerechte gb, zu ge aus a die Rechtwinkliche ah bis an di, so ist h der Mittelpunkt für den Bogen ad und i der Mittelpunkt für den Bogen db; oder: man halbire den ∠ aed durch die Diagonale ce, den ∠ dfb durch die Diagonale fi, so sind die Durchschnittspunkte der Diagonalen mit der rechtwinklichen Linie d i, die Mittelpunkte für die Bögen. Oder:

Fig. 85. Man theile c b, die wagrechte Weite des Bogens, in drei Theile cf, fi, ib, errichte in c und f Senkrechte, mache a c, (die Steigung) und g f = c f, so ist g der Mittelpunkt für den Bogen a h, f der Mittelpunkt für den Bogen h b.

Wird aber bei einer Bogenlinie die Höhe (die halbe senkrechte Achse) größer als die halbe Weite (die halbe wagrechte Achse), so heißt dieselbe überhoben. Ein solcher Bogen ist als halbe Ellypse zu betrachten, so jedoch, daß hier umgekehrt deren kleine Achse die Weite, und die halbe große Achse die Höhe desselben ist, sonst aber bei diesen Constructionen auch ganz so wie bei der Ellypse verfahren wird.

Fig. 86. Ein überhobener Bogen, in welchem sich die Höhe zur Weite wie 9 : 14 verhält. Man theilt die Höhe c d in 9 gleiche Theile, trägt 4 Theile von c nach i und k, zieht aus i durch e (3 Theile von c) die Linie i h, aus k durch e die Linie k g, und beschreibt dann aus e den Bogen g d h, aus k den Bogen a g, aus i den Bogen h b.

Kommen Constructionen dergleichen Bögen bei Gewölben, namentlich bei ungleichseitigen und irregulären Grundflächen vor, so geschehen dieselben meistens nach dem in Fig. 77 beschriebenen Verfahren. Fig. 87. Man beschreibt mit der Höhe des Bogens b c den Bogen a c, theilt ab in z. B. 4 Theile a,—1, 1,—2, u. s. w. und zieht Senkrechte bis an den Bogen; theilt dann a'b', die gegebene Weite des Bogens, in dieselbe Anzahl gleicher Theile, errichtet auch hier Senkrechte und macht diese, den erstern entsprechend, gleich groß.

Geschieht unter den oben gegebenen Bedingungen die Verbindung der beiderseitigen Bögen nicht durch einen Verbindungsbogen im Scheitel, sondern gehen dieselben in einer stumpfen Spitze zusammen, so entsteht der Spitzbogen. Fig. 88. Ist die ganze Weite a b des Spitzbogens gleich der Höhe d c, so beschreibt man den Bogen a c aus b, den Bogen b c aus a;

ist d e kleiner als a b, so ziehe man die Linie e a, errichte in l, der Mitte derselben, eine Senkrechte, welche die Weite a b in h' schneidet, wodurch man den Mittelpunkt zu dem Bogen a e erhält.

Dasselbe Verfahren wird angewendet, um den Mittelpunkt i für den Bogen f b, sowie den Mittelpunkt k, k' für die Bögen a g und g b zu finden, bei welchen die Höhe noch kleiner als vorher ist.

Verwandlung gradliniger Figuren in andere von gleichem Flächeninhalte.

Ein Quadrat a b c d, Fig. 89, in ein Parallelogramm zu verwandeln. Soll dieses vielleicht die halbe Höhe des erstern erhalten, so mache man die Höhe e f des Parallelogramm = ½ a d und die Länge oder Grundlinie desselben e h = 2 a b oder noch einmal so lang als a b, so wird das Parallelogramm e f g h eben so viel Flächeninhalt als das Quadrat a b c d haben.

Soll ein Quadrat in ein Parallelogramm verwandelt werden, welches z. B. den vierten Theil des erstern zur Höhe hat, so mache man dasselbe dann viermal so lang als das Quadrat ꝛc; soll hingegen das Parallelogramm eine Höhe erhalten, welche sich nicht in die Höhe des Quadrates auf diese Weise theilen läßt, so verfährt man auf folgende Art: Es sei das Quadrat a b c d, Fig. 90, in ein Parallelogramm zu verwandeln, welches die Linie x y zur Höhe hat. Man verlängere die Seitenlinie d a des Quadrates nach i, mache a i gleich der gegebenen Höhe x y, ziehe von i nach b eine Linie, bis sie die Verlängerte d c in h schneidet, construire mit den Linien i d und d h das Parallelogramm d h f i, verlängere die Seiten a b und c b des Quadrates, bis sie die Seitenlinie f h in g, i f in e schneiden, so wird ein Parallelogramm b g f e gebildet, welches dem Quadrat a b c d an Flächeninhalt gleich ist.

Beweis. Es ist das Parallelogramm i d h f durch die Diagonale i h in zwei gleich große Dreiecke i d h und i f h getheilt; durch die Diagonale ist aber auch △ b h c = △ b h g, und △ i b a = △ i b e. Nimmt man nun von den großen Dreiecken, von △ i d h die Dreiecke I und II, von △ i f h, die, den letztern beiden gleichen Dreiecke III und IV weg, so müssen die noch übrig bleibenden Flächen auch gleich, also □ a b c d = dem Parallelogramm e b g f sein.

Ein Quadrat a b c d, Fig. 91, in ein gleichschenkliches Dreieck zu verwandeln. Man mache e f = a b, errichte in f die Senkrechte f h, mache diese = b c = e f und verbinde e mit h, so wird △ efh = △ abc, gleich dem halben Quadrat sein, und da dieses = △ acd ist, so darf man dieses nur an die andre Seite nach fgh tragen, um das △ egh zu erhalten, welches gleichen Flächeninhalt mit dem □ abcd hat.

Eine Rhomboide agec, Fig. 92, in ein Parallelogramm zu verwandeln. Man errichte in g die Senkrechte gd, wodurch das △ gde abgeschnitten wird; dieses setze man an ac indem man die Senkrechte ab bis an die Verlängerte cd zieht, so erhält man das, der Rhomboide gleiche Parallelogramm agdb. Auf gleiche Weise verwandelt man die Rhomboide ahic, Fig. 92, in das Parallelogramm ahfb.

Ein rechtwinkliches Dreieck abd, Fig. 93, in ein gleichschenkliches zu verwandeln. Man construire mit den Linien ab, ad, das Parallellogramm ab fd, welches durch die Diagonale bd in zwei gleiche Dreiecke getheilt wird, was aber auch geschieht, wenn man ab in 2 gleiche Theile theilt und die Senkrechte ce zieht, so daß Parallellogramm aced ≐ △ abd ist. Zieht man nun die Diagonale ae, so ist △ ace halb so groß als △ abd; ferner ist aber auch durch die Diagonale eb das △ ecb halb so groß als △ abd, mithin △ abe ebenso groß als dieses.

Ein stumpfwinkliches Dreieck abc, Fig. 94, in ein rechtwinkliches zu verwandeln. Man construire mit der Grundlinie ab und der Seitenlinie ac die Rhomboide abec; ferner mit der Grundlinie ab und der senkrechten Höhe ad das Parallelogramm abfd. Beide Figuren sind nach Fig. 92 einander gleich, also muß auch die halbe Rhomboide oder das △ abc gleich sein dem halben Parallelogramm oder dem △ abd.

Aus diesem Beweis geht der Lehrsatz hervor, daß Dreiecke von gleicher Grundlinie und gleicher rechtwinklicher Höhe, einander gleich sind.

Ein rechtwinkliches Dreieck abe, Fig. 95, in ein Parallelogramm zu verwandeln. Man theile ae in zwei gleiche Theile, ziehe aus d zu ab parallel die Linie dc und errichte in b die Senkrechte bc, so erhält man das Parallelogramm abcd, welches dem △ abe gleich ist, indem das abgeschnittene △ dfe = △ fcb ist.

Ein ungleichseitiges Dreieck in ein Parallelogramm zu verwandeln. Fig. 96. Man theile ab in zwei gleiche

Theile, ziehe dg parallel ac, cg parallel ab, so erhält man die Rhomboide adgc, welche gleich ist dem △ abc. Nach Fig. 92 ist diese Rhomboide in das Parallelogramm adef zu verwandeln, welches dann = △ abc ist.

Ein Trapez in eine Rhomboide zu verwandeln. Fig. 97. Man verlängere die obere Linie dc bis sie von einer aus b, parallel zu ad gezogenen Linie in f geschnitten wird, theile ef in zwei gleiche Theile, ziehe durch e zu fb die Parallele eg, so ist Rhombus aged = Trapez abcd, indem das abgeschnittene △ gbh gleich ist dem angesetzten △ ceh.

Eine Trapezoide in ein rechtwinkliches Dreieck zu verwandeln. Fig. 98. Man ziebe die Diagonale db, verlängere ad bis sie von einer aus c, parallel zur Diagonale gezogenen Linie in e geschnitten wird, und ziehe die Linie eb, so ist das △ dbe = △ dbc; dann aber auch △ abe = der Trapezoide abcd. Hiernach ist es leicht das △ abe in das rechtwinkliche △ abf zu verwandeln.

Ein wichtiger Lehrsatz in der Geometrie ist folgender, in welchem bewiesen wird, daß an einem rechtwinklichen Dreieck das Quadrat, mit der Hypothenuse construirt net, gleich ist der Summe der Quadrate, welche mit beiden Catheten construirt werden.

Ein einfacher Beweis hierzu ist folgender. Fig. 99. Man verlängere die Catheten ab und ac, mache bf = ac, cd = ab, so wird af = ad sein; mit diesen Linien construire man das Quadrat adef. Construirt man nun in dasselbe mit der Hypothenuse cb das Quadrat chgb, so wird dieses die Linien de und ef treffen, und zwar so, daß sowohl dh und eg = fb = ac, als auch he und gf = ab = cd, also die vier Dreiecke einander gleich sind.

Construirt man dann mit af ein andres Quadrat iklm macht darin rk = bf, kp = fg, und construirt damit das Parallelogramm kpro; auf gleiche Weise mit denselben Maaßen das Parallelogramm nmqo, so bleiben darin zwei Quadrate oplq und iron übrig, welche dem Quadrat chgb gleich sein müssen, da, durch die Diagonalen, die Parallelogramme die vier gleichen Dreiecke des ersten Quadrates enthalten.

Das passendste Verhältniß der Seitenlinien eines rechtwinklichen Dreiecks, zu einem andern Beweise für obigen Lehrsatz, ist 3 : 4 : 5. Man macht nämlich eine Cathete, z. B. 3 $^{\underline{\Omega}}$, die andre 4 $^{\underline{\Omega}}$ lang, so wird die Hypothenuse 5 $^{\underline{\Omega}}$ lang sein.

Man construire, Fig. 100, an jeder Seitenlinie des rechtwinklichen Dreiecks, mit derselben ein Quadrat, also mit ab das Quadrat abgf, mit ac das □ aced, mit bc das □ bcih. War ab 3 Ellen, so erhält man drei gleiche Theile b 6, 6 – 5, 5 a, jeder 1 Elle lang, sowie auf af drei gleiche Theile a 17, ꝛc., so daß das □ abgf, durch rechtwinkliche Linien aus den Theilungspunkten gezogen, in 9 gleiche Quadrate getheilt wird. Theilt man die Seitenlinien des □ aced in 4 Theile, so erhält dasselbe 16 Quadrate, den Quadraten von ab gleich. Theilt man endlich die Seitenlinien des Quadrates bcih in 5 Theile, so erhält dasselbe 25 kleinere Quadrate mit den Quadraten von ab und ac gleich, also daß das Quadrat, mit der Hypothenuse construirt, eben so groß ist als die beiden andern mit den Catheten construirt, indem dieselben 9 + 16 = 25 mit den erstern ganz gleiche Quadrate geben.

Auf obigem Lehrsatze beruht das Verfahren, mehre Quadrate A, B., C., Fig. 101, in eins zu verwandeln. Man mache ab = der Seitenlinie von B, ac = der Seitenlinie von A, so würde ein Quadrat, mit der Hypothenuse cb construirt, so groß als die Quadrate AB zusammen, sein.

Nimmt man nun cb als Cathete eines andern Dreiecks und die Seite des Quadrates C = cd als die andre Cathete an, so erhält man die Hypothenuse db, dessen Quadrat bfed also so groß als die mit cd und cb construirten Quadrate zusammengenommen, und, da das Quadrat von cb = den Quadraten von A und B war, nun so groß als die Quadrate ABC zusammengenommen ist.

(Aehnlich ist das Verfahren, drei oder mehr gleiche Quadrate in eins zu verwandeln; doch würde es falsch sein, wenn man dann ein Quadrat construiren wollte, dessen Seite drei- oder mehrmal so lang als die des gegebenen ist.)

Nach den bis hieher angeführten Beispielen ist es nun leicht, gradlinige Figuren in verschiedene andere und mehrmals zu verwandeln.

Von der Ausmessung der Flächen.

Zur gehörigen Anwendung und Ausführung, selbst der niedern Geometrie, gehören auch die höhern Rechnungsarten; da diese jedoch diejenigen, welche sich nicht höher als zum Polir ausbilden können, wohl selten erlernen werden, so sind hier auch die Berechnungen für vorliegenden Zweck durch einfache Beispiele aber ausreichend aufgestellt, da wohl schwierige Auflösungen von denselben nicht verlangt werden.

Zur Berechnung und Vergleichung der Flächen ist das Quadrat angenommen, wobei man dann, je nach der Größe der Fläche oder sonstigen Umständen, nach Quadrat-Zollen, Fußen, Ellen rechnet, wenn die Maaße in Zollen, Fußen, Ellen oder gemischt gegeben sind. Man nennt eine quadratische Fläche, welche z. B. 1 Zoll Länge als Seitenlinie hat, einen Quadratzoll, bei 1 Fuß Seitenlinie einen Quadratfuß u. s. w., und gelten dabei die Zeichen für die Längenmaaße unter Vorsetzung des Zeichens für das Quadrat; z. B. $\square''$., $\square'$., $\square^{0}$.

Es sei die Seitenlinie eines Quadrates abcd, Fig. 102, = 1 Elle lang, so wird dasselbe, durch Theilung der Seitenlinien in zwei Theile, jeder Theil ein Fuß lang, und durch Verbindung dieser einander gegenüberliegenden Punkte, in vier gleiche Quadrate getheilt. Das Quadrat abcd hat also zwei Reihen Quadrate, jede Reihe wieder zu zwei, welches $2 \times 2 = 4$ Quadrate, hier Quadratfuß sind.

Ist die Seitenlinie eines Quadrates abcd, Fig. 103 = 1 Fuß lang, so läßt sich dieselbe z. B. ad in 12 Theile, (Zolle) theilen; zieht man durch die Punkte 1′, 2′, 3′, 4′ 2c. Parallelen zur Grundlinie, so erhält man 12 Parallelogramme nebeneinander, von denen jedes 1 Zoll breit, 12 Zoll lang ist; theilt man auch die Grundlinie in 12 Theile, (Zolle) und zieht durch die Punkte 1, 2, 3, 4 u. s. w. Senkrechte, so wird jedes solches Parallelogramm in 12 Quadrate getheilt, deren Seitenlinie 1″ ist, so daß das ganze Quadrat, 1 Quadratfuß, zu 12 Reihen, jede Reihe zu 12 Quadraten $= 12 \times 12 = 144$ Quadrate = 144 Quadratzoll enthält.

Diesem zufolge enhält eine Quadratelle, weil sie 4 $\square'$ hat $= 4 \times 144\ \square'' = 576\ \square''$, oder, da die Seitenlinie derselben 24 Zoll hat, 24 Reihen, jede Reihe zu 24 Quadraten $= 24 \times 24 = 576 \, \square''$.

Hieraus ersieht man, daß man, um den Flächeninhalt eines Quadrates zu finden, die Grundlinie mit der Höhe, oder, da beide einander gleich sind, die Grundlinie mit sich selbst multipliciren muß.

Es muß dem Leser so viel bekannt sein, daß man auch hier nur Gleiches mit Gleichem multipliciren kann, so daß man gegebene Maaße mit gemischten Größen auf einerlei, am leichtesten auf die niedrigste Benennung und dann das Product je nach Verlangen in höhere Benennung bringt.

Aufgabe. Die Seitenlinie eines Quadrates sei $20''$; wie viel enthält dieses I. Quadratzoll? II. Quadratfuß? III. Quadratellen?

Auflösung.

I. $20'' \times 20'' = \underline{400 \, \square''}$

oder: da $20'' = 1\frac{2}{3}'$ ist,

II. $1\frac{2}{3}' \times 1\frac{2}{3}' = \frac{5}{3}' \times \frac{5}{3}' = \underline{2\frac{7}{9} \, \square'}$

oder: da $20'' = \frac{5}{6}{}^{0}$ ist,

III. $\frac{5}{6}{}^{0} \times \frac{5}{6}{}^{0} = \underline{\frac{25}{36} \, \square^{0}}$

oder: man findet aus I. die Auflösung zu II., wenn man den Flächeninhalt nach Quadratzollen durch den Inhalt eines Quadratfußes dividirt.

$400 \, \square'' : 144 = \underline{2\frac{7}{9} \, \square'}$.

Zu III. findet man die Auflösung aus I., wenn man den Flächeninhalt desselben durch den Inhalt einer Quadratelle dividirt.

$400 \, \square'' : 576 = \underline{\frac{25}{36} \, \square^{0}}$.

Aufgabe. Die Seitenlinie eines Quadrates sei $1^{0}\ 22''$; wie viel Quadratellen enthält dasselbe?

a) $1^{0}\ 22'' = 46''$ also $\underline{46'' \times 46''} = $
576

$2116 \, \square'' : 576 \, \square'' = \underline{3\frac{97}{144} \, \square^{0}}$

oder b) $1^{0}\ 22'' = 1\frac{11}{12}{}^{0}$ also $1\frac{11}{12}{}^{0} \times 1\frac{11}{12}{}^{0} = \frac{23}{12}{}^{0} \times \frac{23}{12}{}^{0} = \frac{529}{144} \, \square^{0} = \underline{3\frac{97}{144} \, \square^{0}}$.

Ist der Flächeninhalt eines Quadrates bekannt, es soll aber daraus die Seitenlinie desselben gefunden werden, so muß die Zahl gesucht werden, welche, mit sich selbst multiplicirt, den Flächeninhalt gab.

Dergleichen Auflösungen sind schwieriger als die, den Flächeninhalt zu bestimmen, und, ohne das hierzu eigne Verfahren, beim Facit mit ganzen Zahlen, nur durch oft lange Versuche, bei demselben mit Bruchtheilen aber schwieriger oder gar nicht genau anzugeben.

Zu einer Erleichterung im ersten Falle möge die beifolgende Tabelle dienen, in welcher angegeben ist, wie viel eine Zahl, (das Maaß einer Seitenlinie, die Grundzahl), mit sich selbst multiplicirt, (das Quadrat) giebt, so daß man auch umgekehrt, die Seitenlinie (die Grundzahl) zu einem Quadrat, (einer Quadratzahl) findet.

Grundzahl.	Quadrat.	Grundzahl.	Quadrat.	Grundzahl.	Quadrat.	Grundzahl.	Quadrat.
1	1	26	676	51	2601	76	5776
2	4	27	729	52	2704	77	5929
3	9	28	784	53	2809	78	6084
4	16	29	841	54	2916	79	6241
5	25	30	900	55	3025	80	6400
6	36	31	961	56	3136	81	6561
7	49	32	1024	57	3249	82	6724
8	64	33	1089	58	3364	83	6889
9	81	34	1156	59	3481	84	7056
10	100	35	1225	60	3600	85	7225
11	121	36	1296	61	3721	86	7396
12	144	37	1369	62	3844	87	7569
13	169	38	1444	63	3969	88	7744
14	196	39	1521	64	4096	89	7921
15	225	40	1600	65	4225	90	8100
16	256	41	1681	66	4356	91	8281
17	289	42	1764	67	4489	92	8464
18	324	43	1849	68	4624	93	8649
19	361	44	1936	69	4761	94	8836
20	400	45	2025	70	4900	95	9025
21	441	46	2116	71	5041	96	9216
22	484	47	2209	72	5184	97	9409
23	529	48	2304	73	5329	98	9604
24	576	49	2401	74	5476	99	9801
25	625	50	2500	75	5625	100	10000

Grundzahl.	Quadrat.	Grundzahl.	Quadrat.	Grundzahl.	Quadrat.	Grundzahl.	Quadrat.
101	10201	106	11236	111	12321	116	13456
102	10404	107	11449	112	12544	117	13689
103	10609	108	11664	113	12769	118	13924
104	10816	109	11881	114	12996	119	14161
105	11025	110	12100	115	13225	120	14400

Aufgabe. Der Flächeninhalt eines Quadrates sei 441 Quadratellen; wie groß ist dessen Seitenlinie?

Sucht man in der Reihe der Quadratzahlen 441, so steht dazu die Grundzahl 21, wodurch sich also die Seitenlinie zu 21 Ellen ergiebt.

Ist jedoch das Quadrat mit Bruchzahlen, z. B. in Ellen angegeben, so löse man, da dieses Quadrat nicht in der Tabelle angegeben ist, den Bruch auf, und bringe denselben in eine niedrigere Benennung, so findet man vielleicht unter dieser dann genau oder doch annähernd die Grundzahl z. B.

Es habe ein Quadrat $10\frac{1}{36} \square^{\underline{o}}$ Flächeninhalt; wie groß ist dessen Seitenlinie?

Man drücke den Flächeninhalt z. B. in Quadratzollen aus, indem man denselben mit 576 multiplicirt und suche nun hierzu die Grundzahl, welche das Maaß der Seitenlinie in Zollen angiebt. $10\frac{1}{36} \times 576 = 5776 \square''$, welche Zahl durch (s. Tab.) 76, mit sich selbst multiplicirt, entsteht, so daß also die Seitenlinie $76'' = 3^{o}\ 4''$ lang ist.

Ebenso wie bei dem Quadrat wird auch bei dem Parallelogramm der Flächeninhalt gefunden, wenn man die Grundlinie mit der Höhe multiplicirt.

Hat z. B. ein Parallelogramm abcd, Fig. 104, zur Grundlinie 13″, zur Höhe 5″, so läßt sich dasselbe in 5 Parallelogramme nebeneinander theilen, welche 1″ hoch, 13″ lang sind. Errichtet man in den 13 abgetheilten Zollen der Grnndlinie Senkrechte, so wird jedes solches Parallelogramm in 13 Quadrate, Quadratzoll, getheilt, so daß das Ganze, zu 5 Reihen $= 5 \times 13 = 65$ Quadratzoll enthält.

Aufgabe. Ein Parallelogramm sei $6^{\underline{o}}$ lang, 11″ breit;

wie viel hat dasselbe, I. Quadratzoll? II. Quadratfuß? III. Quadratellen?

$$\text{I.}\quad 6^{\underline{0}} = 144^{\underline{\prime\prime}} \text{ also } 144^{\underline{\prime\prime}} \times 11^{\underline{\prime\prime}} = 1584 \, \square^{\underline{\prime\prime}}.$$

$$\text{II.}\quad 6^{\underline{0}} = 12^{\underline{\prime}};\ 11^{\underline{\prime\prime}} = \tfrac{11}{12}{}^{\underline{\prime}}, \text{ also } 12^{\underline{\prime}} \times \tfrac{11}{12}{}^{\underline{\prime}} = 11 \, \square^{\underline{\prime}}.$$

$$\text{III.}\quad 11^{\underline{\prime\prime}} = \tfrac{11}{24}{}^{\underline{0}} \text{ also } 6^{\underline{0}} \times \tfrac{11}{24}{}^{\underline{0}} = 2\tfrac{3}{4} \, \square^{\underline{0}}.$$

Umgekehrt findet man aus dem Flächeninhalt und einer Seitenlinie eines Parallelogramms die andre Seitenlinie, wenn man den Flächeninhalt durch die gegebene Seitenlinie dividirt.

Aufgabe. Ein Parallelogramm sei $12^{\underline{0}}$ lang und habe $48 \, \square^{\underline{0}}$ Flächeninhalt; wie breit ist dasselbe?

$$48 : 12 = 4^{\underline{0}}.$$

Aufgabe. Ein Parallelogramm sei $6^{\underline{0}}\ 9^{\underline{\prime\prime}}$ lang und habe $20\tfrac{23}{32} \, \square^{\underline{0}}$ Flächeninhalt; wie breit ist dasselbe?

$$20\tfrac{23}{32} \, \square^{\underline{0}} : 6^{\underline{0}}\ 9^{\underline{\prime\prime}} = 20\tfrac{23}{32} \, \square^{\underline{0}} : 6\tfrac{3}{8}{}^{\underline{0}} = \tfrac{663}{32} : \tfrac{51}{8} = 5304 : 1632 = 3\tfrac{1}{4}{}^{\underline{0}}.$$

Oder: Man drücke den Flächeninhalt in Quadratzollen aus und dividire denselben durch die Seitenlinie in Zollen angegeben, wodurch man das Maaß der andern Seitenlinie wieder in Zollen erhält.

$$20\tfrac{23}{32} \, \square^{\underline{0}} = 11934 \, \square^{\underline{\prime\prime}};\quad 6^{\underline{0}}\ 9^{\underline{\prime\prime}} = 153^{\underline{\prime\prime}}$$
$$\text{also } 11934 : 153 = 78^{\underline{\prime\prime}} = 3^{\underline{0}}\ 6^{\underline{\prime\prime}}.$$

In Fig. 103 theilt die Diagonale b d das Quadrat a b c d in zwei gleiche rechtwinkliche Dreiecke, so daß also jedes derselben 72 Quadratzoll enthält, nämlich hier 66 ganze und 12 halbe Quadrate. Es würde aber auch das Dreieck a b d nach Fig. 95 gleich sein dem Parallelogramm a b e 6′, woraus sich ergiebt, daß man den Flächeninhalt eines rechtwinklichen Dreiecks findet, wenn man die Grundlinie mit der halben multiplicirt.

Es gilt dieses aber auch für alle Dreiecke, weil bei Verwandlung der Figuren gezeigt wurde, daß man jedes Dreieck in ein rechtwinkliches verwandeln konnte, wenn man die Grundlinien und rechtwinklichen Höhen gleich machte.

Aufgabe. Ein Dreieck habe zur Grundlinie 18 Ellen, zur Höhe 9 Ellen; wie groß ist dessen Flächeninhalt?

$18 \times 4\frac{1}{2} = \underline{81 \square^{\underline{o}}}$

oder: $\frac{18 \times 9}{2} = 162 : 2 = 81 \square^{\underline{o}}$.

Den Flächeninhalt eines Trapezes abcd, Fig. 105, zu berechnen. Man zerlege dasselbe durch die Diagonale ac in zwei Dreiecke abc, adc. Es sei ab $= 8\frac{1}{2}^{\underline{o}}$, cd $= 4\frac{1}{2}^{\underline{o}}$, die rechtwinkliche Höhe af = ec $= 6^{\underline{o}}$, so ist der Flächeninhalt

für $\triangle$ abc $= 8\frac{1}{2} \times 3 = 25\frac{1}{2} \square^{\underline{o}}$,

" $\triangle$ adc $= 4\frac{1}{2} \times 3 = \underline{13\frac{1}{2} \square^{\underline{o}}}$,

sonach der Flächeninhalt des Trapezes $= \underline{39 \square^{\underline{o}}}$.

Ein andres einfaches Verfahren, das Trapez zu berechnen, ist folgendes. Fig. 106. Verwandelt man das Trapez abcd in das Parallelogramm efgh, so ist der Flächeninhalt dieses = ef $\times$ fg. Es ist aber auch ef = ik, welches die Mittellinie zwischen ab und dc, und halb so lang ist als ab und cd zusammen.

Hieraus ergiebt sich, daß man den Flächeninhalt eines Trapezes erhält, wenn man die Parallelen addirt, die Summe durch 2 dividirt, und das Product mit der rechtwinklichen Höhe multiplicirt.

ab war $8\frac{1}{2}^{\underline{o}}$, cd $= 4\frac{1}{2}^{\underline{o}}$, also ik $= \frac{8\frac{1}{2}^{\underline{o}} + 4\frac{1}{2}^{\underline{o}}}{2} =$

$6\frac{1}{2}^{\underline{o}}$, sonach der Flächeninhalt $6\frac{1}{2}^{\underline{o}} \times 6^{\underline{o}} = \underline{39 \square^{\underline{o}}}$.

Aufgabe. Die Parallelen eines Trapezes seien $6^{\underline{o}}\ 10^{\underline{\prime\prime}}$ und $4^{\underline{o}}\ 14^{\underline{\prime\prime}}$, die rechtwinkliche Höhe desselben sei $5^{\underline{o}}\ 9^{\underline{\prime\prime}}$; wie viel Quadratellen hat dasselbe?

$6^{\underline{o}}\ 10^{\underline{\prime\prime}} + 4^{\underline{o}}\ 14^{\underline{\prime\prime}} = 11^{\underline{o}}$, also $\frac{11}{2} \times 5\frac{3}{8} =$
$\frac{11}{2} \times \frac{43}{8} = \frac{473}{16} = \underline{29\frac{9}{16} \square^{\underline{o}}}$.

Den Flächeninhalt einer Trapezoide abcd, Fig. 107, zu berechnen. Man zerlege dasselbe durch eine Diagonale in 2 Dreiecke und berechne mit dieser und der, jedem Dreieck zugehörigen rechtwinklichen Höhe, den Inhalt.

Es sei bd $= 7\frac{1}{2}^{\underline{o}}$, ec $= 3^{\underline{o}}$, af $= 4^{\underline{o}}$,

so ist $\triangle$ dba $= \frac{db \times af}{2} = \frac{7\frac{1}{2} \times 4}{2} = \underline{15 \square^{\underline{o}}}$,

$\triangle$ dbc $= \frac{db \times ec}{2} = \frac{7\frac{1}{2} \times 3}{2} = \underline{11\frac{1}{4} \square^{\underline{o}}}$,

sonach der Flächeninhalt der Trapezoide $= \underline{26\frac{1}{4} \square^{\underline{o}}}$.

Oder: man nimmt die halbe Höhe af = fl, und die halbe Höhe ec = em, zusammen und multiplicirt mit der Diagonale db; oder: man nimmt die beiden Höhen zusammen, dividirt diese Summe durch 2 und multiplicirt mit der Diagonale db, welches Verfahren aus der Verwandlung des Trapezes in ein Parallelogramm ghik ersichtlich ist, da em halb so groß als ec, lf halb so groß als af, und der Flächeninhalt von ghik = (em + fl) $\times$ db ist.

Aufgabe. Die Diagonale einer Trapezoide sei $5^{\underline{0}}\ 12^{\underline{''}}$; die auf derselben rechtwinklich stehenden Höhen der Dreiecke $2^{\underline{0}}$ und $3^{\underline{0}}\ 12^{\underline{''}}$; wie viel Quadratellen enthält diese Fläche?

$$\frac{2^{\underline{0}} + 3\tfrac{1}{2}^{\underline{0}}}{2} = 2\tfrac{3}{4}^{\underline{0}}, \text{ also } 5\tfrac{1}{2}^{\underline{0}} \times 2\tfrac{3}{4} = \tfrac{11}{2} \times \tfrac{11}{4}$$

$$= \tfrac{121}{8} = \underline{15\tfrac{1}{8}\ \square^{\underline{0}}}.$$

Den Flächeninhalt eines irregulären Vielecks abcdefg, Fig. 108, zu berechnen. Man zerlege dasselbe durch Diagonalen in Dreiecke und berechne diese einzeln; oder: man zerlege ein Vieleck nach Fig. 109, durch Parallelen in Trapeze und zwei Dreiecke, berechne diese einzeln und addire deren Inhalte.

Es sei md = $4\frac{1}{4}^{\underline{0}}$, fl = $6\frac{1}{4}^{\underline{0}}$, gk = $6\frac{3}{4}^{\underline{0}}$, hc = $7\frac{1}{2}^{\underline{0}}$, ai = $5\frac{3}{4}^{\underline{0}}$; die rechtwinklichen Höhen dieser Figuren auf der Linie nt seien no = $1\frac{1}{4}^{\underline{0}}$, op = $\frac{3}{4}^{\underline{0}}$, pq = $3\frac{1}{4}^{\underline{0}}$, qr = $1\frac{1}{4}^{\underline{0}}$, rs = $\frac{1}{2}^{\underline{0}}$, st = $\frac{3}{4}^{\underline{0}}$, so erhält man

für $\triangle$ mde $= \dfrac{4\frac{1}{4} \times 1\frac{1}{4}}{2} = 2\frac{21}{32}\ \square^{\underline{0}}$,

für Trapez fldm $= \dfrac{4\frac{1}{4} + 6\frac{1}{4}}{2} \times \frac{3}{4} = 5\frac{1}{4} \times \frac{3}{4} = 3\frac{15}{16}\ \square^{\underline{0}}$,

für Trapez gklf $= \dfrac{6\frac{1}{4} + 6\frac{3}{4}}{2} \times 3\frac{1}{4} = 6\frac{1}{2} \times 3\frac{1}{4} = 21\frac{1}{8}\ \square^{\underline{0}}$,

für Trapez hckg $= \dfrac{6\frac{3}{4} + 7\frac{1}{2}}{2} \times 1\frac{1}{4} = 7\frac{1}{8} \times 1\frac{1}{4} = 8\frac{29}{32}\ \square^{\underline{0}}$,

für Trapez aich $= \dfrac{7\frac{1}{2} + 5\frac{3}{4}}{2} \times \frac{1}{2} = 6\frac{5}{8} \times \frac{1}{2} = 3\frac{5}{16}\ \square^{\underline{0}}$,

für $\triangle$ aib $= \dfrac{5\frac{3}{4} \times \frac{3}{4}}{2} = \underline{2\frac{5}{32}\ \square^{\underline{0}}}$,

sonach beträgt der Flächeninhalt des Vielecks $\underline{42\frac{3}{32}\ \square^{\underline{0}}}$.

Den Flächeninhalt eines regulären Vielecks abcdef, Fig. 110, zu berechnen. Da sich dasselbe in so viel gleiche Dreiecke theilen läßt, als es Seiten hat, so darf man nur ein solches berechnen, und dieses mit der Anzahl der Seiten multipliciren.

Aufabe. Die Seitenlinie eines regulären Sechsecks sei $4^{\circ}\ 10''$, die rechtwinkliche Höhe eines Dreiecks sei $3^{\circ}\ 19\frac{4}{5}''$; wie groß ist der Flächeninhalt desselben?

$4^{\circ}\ 10'' = 106''$; $3^{\circ}\ 19\frac{4}{5}'' = 91\frac{4}{5}''$, also der Flächeninhalt eines Dreiecks $\frac{106 \times 91\frac{4}{5}}{2} =$ $4865\frac{2}{5}\ \square''$, sonach der Flächeninhalt des Sechsecks $4865\frac{2}{5}\ \square'' \times 6 = 29192\frac{2}{5}\ \square'' =$ (ungef.) $50\frac{8}{15}\ \square^{\circ}$.

Von der Kreisfläche.

Durch genaue Berechnungen hat man das Verhältniß gefunden, in welchem der Durchmesser eines Kreises zu seinem Umfange steht, und ist dasselbe, annähernd richtig in ganzen Zahlen ausgedrückt, 113: 355; d. h., ist der Durchmesser eines Kreises 113, so ist sein Umfang 355. (Obgleich dieses Verhältniß nicht ganz genau ist, weil das richtige in Bruchtheilen gegeben aber deren Anwendung hier nicht ausführbar ist, so dürften doch sowohl bei den folgenden Berechnungen, als auch bei denen, welche der Polir macht, die entstehenden Differenzen nicht so wichtig sein; gleichwohl sollten aber doch deswegen, die sich hieher beziehenden Berechnungen nicht ausgeschlossen werden.)

Um also nach dem gegebenen Durchmesser eines Kreises seinen Umfang zu finden, so multiplicire man den Durchmesser mit 355 und dividire mit 113.

Aufgabe. Der Durchmesser eines Kreises sei 2°; wie groß ist dessen Umfang?

$\frac{2 \times 355}{113} = 710 : 113 = 6\frac{32}{113}{}^{\circ}$, od. ziemlich $6^{\circ}\ 6\frac{11}{14}''$.

Umgekehrt findet man aus dem Umfange den Durchmesser, wenn man den Umfang mit 113 multiplicirt und dann mit 355 dividirt.

Aufgabe. Der Umfang eines Kreises sei $10^{\underline{0}}$; wie groß ist dessen Durchmesser?

$$\frac{10 \times 113}{355} = 3\tfrac{13}{71}{}^{\underline{0}}, \text{ ziemlich } \underline{3^{0}\ 4\tfrac{2}{5}{}^{\underline{\prime\prime}}}.$$

Ferner hat man durch Berechnung gefunden, daß man, um den Inhalt der Kreisfläche zu bestimmen, den Halbmesser mit sich selbst multipliciren, dieses nochmals mit 355 multipliciren und dann durch 113 dividiren muß.

Aufgabe. Der Halbmesser eines Kreises sei $3^{\underline{0}}$; wie viel Quadratellen enthält diese Fläche?

$$\frac{(3 \times 3) \times 355}{113} = \frac{9 \times 355}{113} = \frac{3195}{113} = \underline{28\tfrac{31}{113} \square^{0}},$$

ziemlich $\underline{28\tfrac{2}{7} \square^{\underline{0}}}$, oder $\underline{28 \square^{\underline{0}}\ 158 \square^{\underline{\prime\prime}}}$.

Umgekehrt erhält man aus der Kreisfläche den Halbmesser, wenn man deren Inhalt mit 113 multiplicirt, dann durch 355 dividirt und hierzu die Zahl sucht, welche, mit sich selbst multiplicirt, diesen Quotienten giebt.

Aufgabe. Es soll ein Kreis gezeichnet werden, welcher $19\tfrac{5}{8} \square^{\underline{0}}$ Flächeninhalt hat; wie groß ist der Halbmesser desselben zu nehmen?

$$\frac{113 \times 19\tfrac{5}{8}}{355} = \frac{2217\tfrac{5}{8}}{355} = 6\tfrac{701}{2840}{}^{\underline{0}}.$$

Wollte man nun zu dieser Quadratzahl die Grundzahl suchen, so würde dieses hier gar nicht auszuführen sein; in derartigen Fällen verfährt man auf folgende Weise: man bringt den Flächeninhalt auf eine niedrige Benennung, wodurch man eine größere Quadratzahl erhält, aus welcher man dann die Grundzahl in der niedern Benennung findet und durch vorkommende Differenzen keine bedeutenden Fehler entstehen.

$$19\tfrac{5}{8} \square^{\underline{0}} \times 576 = 11304 \square^{\underline{\prime\prime}}, \text{ sonach } \frac{11304 \times 113}{355}$$

$$= 3598\tfrac{62}{355}{}^{\underline{\prime\prime}}.$$

Zu dieser Zahl findet man annähernd dafür bei 3600 die Grundzahl 60, so daß der zu nehmende Halbmesser ziemlich genau $60^{\underline{\prime\prime}}$ lang sein muß.

Um den Flächeninhalt eines Kreisausschnittes abd Fig. 111 zu erhalten, so berechne man zuvörderst den Inhalt des zu demselben gehörenden Kreises adce, dividire den Inhalt durch 360, so erhält man den Inhalt für einen Grad, welchen man mit der Anzahl der Grade des $\angle$ abd multiplicirt.

Aufgabe. Der Halbmesser eines Kreises sei $5^{\underline{o}}$, der Winkel, welchen ein andrer Halbmesser mit diesem bildet, sei 60°; wie viel Flächeninhalt enthält der auf diese Weise gebildete Kreisausschnitt? Der Flächeninhalt des Kreises ist $= \frac{(5 \times 5) \times 355}{113} = 78\frac{61}{113} \square^{\underline{o}}$.

Da 60° der sechste Theil des Kreisbogens ist, so dividire man gleich den erhaltenen Flächeninhalt durch 6 und man erhält für den Kreisausschnit $\frac{78\frac{61}{113}}{6} = 13\frac{10}{113} \square^{o}$.

Hiernach ist es leicht, einen Kreisabschnitt afd, Fig. 111, zu berechnen, wenn man von dem Flächeninhalte des Kreisausschnittes, den Inhalt des Dreiecks abd abzieht.

Den Bogen eines Kreisausschnittes findet man: wenn man den Umfang des Kreises, zu welchem der Ausschnitt gehört, durch 360 dividirt (wodurch man den Umfang auf einen Grad erhält) und den Quotient mit der Anzahl Grade des Winkels, welchen der Ausschnitt bildet, multiplicirt.

Aufgabe. Wie lang ist der Bogen eines Kreisausschnittes, wenn dessen Schenkel einen Winkel $= 45^{o}$ bilden und $4^{\underline{o}}$ lang sind?

Ein Kreis von $4^{\underline{o}}$ Halbmesser hat zum Umfang $\frac{8 \times 355}{113} =$ $25^{\underline{o}}\ 3\frac{21}{113}{}^{\underline{''}}$ sonach kommen auf einen Grad des Umfangs $\frac{25^{\underline{o}}\ 3\frac{21}{113}{}^{\underline{''}}}{360} = \frac{68160}{40680} = 1\frac{229}{330}{}^{\underline{''}}$ und auf 45° $= 1\frac{229}{339} \times 45 = 75\frac{451}{113}{}^{\underline{''}}$.

Um den Flächeninhalt einer halben Ellypse aec, Fig. 79, zu bestimmen, so berechne man den Kreisausschnitt idk von dessen Inhalt man das $\triangle$ 6hd abzieht, zu dem bleibenden Rest addirt man die Inhalte der gleichgroßen Kreisausschnitte a6f und hkc.

Aufgabe. Es ist fd $= 11^{\underline{o}}$, $\angle$ fdg $= 72^{o}\ 34'$, also $\angle$ a6f $= 53^{o}\ 43'$, a6 $= 6^{\underline{o}}$; wie groß ist der Flächeninhalt dieser halben Ellypse?

Der Inhalt des Kreises für den Kreisausschnitt idk =

$\frac{(11 \times 11) \times 355}{113} = 380\frac{15}{113} \square^{o}$, also der Kreisausschnitt $= \frac{380\frac{15}{113} \square^{o} \times 72^{\circ}\ 34'}{360^{\circ}} = \frac{380\frac{15}{113} \times 4354}{21600}$

$= \frac{42935 \times 4354}{113 \times 21600} =$ ziemlich $76\frac{38}{61} \square^{o}$,

hiervon das $\triangle$ abc $= \frac{6 \times 4}{2} = 12 \square^{o}$ abgezogen,

verbleiben $64\frac{38}{61} \square^{o}$.

Der Kreis für den Kreisausschnitt a6f enthält $\frac{(6 \times 6) \times 355}{113}$

$= 113\frac{11}{113} \square^{o}$, also der Kreisausschnitt $\frac{113\frac{11}{113} \times 53^{\circ}\ 43'}{360}$

$= \frac{12780 \times 3223}{113 \times 21600} =$ ziemlich $16\frac{53}{61} \square^{o}$, sonach ist der Flächeninhalt der halben Ellypse $= 64\frac{38}{61} \square^{o} + 16\frac{53}{61} \square^{o} + 16\frac{53}{61} \square^{o}$ $= 98\frac{22}{61} \square^{o}$.

Auf ähnliche Weise findet man den Umfang der Ellypse, wenn man den der einzelnen Kreisausschnitte berechnet.

Soll eine Fläche A, Fig. 112, nach B gezeichnet werden, so daß deren Linien sich wie a'd' zu ad verhalten, so verfährt man auf folgende Weise: man beschreibt mit der Linie ad aus e einen Bogen 3, schneidet denselben mit der Länge a'd' aus o durch den Bogen k und zieht durch diesen Durchschnittspunkt die Linie eq. Auf die Schenkel dieses so erhaltenen Winkels werden nun alle Linien von Fig. B getragen, zu welchen die Sehnen mh, ni ꝛc. die entsprechenden Linien für d'c', a'b', ꝛc. in Fig. A sind.

Von den Körpern.

Körper sind Raumgrößen, d. h. sie haben eine Ausdehnung nach Länge, Breite und Höhe; ihre Gestalt zeigen die umschließenden Flächen und nach diesen werden die Körper entweder regulär, oder halbregulär, oder irregulär genannt.

Reguläre Körper werden nur von gleichgroßen Flächen umschlossen; halbreguläre werden von verschiedenen, (regulären und halbregulären) Flächen umschlossen, so jedoch, daß durch diese und innerliche Maaße, der Inhalt derselben berechnet werden kann; irreguläre Körper werden auch von verschiedenen (regulären, halbregulären, irregulären) Flächen umschlossen, so jedoch, daß durch diese allein, ohne andre Messungen, der Inhalt sich gar nicht oder auch nur sehr schwer berechnen läßt; dieserhalb die Letztern hier auch nicht weiter angeführt werden.

Zu den regulären Körpern gehört das Tetraedrum, welches durch vier gleichseitige Dreiecke umschlossen, das Hexaedrum, oder der Würfel, Fig. 113, welcher durch sechs gleiche Quadrate, das Octaedrum, welches von acht gleichseitigen Dreiecken, das Dodocaedrum, welches von zwölf regulären Fünfecken, das Icosaedrum, welches von zwanzig gleichseitigen Dreiecken, die Kugel, Fig. 130, von einer Fläche umschlossen, in welcher alle Punkt edieser gleichweit vom Mittelpunkte der erstern entfernt sind.

Unter halbregulären Körpern versteht man hauptsächlich das Prisma, Fig. 115—118, die Pyramide, Fig. 119.

Das Prisma wird umschlossen 1) von zwei gleich großen Flächen (einer Grund- und einer Oberfläche), welche (gewöhnlich, und auch hier so angenommen), einen parallelen Zwischenraum haben; sowie 2) den, der Anzahl der Seiten dieser Flächen entsprechenden, von diesen Seiten und der Höhe des Körpers gebildeten Parallelogramme.

Sind die erstern beiden Flächen kreisförmig, so heißt der Körper ein Cylinder, (eine Walze), Fig. 117, und es werden dieselben nur durch ein Parallelogramm, von dem Umfang des Kreises und der Höhe des Körpers gebildet, verbunden.

Die Pyramide wird umschlossen von einer Grundfläche und den auf den Seiten dieser stehenden, in einer Spitze sich vereinigenden Dreiecke.

Ist die Grundfläche einer Pyramide ein Kreis, so erhält der Körper den Namen Kegel, Fig. 120, und es ist die ihn noch umgebende Fläche ein Kreisausschnitt, welcher die Seite des Kegels zum Halbmesser und den Umfang der Grundfläche zum Bogen hat.

Fehlt bei dem Kegel oder der Pyramide mehr oder weniger die Spitze, so heißen sie abgekürzt. Fig. 121, 122.

(Doch ist hier nur von solchen Pyramiden und Kegeln die Rede, deren Spitze winkelrecht auf die Mitte der regulären Grundfläche trifft, oder deren Abkürzung wagrecht mit der Grundfläche ist.

So wie man sich bei Ausmessung und Berechnung der Flächen, einer quadratischen Fläche bediente, nimmt man, um dieses bei den Körpern zu thun, einen quadratischen Körper, den Würfel (Kubus), dessen Seiten gleich groß sind, als Einheit. Mißt dessen Seite a 1 Zoll, oder b 1 Fuß, oder c 1 Elle, so heißt der Würfel a 1 Kubikzoll, b 1 Kubikfuß, c 1 Kubikelle, und bezeichnet man das kubische Maaß, (den kubischen Inhalt) mit c, z. B. c.$\underline{''}$, c.$\underline{'}$, c.^{0}.

Theilt man die Seitenlinien ab, bc, cd, da des Würfels, Fig. 113, in zwei gleiche Theile, so erhält man durch Verbindung der gegenüberstehenden Theilungspunkte 1—3, 2—4, vier gleiche Quadrate. Da nun die Dicke des Würfels, de, cf, bg der Breite und Höhe gleich ist, und man auch diese Linien in zwei gleiche Theile theilt, welche Punkte man durch die Linien 5—7, 7—9 verbindet, so erhält man zwei gleiche Schichten abcd579, efg975 von denen jede vier gleiche Würfel, der ganze Körper also acht Würfel enthält.

Ist nun die Seite cb = 1 Elle, so wäre c4 = 1 Fuß und 10—4—c—3—11—7—12 ein Kubikfuß; die Kubikelle enthält also 8 Kubikfuß.

Nimmt man die Seite ab eines Würfels, Fig. 114, einen Fuß lang, theilt diese in zwölf Theile (Zolle) a, 1, 2 u. s. w. ebenso die Linie bg, legt, von der Grundfläche in der Höhe eines solchen Theils, eine Fläche hikl, verbindet diese beiden Flächen durch Senkrechte aus den Theilungspunkten, sowie mit den, denselben gegenüberliegenden, so erhält man zwölf Reihen, in jeder Reihe zwölf Würfel, jeder Würfel 1 c$\underline{''}$, also diese Schicht = 12 × 12 = 144 c.$\underline{''}$. Da nun von a—d zwölf solcher Schichten liegen, so hat der Kubikfuß = 144 × 12 = 1728 c.$\underline{''}$; demnach die Kubikelle = 1728 × 8 = 13824 c.$\underline{''}$, oder, da bei einem Würfel, dessen Seite 1 Elle lang, diese in 24 Theile getheilt, die 1$\underline{''}$ hohe Grundflächenschicht 24 × 24 = 576 c.$\underline{''}$ enthält, in der Höhe des ganzen Würfels aber 24 solcher Schichten liegen, so enthält derselbe 576 × 24 = 13824 c.$\underline{''}$.

Hieraus ergiebt sich, daß man, um den körperlichen Inhalt eines Würfels zu finden, dessen Seitenlinie dreimal mit sich selbst multipliciren muß.

(Es versteht sich, daß man auch hier vorher die Maaße auf einerlei Benennung bringen muß, und zwar auf diejenige, in welcher der Inhalt verlangt wird, oder man nimmt alle Maaße auf eine niedrigere Benennung und bringt das Facit in eine höhere.)

Aufgabe. Ein Klotz, in Gestalt eines Würfels, habe zur Seitenlinie 28''; wie groß ist der kubische Inhalt desselben nach a, Kubikzollen, b, Kubikfußen, c, Kubikellen?

$$a,\ 28'' \times 28'' \times 28'' = 784 \times 28 = \underline{21952\ c''}$$

oder, da 28'' = $2\frac{1}{3}'$ ist,

$$b,\ 2\tfrac{1}{3}' \times 2\tfrac{1}{3}' \times 2\tfrac{1}{3}' = \tfrac{49}{9} \times \tfrac{7}{3} = \underline{12\tfrac{19}{27}\ c'}$$

oder, da 28'' = $1\frac{1}{6}^{0}$ ist,

$$c,\ 1\tfrac{1}{6}^{0} \times 1\tfrac{1}{6}^{0} \times 1\tfrac{1}{6}^{0} = \tfrac{49}{36} \times \tfrac{7}{6} = \underline{1\tfrac{127}{216}\ c^{0}}.$$

Umgekehrt findet man aus dem Inhalt eines Würfels dessen Seitenlinie, wenn man diejenige Zahl aufsucht, welche dreimal mit sich selbst multiplicirt, den gegebenen Inhalt giebt.

Dergleichen Auflösungen sind noch schwieriger als die ähnlichen, bei dem Quadrat aus dem Flächeninhalte die Seitenlinie zu finden; man verfährt auch hier ähnlich wie bei dieser gezeigt wurde, indem man sowohl Bruchzahlen als auch höhere Benennungen auf eine niedrigere Benennung bringt. Zur Erleichterung dieser Auflösungen ist beifolgende Tabelle, in welcher angegeben ist, wie viel eine Zahl, dreimal mit sich selbst multiplicirt, giebt, (die kubische Zahl, der Kubus) und umgekehrt zu dem Kubus die Grundzahl.

Grundzahl.	Kubus.	Grundzahl.	Kubus.	Grundzahl.	Kubus.	Grundzahl.	Kubus.
1	1	16	4096	31	29791	46	97336
2	8	17	4913	32	32768	47	103823
3	27	18	5832	33	35937	48	110592
4	64	19	6859	34	39304	49	117649
5	125	20	8000	35	42875	50	125000
6	216	21	9261	36	46656	51	132651
7	343	22	10648	37	50653	52	140608
8	512	23	12167	38	54872	53	148877
9	729	24	13824	39	59319	54	157464
10	1000	25	15625	40	64000	55	166375
11	1331	26	17576	41	68921	56	175616
12	1728	27	19723	42	74088	57	185193
13	2197	28	21952	43	79507	58	195112
14	2744	29	24389	44	85184	59	205379
15	3375	30	27000	45	91125	60	216000

Grundzahl.	Kubus.	Grundzahl.	Kubus.	Grundzahl.	Kobus.	Grundzahl.	Kobus.
61	226981	71	373241	81	531441	91	753571
62	238328	72	315798	82	551368	92	778688
63	250047	73	389017	83	571787	93	804357
64	262144	74	405224	84	592704	94	830584
65	274625	75	421875	85	614125	95	857375
66	287496	76	438976	86	636056	96	884736
67	300763	77	456533	87	658503	97	912673
68	314432	78	474552	88	681472	98	941192
69	328509	79	493039	89	704969	99	970299
70	343000	80	512000	90	729000	100	1000000

Aufgabe. Der kubische Inhalt eines würfelförmigen Klotzes sei $1\frac{61}{64}$ c$^{\underline{0}}$; wie groß ist dessen Seitenlinie?

(Da für diesen Kubus in der Tabelle keine Grundzahl steht; so löse man denselben in eine niedrigere Benennung auf ꝛc.)

$$1\tfrac{61}{64}\ c^{\underline{0}} = 1\tfrac{61}{64} \times 13824 = 27000\ c^{\underline{''}}$$

sucht man zu dieser Zahl die Grundzahl, so erhält man dafür 30, also die Seitenlinie des Würfels $= 30^{\underline{''}}$.

Das Prisma, Fig. 115, (Parallelopipedon) erhalte ein Quadrat zur Grundfläche, dessen Seite 1 Fuß lang ist, und habe eine Länge (auch Höhe genannt) von 3 Fuß; so wird dasselbe wie leicht einzusehen, 3 c$^{\underline{'}}$ Inhalt haben.

Hiernach berechnet man den Inhalt eines Parallelopipedons, wenn man dessen Grundfläche mit der Höhe multiplicirt.

Aufgabe. Ein Parallelopipedon sei $8^{\underline{0}}$ lang, habe ein Quadrat zur Grundfläche dessen Seite $10^{\underline{''}}$ ist; wie viel a, Kubikfuß, b, Kubikellen enthält dasselbe?

a, $10^{\underline{''}} = \frac{5}{6}^{\underline{'}}$; $8^{\underline{0}} = 16^{\underline{'}}$, also $(\frac{5}{6} \times \frac{5}{6}) \times 16 = 11\frac{1}{9}$ c$^{\underline{'}}$,

c, $10^{\underline{''}} = \frac{5}{12}^{\underline{0}}$, also $(\frac{5}{12} \times \frac{5}{12}) \times 8 = 1\frac{7}{18}$ c$^{\underline{0}}$.

Umgekehrt findet man aus dem Inhalt eines Parallelopipedons 1) die Grundfläche, ist die Höhe noch bekannt, od. 2) die Höhe, ist die Grundfläche noch bekannt, wenn man denselben durch die bekannte Größe dividirt.

Aufgabe. Ein Parallelopipedon sei 10º lang; wie groß ist dessen Querschnitt zu nehmen, wenn es 16 c′ enthalten soll.

$10^{\text{º}} = 20'$, also $16 : 20 = \frac{4}{5}$ □′.

Auf gleiche Weise wie bei dem Parallelopipedon findet man den Inhalt aller graden prismatischen Körper, wenn man die Grundfläche mit der Höhe multiplicirt.

Aufgabe. Ein Stück Holz mit einem parallelopipedischen Querschnitt sei 10″ stark, 11″ hoch, 6º 6′ lang; wie viel Kubikfuß enthält dasselbe?

$(\frac{5}{6}' \times \frac{11}{12}') \times 12\frac{1}{2}' = 9\frac{79}{144}$ c′.

Ebenso ist es hier auch umgekehrt um, wie in der vorigen Aufgabe, aus dem Inhalte durch die gegebene Höhe die Grundfläche, od. durch die gegebene Grundfläche die Höhe zu finden.

Der Inhalt einer Pyramide ist der dritte Theil desjenigen Prisma, welches mit demselben gleiche Grundfläche und gleiche rechtwinkliche Höhe hat.

Den einfachsten Beweiß dieses Satzes findet man darin, daß sich ein dreiseitiges Prisma in drei Pyramiden zerlegen läßt, welche unter sich gleiche Grundfläche und gleiche rechtwinkliche Höhe haben, Fig. 123.

Hiernach ist auch der Kegel der dritte Theil desjenigen Cylinders, welcher mit jenem gleiche Grundfläche und Höhe hat, indem man jedoch nur durch vorherige Berechnung ein seitiges Prisma in einen Cylinder von gleichem Inhalte durch Gleichmachung der Grundflächen verwandeln kann, wenn die Höhen gleich sind.

Aufgabe. Eine Pyramide sei 8′ hoch und die Seitenlinie der quadratischen Grundfläche derselben sei 9′; wie viel Kubikfuß enthält diese Pyramide?

die Grundfläche ist $9 \times 9 = 81$ □′.

also $\frac{81 \times 8}{3} = 216$ c′.

Berechnung der Außenflächen prismatischer Körper.

Den Würfel umschließen sechs gleiche Quadrate, Fig. 124, also braucht man nur, um die Außenfläche desselben zu bestimmen, den Flächeninhalt eines Quadrates zu suchen und diesen mit 6 zu multipliciren.

Aufgabe. Wie viel Quadratfuß beträgt die Außenfläche eines Würfels, wenn dessen Seitenlinie $4\frac{1}{2}'$ ist.

Ein Quadrat $= 4\frac{1}{2} \times 4\frac{1}{2} = 20\frac{1}{4} \,\square'$, also $20\frac{1}{4} \times 6$ $= \underline{121\frac{1}{2} \,\square'}$.

Das Parallelopepidon umschließen sechs Flächen von denen die sich gegenüberliegenden allemal gleich sind, Fig. 125. Man suche daher den Inhalt der drei verschiedenen Flächen und multiplicire die Summe derselben mit 2.

Aufgabe. Ein Stück Holz sei $12^{\underline{o}}$ lang, der Querschnitt sei ein Parallelogramm dessen Seitenlinien $8''$ und $12''$ lang sind; wie viel Quadratfuß beträgt die Außenfläche des Stückes?

die Grundfläche $= \frac{2}{3}' \times 1' = \frac{2}{3} \,\square'$,
eine Seitenfläche $= 1' \times 24' = 24 \,\square'$,
" " " $= \frac{2}{3}' = 24' = 16 \,\square'$,

drei Flächen zusammen . . . . $40\frac{2}{3} \,\square'$,
also die ganze Außenfläche $40\frac{2}{3} \,\square' \times 2 = \underline{81\frac{1}{3} \,\square'}$.

Um die Außenfläche jedes andern graden Prisma zu erhalten, suche man den Inhalt der Grundfläche, welcher dem der Oberfläche gleich ist; dann den Inhalt der verschiedenen Parallelogramme, nach den Seiten der Grundfläche mit der Höhe des Prisma. Oder man nimmt die Grundfläche doppelt, addirt die Seiten der Grundfläche, multiplirt mit der Höhe des Prisma, und addirt diese beiden Producte. Fig. 126.

Aufgabe. Ein Prisma sei $5^{\underline{o}}$ hoch, habe zur Grundfläche ein rechtwinkliches Dreieck, dessen Seiten $6''$, $8''$, $10''$ sind; wie viel Quadratfuß beträgt die Außenfläche desselben?

Die Grundfläche $= \frac{\frac{1}{2}' \times \frac{2}{3}'}{2} = \frac{1}{6} \,\square'$,

die Seitenflächen geben, wenn man die Seitenlinien des Dreiecks addirt, ein Parallelogramm von $24''$ Breite, $5^{\underline{o}}$ Höhe, also dessen Inhalt

$= 2' \times 10' = 20 \,\square'$, sonach die ganze Außenfläche
$2 \times \frac{1}{6} \,\square' + 20 \,\square' = \underline{20\frac{1}{3} \,\square'}$.

Bei dem Cylinder suche man wie vorher den Inhalt der Grundfläche, und nehme diesen doppelt; addire dazu den Inhalt des Parallelogramms, welches der Umfang derselben mit der Höhe des Cylinders macht. Fig. 127.

Aufgabe. Ein Cylinder sei 7° lang und habe einen Durchmesser = 24″; wie viel Quadratfuß beträgt dessen Außenfläche?

Die Grundfläche $= \frac{1' \times 1' \times 355}{113} =$ ziemlich $3\frac{1}{7}$ □′,
der Umfang derselben = 3° $3\frac{3}{7}$″,
also enthält das Parallelogramm $75\frac{3}{7}$″ × 168″ = 12672 □″
= 88 □′,
sonach die ganze Außenfläche = $3\frac{1}{7}$ □′ + $3\frac{1}{7}$ □′ + 88 □′
= $94\frac{2}{7}$ □′.

Um den Inhalt der Außenfläche einer Pyramide zu finden, so bestimme man den der Grundfläche und der auf den Seiten derselben stehenden Dreiecke. Fig. 128.

Aufgabe. Die Grundfläche einer Pyramide sei ein Quadrat von 6′ Seitenlinie, die senkrechte Höhe der gleichen auf denselben stehenden Dreiecke sei 8′; wie groß ist die Außenfläche der Pyramide?

die Grundfläche = 6 × 6 = ... 36 □′,
eine Seitenfläche $= \frac{6 \times 8}{2} =$ 24 □′, also
4 Seitenflächen = ... 96 □′,
sonach die ganze Außenfläche = ... 132 □′.

Um den Inhalt der Außenfläche eines Kegels zu finden, so bestimme man den der Grundfläche; berechne dann den Flächeninhalt eines Kreises, zu welchem man die Seite des Kegels als Halbmesser nimmt, ebenso den Umfang dieses Kreises, und trägt auf denselben den Umfang der Grundfläche; wie sich nun der Umfang dieser zu dem Umfang der erstern Kreisfläche verhält, so verhält sich der Flächeninhalt des Kreisausschnittes zu dieser.

Aufgabe. Der Durchmesser der Grundfläche eines Kegels sei 4′, die Seite des Kegels sei 6′; wie groß ist die Außenfläche desselben?

I. Die Grundfläche $= \frac{(2 \times 2) \times 355}{113} = 12\frac{64}{113}$ □′.

Ein Kreis, mit der Seite des Kegels beschrieben:

II. $= \frac{(6 \times 6) \times 355}{113} = 113\frac{11}{113}$ □′.

III. Der Umfang dieses Kreises $= \frac{12 \times 355}{113} = 37\frac{79}{113}$ '.

IV. Der Umfang der Grundfläche $= \frac{4 \times 355}{113} = 12\frac{64}{113}$ '.

Der Theil nun, welcher IV. von III. ist, der Theil ist auch der Flächeninhalt des Kreisausschnittes von II., also $\frac{37\frac{79}{113}}{12\frac{64}{113}} = \frac{1}{3}$, sonach der Kreisausschnitt $= \frac{113\frac{11}{113}}{3}$ $= 37\frac{79}{113}$ □' und die ganze Außenfläche $37\frac{79}{113} + 12\frac{64}{113} = 50\frac{30}{113}$ □'.

Berechnung abgekürzter Pyramiden und Kegel.

Um den Inhalt eines dieser Körper zu finden, ist es nöthig, den Inhalt eines vollständigen zu berechnen, und davon dann den des fehlenden Stücks abzuziehen. Fig. 121, 122.

Für den ersten Augenblick scheint es, als hätte man, wie bei dem Trapez, wo die mittlere Linie mit der Höhe multiplicirt wurde, hier die mittlere Durchschnittsfläche mit der Höhe zu multipliren; doch ist dieses falsch, indem man zu wenig erhalten würde, da die unten abfallenden Stücke größer als die oben fehlenden sind, weil der Körper sich nach allen Seiten einzieht.

Berechnung der Außenflächen abgekürzter Pyramiden und Kegel.

Ist die Grundfläche und also auch die Oberfläche einer abgekürzten Pyramide ein reguläres Eck, so sind die Seitenflächen gleiche Trapeze. Hiernach multiplicire man den Inhalt eines solchen mit der Anzahl Seiten der Grundfläche und addire dazu den Inhalt dieser und der Oberfläche, Fig. 128.

Bei irregulärer Grundfläche der Pyramide hat man die verschiedenen Trapeze einzeln zu berechnen.

Die Außenfläche eines abgekürzten Kegels findet man, wenn man von dem Flächeninhalte der Außenfläche des ganzen Kegels, den Inhalt des oben abgeschnittenen Stückes abzieht, Fig. 129.

Von der Kugel.

Der körperliche Inhalt der Kugel beträgt zwei

Drittheile von dem Inhalte desjenigen Cylinders, welcher den Durchmesser der Kugel zum Durchmesser und zur Höhe hat.

Aufgabe. Wie viel Kubikellen enthält eine Kugel, wenn der Durchmesser derselben 4 $^{\underline{o}}$ beträgt?

Ein Cylinder von 4$^{\underline{o}}$ Durchmesser und Höhe enthält $= 12\frac{4}{7} \square^{\underline{o}} \times 4^{\underline{o}} = 50\frac{2}{7}$ c$^{\underline{o}}$, demnach enthält die Kugel $= 50\frac{2}{7} \times \frac{2}{3} = \underline{33\frac{11}{21}}$ c$^{\underline{o}}$.

Die Außenfläche einer Kugel ist viermal so groß als der Flächeninhalt der mittlern Durchschnittsfläche derselben.

Aufgabe. Wie viel Quadratellen enthält die Außenfläche einer Kugel, welche 4$^{\underline{o}}$ Durchmesser hat?

Die mittlere Durchschnittsfläche $= 12\frac{4}{7} \square^{o}$, also die Außenfläche $12\frac{4}{7} \times 4 = \underline{50\frac{2}{7} \square^{\underline{o}}}$.

Zweiter Abschnitt.

Praxis.

Vom Handwerkszeuge.

Vorbemerkung.

Wenn Jemand die praktischen Arbeiten der Zimmerkunst lernen will, so muß er auch die Instrumente oder das Handwerkszeug, mit denen diese gefertigt werden, kennen; er muß den Namen, die Beschaffenheit und den Gebrauch eines jeden Instruments wissen.

Wenn nun darüber im Folgenden das Nöthige angegeben ist, und daraus für den ersten Punkt ein deutlicher Begriff sich ergiebt, so lehrt doch nur die eigene Anschauung und thätliche Wirksamkeit für die andern beiden Punkte, mit Hülfe des hier erlangten Verständnisses, ein richtiges Urtheil und gewandte Sicherheit bei der verschiedenen Anwendung eines oder des andern Instruments zu einer Arbeit.

Zu den, auf Taf. III, IV, das Handwerkszeug betreffenden Figuren, ist allerdings ein Maaßstab beigegeben, um das Verhältniß der einzelnen Theile eines, sowie das, der Instrumente zu einander, zu bestimmen; doch kann dieses nicht für alle maaßgebend sein, da dieselben kleiner oder größer vorkommen, und nur die Form der Hauptsache nach, dieselbe bleibt. Ebenso giebt es auch für Manches verschiedene Namen, die hier nicht angegeben werden konnten; zu diesen läßt sich leicht die gemeinte Figur erkennen, wenn sie bekannt und hier angegeben ist, da wohl fast alle und die wichtigsten Instrumente hier angeführt sind.

Für die, wegen Platzersparniß nicht völlig ausgeführten Zeichnungen der Handwerkszeuge, läßt sich leicht das Fehlende hinzudenken, um sich ein vollständiges Bild von einem jeden derselben machen zu können.

Taf. III.

Fig. 1. Die Axt. Sie dient zum Abschlagen größerer Spähne, beim Beschlagen von starkem Holze; zum Beschlagen schwächern Holzes, sowie bei vielen Arbeiten in der Zulage 2c. dient das Beil, das Handbeil, welches kleiner geformt und daher auch leichter ist.

a, der Stiel oder Helm, b, die eigentliche Axt; an dieser 1) die Schneide, 2) der Rücken, 3) das Öhr. Die Schneide ist zweibällig, (zweiseitig), d. h. von zwei Seiten spitz, — bei der Axt kurz, beim Beil länger, — angeschliffen.

Fig. 2. A, B. Das Breitbeil. Nachdem mit der Axt an einem Stück Holz aus dem Gröbsten beschlagen worden, nimmt man das Breitbeil und arbeitet jenes nach der Schnur, lothrecht glatt. Zur Sicherung der einbälligen Schneide außer dem Gebrauche, dient der hölzerne Schuh a. Das Breitbeil, sowie überhaupt alle einbällige Schneiden und Schneidezeuge dürfen auf der Rückseite nicht geschliffen, sondern hier, nach dem Schleifen des Ballens, nur mit der Streichschaale abgezogen werden.

Fig. 3. Die Queraxt; sie dient sowohl zum Schlagen der Zapfenlöcher — und zwar so, daß der Längeschenkel a das Längeholz theilt, der Querschenkel b dieses quer durchhaut und aushebt, — als auch zum Arbeiten der Kämme.

Fig. 4. Die Bundaxt, Stich- oder Stoßaxt, dient zum Ausputzen geschlagener Löcher, namentlich wenn diese groß sind, in starkem harten Holze, durch dasselbe reichen und gut gearbeitet sein müssen.

Fig. 5. Die Klammer. a, die Hauklammer; sie hält ein Stück Holz während der kurzen Zeit, daß an demselben geschnitten wird, fest, und wird zu diesem Zweck fest genug, durch ihre Schwere, mit der Hand in dieses und ein festliegendes Stück eingehauen.

b. Die gewöhnliche Zimmerklammer, beim Holzbeschlagen und in der Zulage gebraucht, hat, da die Hölzer, welche durch sie einstweilig festgehalten werden sollen, gewöhnlich sich kreuzend über- od. gegeneinander liegen, einen Quer- und einen Längeschenkel, nach der Richtung der Holzfasern, und ist im

Rücken da, wo auf sie geschlagen wird, — was jeder Zeit am Ende geschehen muß, — um sie fest einzuschlagen, stärker. Sind die Schenkel innerlich unten weiter als oben, um zwei Hölzer durch das Einschlagen der Klammer scharf an einander zu ziehen, so sagt man: die Schenkel stehen auf den Zug.

c. Die Bauklammer, Holzklammer, breiter, aber nicht so stark als die vorige, wird bei Gerüsten, überhaupt zu einstweiliger Befestigung zweier Hölzer, welche, ohne weitere Verbinbindung, stumpf zusammenstehen. Bei Befestigung bleibender Verbindungen und wo Hirnholz gegen Längenholz stößt, z. B. bei Stichbalken, Wechseln 2c. hat sie einen Quer- und einen Längeschenkel, welche so eingeschlagen werden, daß sie Querholz durchschneiden, aber nicht spalten.

d. Die kleine Klammer, bei schwachem Holze oder beim Treppenbau, oder zum Zusammenziehen gespaltener Brete — beim Fügen derselben auf der Stirnseite eingeschlagen — angewendet.

Fig. 6. Der Winkel. a. Das gewöhnliche große Winkeleisen, zum Ueberwinkeln von Linien 2c. gebraucht.

b. Das kleine Winkeleisen, 1—1¼ Zoll breit, zum Anschreiben und Verstreichen bei Einkämmungen und Verzapfungen, sowie beim winkelrechten Beschlagen der Hölzer gebraucht.

c. Die Winkelschiene, zum Anlegen, gewöhnlich bei vollkantigem Holze und guten Arbeiten gebraucht.

Fig. 7. Der Nagelbohrer; kleiner und größer, zum Vorbohren je nach den gewöhnlichen Nägeln.

Fig. 8. Der Schiftbohrer, bei Schift- und Pfostennägeln.

Fig. 9. Der Schraubenbohrer, bis zu ⅝ Zoll Stärke; zu den gewöhnlichen Löchern für hölzerne Nägel, in der Zulage.

Fig. 10. Der Spitzwinder, gewöhnlich bis zu ⅝ Zoll in der Zulage; stärker zu andern Arbeiten.

Fig. 11. Der Löffelbohrer, der am meisten in der Zulage angewandte Bohrer, weil derselbe nicht leicht spaltet; mit langer Stange zu den Bolzenlöchern durch starke oder mehre Stücken.

Fig. 12. Der Trauch oder Wendel, mit dem hölzernen Bügel a, oder mit dem eisernen Bügel b, zum Einstecken und zur Befestigung verschiedener Bohrer; ersterer dazu mit dem hölzernen Einsatzstück c, letzterer mit Loch und Schraube d. Mittels dieser Vorrichtung hat man den eingesteckten Bohrer mehr in der Gewalt, und bohrt dadurch schnell und sicher.

Fig. 13. Der eigentliche Löffelbohrer, von vorn und von der Seite, als Einsatzstück in den Trauch.

Fig. 14. Der Centrumbohrer, mit welchem das Loch unten grade cylinderförmig, und sowohl hier, als auch an den Seiten, sehr rein wird. Die Spitze a hält das Mittel, an dem Ende eines Flügels durchschneidet eine Spitze oder nach der Stärke des Bohrers gebende Schneide b, die Fasern, während der andre Flügel c diese wagrecht durchschneidet und aufwirft.

Außer diesen beiden Einsatzstücken in den Trauch, giebt es noch andere, doch muß man sowohl mit diesen als auch mit den frühern Arten, behutsam umgehen.

Fig. 15. Die Schnur; A mit dem Lothe a. Beim Gebrauch zum Schnüren wird sie mit Kohle, oder Kreide, oder Bolus bestrichen. Zum Einsehen des lothrechten Schenkels eines rechten Winkels, oder zum Angeben einer lothrechten Linie, dient ein Stück Schnur, welches durch das Gewicht des Lothes straff gezogen wird. Die Spitze des freihängenden Lothes bestimmt einen Punkt lothrecht unter einem höher gelegenen.

Fig. B. a Die Schnur zum Naßschnüren, mit dem Taucher b und dem Schnürfaß c, in welchem sich die flüssige Farbe — gewöhnlich Bolus in Wasser aufgelöst — befindet. Die Schnur wird durch die Flüssigkeit gezogen, indem sie durch das Loch im Taucher geht, welcher eingehalten wird; nach dem sie auf die nöthige Länge durchgelassen, wird seitwärts etwas Flüssigkeit abgeschlagen und dann geschnürt.

Fig. 16. Die Blei- oder Setzwage. Eine Bleikugel a zieht eine Schnur b straff, welche anzeigt, daß die Linie cd, welche auf der Seite eines Richtscheites oder Wagebretes liegt, wagrecht ist, wenn die Schnur die zu cd rechtwinklich gezogene Linie deckt.

Von der Richtigkeit einer solchen Wage überzeugt man sich durch folgendes Verfahren: setzt man die Wage, nachdem sie eine Linie wagrecht angegeben hat, umgedreht auf diese, so daß da, wo erst die Vorderseite war, die Hinterseite ist, so muß dann in dieser Stellung die Schnur genau wieder die senkrechte Linie decken.

Fig. 17. Das Streichmaaß. Die Riegel aa, welche sich

bequem in den dazu ausgearbeiteten Löchern eines Stück Holzes hin und her schieben lassen, werden durch Keile b nach der gegebenen Stellung festgemacht; sie haben eiserne Spitzen c c, womit das zu bestimmende Maaß parallel zur Seite eines Stück Holzes aufgerissen wird. Dasselbe findet bei sehr genauen Arbeiten und vollem Holze Anwendung.

Fig. 18. Das Streichmaaß; zur Erleichterung beim Anschreiben der Brüstungen, Zapfenstärken und Lochbreiten. Von dieser Art ist dasselbe nach den am gewöhnlichsten vorkommenden Zapfen und Löchern, mit a b, die Brüstung $1\frac{1}{2}$ oder $1\frac{3}{4}$ oder 2 Zoll, und c d, die Zapfenstärke oder Lochbreite bestimmend, — gewöhnlich das Doppelte — 3 oder $3\frac{1}{2}$ oder 4 Zoll, sonach wenigstens diese drei bei einer Zulage möglicherweise erforderlich und anwendbar.

Dabei versteht sichs wohl von selbst, daß beide Maaße von einer Seite des Holzes angeschrieben werden, indem man mit der Bahne a e oder c f auf oder an der Seite hinstreicht, während man an b oder d vorschreibt.

Fig. 19. A, B. Die Schrot- oder Bundsäge -- a mit dem Stockzahn, b mit dem Wolfszahn — mit den Griffen oder Heften r, und zur Wahrung der Schärfe, mit dem Schuh c. Die Zähne werden bei beiden Arten abwechselnd von beiden Seiten schräg angefeilt und dann entweder nach d oder nach e geschränkt. Es wird das Schärfen dieser Sägen, was doch so wichtig ist, von den Meisten nicht verstanden und geachtet.

In Fig. A sind nur die schrägen Seiten a a zu feilen und nicht die senkrechten b b, weil dadurch der Zahn schmäler und zuletzt ganz aufhören würde. Will man die, zwischen den Zähnen befindliche Vertiefung, das Zahnfleisch nicht ganz mit nachfeilen, wie f zeigt, so sollte man wenigstens den Zahn frei halten wie bei e, um später das Stück d heraus schlagen zu können.

Beim Schärfen werden aber gewöhnlich außer den schrägen Seiten, auch die senkrechten, namentlich an der Spitze angeschärft, so daß der Zahn mit der Zeit die Form c g h i k l erhält, anstatt die frühere zu behalten, wie m n o p q. Bei späterer Wiederinstandsetzung der Säge, müssen dann die alten Zähne ganz weggeschlagen, und die neuen Zähne neu ausgeschlagen werden.

Dasselbe ist bei Fig. B zu beobachten, wo die Zähne ebenfalls stets so gefeilt werden müssen, daß sie von a b c d senkrecht nachrücken, wie a'b'c'd', und nicht nach den Spitzen zu mehr angegriffen als in der Mitte, da dann die Zähne die Form nach e f g h erhalten.

Diese Säge ist bei winkelrechtem, weniger gut aber bei schrägem Schnitt anwendbar; während erstere bei beiden Schnitten gleich gut ist.

Fig. 20. Die Trenn- oder Längesäge, zum Schneiden oder Trennen von Längeholz. An derselben ist oben a die Krücke, durch einen Ring c und eine Schraube d mit dem Sägeblatt befestigt; b der untere Griff zum Abnehmen, durch einen Keil e festgehalten.

Auch bei dem Schärfen dieser Sägen ist darauf zu sehen, daß Fig. A die Zähne senkrecht nachgearbeitet werden, wie a b c d e f, und nicht die senkrechten Seiten, namentlich an der Spitze, zu sehr angegriffen, weil sie dann die Form nach g h i k l m erhalten.

Die Linie c b oder f n heißt der Stoß; stehen diese senkrecht, so sagt man: die Zähne haben viel Stoß, neigt sich c b etwas nach links, so haben die Zähne weniger Stoß.

Hat man weiches Holz zu trennen, so giebt man wenig Stoß und schränkt nach Fig. 19 e, während man bei hartem Holze mehr Stoß giebt und nach Fig. 19 d schränkt, diesem zufolge es besser ist, wenn zu beiden Hölzern eingerichtete Sägen da sind, um nicht, in Ermanglung einer passenden Säge, eine andere durch nöthige Veränderung zum Schaden derselben, sowie Verlust an Feilen und Zeit, passend einzurichten.

Die Säge mit dem losen untern Griff ist derjenigen mit festem Griff, vorzuziehen, weil man, um diese aus einem Schnitte zwischen den beiden Unterlagen des zu trennenden Stücks, herausnehmen und wieder hineinbringen zu können, dasselbe jedesmal aufheben muß, oder andern langwierigen Vorrichtungen ausgesetzt ist.

Beim Schränken beider Sägen, legt man entweder den Zahn mit der Spitze auf ein Stück Eisen, gewöhnlich auf den Rücken der eingehauenen Axt, hält die Säge auf demselben hohl, und schlägt mit einem Hammer auf den Ansatz des Zahnes; oder man legt die Säge mit dem Ansatz des Zahnes auf, daß der

Zahn frei vorsteht und derselbe mit dem Hammer etwas herunter geschlagen wird.

Bei beiden Verfahren geschieht dieses auf jeder Seite mit einem Zahn um den andern, oder nur auf einer Seite und zwar nach einander mit beiden Verfahren abwechselnd.

Fig. 21. a, b Die breite Feile zum Schärfen der Schrot- und Trennsägen, erstere mit dem Stockzahn; zum Schärfen der Wolfszähne die dreieckige Feile c.

Die Feile darf jedoch dabei nur vorwärts die Säge berühren, beim Rückwärtsziehen derselben, muß sie aufgehoben werden.

Fig. 22. Die Handsäge. a Das Blatt, bb die Hörner, c der Steg, d das Spannseil; (bcd, zusammen auch das Gerüste genannt). Zum Schneiden von Hirnholz, mit den Zähnen nach Fig. A; zum Schneiden, (Trennen) von Längeholz, mit Zähnen nach Fig. B.

Zum Schärfen derselben, die kleine Feile nach Fig. 21 c; zum Schränken dient.

Fig. 23. Das Schränkeisen. Dasselbe hat zu Aufnahme schwacher oder stärkerer Zähne, enge und weite Oeffnungen.

Fig. 24. Die Lochsäge, mit welcher in Brete gewöhnlich Löcher, Verzierungen rc., ein- und ausgeschnitten werden, wenn dieselben mit der Schweifsäge, (nach Fig. 22 kleiner und mit einem bis ¼ Zoll breitem Blatt), nicht geschnitten werden können, da das Gerüste dieser die freie Bewegung beim Schwunge der Linien nicht gestattet, und man damit auch von der Seite des Bretes anfangen, somit dieselbe durchschneiden muß, was jedoch nicht allemal statthaft ist. Um mit der Lochsäge in einem Brete schneiden zu können, wird mit einem Bohrer ein Loch durch dasselbe gebohrt, in welchem man mit derselben anfangen kann.

Fig. 25. Der Pfriemen oder die Vorreißnadel; zum Aufschreiben, Aufreißen von Linien quer über ein Stück rein gearbeitetes Holz; bei guten Arbeiten angewendet, weil bei vielem Gebrauch des Bleistiftes, derselbe öfters geschärft werden müßte und sich dadurch bald abnutzen würde; auch zum Vorbohren bei schwachen Nägeln, in schwachen Breten gebraucht.

Fig. 26. Der Meisel oder das Stemmeisen. A, das schmale, B, das mittlere, C, das breite Stemmeisen; diese drei meist einbällig. D, ein starkes zweibälliges Stemmeisen, bei festem Holze; E, das Giehreisen, welches nicht so leicht den Spahn einreißen läßt, weil es mehr nach der Seite, als in der Richtung des Stemmeisens, vorwärts schneidet; F, das doppelte Balleisen, gewöhnlich bei schmalen, ½ Zoll breiten, aber tiefern, 6—8 Zoll tiefen Löchern angewendet; G, das Hohleisen, bei Gesimsen u. dergl. angewendet.

Fig. 27. Die Zange, zum Ausziehen von Nägeln. Ist beim Einschlagen eines Nagels, z. B. in eine Stubendiele, derselbe krumm geworden, (der Nagel hat sich gesetzt), und er soll ohne diese zu beschädigen, herausgezogen werden, so legt man da, wo die Zange die Diele beim Aufdrücken und Auswuchten berühren würde, einen Spahn oder dergl. unter erstere. Ist jedoch z. B. aus einem losen Brete, ein völlig eingeschlagener Nagel auszuziehen, ohne daß man mit der Zange sofort den Kopf fassen kann, derselbe aber auf der andern Seite des Bretes durchreicht, so faßt man auf dieser, mit der Zange etwas davon entfernt, den Nagel fest; indem man so den Nagel durchschieben will und zu gleicher Zeit auf die andre Seite neben den Kopf schlägt, schiebt sich derselbe dadurch heraus um ihn fassen zu können.

Fig. 28. Der Schlegel oder das Klopfholz wird beim Lochen angewendet und mit demselben das Stemmeisen eingetrieben, dessen Heft durch das Aufschlagen mit eisernen Instrumenten, — dem Hammer oder Beil — leichter beschädigt wird.

Fig. 29. A, B, der Hammer; A, mit einer Spitze a, zum Vorschlagen der Nagellöcher, anstatt des Vorbohrens mit dem Bohrer; mit einer aufgehauenen Bahn b, um das Abgleiten derselben vom Nagelkopfe zu verhindern, und einem Spalt c, zum Ausheben von Nägeln; beim Dachlatten und Verarbeiten roher Brete 2c. angewendet. B, der Hammer mit glatter Bahn, und ebenfalls einem Spalt; zum Einschlagen der Nägel, bei guten Bretarbeiten angewendet.

Fig. 30. Die Raspel. In dieser oder andrer Form, grob oder fein aufgehauen, zum Ebenen und Glätten gewundener und runder Flächen, bei Gesimsen, Verzierungen 2c., wo dieses mit dem Hobel nicht geschehen kann.

Fig. 31. Der Schnitzer; zum Schneiden von kleinen hölzernen Nägeln, sowie Aufschneiden der Leistenfugen für einzuschiebende Leisten, oder bei Versetzungen der Treppenstufen in die Wangen.

Fig. 32. Der Fuchsschwanz; zu dem in voriger Figur erwähnten Aufschneiden, sowie auch dazu gebraucht, um da etwas zu schneiden, wo man mit einer andern Säge, wegen deren Gerüste, nicht ankommen kann.

Taf. IV.

Fig. 1. A, B, C, der Schrobhobel; A Seitenansicht, B Durchschnitt, C das Schrobeisen. Mit demselben wird das Rauhe an beschlagenem oder geschnittenem Holze abgearbeitet; um dieses zu erleichtern, ist das Eisen schmal und etwas im Bogen geschliffen.

Alle Hobeleisen sind einbällig geschliffen, so jedoch, daß der spitze Winkel, welchen der Ballen mit der Seite macht, etwas spitzer als der Winkel ist, welchen die schräge Lage des Eisens mit der Bahn des Hobels macht.

Ist das Eisen in den Hobel gelegt, daß es auf der Bahn etwas vorsteht, so macht man dasselbe durch den Keil fest. Steht das Eisen nicht genug vor, (der Hobel hat zu wenig Eisen), so treibt man dasselbe durch Schlagen auf das obere Ende, unten heraus; steht jedoch das Eisen zu viel vor (der Hobel hat zu viel Eisen), so schlägt man an die hintere Stirn oder daselbst oben auf den Hobel, wodurch sich das Eisen zurückzieht.

Fig. 2. A, B, C. Der Schlichthobel; A Seitenansicht, B Durchschnitt, C das Schlichteisen. Da durch das Schrobeisen keine ganz glatte Fläche entsteht, so nimmt man, um die entstandenen Riesen und Hohlungen wegzubringen, den Schlichthobel mit breiterem und grad geschliffenem Eisen.

Fig. 3. A, B. Der Fügehobel; A Seitenansicht, B Durchschnitt. Er wird angewendet, um eine lange grade Fläche zu erhalten. Soll eine Bretfläche oder ein Stück Holz genau eben abgerichtet werden, so arbeitet man zuerst an beiden Enden ein schmales Stück querüber, so daß man darauf ein kurzes Richtscheit legen kann; sieht man dann von einem Richtscheit nach dem andern, so müssen sich die untern beiden Linien derselben genau decken; ist dieses nicht der Fall, so flügeln die Richtscheite, und wird dieses abgeändert.

Dann arbeitet man der Länge nach zu beiden Seiten ein Stück nach den abgerichteten Enden grade und hierauf die gegen den vierseitigen Rand höhere Fläche, am beßten querüber, ab. Zuletzt hobelt man die auf diese Weise erhaltene ebene aber noch rauche Fläche, nach der Länge der Holzfasern, glatt.

Fig. 4. A,B,C,D. Das Doppeleisen, in einem gewöhnlichen Schlichthobel, dieser aber dann nach dem Eisen: Doppelhobel genannt. Es verhindert, vermöge seiner Construction, das Einreißen des Hobelspahns bei widerjährigem Holze.

Die Decke B, mit einer Schraube c wird auf das eigentliche Eisen A, welches ein Loch d zum Durchstecken des Schraubenkopfes hat, gelegt, dann wird die Decke, bis ziemlich der Schneide des Eisens gleich, geschoben, Fig. D, indem die Schraube in der Nuth e fortgeht, und nun die Schraube fest angezogen.

Gewöhnlich nimmt man das breite Doppeleisen (den Doppelhobel) nach dem Schlichteisen (dem Schlichthobel); doch hat man bei feinern Arbeiten schon im Schrobhobel und auch in den Fügehobeln das Doppeleisen.

Fig. 5. Der Schiffhobel, mit Schrob- oder Schlicht- oder auch Doppeleisen; er wird gebraucht, um bei gebogenen Hölzern die innere Fläche zu arbeiten, namentlich an gewundenen und gebogenen Hölzern beim Treppenbau.

Fig. 6. A,B. Der Zughobel mit Schrob- oder Schlichteisen; A Grundriß, B Seitenansicht. Mit demselben arbeiten zwei Mann, indem sie an den Griffen a a angreifen. Gewöhnlich angewendet, um an Verbandstücken behauene oder geschnittene Flächen aus dem Gröbsten glatt zu arbeiten und ihnen dadurch ein besseres Ansehen zu geben.

Fig. 7. A—G. Das Spündezeug. A Oberaufsicht, D Durchschnitt eines Hobels, mit fester Lehre e, welcher den halben Spund zieht, und durch zwei Mann, welche an den Griffen a angreifen, bewegt wird.

Wenn man bei dem Arbeiten mit den bisher angeführten Hobeln das Rauhe der zu arbeitenden Fläche jederzeit vor dem Hobel hatte, so ist dieses beim Spündezeug umgekehrt, indem man die zu ziehende Fuge oder Spund stets hinter dem Hobel läßt, und vor dem Hobel nach und nach tief arbeitet.

Der halbe Spund, welcher an Brete gezogen wird, die sich etwas überdecken aber nicht gegeneinander vorspringen sollen, wird mit einem Hobel an alle Brete gezogen und wird nur die Seite, wegen des wechselseitigen Ueberdeckens, berücksichtigt, an welche die Lehre e anzuliegen kommt. Die Lehre wird scharf an die Seite des Bretes gehalten, um dem allemal hier stehenbleibenden Spünd gleiche Stärke, welche der halben Stärke des Bretes gleich ist, zu geben.

C. Durchschnitt eines Spundhobels mit fester Lehre, zu welchem ein, dem ähnlicher, Nuthhobel gehört. Mit denselben können jedoch nur die Brüstungen der Zapfen und Nuthen an Breten zu Dielungen gezogen werden, auf deren Stärke sie berechnet sind, so daß man für starke und schwache Brete, auch verschiedene Hobel haben muß. Besser ist daher das Spündezeug nach

Fig. E. Durchschnitt eines Nuthhobels mit beweglicher Lehre f, welche durch die Schrauben b, zugleich als Griffe dienend, gestellt wird, je nachdem man mehr oder weniger Brüstung geben will, indem man hinten und vorn ein Holzstück zwischen den Hobel und die Lehre steckt, welches so viel beträgt, als diese von jenem abzustehen kommt. Dieses geschieht wieder bequemer

Fig. F und A, durch die Stellschraube c, welche die Lehre vom Hobel abhält, während die beiden andern Schrauben, welche zur Sicherung des Gewindes noch mit einer Hülse umgeben sind, dieselbe andrücken.

Fig. G ist g das Spund- oder Federeisen, h das Nutheisen; mit ersterem wird der Spund, mit letzterem die Nuth gezogen. Das Spundeisen wird gewöhnlich an den äußerlichen Ecken etwas kürzer als an den innerlichen, oder die ganze vordere Brüstung i, kürzer als die hintere k, geschliffen, damit das Nuthbret an der Oberseite scharf an das Spundbret kann, wodurch unten jedoch leicht eine Spalte entsteht, weil hier an erstern, durch das so geschliffene Eisen, mehr als oben weggenommen wird, während an dem zweiten die gefügte Seite bleibt, wie sie gefügt war.

Die Führung dieser Hobel, sowie die Stellung ihrer Eisen, ist sehr genau zu nehmen, weil, sonst gut gefügte Brete, keine dichte Fuge geben, oder die Brete daselbst gegen einander vorspringen.

Von dieser Construction, welcher auch die großen Hobel zum Falzen der Balken, Spundpfähle rc. ähnlich sind, giebt es, hinsichtlich der Lehre und Stellung, noch verschiedene andere.

Fig. 8. A — G. Simshobel a, mit dem Eisen b. Nach ihrer Anwendung oder der Form, welche sie Gliedern zu Gesimsen ꝛc. geben, heißen sie: A, Falzhobel; B, Falzhobel mit Lehre; C, Leistenhobel; D, Karnieshobel; E, Kehlhobel; F, Viertelstabhobel; G, Viertelkehlhobel;

Fig. 9, abc. Der Grundhobel, zum Ebenen einer nicht breiten, gegen eine andere, tiefer liegende Fläche, z. B. beim Ausarbeiten des Falzes für einzuschiebende Leisten, der Versetzung der Treppenstufen in den Wangen ꝛc. Das Eisen c wird nach der Stellung, durch den Keil d festgehalten.

Fig. 10. Das Schnitzemesser, zum Arbeiten von Raufen- und Leitersprossen, Schälen von Stangen, Ausschneiden von Verzierungen in Brete ꝛc. gebraucht.

Fig. 11. Die Ziehklinge a, nebst Schärfstahl b. Eine dünne Stahlplatte a wird mit dem runden Stahlstift b auf der Stärke derselben etwas schräg gestrichen, wodurch sie eine scharfe Kante erhält, mittels welcher glattgehobelte Flächen, namentlich bei hartem Holze, noch glatter durch Schaben, Abziehen mit der scharfen Kante, werden.

Fig. 12. A, B. Die Hohlaxt; zum Ausarbeiten von Rinnen, Trögen ꝛc., wenn das bessere Arbeiten mit dem Hobel, sowohl nicht nöthig, als auch nicht gut möglich ist.

Fig. 13. Die Fügebank, 6—8 Ellen lang, zum Fügen und Arbeiten der Brete auf der hohen Seite; an jedem Ende mit zwei Dübeln c, zwischen welche das Bret a gesetzt, und durch Keile b festgehalten wird. Ohne Dübel, und auch kürzer: als die gewöhnliche Haubank, Zimmerbank, Zimmerbock, beim Beschlagen der Hölzer ꝛc. angewendet.

Fig. 14. A—D. Die Schneidegerüste, zum Aufbringen und Auflagern der Holzstücke, welche mit der Längesäge geschnitten, (getrennt) werden sollen. Zu leichtern Stücken sind die einfachen Gerüste nach C, D: zwei Böcke e, e, mit Löchern versehen, werden durch den aufgezapften Sturz i, $1\frac{1}{2}$—2 Ellen lang, und fest zu keilende Riegel, (Scheiden) g, g, (von derselben Länge) welche dadurch das Umfallen nach der Seite verhindern, verbunden. Wenn das aufzuladende Stück k wegen seiner Schwere oder wegen Mangel an nöthigen Kräften, nicht gleich von unten auf den Sturz gelegt werden kann, so wird dasselbe auf die unten eingesteckten Riegel gelegt, abwechselnd an beiden Enden höher gehoben indem die Riegel nachgesteckt werden, und so auf die Sturze gebracht, welche vorher abgenommen und dann untergeschoben wurden.

Sollen schwere Stücke auf solche Böcke geladen werden, so müssen diese und auch die Riegel stärker, sowie die Löcher eng beisammen sein, damit nicht zu hoch auf einmal zu heben ist. Leichter geschieht das Aufladen mit den Gerüsten.

A, B. Nahe an den beiden Enden des aufzuladenden Stücks, stehen zwei Böcke d einander gegenüber, 3 — 4 Ellen entfernt; dasselbe liegt auf den starken, durch beide Böcke, (Gerüste), reichenden Riegeln, (Trägern) b, und wird nach und nach, durch Heben an den Riegelenden, indem die kleinen Riegel c nachgesteckt werden, in die Höhe gebracht. Es ist gut, wenn die Riegel, 7 — 8 Ellen lang, ein Stück durch die Böcke reichen, weil es sich dann damit, als längere Hebel, leichter hebt, so daß zwei Mann, mit den hierzu nöthigen Geräthschaften an Winden, Untersetzstücken rc. ein bedeutendes Stück aufzuladen vermögen.

Fig. 15. Der Wendehaken, zum Wenden runder oder Umkanten behauener starker Stücke gebraucht. Der Haken a wird an der Seite des zu wendenden Stücks so eingeschlagen, daß ein Hebebaum, von dieser Seite durch den Ring b gesteckt, auf dasselbe zu liegen kommt.

Fig. 16. Die Werk- oder Hobelbank; zum genauen Abrichten kleiner Stücke, um sie dazu und während der dazu erforderlichen Zeit fest halten zu können, wozu obenauf die Bankhaken c, — einer in der festen Platte, der andere in der, durch die Schraube a beweglichen Zange steckend, — an der Seite einerseits die Schraube b, andrerseits der Untersetzer B dient.

Fig. 17. Die Keilzwinge. Zwischen zwei Riegel d, d, welche durch zwei starke Latten oder Stücke Holz b, b gesteckt sind, werden nebeneinander die gefügten und zu verleimenden Brete a gelegt und dann durch Keile c scharf zusammengetrieben.

Fig. 18. Die Schraubenzwinge dient dazu, um ein kleines Stück an einem andern beim Anschreiben, Anbessern oder Befestigen, festzuhalten, oder auch beim Zusammenleimen mehrer Bretstücke rc. übereinander.

Fig. 19. Das Schraubengeschirr wird gewöhnlich bei Absteifungen von Balkenlagen angewendet. Auf einer Sohle b stehen in Vertiefungen die Schrauben c, welche durch ihre Umdrehung das Mutterstück a bewegen, indem in den Ring des oben eingesteckten Schlüssels d ein Hebebaum gesteckt wird, an welchem die Kraft des Umdrehens wirkt.

Beim Drehen der Schrauben muß immer darauf gesehen werden, daß das Mutterstück ziemlich wagrecht bleibt, nicht zu hoch aufgehoben wird, und die Gewinde gut in Schmiere — mit Seife oder Wasserblei — gehalten werden.

Ist das Mutterstück, auf dem zwischen den beiden Schrauben eine Steife steht, welche die zu hebende Last unterstützt, ein Stück, aber noch nicht genug, aufgehoben, so wird neben das Schraubengeschirr eine scharfpassende Steife — (Beisteife) — gesetzt, das Mutterstück bis auf die Sohle gelassen, und nun, um die Last höher zu bringen, eine längere Steife genommen, oder das nun an der ersten fehlende Stück durch Unterlagen ausgeglichen, Letzteres jedoch keine große Sicherheit gewährt, hierbei aber gewöhnlich sehr vorsichtig gegangen werden muß.

Fig. 20. A, B, C. Das Hebegeschirr, zum Heben großer Lasten, meist zum Aufladen langer oder schwerer Stämme. Durch die Wände eines ausgearbeiteten Stück festen Holzes, sind Löcher eingebohrt, in welche Bolzen b gesteckt werden; auf diesen liegt eine eiserne Stange a, — in einen langen Griff d gesteckt — mit dem Haken c, in welchen eine Kette gehangen, die unter das zu hebende Stück gelegt, und mit dem auf diesem Stück liegenden Hebebaum, verbunden wird. Durch abwechselndes Drücken und Heben der Stange und dem nachfolgenden Höherstecken der Bolzen in die gegen einander steigenden Löcher, wird mit leichter Mühe eine große Last gehoben.

Wie dergleichen Vorrichtungen beim Niederlassen der Lasten und zu ähnlichen Zwecken gebraucht werden, ist hiernach leicht begreiflich.

Fig. 21. A, B. Die Winde; hier die Fußwinde, weil die Stange b mit einem Fuß c versehen ist. Durch Umdrehen der Kurbel d wird ein Rad bewegt, welches in die Zähne der Stange greift, und kann die Last entweder oben durch die Hörner a oder unten durch den Fuß c gefaßt werden.

Fig. 22. A — E. Der Flaschenzug nebst Schleuderscheibe und Tummelbaum. Die Flasche A hängt oben an dem Haken b; unten bei a ist ein Seil h befestigt, welches über die Rollen in den Flaschen A, B, dann senkrecht — oder ziemlich senkrecht darunter, — nach der Schleuderscheibe d, Fig. D, und von da auf die Trommel i am entfernt stehenden Tummelbaum (stehende Welle) f, Fig. E, geht.

Die Schleuderscheibe d, Fig. D, ist in ein Stück Holz e eingelassen, welches eingegraben oder sonst fest gemacht ist. In dem Tummelbaum f, Fig. E, stecken die Bäume g, an welche sich die Leute legen, um denselben in Bewegung zu setzen, indem sie auf dem Bretboten k den kreisförmigen Weg machen; i ist die runde Trommel, zum Aufwinden des Seiles, durch das die Last, an dem Haken c der Flasche B befestigt, gehoben wird. Um das Ablaufen des Seils von der Trommel zu verhindern, ist dieselbe unten und oben mit einem erhöhten Rande ll versehen.

Fig. 23. Die Stake b, an der Stange a befestigt. Dieselbe wird gebraucht beim Aufstellen der Gerüste und Richten der Gebäude, um damit das Aufziehen der Stücke durch Anstaken und Nachheben 2c. zu erleichtern, wenn dieselben nicht mehr unmitlelbar von Menschenhänden erreicht werden.

Fig. 24. Die Folge, zu demselben Zweck wie vorhergehende Figur, ist eine Stange a, mit einem Loche, durch welches ein Strang gesteckt wird, dessen Enden dann fest verknüpft werden. Die Stange wird auf das zu hebende Stück gelegt, der doppelte Strang unten um dasselbe herumgenommen, und auf das vorstehende Stück derselben, gehangen. Wird nun die Stange um ihre Stärke gedreht, so wird der Strang das Stück fest umschlingen, und man kann nun mit der Folge ein schwebendes Stück heben, oder ein freistehendes Stück wenden und balanciren.

Um jedoch, nach dem z. B. das aufgebrachte oder aufgestellte Stück festgemacht ist, die Folge bequem von demselben abmachen zu können, muß der doppelte Strang das Stück umlangen und sich noch leicht auf den Kopf der Stange hängen lassen.

Fig. 25. A, B. Die Flasche (der Kloben), mit den Rollen nebeneinander. Zu derselben gehört noch eine dergl. um durch ein eingezogenes Seil einen Flaschenzug herstellen zu können.

C eine Flasche mit einer Rolle, um mittels eines einmal durchzogenen Seiles, leichte Gegenstände in die Höhe ziehen zu können.

Fig. 26. A, B, C. Die gewöhnlichsten Seilknoten, (Zimmerschleifen).

Fig. 27. Die Wagen; sie sind da vortheilhaft anzuwenden, wo z. B. Balken über einen weiten freien Raum bei hohen Umfassungen, fortgeschafft werden sollen, wodurch das, die Mauern erschütternde und hier auch schwierige Umkanten der Balken, vermieden wird. a ist ein Rahmen von Eisen, durch denselben gehen zwei Bolzen b, zugleich durch die Walzen c, welche sich um die festgeschraubten Bolzen drehen.

Auf den Mauerlatten, jeder der beiden Fronten, geht ein Wagen, auf dessen Rahmen, zwischen den beiden Walzen, der Balken d mit einem Ende liegt und so durch 2—4 Mann bequem, auf beiden Seiten zugleich, fortgeschafft, sowie durch ein kurzes, auf die Walzen untergeschobenes Bret f, auf- und abgeladen wird.

Fig. 28. Der Schleiftrog a, mit dem Stein c; b sind aufgesetzte Knaggen, um bei großem Durchmesser des Steins, nicht das zum Trog erforderliche Stück höher zu nehmen; d die eiserne auch hölzerne Welle mit dem Drehling e. Besser ist es, wenn der Trog zur Seite, auf dem tiefsten Punkte der ausgehauenen Vertiefung, ein Loch hat, welches mit einem Spund verstopft wird, um nach dem Schleifen das Wasser ablassen zu können, weil sonst der Stein auf der, längere Zeit im Wasser hängenden Stelle, weich, sich leichter abschleifen wird und dann wirft. Die Bahn des Steins muß stets grade gehalten und nicht in der Mitte ausgeschliffen werden.

Fig. 29. Die Schnitzebank, zu mehrern Arbeiten, welche mit dem Schnitzemesser gefertigt werden, gebraucht. Das zu arbeitende Stück, welches auf das Bret d, zur Seite der Säule e gelegt wird, hält oben der Kopf c derselben, fest, wenn man auf a sitzend, mit einem Fuße, unten die Säule bei b von sich schiebt. Je nach der Stärke der zu arbeitenden Stücke kann man die Säule mittels der in derselben angebrachten Löcher und eines durchgehenden Bolzens, hoch oder tief hängen.

Vom Beschlagen des Bauholzes.

Vorbemerkung.

Die erste und zugleich eine wichtige Arbeit bei dem Neubau eines Gebäudes ist das Beschlagen des dabei zu verwendenten Holzes, wobei es sehr viel darauf ankommt, wie und zu welchen Verbandstücken ein Stamm verwendet wird.

Soll z. B. nach einer gegebenen Zeichnung die Zulage gefertigt werden, so mache sich der Polir mit derselben, zuvörderst aber mit der gewöhnlich beigefügten Holztabelle, in welcher die nöthigen Verbandstücke mit ihren Maaßen angegeben sind, sowie mit dem dazu bestimmten und nach Erforderniß gegebenem Holze, bekannt, damit er weiß, zu welchem Zweck dieser oder jener Stamm am vortheilhaftesten zu verwenden ist und dabei vorzüglich auf die langen oder starken und Hauptverbandstücke Bedacht nimmt, damit nicht später Mangel an dazu passendem Holze eintritt, wenn dasselbe vorher zu minder wichtigen oder kurzen Verbandstücken verwendet war.

Diesen überaus wichtigen Ueberblick, welcher jederzeit schnell und sicher das Richtige angiebt, gewinnt man durch die praktische Erfahrung; aber leichter und vollständiger, wenn man zuvor durch ein deutlich erlangtes Bild vom Ganzen die Verwendung und den Zweck eines Stück Holzes kennt.

Bei kleinen Zulagen und also auch mit wenig Leuten, mag ein weniger tüchtiger Polir fortkommen; jedoch wird dieses bei größern, und somit auch mit mehr Leuten, für ihn um so schwieriger, denn es geht nicht an, daß alle erst das ganze Holz beschlagen und, wenn dieses geschehen, alle zusammen in der Zulage arbeiten. Dieses würde nicht zweckmäßig sein, indem nicht alle Arbeiter jederzeit in derselben — durch Einrichtung und Vorrichtung neuer Arbeiten verhindert, — völlig Beschäftigung finden würden, es aber auch mitunter Arbeiter giebt, die wohl zum Holzbeschlagen, aber nicht zu jeder Arbeit in der Zulage, vortheilhaft zu verwenden sind.

Unter diesen Umständen ist es besser — und einem tüchtigen Polir auch lieber — wenn beide Arbeiten vorgenommen werden. Dann werden die zur Zulage zuerst erforderlichen Stücke beschlagen, mit ihnen dieselbe angefangen und während dieser Zeit mit dem Beschlagen der Hölzer fortgefahren.

Auf diese Weise hat zwar der Polir beides zu beobachten, doch kann er sich dieses erleichtern, wenn er zu jeder Arbeit Leute einrichtet, — beim Holzbeschlagen einige, welche eine Sorte Holz nehmen, und daraus eine oder mehre gewisse Sorten Verbandstücke arbeiten; in der Zulage einige, mit denen er immer vorarbeitet, so daß andre danach die Arbeit fertigen können, — da es unter mehreren Leuten doch einige giebt, denen er gewisse Arbeiten ohne immerwährende Anstellung oder öftere Beaufsichtigung übergeben kann.

Taf. V.

Fig. 1. Bei dem Beschlagen eines Stammes a wird nun folgendermaßen verfahren: derselbe wird, wenn er auf der Erde liegt und leicht ist, von einigen Mann ohne Schwierigkeiten auf Unterlager oder die Haubänke b b gehoben, welches diese jedoch bei einem schweren Stamme nicht vermögen. Dann wird eine Bank mit einem Ende hoch gehoben und mit dem tief gekommenen Ende an den Stamm gelegt, so daß dieser durch Heben und Wenden auf dieses Ende gebracht, während die Bank an dem andern niedergedrückt und so der Stamm gehoben wird.

Unter diesen Umständen und beim Beschlagen vieler starker Stämme werden Bänke angewendet, welche blos an einem Ende mit Beinen versehen sind, mit dem andern auf der Erde liegen um das Aufladen eines Stammes zu erleichtern, hier aber, nachdem dieses geschehen, auf untergeschobene Lager gelegt werden.

Starke Stämme, welche, durch das Aufladen auf Böcke, zu hoch liegen würden, legt man auf niedrige Lager und hat somit auch dieses leichter.

Nach dem Aufladen eines Stammes wird derselbe gelagert, d. h. nachdem durch seine Form bestimmt ist, nach welchen Seiten derselbe am vortheilhaftesten beschlagen werden soll, wird obenauf ein kleiner Spahn wagrecht abgehauen, (der Stamm wird geschaut); dann wird der Stamm so gewendet, daß diese Stelle lothrecht ist, zu der man andrerseits die Stelle, mit welcher der Stamm auf den vordern Bock b zu liegen kommt, parallel, — aber tiefer, — das Lager aushaut, damit beim Zurückwenden des Stamms nun auf diesem derselbe festliegt.

Nach dem Lagern wird der Stamm geschnürt; wenn er jedoch kurze Stutze von abgehauenen Aesten, oder rauhe Schaale hat, oder schmuzig ist, vorher abgeputzt, indem die Stelle, wo die Schnur das abfallende Stück angiebt, von Aesten, Schaale und Schmuz gereinigt wird. Nun wird die Schnur von zwei Mann ausgelassen, gewöhnlich mit Kreide bestrichen, nach der an den Stammenden angehaltenen Stärke e c aufgelegt, in der Mitte von einem Dritten lothrecht aufgehoben und dann, wenn dieses richtig, niederschlagen gelassen. Dadurch entsteht eine Linie e f, welche, senkrecht bis e′ f′ niedergelassen, das Stück e l e′ f′ m f abtrennen, und an dem Stamme eine senkrechte, grade Fläche e e′ f′ f geben würde.

Nach dem Schnüren wird der Stamm durch Klammern befestigt, um ihn während der Bearbeitung der beiden abgeschnürten Seiten in richtiger Lage zu halten, indem auf jeder Seite eine Klammer — der Längeschenkel in den Bock, der Querschenkel in den Stamm — geschlagen ist. Um nun bei dem abzuschlagenden Holze die Trennung in Spähnen zu erleichtern, wird der Stamm auf diesem ausgestochen, indem zwei Mann in einem spitzen Winkel zu dem Stamme treten und darnach taktmämäßig abwechselnd, die Kerben i einhauen, deren Spitze n an der Schnur anfängt und bei richtiger Haltung der Axt, lothrecht darunter bei o ausläuft.

Nachdem so der Stamm auf beiden Seiten, bei starken abfallenden Stücken mit 12—18″, bei schwachen mit 18—24″ von einander entfernten Stichen versehen (ausgestochen) ist, wird es leichter, den abfallenden Theil in kurzen Spähnen abzuarbeiten. Dieses verrichtet mit der Axt ein Mann, welcher rechts an den Stamm tritt, dem dann ein andrer mit dem Breitbeil folgt, welcher, wegen der Construction des Breitbeils links zum Stamm steht, so daß also beide Arbeiter einander entgegenstehen.

Diesem zufolge fängt das Bearbeiten eines Stammes allemal rechts, von einem Ende herein, an, und darnach werden auch zuerst die Klammern zu Befestigung des Stammes auf dem zweiten Bock, von dem Anfang einer zu arbeitenden Seite an gerechnet, eingeschlagen, welche dann auf die andere und zwar nun gearbeitete Seite, geschlagen werden, wenn der, mit dem Breitbeil, bis an den Spahn ist, welcher wegen der Klammer nicht abgeschlagen werden konnte.

Fig. 2. Nach Bearbeitung der beiden Seiten werden die Klammern ausgeschlagen, der Stamm auf eine behauene Seite, (gewöhnlich die schlechtere) gelegt, das Winkeleisen auf die obere Seite querüber gehalten, und diese nach Angabe des Lothes wagrecht gelegt, dann das Maaß hg aufgeschnürt und zwar diesmal entweder mit der nassen Schnur, oder trocken mit Kohle bestrichen, weil man auf dem weißen Holze den weißen Schnurschlag nicht gut sieht. Dann werden die Klammern eingeschlagen, die Seiten ausgestochen, die Spähne abgehauen und diese Seiten zur obern winkelrecht gearbeitet. Manche legen nach diesem Schnüren die Oberseite wagrecht, doch ist dieses falsch, weil die Seiten dann nicht grade werden, wenn der Stamm von einem Lager zum andern einbiegt, indem dadurch die Schnur tiefer schlagen muß und seitwärts kommt.

Bei den beiden Arbeiten, beim Abschlagen und Beilen, darf weder eine Seite unterhauen, d. h. nach unten zu viel weggehauen, noch darf bei der zweiten daselbst kein Holz stehen gelassen (überhauen) werden, sondern es muß darauf gesehen werden, daß die zu bearbeitenden Seiten möglichst glatt, loth- und winkelrecht sind — wenn letzteres nicht anders bedingt ist — da bei einer Verbindung zweier Hölzer von unregelmäßigem Querschnitt, das Anschreiben, der Verschnitt und das Zusammenbessern erschwert wird.

In den hier angenommenen beiden Figuren wurde das gehauene Stück vollkantig, d. h. die vier Ecken, (Kanten) des Holzes waren voll, oder, jeder Querschnitt bildete ein richtiges

Viereck; dieses wurde jedoch nach der Spitze zu, immer kleiner, weil der untere Querschnitt des zu hauenden Stücks, für den obern des Stammes wegen Ausfüllung der Ecken, zu groß gewesen wär; bei Gleichmachung des untern Querschnitts mit dem obern, kleinern, und bei großer Verschiedenheit der Querschnitte des Stammes — wenn derselbe sehr abfällt, — aber auch viel gutes Holz abgeschlagen und für den eigentlichen Zweck verloren gehen würde. Es würde in manchen Fällen Holzverschwendung und bei einem hohen Preiße des Bauholzes in manchen Gegenden auch sehr kostspielig sein, wenn man zu jedem Verbandstück das Holz so stark nehmen wollte, daß dieses, beschlagen, jenes vollkantig giebt.

Diesem zufolge und wenn es die Verwendung gestattet, werden auch fast die meisten Verbandstücke sowohl an dem einen Ende schwächer als an dem andern gearbeitet, als es aber auch nicht allemal nöthig ist, daß dieselben, selbst bei gleicher Stärke, durchgängig vollkantig sein müssen; sondern es werden viele, wenn nicht ganz durchaus, doch von der Spitze herein, schalkantig — baumkanntig — gelassen, wie Fig. 3 zeigt, wo die Querschnitte gleiche Breite und Höhe haben, nur daß bei denselben, über r hinaus, mehr und mehr die Ecken fehlen.

Schalkantige, (schalseitige) Verbandstücke und solche, welche nach dem schwachen Ende abfallen, werden zum Theil so angewendet, daß sie, liegend, überall die gehörige Festigkeit besitzen um einer Kraft zu widerstehen, welche sie zu zerbrechen sucht, wie dies z. B. bei Balken und Sparren der Fall ist, wo das untere, das vollkantige und stärkere Stück mehr zu tragen bekommt als das obere. Dieselben besitzen jedoch weniger Festigkeit oder Dauer um den Einwirkungen der Witterung zu widerstehen, da das äußere Holz eines Stammes, der Splint, also hier die schalkantigen Seiten, bald verderben.

Bei äußerlichen Verbandstücken ist demnach auch darauf zu sehen, daß diese möglichst vollkantig sind, was oft mit wenig Kosten dadurch erlangt wird, daß man von der einen Seite eines Stammes mehr herunter haut als von der andern, wodurch man daran eine sogenannte gute Seite erhält, welche mehr kerniges Holz bietet und äußerlich kommt, während die andre, schalkantige Seite innerlich kommt und so mehr vor dem Verderben geschützt ist. Zu dieser guten Seite, welche die Bundseite heißt, wird an manches Verbandstück beim zweiten mal Beschlagen noch eine auf ähnliche Weise wie vorher angegeben, gearbeitet und unterschieden, so daß dasselbe zwei Bundseiten hat.

Von oder auf diesen Bundseiten werden die betreffenden Maaße in der Zulage abgemessen, weil dieses hier wegen der bessern Bearbeitung genauer geschehen kann als auf einer andern.

Ebenso verschieden aber, als die Form der Stämme gegeneinander ist, ebenso verschieden ist das Verfahren, dieselben zu beschlagen und wobei durch Unkenntniß sehr viel verdorben werden kann, weil hier die Wahl meist dem Polir überlassen bleibt, indem der Meister nicht beim Beschlagen eines jeden Stammes zugegen ist. Es sind nicht alle Stämme grade und haben kreisrunden Querschnitt; sie sind großentheils ein- auch mehrmals gekrümmt, und haben meist einen ovalen, etwas vom richtigen Kreis abweichenden Querschnitt, so daß man daran eine Höhe und Breite unterscheidet.

Hiernach sowohl, als auch um aus dem Querschnitt, wenigstens für ein liegendes Stück die größte Tragkraft zu erhalten, wird auch den meisten Verbandstücken ein parallelopipedischer, aber wenig vom Quadrat abweichender Querschnitt gegeben. Beim Beschlagen eines Stammes wird derselbe nun auch meistentheils das erste mal hoch gehauen, d. h. der große Durchmesser des Querschnitts wird das erste mal lothrecht gestellt und demnach die breiten Seiten des zu hauenden Querschnitts zuerst, darnach die schmalen desselben gearbeitet.

Krumme Stämme werden, wenn keine krummen Verbandstücke erforderlich, oder wie zu manchen Balken 2c. verwendbar sind, meistens zu kleinen, graden verarbeitet, je nach der Länge, welche sie dazu hergeben z. B. zu kurzen Bändern, Riegeln, Säulen 2c., sie bleiben gewöhnlich bis zuletzt liegen, um aus ihnen irgend ein noch fehlendes kleines Stück passend zu erlangen.

Da nun die verschiedenen Verbandstücke, welche aus einem solchen Stamme, Fig. 4, genommen werden, oft ungleiche Querschnitte efgh—l'k'i' haben, so entsteht auf dem Zusammenstoß derselben, beim Beschlagen ein Absatz — Gesprenge; dieses muß beim Ausstechen, wobei ein Stich auf den Zusammenstoß zweier Stücke trifft, beachtet werden, daß dasselbe auf der Seite zugegeben wird, wo der Absatz entsteht, weil sonst, wenn die Länge der Stücke genau abgemessen und abgeschnitten ist, an einem oder an beiden Stücken einige Seiten zu kurz werden, denn beim Ausstechen von der ersten Schnur gg' nach der weiter zurückliegenden kk' wurde der Vorsprung beider Stücke schräg abgehauen.

Von der Benennung der Verbandstücke.

Die gewöhnlichen Verbandstücke, welche zu Gebäuden beschlagen werden, sind:

Mauerlatten; sie liegen auf Mauern, welche gewöhnlich in der Höhe der Stockwerke abgeglichen sind. Auf ihnen liegen die

Balken, Stockwerksbalken, welche die Fußböden und Decken der verschiedenen Stockwerke eines Gebäudes tragen und so diese scheiden, zum Unterschied von den Dachbalken, auf welchen das Dachwerk ruht. Zum Auflager der Balken über freien Räumen, dienen die

Unterzüge, welche auch oft durch

Oberzüge ersetzt werden, an welche die Balken mit eisernen Bolzen befestigt sind.

Schwellen liegen auf Mauern oder quer über Balken, in ihnen stehen die

Säulen, zwischen welche die

Riegel eingezapft und die

Rahmen aufgezapft sind. Die Verbindung mehrer dieser vier Arten Hölzer heißt eine Wand, welche nach ihrem Stand: nach der Länge des Gebäudes stehend, die Längewand, (Vorder-, Mittel- oder Hinterwand), nach der Tiefe desselben, die Querwand, am Giebel die Giebelwand rc., heißt.

Sparren bilden durch ihre schräge Lage die Neigung der Dachfläche. Um dieselben vor dem Einbiegen zu sichern, ist zwischen zwei einandergegenüberliegende ein

Kehlbalken eingezapft; um jedoch ein Umfallen derselben nach der Länge des Gebäudes zu verhindern, werden auf sie die

Windlatten gelegt. Dieser einfache Dachverband reicht bei größerer Tiefe eines Gebäudes nicht aus, so daß ein andrer zusammengesetzter erforderlich wird, wozu der sogenannte Stuhl am häufigsten Anwendung findet. Er besteht aus den

Stuhlsäulen, welche schräg nach der Richtung der Sparren

liegen, oder senkrecht stehen, wonach der Stuhl im ersten Fall: liegend, im zweiten: stehend genannt wird.

Diese Säulen stehen entweder unten in den

Stuhlschwellen, welche quer über den Balken hinliegen, oder in den Balken selbst, und tragen oben die

Stuhlrahmen, auf welche die

Stuhlbalken gekämmt sind.

Zwischen je zwei einandergegenüberstehende Stuhlsäulen kommt oben der

Spannriegel, welcher mit diesen und zwei

Jagdbändern einen Stuhlbock bildet.

Die Verbindung mehrer Stuhlsäulen mit den Schwellen und Rahmen, sowie den darin angebrachten

Stuhlbändern, heißt man eine Stuhlwand. Stehen die Stuhlsäulen nicht auf einer Schwelle sondern auf den Balken, so daß man unten keine Bänder anbringen kann, so werden oben, ein Stück vom Rahmen herunter, auf die Säulen die

Stuhlriegel gelegt.

Bänder heißen überhaupt diejenigen Verbandstücke, welche zwei andere, gewöhnlich rechtwinklich zu einander verbundene Stücke, in einem Dreieck verbinden, und so die Verbindung gegen ein Verschieben aus dem bestimmten Winkel, verhindern sollen.

Das Nähere über diese Verbandstücke, sowie über verschiedene andre, folgt später bei deren Anwendung.

Bei großen Zulagen, wo die verschiedenen dazu beschlagenen Hölzer längere Zeit liegen ehe sie abgebunden werden, ist es besser, einige Sorten derselben zu zeichnen, damit man, wenn dieselben, wie gewöhnlich geschieht, wenn auch in einige Haufen zusammengelegt, ohne vorher messen zu müssen, sehen kann, wozu ein Stück bestimmt ist, da oft Stücke aus ganzen Stämmen, zu verschiedenen Zwecken bestimmt, einander ähnlich sind, Stämme zu kleinen Stücken bearbeitet, aber nicht sofort auseinander geschnitten und sortirt werden. Da nun der Polir nicht jedes beim Abbinden ꝛc. einzeln erforderliche Stück aussuchen kann, sondern Andern überlassen muß, so richten sich diese nach dem gegebenen Zeichen.

Dieses Zeichnen geschieht nach dem zweiten mal Schnüren mit Schnurschlägen auf die obere Seite durch die nasse Schnur.

Dabei erhalten, Fig. 5, z. B.

a) einen Schlag: die Mauerlatten und Unterbalken, (welche sich dann durch ihre Stärken unterscheiden);
b) zwei Schläge: erhalten die Unterzüge, die Balken zur zweiten Balkenlage, die Schwellen; drei Schläge: erhalten die Rahmen, die Balken zur dritten Lage 2c.
c) einen Kreuzschlag: die Dachbalken und Stuhlbalken;
d) einen Kreuzschlag mit Mittelschlag: die Spannriegel;
e) ein Spitzschlag: die Sparren;
f) drei Linien in einen Spitzschlag: die Säulen.

Von den Holzverbindungen.

Die einzelnen Verbindungen unter welchen nun die beschlagenen Hölzer als vorhergehende Verbandstücke zu einem Ganzen verbunden werden, können sein:

1) nebeneinander horizontal liegend; in einander nach gleicher Richtung der Holzfasern, oder durch ein eingesetztes Stück oder Blatt, oder die Holzfasern sich kreuzend —
2) übereinander: horizontal, die Holzfasern sich kreuzend, oder senkrecht auf Wagrechtes oder umgekehrt —
3) schräg, Hirnholz gegen Hirn- und Längeholz —
4) nach gekrümmten Linien.

Dadurch, daß bei den hieher bezüglichen Figuren Taf. V—VIII die Verbindung der Hölzer mit kurzen, vollkantigen und meist gleichstarken Stücken angegeben ist, wird sich Niemand irre machen lassen, wenn dieses in der Praxis mit langen, oder ungleichstarken und schalkantigen Hölzern, überhaupt unter andern Umständen und kleinen Abweichungen, als hier angegeben, auszuführen ist, da ja ohnedies über die möglicherweise eintretenden, einige Bemerkungen zugleich beigegeben sind, mancher zweifelhafte Punkt aber auch durch die Anwendung der Verbindung, bei den darauf folgenden Tafeln, gehoben werden dürfte.

Wie schon früher bemerkt wurde, unterscheidet man an jedem Verbandstück eine oder zwei Bundseiten, welche bei Verbindung zweier Stücke meist mit einander gleichkommen, (mit einander bündig sind) dann nicht gegen einander vorspringen dürfen und daher hier auch die Stärkemaaße von diesen abgetragen werden.

1) Von den Verbindungen nebeneinander, horizontalliegend.

Fig. 6, der stumpfe Stoß, wo zwei Hölzer rechtwinklich verschnitten und dann mit diesen Enden der Länge nach zusammengestoßen werden.

Dieser rechtwinkliche Verschnitt wird, wenn das zu stoßende Ende nicht schon so geschnitten war, auf folgende Weise angeschrieben: man legt, ein kleines Stück von diesem herein, oder weiter zurück nach gegebenem Maaße für ein andres abfallendes Stück, das Winkeleisen mit dem Querschenkel darnach auf, indem man den Längeschenkel zur Seite andrückt und die Linie b'c' zieht; dann wendet man das Winkeleisen, indem man den Längeschenkel oben aufdrückt, den Querschenkel zur Seite bei b' anlegt, und von da die Linie b'a', auf der andern Seite auf dieselbe Weise eine rechtwinkliche Linie von c' zieht.

Ist dieser Verschnitt an beiden zu stoßenden Stücken angeschrieben und dieselben danach verschnitten, (ohne daß man auf der untern Seite eine rechtwinkliche Linie von a' nach dem unter c' liegenden Punkte zog), so werden sie in der Richtung, welche sie wagrecht nud seitwärts mit einander haben, zusammengestoßen (was gewöhnlich auf Lagern geschieht) und, wenn der Stoß nicht genau passen sollte, zusammengebessert: man hält die Stücke fest, und schneidet mit der Schrotsäge den Stoß so lange durch, bis der Schnitt derselben gleiche Oeffnung hat, während man nach jedesmaligem Durchschneiden die Hölzer wieder zusammenschiebt.

Fig. 7, der schräge Stoß; A senkrecht, B wagrecht.

A. Der zur senkrechten Linie schräge Stoß. Man zieht die rechtwinklichen Linien ab, bc und andrerseits eine von c, sticht von b nach e das Maaß der Schräge und zieht die rechtwinkliche Linie ef, verbindet e mit a, und f mit dem untern Punkt der von c gezogenen Linie, ohne jedoch, wie früher erwähnt, nun diesen Punkt mit a zu verbinden, wenn man von ef zu schneiden anfängt.

An dem andern Stück zieht man ab, bc 2c., (da doch dieses, die bis dahin nöthige Länge haben sollte), sticht be, das Maaß der Schräge, zurück von b nach e und verfährt ähnlich wie früher.

Ist jedoch das Ende eines so zu stoßenden Stücks schon etwas nach dieser Richtung schräg, so benutzt man aus Holzersparniß dieses, — da manchmal an der Länge der zu stoßenden Stücke ganz wenig übrig ist — indem man de zieht und das Maaß der Schräge von d nach a, oder umgekehrt dieses von a nach d trägt und nun de 2c. zieht.

Alle ähnliche Vortheile hier anzuführen, welche bei der praktischen Ausführung wohl zu beachten sind, würde weitläufig sein, da diese oft selbstverständlich sind und von demjenigen, dem irgend etwas an seiner praktischen Ausbildung liegt, nach Anleitung dieses, leicht gefunden und beachtet werden dürfte.

B. Der in wagrechter Ebene schräge Stoß. Das Anschreiben dieses Verschnitts ist ähnlich wie bei A, indem man ab zieht, das Maaß der Schräge von b nach e trägt, dieses nach f sowie von da auf die hintere Seite winkelt, f mit b, und wohl auch noch den unter f liegenden Punkt mit a verbindet. Dasselbe geschieht nach diesem oder nach dem auf andre Weise bei A bemerkten Verfahren, mit dem Anschreiben am andern Stück.

Ist nun an C ein angeschriebener schräger Schnitt nach a'b'f'g' geschnitten, und es soll an D ein andrer zu diesem passend geschnitten werden, so ist es besser, nicht jeden Schnitt für sich, wie er angeschrieben ist, zu schneiden, sondern das verschnittene Stück C mit a'g' auf den angeschriebenen Schnitt von D zu legen, jedoch so, daß, wenn C um die Höhe von D gleichmäßig niedergelassen wird, sie mit einander die Lage haben, welche ihnen nach dem Zusammenschneiden gegeben wird. Wenn der schräge Schnitt an C nicht ganz genau wurde, wie die Linien vorgeschrieben, — was bei dergleichen Schnitten leicht vorkommt — so kann der Schnitt nicht an D passen, wenn der am letztern richtig ist; somit nachgebessert werden muß, welches aber hier mehr Mühe verursacht. Wird jedoch das Stück C auf D gelegt, und die Säge in derselben Richtung, wie sie durch C ging, durch D geführt, so wird dann auch die Stoßfuge beider Stücke passen.

Ist auf einem schalkantigen Stück

Fig. 8. A, der rechtwinkliche Verschnitt anzuschreiben, so geschieht dieses leicht nach Fig. 6 auf ähnliche Weise; nur muß man hier den Längeschenkel des Winkeleisens, etwas schräg über die behauene Fläche legen, weil die Kante fehlt, um dasselbe ziemlich parallel mit dem Holze legen zu können. Da nun aber auch die Linie auf der behauenen Fläche an der Schalkante ausläuft, und somit nicht bis an den aufgelegten Querschenkel reicht, so verlängert man die Linie indem man darnach die Schmiege anhält, an welche der Querschenkel zu liegen kommt; oder man hält nach diesen, einander gegenüberliegenden Linien, Winkeleisen an um an sie ein drittes querüber auflegen zu können; oder man sieht die Verlängerung dieser Linien auf die einfachste Weise mit dem Auge ein, indem man dasselbe so über die Linie bringt, daß man diese als einen Punkt sieht.

Schwieriger ist es jedoch, und mehr dabei zu beobachten, Fig. B, an ein schalkantiges Stück den schrägen Schnitt anzuschreiben, je schiefer die Winkel desselben sind. Nachdem man die rechtwinklichen Linien, wie bekannt angeschrieben, aber hier das Maaß der Schräge nicht oben, sondern seitwärts aufgetragen und daselbst angewickelt hat, legt man das Winkeleisen nach den beiden, die Schräge bestimmenden Linien, schrägüber oben auf, so daß eine Seite desselben, wenn diese Linien verlängert würden, an diese zu liegen kommt.

Wird hier zur Verlängerung der genannten Linien die Schmiege angelegt, was von Manchen geschieht, so ist dies allemal auf der Seite falsch, wo die Seite des Winkeleisens, an welcher die schräge Linie aufgeschrieben wird, mit dem davor liegenden Holze, äußerlich einen spitzen Winkel bildet, weil hier die Schmiegenstärke das schrägliegende Winkeleisen von der senkrechten Linie drängt.

Fig. 9. Der Stoß mit dem Grade; A mit dem einfachen, B mit dem doppelten schrägen.

A. Man ziehe bd rechtwinklich, ziehe in der Mitte derselben eine Senkrechte ec, mache diese = $\frac{1}{3}$ od. $\frac{1}{4}$ bd und ziehe bc, cd.

B. Man ziehe den schrägen Schnitt gm, theile denselben in 4 Theile, mache hi, ln — die aus dem ersten und dritten Theilungspunkte gegenseitig zur Seite des Holzes parallel gezogenen Linien — = $\frac{1}{4}$ gm und ziehe gh, hn, nm. Diesen Verschnitt an der untern Seite anzuschreiben, hat bei schalkantigem oder nicht genau rechtwinklich gehauenem Holze, seine Schwierigkeiten, wobei man sich durch Hülfslinien ꝛc. helfen muß.

Zu mehrer Sicherheit dieser Verbindungen, welche bei Mauerlatten, Balken, Schwellen, auch Rahmen vorkommen, wird über den Stoß die Holzklammer eingeschlagen, weil diese Verbindungen eine Trennung seitwärts oder aufwärts zulassen.

Fig. 10. AB. Das grade Blatt. Zwei Hölzer liegen auf einander, jedoch so, daß auf die Länge, wo dieses geschieht, diese um die halbe Höhe geschwächt sind. Ist cf, Fig. A, die Länge des Blattes, welche eine bis zwei Stärken der Hölzer beträgt, angegeben, wird dieselbe hier, oben und auf der andern Seite umwinkelt, und dann die Stärke des Blattes angeschrieben. Dieses geschieht, indem man nach Fig. A das Winkeleisen aufsetzt, an dasselbe die Schmiege hält, welche unter dem Querschenkel soviel hervor geht, als die Stärke des Blattes beträgt. Während man mit der Hand die Schmiege fest an das Winkeleisen anhält, zieht man dieses auf der Oberseite fort und schreibt unterhalb der Schmiege die Linie d. Ohne die Lage der Schmiege auf dem Winkeleisen zu verändern, bemerkt man diese Linie auf der hintern Seite, so wie auf den beiden Seiten des andern zu stoßenden Stücks und umwinkelt nun die Länge des Blattes, welches besser vorher geschah, da man schon dieses Maaß hatte.

Die Stärke des Blattes kann man auch auf andre Weise anschreiben, indem man auf den rechtwinklichen Linien dieselbe absticht, dann das Winkeleisen nach den beiden Punkten auflegt und nun, Fig. A, die Linie d zieht. Dieses müßte viermal geschehen und somit umständlich sein; überhaupt aber ist es zweckmäßig, wenn ein Maaß mehre Male bei zwei zu verbindenden Stücken anzuschreiben ist, dieses nacheinander zu thun ohne dasselbe zu verändern.

Beim Anschreiben der Blätter — sowie bei den folgenden Verbindungen, — muß darauf gesehen werden, wie die Enden der zu verbindenden Hölzer beschaffen sind. Manchmal ist es willkürlich, an welchem Stück das Blatt oben oder unten ist; manchmal bedingt, auf welcher Seite ein Stück Holz durch das Blatt des andern getragen werden soll. Im ersten Fall richtet man sich nach der Beschaffenheit der zu stoßenden Enden, im zweiten muß man dieselben dazu passend wählen.

Das Arbeiten eines Blattes an einem gradrissigen und astreinem Ende erleichtert man sich dadurch, daß man, Fig. B, nachdem man den Schnitt ab bis cd geschnitten, die Länge des Blattes von der andern Seite, aber tiefer als die Verteufung, schneidet, und dann mit der Axt auf den abfallenden Theil schlägt, welcher am Blatt nach der punktirten Linie über cl abspaltet; wodurch man am Ende des Blattes das Verschneiden des Stückes durch die ganze Stärke desselben, sowie auch das Abhauen des ganzen für das Blatt abfallenden Theils, erspart.

Das Anschreiben einiger folgenden Verbindungen zeigt wohl theils die hier angegebene Figur, theils lernt sich dasselbe leicht nach dem bisher angegebenen Verfahren bei beobachteter Reihenfolge derselben; das Arbeiten der Verbindungen und die so verschiedenen Vortheile sind oft selbstverständlich und daher sowohl das Anschreiben als auch das Arbeiten einer Verbindung nicht jedesmal näher auseinander gesetzt.

Fig. 11. AB. Das schräggestirnte grade Blatt, bei welchem durch das Zusammenstoßen der parallelschrägen Stirnen das Aufheben der Hölzer verhindert wird.

Ist ein Blatt länger als dessen Breite, so sichert man die Verbindung vor dem Verschieben oder Auseinanderziehen, durch Nägel. In gewöhnlichen Fällen reichen Nägel aus trocknem, wo möglich hartem Holze, aus; doch dürfen zwei Nägel nicht der Länge nach, auf gleiche Holzfasern treffen, sondern h, h auf der Diagonale des Blattes stehen.

Fig. 12. AB. Das mit dem Grade schräggestirnte grade Blatt, dieses widersteht der Seitenbewegung und dem Aufheben; noch mehr und auch gegen ein Auseinanderziehen, durch den angebrachten eisernen Bolzen. Der Kopf des Bolzen wird etwas eingelassen, damit sich der Bolzen beim Andrehen der Mutter nicht drehen kann; unter diese wird ein Mutterblech gelegt damit sie sich beim Andrehen nicht ins Holz eindrücken kann.

Fig. 13. AB. Das schräggestirnte grade Blatt mit Verzapfung; es hat dieselben Eigenschaften wie das Blatt vorher.

Fig. 14. AB. Das schräggestirnte grade Hakenblatt mit dem Keile. Diese ist eine der beßten einfachen Verbindungen; die Keile, welche die Hölzer scharf zusammenziehen, sind von hartem Holze oder Eisen; doch dienen zu mehrer Sicherheit umgelegte eiserne Bänder, durch Schrauben angezogen.

Fig. 15. AB. Dasselbe Blatt wie vorher, mit Verzapfung wodurch die Seitenbewegung verhindert wird. Hier muß die Oeffnung für die Keile so groß gemacht werden, als die schräge Stirn von der senkrechten abweicht, weil hier ein Stück in das andere hineingelegt wird, während sie in der vorigen Figur von der Seite in einander geschoben werden können, wenn dies, wegen der zu kleinen Oeffnung für die Keile, nicht von oben geschehen kann.

Fig. 16. AB. Der Jupiterschnitt oder das grade Hakenblatt mit doppelter Verzapfung und dem Keile, gewährt dieselbe Sicherheit wie die vorige Figur. Die Oeffnung für den Keil muß so groß sein, als die Länge eines Zapfens beträgt, um die Stücke zusammenstecken zu können. Bei dieser Verbindung, welche sehr genau gearbeitet sein will, ist es gut, die wagrechten Zapfen nach der Brustseite etwas keilig zu machen, damit dieselben beim Zusammenziehen der Hölzer durch das Eintreiben der Keile, die Blätter zusammentreiben.

Fig. 17. AB. Das schräge Hakenblatt. Der Haken muß rechtwinklich zum schrägen Schnitt sein, damit man sich beim Zusammenpassen der Stücke leichter helfen kann. Durch die Schräge des Blattes wird das Holz weniger geschwächt als in den vorigen Figuren; das Aufheben der lose auf einander liegenden Blätter wird durch einen Bolzen verhindert.

Fig. 18. AB. Das schräggestirnte schräge Hakenblatt mit dem Keile. Durch den Keil werden die schrägen Stirnen, rechtwinklich zur Schräge gestirnt, fest an einander getrieben, und dadurch das Aufheben der Hölzer erschwert.

Fig. 19. AB. Das verdeckte Hakenblatt. Diese Verbindung wird meist bei Schwellen angewendet, welche dem Wechsel der Witterung ausgesetzt sind, gegen deren verderbliches Eindringen die nach außen stehenbleibende Wand schützt. Zu mehrer Sicherheit gegen eine Trennung der Verbindnng werden auch Nägel oder Bolzen angewendet.

Fig. 20. AB. Der Schlitzzapfen in der Scheere, durch einen Nagel zusammen gehalten.

Fig. 21. AB. Der geächselte Schlitzzapfen in der Scheere. Dadurch, daß die Scheere (das Loch) nicht ganz durchgeschlagen ist, wird das Stück mit dem Zapfen vor dem Durchfallen verhindert.

Fig. 22. AB. Der geächselte Schlitzzapfen mit Versatzung. Hier trägt nicht das eine Stück mit dem Zapfen allein, sondern auch dadurch, daß es in seiner ganzen Breite um die Länge b c auf dem andern liegt.

C. Der geächselte Schwalbenschwanzzapfen mit Versatzung, für welchen in B das passende Loch einzubringen ist. Dieser Zapfen kommt auch ohne Versatzung vor wie der gewöhnliche in Fig. 21.

Fig. 23. AB. Der geächselte Schlitzzapfen mit schräger Brüstung und Versatzung.

Fig. 24. AB. Der geächselte Hakenzapfen mit Versatzung. Durch den versteckten Zug e f m n des Hakens, werden beide Stücke beim Einlegen scharf zusammen gezogen, wenn dieser entsprechend im Loche bei e f eingesetzt ist, welches gewöhnlich etwas länger gemacht wird, um beim Zusammenbessern wegen baldigem Anstoßen der Zapfenstirn nicht sovielmal die Stücke auseinander nehmen zu müssen. Bei diesem Zapfen, welcher gewöhnlich an Rahmen angebracht wird, muß man wo möglich zu vermeiden suchen, daß ein Kamm auf denselben trifft, aber auch darauf sehen, daß sowohl im Loche als am Zapfen, Holz genug für den Haken stehen bleibt, welcher dann erst am Zapfen angeschrieben und gearbeitet werden sollte, wenn er im Loche fertig und abgemessen werden kann, da es hierbei sehr leicht mit dem Zuge versehen wird; derselbe zieht dann entweder nur unten oder oben, die Verbindung wird dann oft nur durch langes Nachbessern gut, oder auch dadurch und durch unnöthiges Zusammenschlagen wohl gar verdorben.

Fig. 25. AB. Der Kreuzzapfen. Zwei Stirnzapfen, rechtwinklich sich durchkreuzend, stehen in dem an der Stirn eines andern Stücks kreuzförmig ausgearbeiteten Loche, und wird diese Verbindung beim Stoßen zweier Stücke zu einer Welle angewendet.

Fig. 26. AB. Der Schlitzzapfen in der Scheere, mit schräger Brüstung.

Taf. VI.

Fig. 1. **Verbindung zweier Hölzer nebeneinander.** **Zwei Hölzer reichen ein Stück nebeneinander und sind durch Bolzen verbunden; besser werden diese Stücke noch durch Verzahnung mit einander verbunden. Man legt beide Hölzer ne-**

beneinander, theilt das Stück, welches sie über einander greifen, in zwei Theile, und zieht über beide eine Rechtwinkliche, von af; der gemeinschaftlichen Linie beider Hölzer, trägt man dann, je nach der Stärke derselben 1—2 Zoll von a nach b, von c nach d und e, von f nach g und zieht die Parallelen ad—bc, cg—ef. Arbeitet man nun die Keile (Zähne) acd, abc, cfg, cef, nachdem man diese auch an der untern Seite angeschrieben, von oder aus beiden Hölzern, so rücken dieselben um die Verkämmung näher in einander wie adcgk'm'l'i'h' zeigt, und werden durch Bolzen fest aneinander gezogen.

Fig. 2. Verbindung zweier stumpf zusammengestoßener Hölzer, durch beiderseits angelegte Eisenplatten und Schraubenbolzen verbunden. Nachdem eine Platte mit Löchern versehen ist, wird dieselbe aufgelegt und darnach die Löcher durch die Hölzer gebohrt; dann wird andernseits die andre Platte angelegt, die Löcher hier daran angemerkt und nun danach ausgearbeitet.

Wollte man die Löcher in beiden Platten gleichmäßig zuerst fertigen lassen und danach durch die Hölzer bohren, so würde dieses wohl mehr Mühe verursachen, da man mit dem Bohrer nicht allemal ganz genau auf das untere Loch treffen würde. Hierbei muß noch beobachtet werden, daß die Bolzen so stark sind, um das gebohrte Loch völlig auszufüllen oder umgekehrt, der Bohrer muß so stark sein, als die zu verwendenden Bolzen.

Fig. 3. Verbindung zweier stumpf zusammengestoßener Hölzer, durch ein bündigeingesetztes Stück zusammengehalten.

Fig. 4. Verbindung zweier stumpf zusammengestoßener Hölzer, durch ein eingesetztes Stück, welches diese nicht so sehr schwächt, weil es oben vorsteht. Durch den etwas schräg gestirnten Haken kann man sich beim Nachbessern helfen; zu mehrer Sicherheit aber, werden noch Bolzen angewendet.

Fig. 5. Verbindung zweier stumpf zusammengestoßener Hölzer, durch ein eingesetztes Stück, A mit schräggestirntem Hakenblatt und Keil, oder B mit Verzahnung; einerseits und beiderseits angewendet.

Diese vier Verbindungen finden meist Anwendung beim Stoßen der Balken über weite Räume, manchmal aus dem Grunde, wenn dieselben zu kurz sind, um sie, wie bei frühern Verbindungen gezeigt wurde, durch Uebergreifen zu verbinden; doch geben die Blattstücke, von einiger Länge und gehöriger Stärke, sowie durch angebrachte Bolzen, außer der Verbindung eine sehr gute Verstärkung.

Fig. 6. A—E. Die rechtwinkliche Ueberblattung zweier Hölzer, welche um ihre halbe Stärke ausgeschnitten sind, um sie ebenbündig zu erhalten; gewöhnlich bei Schwellen angewendet, wo eine Querschwelle II. auf eine Längeschwelle I zu liegen kommt.

Beim Anschreiben der Ueberblattung verfährt man auf folgende Weise: liegt, Fig. D., die Querschwelle auf der Längeschwelle, so winkelt man die Seite a beiderseits an jene nach b, schreibt die Breite von II auf I vor, winkelt diese Breite c c Fig. E, innerlich und äußerlich herunter, und verteuft hierauf mit d, der halben Höhe, zu beiden Seiten der Hölzer.

Oder: nachdem man das Blatt an II geschrieben, geschnitten und gearbeitet hat, Fig. C, E, legt man dasselbe auf I, schreibt nun erst beiderseits auf diesem die Breite des Blattes vor, und verfährt wie vorher angegeben, ohne jedoch, bei schwachen Blättern, die Breite herunterzuwinkeln.

Fig. 7. A B. Die Ueberblattung mit dem halben Schwalbenschwanz. Hierbei verfährt man wie bei C E vorige Figur angegeben, indem man erst das Blatt arbeitet und danach vorschreibt. Dieses Blatt wird angewendet, um ein Herausziehen zu verhindern; oder bei schalkantigem Blatt, um durch das Hereinrücken mehr Holz zu erlangen.

Fig. 8. A, B. Die Ueberblattung mit dem ganzen Schwalbenschwanz und Versatzung.

Fig. 9. A, B. Die Ueberblattung mit dem Hakenblatt, oder Kamm, und

Fig. 10. A—F. Die Ueberblattung oder Verkämmung auf der Ecke. Liegen die beiden Hölzer I. II. übereinander, so wird die Breite des einen an dem andern angewinkelt, und die Höhe des Holzes halbirt; um zu verteufen wird nun bei dem obern Stück die halbe Kammtiefe addirt, beim untern dieselbe von oben subtrahirt (oder von unten addirt), so daß, wenn diese Blätter ausgearbeitet und übereinandergelegt werden, das obere vor dem untern um die Tiefe des Kammes vorsteht. Fig. F. Beide Kämme erhält man, wenn man an I Fig. F zu der schon früher gezogenen Rechtwinklichen a, parallel die Linie b zieht und auf II bei i bemerkt, auf der andern Seite am Vorsprung die Linie c, Fig. E, zur früher gezogenen Linie d zieht, zu welcher man auf II, Fig. D, einen Punkt k anmerkt. Hierauf nimmt man die Stücke von einander, verlängert die Linie c bis an die untere Seite des Blattes, verteuft mit dem Winkeleisen die Linien e, f, g, h, Fig. D, E, F (von denen man e g h auch vor dem Voneinandernehmen verteuft), zieht an II, Fig. D, die Lothrechte l k und von l aus, auf dem Blatt III, Fig. D, eine Linie nach dem Punkte i. Hier wird der Kamm III bis zum Ende verlängert, an I, Fig. E, der Kamm IV ausgearbeitet und die vorspringenden Enden der Stücke gewöhnlich verschnitten.

Diese Kämme werden auf der Zulage leicht ruinirt, theils wenn sie der Sonne ausgesetzt sind, wodurch das Hirnholz aufreißt, oder theils wenn sie zu straff eingepaßt, vom Regen aufgequollen sind und doch mehrmals auseinandergenommen und wieder zusammengesteckt werden sollen, mithin damit namentlich bei schwachem Holze behutsam umgegangen werden muß.

Fig. 11. A, B. Die Verkämmung an der Ecke, mit Versatzung. Diese wird auf ähnliche Weise, wie vorige Figur gezeigt wurde, gefertigt, aber seltener angewendet.

Fig. 12. AB. Der verdeckte Eckkamm. Die Anfertigung desselben ist schwieriger als die vorhergehenden Verkämmungen, schützt aber gegen die, Fig. 10, bemerkten Uebelstände.

Fig. 13. A, B, C. Die Ueberschneidung zweier Hölzer. Nachdem man Fig. C (s. Taf. unten rechts) die Breite des einen Holzes an das andre mittelst Anlegen des Winkeleisens angeschrieben hat, a b c ꝛc., Fig. B., verteuft man mit der Stärke des Blattes (von der Oberseite der Hölzer) die Linie d und die für dasselbe aus dem untern Stück auszunehmende Oeffnung durch die Linie e.

Die Stärke der Blätter ist gewöhnlich die halbe Stärke des Holzes; ist jedoch z. B. das aufzublattende Stück schwächer als das untere, so nimmt man die Hälfte des schwächern zum Blatt und verteuft mit diesem Maaße den Ausschnitt im untern.

Fig. 14. A, B. Ueberschneidung zweier Hölzer ohne oben bündig zu sein. Das Maaß für die Vertiefung aus dem untern Stück zu dem Maaße, um welches I vorsteht, addirt, giebt das Maaß für die Stärke des Blattes an I.

Fig. 15. A, B. Ueberschneidung mit ganzer Versatzung. Durch die Versatzung ist es schwieriger, die Verbindung aus dem Winkel zu lockern; sie wird aber auch angewendet, ohne dieses geradezu vermeiden zu wollen, wenn die obere Seite von B schalkantig ist. Das Blatt wird an diesem erst angearbeitet und danach das im untern Stück.

Fig. 16. A, B. Die schiefwinkliche Ueberschneidung mit Versatzung; ähnlich wie vorher. Die Versatzung ist allemal da zu nehmen, wo die Hölzer äußerlich den spitzen Winkel bilden, weil daselbst innerlich auf denselben ein stumpfer entsteht, der sich leichter als ein spitzer ausarbeiten läßt.

2) Von den Verbindungen übereinander.

Fig. 17. A—J, A′—J′. Die gewöhnlichsten Verkämmungen auf, oder übereinander. A, B, Mauerlatten, D Unterzug; auf diesen liegen die Balken F, G, H, I, auf welchen vorn die Saum- oder Brustschwelle C, nach der Mitte zu die Mittelschwelle E liegt, mit den bei diesen Hölzern gewöhnlichen Kämmen. Mit der Mauerlatte A bildet eine andere K, einen Winkel; auf diesen Stoß, welcher hier stumpf ist, trifft der Kamm o für einen, diesen Winkel halbirenden Stichbalken F, mit dem entsprechenden Kamme o′; p ist ein einseitiger Kamm für den Balken G mit dem zugehörigen Kamm p′; q ist ein andrer Kamm, (Doppelkamm) für den Balken H mit dem Kamme q′; r ist der halbe schwalbenschwanzförmige Kamm an der Ecke für den Balken J mit dem Kamme r′.

Auf der innern Mauerlatte B werden entweder die Balken mit dem ganzen Kamme l′ im Balken oder mit dem ganzen Kamme m in der Mauerlatte überschnitten; doch nimmt man auch den vordern einseitigen Kamm p — aber umgekehrt, weil man sonst denselben nicht gut ausarbeiten könnte; am Ende mit dem ganzen Schwalbenschwanzkamm n zu n′ oder umgekehrt mit dem vordern halben Schwalbenschwanzkamm. Auf dem Unterzuge D ist der Eckbalken G mit dem, d entsprechenden Kamme d′ aufgekämmt, welcher sowohl durch den Schwalbenschwanz als auch durch die Versatzung, den Balken vor dem Ausbiegen hindert. Der Balken H hat auf D den Doppelkamm e zu seinem e′, der Balken J den Schwalbenschwanzkamm f zu f′ mit Versatzung, welche den Schwalbenschwanz deckt, jedoch nutzlos ist, wenn dieselbe, des bessern Haltens wegen nicht weiter unter den Balken reicht. Bei d ist der Unterzug dem Balken bündig verschnitten, bei f steht derselbe etwas — 1—2 Zoll vor, doch sollte dieses, ebenso auch bei Rahmen, Schwellen ꝛc. äußerlich, z. B. an Giebeln nicht sein, wo auf den Vorsprung der Regen schlägt und in den Kamm eindringt.

Auf die Balken wird die Saumschwelle gewöhnlich mit dem ganzen Schwalbenschwanzkamme h zu h′, seltener mit dem Kamme i zu i′ mit Versatzung verkämmt, weil ohnedies gewöhnlich die Schwellen auf der Rückseite nicht allemal vollkantig sind; an der Ecke ist der halbe Schwalbenschwanzkamm k zu k′ und g zu g′.

Die Mittelschwellen werden gewöhnlich mit dem Kreuzkamm a zu a′ oder mit dem Doppelkamm b zu b′, an der Ecke mit dem gewöhnlichen Haken- oder einseitigen Kamm c zu c′ aufgekämmt. Der Kreuzkamm gilt auch für Unterzüge und es werden sowohl bei diesen als auch bei den Mittelschwellen, wie bei der Mauerlatte B gezeigt wurde, die Kämme nach l oder m überschnitten.

Vom Anschreiben der Kämme.

Fig. 18. A, B, C. Beim Anschreiben des einseitigen Kammes A verfährt man auf folgende Weise: man hält das Winkeleisen an die Hinterseite a der Mauerlatte und zieht an dem Balken die Senkrechte d, setzt dasselbe senkrecht auf die Mauerlatte und zieht an dem Balken die Linie e, deren Aufstand man auf der Mauerlatte durch einen Punkt anmerkt, dann legt man das Winkeleisen auf die Oberseite b der Mauerlatte und zieht mit dieser parallel die Linie c.

Auf gleiche Weise verfährt man auf der andern Seite des Balkens, ohne daß jedoch e auf die Mitte von der Mauerlatte treffen, noch daß diese Linie mit der hier gleiche Entfernung von d haben muß, sondern man setzt beliebig zu e das Winkeleisen auf.

Ist ein halber Schwalbenschwanzkamm anzuschreiben, so rücke man auf der einen Seite b mehr von d, auf der andern b mehr zu d.

B. Beim Anschreiben eines Doppelkamms setzt man, beliebig von d und e entfernt, das Winkeleisen auf die Mauerlatte und bemerkt den Aufstand der Linien, zieht die Senkrechten a, b und verteuft dann nach A die Linie c; doch ist auch hier, wie vorher angegeben, nicht nöthig, daß auf der andern Seite die Linien a, b gleiche Entfernung wie hier von d und e haben.

Soll ein ganzer Schwalbenschwanzkamm angeschrieben werden, so kann man auf der einen Seite a mehr nach d, b mehr nach e; auf der andern Seite umgekehrt a weiter von d, b weiter von e rücken.

C. Beim Anschreiben eines überschnittenen Kammes, zieht man zu beiden Seiten d, e des untern Stücks nach dem obern die Senkrechten a, b und verteuft nach der Oberseite f die Linie c, oder man zieht zu beiden Seiten des obern nach dem untern die Senkrechten und verteuft zu beiden Seiten derselben nach der Unterseite des obern. Beim Anschreiben eines Kreuzkammes muß man beide Verfahren am untern und obern Stück anwenden, weil an beiden Etwas ausgearbeitet wird.

Taf. VII.

Fig. 1. A, B, C, D. A, Seiten- und Unteransicht, B, Seiten- und Aufsicht eines Balkens, C, D Seiten- (Vorder-) und Aufsicht einer Mauerlatte. Hat man bei Ueberkämmung eines Balkens auf einer Mauerlatte, nach Fig. 18 A Taf. VI verfahren, also Fig. 1. A, B die Senkrechten a, b auf beiden Seiten des Balkens gezogen, zu denselben Fig. C, D die Punkte c, c′ angemerkt, die Breite des Balkens durch die Linien d, d′ vorgestrichen, so verteuft man den Kamm am Balken durch die Linie e, an der Mauerlatte durch die Linie f, — indem man das Winkeleisen an die Mauerlatte legt, bis an den Balken schiebt, und f parallel querüber zur Unterseite des Balkens zieht; dann verbindet man die beiden Punkte c, c′ durch die Linie h, und zieht, der größern Genauigkeit wegen, vorn auch wohl die Senkrechten g, g′, um nun aus Balken und Mauerlatte den Kamm arbeiten zu können.

Wird der Balken zum Einkämmen nach der Bundseite ins Loth gestellt, so liegt derselbe, wenn die Seiten nicht genau im Winkel gehauen sind, nach einer Ecke nicht auf, wodurch bei paralleler Verteufung mit der Unterseite der Kamm auf dieser Seite weniger tief wird.

Der Kamm am Balken wird mit der Schrotsäge aufgeschnitten, mit der Queraxt ausgehauen und die am Querschnitt entstandenen Ecken wenig gebrochen; auf der Mauerlatte werden die Linien d, d′ mit der Handsäge oben bis c, c′, an der Seite herunter bis an die Linie f aufgeschnitten, dann der Kamm mit Beil oder Queraxt ausgehauen und die nach der Linie h entstandene Ecke etwas gebrochen.

Ein andres Verfahren beim Anschreiben ist jedoch zu beobachten, wenn Fig. 2. A—E der einzukämmende Balken schalkantig ist. Man zieht, wie früher, an der beschlagenen Seite des Balkens die Senkrechten a, b, indem man das Winkeleisen an den Balken anlegt, und merkt die verlängerte Senkrechte a durch den Punkt c auf der Mauerlatte an. Die eigentliche Stärke des Balkens kann man aber nicht verstreichen, sondern man legt das Winkeleisen senkrecht auf die Mauerlatte an die Schalseite des Balkens, indem man einen Schenkel herunter hängen läßt, — wenn der Balken weit über die Mauerlatte vorgeht — und schreibt nun unten auf der Mauerlatte, an dem Winkeleisen hin, die Linie d, an dem Balken die Verteufung durch die Linie e; an der Mauerlatte legt man das Winkeleisen wie früher unter den Balken, zieht jedoch von der Linie f da, wo die Schalkante senkrecht darüber anfängt, schräge Linien von h′, h nach den Linien d, d′, welche parallel mit der Schalseite sind, und verbindet, Fig. D., die beiden angemerkten Punkte c, c′ durch die Linie i bis an die Linien d, d′. Wird nun der Balken um seine Verkämmung herunter gelassen, so trifft die nach außen verlängerte Linie e, die Linie d, oder Fig. E, der Punkt g den Punkt h ꝛc.

Bei diesem Anschreiben begehen Manche den Fehler, daß sie den Kamm so lang machen, als der Balken breit ist, und daß sie beim Anschreiben der schrägen Linien, an der Vorderseite der Mauerlatte, wie wagrecht, die ganze Breite des Winkeleisens schräg an die Schalseite legen, so daß nach kl, Fig. E, zu viel ausgehauen wird und somit die Breite des Balkens den Kamm nicht ausfüllen kann.

Beim Schneiden des Kammes am Balken A, setzt man die Säge so auf, daß die Schnitte nach m, n senkrecht auf die Linien a, b treffen; an der Mauerlatte schneidet man den Kamm nach der schrägen Linie d′h′ ꝛc. gewöhnlich aber nach den Senkrechten gh, g′h′ auf, und haut die schrägen Seiten für die Schalseiten aus.

Ist auf einer einseitig schalkantigen Mauerlatte ein Balken einzukämmen, so verfährt man, um das Lager des Balkens auf der Schalseite zu finden ꝛc. nach

Fig. 3. A, B, C, folgenderweise: man zieht am Balken die

Senkrechte a und bemerkt dazu auf der Mauerlatte den Punkt d, von der Schalkante k zieht man am Balken die Senkrechte b, schreibt die Breite i, i' des Balkens auf die Mauerlatte, verteuft erstern zu beiden Seiten durch die Linie c, letztere vorn, wie früher angegeben; hinten setzt man unten an den Balken und auf die Schalseite der Mauerlatte das Winkeleisen senkrecht, zieht an demselben hin, oben die Linie von g, um von da nach dem Durchschnittspunkte der senkrechten Linie b mit der wagrechten c die schräge Linie, parallel zur Schalseite, zu erhalten.

Wird hier ein Doppelkamm Fig. C. von der Linie f bis an die Schalkante k, so fällt unten am Balken die Linie g mit der schrägen Linie an der Seite desselben weg, und h h' gilt als Verteufung für den auf dieser Seite nach k senkrecht einzuarbeitenden Kamm.

Fig. 4. A — G. Der Kreuzkamm. Man ziehe zu der Breite eines Holzes (Balkens) A, B, zu der eines andern unter querüberliegenden (Unterzugs, Rahmens) C, D, die Senkrechten a, b, a', b', c, c', d, d', verteuft auf den beiden Seiten dieser Hölzer die Linien d, e ꝛc. schneidet nach den Diagonalen f, g zwischen den Senkrechten, und arbeitet die an den Seiten ausfallenden Dreiecke heraus, wobei man nach den Spitzen derselben etwas tiefer geht und die Kanten der Diagonalen bricht.

Dasselbe Verfahren wird auch angewendet, wenn ein oder beide Stücke da, wo sie verkämmt werden sollen, schalkantig sind.

Fig. E, F, G. Nachdem man nach der Breite der Hölzer wie vorher angegeben, an das obere Stück die Senkrechten a, a', b, b', an das untere die Senkrechten c, c', d, d', gezogen, verteuft man die Linien d, e, welche letztere auf die Schalseite trifft; schneidet man nun Fig. E nach den Diagonalen f, g zu den senkrechten Linien bis auf die Verteufung nach k m, Fig. G, so müssen die ausgearbeiteten Kämme in einander passen; es wird aber, Fig. E am obern Stück, unten, am diagonalen Schnitt, von k bis a, ein Stück zu sehen sein, weil das untere Stück, wegen der Schalseite, den Kamm am obern nicht ganz ausfüllt.

Durch die Verteufung e, welche auf die Schalseite trifft, werden Manche irre: sie winkeln die Breite des obern Stücks an das untere nach c, c' Fig. G., an das obere winkeln sie jedoch nur vom untern die Breite zwischen den auf den Schalseiten bemerkten Verteufungslinien e, e' Fig. F, am untern Stück schneiden sie, Fig. E von c nach d', am obern nach den auf die Verteufungslinien gezogenen Senkrechten nach i, i', was offenbar falsch ist.

Wenn man am obern Stück nach i i' schneidet, so muß man auch am untern nach den Punkten schneiden, wo die am obern gezogenen Senkrechten die Verteufungslinien am untern trafen, Fig. G nach i l. Nach diesen Schnitten werden die Kämme in einander passen, und auch auf der Schalseite einander besser decken, indem vom diagonalen Schnitt des obern weniger auf der Schalseite des untern zu sehen sein wird.

Falsch würde es aber auch sein, an beiden Hölzern nach der Diagonale h h', welche zu der Fläche gehört, welche die untere Breite des Balkens mit der obern beschlagenen Seite des untern schalseitigen Stücks bildet, Fig. E, G, bis auf die Verteufung nach n zu schneiden, weil dann auf der Schalseite des untern Stücks das Dreieck n o h' zur Ansicht kommen würde. Um dieses zu vermeiden, müßte man von h' in der Richtung des obern Holzes nach o gehen, wodurch allerdings die Kämme einander genau ausfüllen aber auch am untern mehr Arbeit entsteht, weil dieser nicht aufgeschnitten werden kann.

Fig. 5 A — D. Verkämmung einer Saumschwelle. Man zieht vorn, an der Saumschwelle die Senkrechten a, b, bemerkt dazu auf dem Balken die Punkte e, e', hinten die Senkrechten a,' b', zu f, f', und an der Seite des Balkens zu mehrer Genauigkeit die Senkrechten d, d'; verteuft hierauf die Linie c, (hinter c'), g, g' und verbindet die aufgemerkten Punkte e, f — e', f' durch die Linien k, k'. Wird der Balken der Schwelle bündig, verschnitten, so hat man nicht nöthig vorn die Linien i, i zu ziehen, weil dann der Kamm nach den bis an die Stirn verlängerten Linien k, k' ausgearbeitet wird; auf der Hinterseite der Schwelle schreibt man jedoch an derselben die Linien h, h vor. Für die Kämme werden die Linien k, k' an der Saumschwelle beiderseits bis auf die Verteufungen c, c', am Balken die Linien k, k' und h, h einerseits bis an die Verteufungen, andrerseits bis an die Punkte f, f' aufgeschnitten, zuletzt die Kanten k k' gebrochen.

Fig. 6 ABC. Verkämmung einer schalkantigen Saumschwelle. Man zieht wie in der vorigen Figur die Senkrechten a', b vorn a, b, und bemerkt deren Aufstand durch Punkte f, f,' e, e'. Die Verteufung an der, hier bis auf die Kammtiefe auslaufenden

Schalseite, geschieht, indem man das Winkeleisen senkrecht auf den Balken und an diese anlegt, oben die Linie m verteuft, unter welcher die Linie l, l liegt, welche hier etwas schräg über den Balken geht, weil die Verringerung der Schalseite das Winkeleisen weiter nach h' drängt. An der Seite des Balkens verteuft man die Linie g, bemerkt darauf da wo die Schalkante der Schwelle auf dem Balken liegt, senkrecht darunter den Punkt m und verbindet diesen durch eine schräge Linie nach der Linie l. Der Kamm wird am Balken vorn wie bekannt ausgearbeitet, hinten läuft derselbe beiderseits querüber in schräger Stirn aus. An der Saumschwelle wird derselbe so aufgeschnitten, daß auf der Schalseite die Schnitte lothrecht auf die Linien a'b' treffen.

Fig. 7. A—E. Verkämmung eines Stuhlbalkens auf einem Rahmen bei liegendem Stuhl. Das Anschreiben der Kämme ist, wie die Figuren zeigen, ähnlich den vorherbeschriebenen Verfahren; zur Verteufung auf der Schräge des Stuhlrahmens, setzt man das Winkeleisen senkrecht unter den Stuhlbalken auf diese, und zieht darauf an der Unterseite des Winkeleisens die Linie e, so daß nun die Kämme geschnitten und gearbeitet werden können.

Fig. 8. A—D. Verkämmung einer Schwelle bei liegendem Stuhl. Man zieht an der Fase (die vordere schmale Seite), die Senkrechten a', b' und bemerkt deren Aufstand bei d, d', dann zieht man an der innern schrägen Seite der Schwelle, indem man das Winkeleisen nach dieser Richtung anlegt, zum Querschnitt des Balkens die Lothrechten a, b und bemerkt deren Aufstand h h'; hierauf verteuft man, indem man das Winkeleisen, lothrecht auf den Balken gelegt, bis an die Schwelle schiebt, an dieser die Linie e, auf jenem, lothrecht darunter, die Linie f f zieht, verteuft dann an der Seite des Balkens die Linie i, zieht von dieser, aus dem Punkte n, welcher lothrecht unter g, dem Auflager der stumpfen Ecke der Schwelle, liegt, die Linie n o, zieht andrerseits die Senkrechte m, verteuft vorn an der Fase, und zieht dann auf dem Balken die Linie l von d' durch den Punkt h' (von d durch h) bis an die Linie f f.

An dem Balken kann nun der Kamm nach den gegebenen Linien gearbeitet werden; an der Schwelle wird der Kamm aufgeschnitten und zwar, Fig. A, nach den Linien a'h, b'h', welche, senkrecht bis auf die Verteufung e geschnitten, dieselbe in r, s treffen, welche wieder, Fig. D, auf die Punkte r, s fallen, wo die auf dem Balken verlängerten Linien d'h', dh die früher unter der Verteufung e geschriebene Linie ff treffen.

Wenn die Schwelle an der stumpfen Ecke g voll ist, so ist es am besten, den Kamm auf diese Weise anzuschreiben; da dieses jedoch nicht immer der Fall ist, so verfährt man dann auf dieser Seite nach folgender Art: nachdem man die Linien a, b gezogen ohne deren Aufstand h, h' zu bemerken, legt man das Winkeleisen zum Verteufen an. Aus den Punkten, wo die Linie e die Linien a, b schneidet, zieht man, Fig. C, am Winkeleisen die kleinen rechtwinklichen Linien auf die Linie ff und bemerkt deren Aufstand bei c, c'; auf dem Balken zieht man dann von c nach d, von c' nach d' die Linien k, k'; beim Aufschneiden des Kammes an der Schwelle muß man aber dann von a' und b' aus, die Säge so aufsetzen, daß sie die Verteufungslinie der Schräge bei c und c' trifft.

Einige hierauf bezügliche Constructionen.

Fig. 9. A. Soll auf oder neben ein Stück Holz abfe (II) ein andres, dem gleiches cdmk (I) durch den schrägen Schnitt ec gepaßt werden, so ziehe man cd und fe rechtwinklich zu bk, dann df, so wird dieser Schnitt an ce passen. Ist jedoch an das schräg verschnittene Stück (II) ein andres, schwächeres cglk anzupassen, so würde es falsch sein, nach der an diesem rechtwinklich gezogenen Linie cg die Schräge gf zu ziehen, denn die Stücke würden nicht in grader Richtung an einander passen, weil cg kleiner als fe ist, sonach die Schnitte blos in c zum Anliegen kommen; daher trägt man kl = k'l', die Stärke des schwächern Holzes, von der Seite ae des andern, nach dem schrägen Schnitt und sieht, wo dieses Maaß denselben trifft (i), welches der Punkt ist, bis zu welchem das schwächere an dem starken reicht. Diese Entfernung ne trägt man von f nach o zieht die Rechtwinkliche oh und verbindet h mit f, so wird dieser Schnitt an ie passen, und beide Hölzer gleiche Richtung haben, weil sie durch ni = ep sich gleichmäßig einander nähern.

Fig. B. Soll an oder auf ein Stück Holz hicd, welches an einem Ende nach gfeb ausgeschnitten worden ist, ein anderes in gleicher Richtung angepaßt werden, welches diesen Ausschnitt ausfüllen soll, so schreibt man diesen auf folgende Weise an: an das ausgeschnittene Holz legt man in gleicher Richtung mit diesem, — überhaupt aber parallel zu der, welche sie, zusammenverbunden, mit einander haben, — das andere, zieht dann zu der gemeinschaftlichen Linie ib Senkrechte von g nach i, von e nach o; andererseits senkrecht Verlängerte von f und b; dann sucht man, welche von den beiden ersten Senkrechten die längere ist, — hier ig = eo — trägt dieses Maaß auf die Senkrechten von g nach i, von f nach m, von e nach o, von b nach q, so wird die Linie imoq, welche die Endpunkten dieser Senkrechten verbindet, genau an die Linie gfeb passen, weil alle Punkte jener gleichweit in der Richtung, in welcher dieselben parallel gegeneinander rücken, von dieser entfernt, oder, weil beide Linien einander gleich gemacht sind.

Ein anderes Verfahren, zu der gegebenen gebrochenen Linie Parallelen rechtwinklich, in gleicher Entfernung r zu den einzelnen Theilen der gebrochenen Linie zu ziehen, wie klnp, würde falsch sein, wofür man den Beweiß noch deutlicher erhält, wenn man dieses Verfahren auf die Linie steb anwenden will.

Fig. C. Soll an ein Stück Holz, welches nach abcdef verschnitten ist und dessen Bogen de aus dem Mittelpunkte t beschrieben wurde, ein anderes, danebenliegendes, gepaßt werden, so darf man auf diesem nicht aus demselben Mittelpunkte den Bogen nk beschreiben, welcher allerdings mit de parallel, jedoch rechtwinklich zum Mittelpunkte ist, denn es würde dieses Stück, nach onki verschnitten, nicht an den Verschnitt des andern passen.

Die richtige Linie erhält man, indem man zu ag Senkrechte über beide nebeneinander-liegende Hölzer zieht, dann 12 = 1′2′, 34 = 3′4′ macht 2c., wodurch man die Linie r2′4′ 2c. m erhält, welche dem Bogen de gleich ist — und den man auch erhalten hätte, wenn man denselben aus dem Mittelpunkte u zog, welcher um qp senkrecht von t entfernt ist — so daß nun on2′4′ml an cd24ef paßt.

Die Verständigung dieser Figuren — aus welcher sich der Lehrsatz ergiebt, daß man, um zwei Hölzer so zu verbinden, zu der Richtung, welche ein Stück zu dem andern nimmt, rechtwinkliche Parallelen zieht, und diese nach der längsten Entfernung eines Punktes der Verbindungslinie von der Seite des danebenliegenden Stücks, gleich macht, — wird manche später auszuführende Construction erleichtern, und hiermit Veranlassung geben, über oft scheinbar unwichtige Constructionen einiges Nachdenken zu verwenden.

Fortsetzung der Verbindungen über einander.

Fig. 10. A,B. Der Brustzapfen mit grader Brust, gewöhnlich bei Riegeln in Säulen, oder bei Säulen in Schwellen und Rahmen; im ersten Falle lang genug um denselben verbohren zu können, im zweiten oft nur 1 Zoll lang. Fig. A liegt ein Riegel auf der Säule, in welche er verzapft werden soll, so zieht man auf dieser Seite, zu beiden des Riegels, die Rechtwinkliche b, verteuft dann an Riegel und Säule die Brüstung c und Zapfenstärke d. Das Loch wird gewöhnlich etwas tiefer gemacht, als die Länge des Zapfens verlangt, damit derselbe beim Nachbessern nachrücken kann und nicht sticht, da dasselbe auch in der Tiefe nicht allemal so ganz genau ebengearbeitet wird. Der Zapfen wird gewöhnlich etwas keilig gemacht, die Kanten an der Stirn desselben und am Loche gebrochen, um das Einstecken desselben beim Richten zu erleichtern.

Fig. 11. Soll eine Säule mit dem Ende eines Holzes bündig sein, ohne daß diese durch das eingeschlagene Loch nach dieser Seite ausweichen kann, so bleibt ein Stück Holz -- die Aechslung — vom Loche stehn, für welches ein gleiches Stück am Zapfen weggeschnitten, der Zapfen geächselt werden muß.

Fig. 12. Ist die Seite eines Holzes, an welches ein anderes Stück mit einem Zapfen eingesteckt werden soll, schalkantig, so wird die Schalseite in der Breite des einzusteckenden Holzes überdeckt, indem die Brüstung desselben oben um so viel länger gemacht wird, daß sie bis an die obere Schalkante des andern Holzes reicht und schräg zurück auf den Anfang des Zapfens geht, wenn die Schalseite bis ans Loch reicht, oder parallel mit der Schalseite auf den Zapfen geht, wenn diese bis über die Brüstung des Loches reicht.

Diese schräge Brüstung, — Baumlasche — wird gewöhnlich nur auf der Bundseite — weniger auf der hintern Seite — wenn die Schalseite groß ist, z. B. bei innerlichen Wänden, bei äußerlichen Wänden aber, des bessern Ansehens wegen, auch wenn dieselbe klein ist, angewendet.

Fig. 13. Der Brustzapfen mit ganzer Versatzung, gewöhnlich an Stichbalken und Wechseln angewendet. An C wird für die Versatzung die Brüstung in der Tiefe ab ausgearbeitet. Zur Verhinderung des Ausziehens wird gewöhnlich die Holzklammer angewendet, weil der Zapfen, zum Verbohren länger, somit das Loch tiefer und das Holz dadurch geschwächt wird. Hat diese Verbindung — wagrecht liegend — einige Last zu tragen, so muß der Zapfen und das Loch so verteuft werden, daß weder der Zapfen nach oben, noch das Loch nach unten abschlitzt, demnach das Loch bis auf die halbe Höhe des Holzes verteuft wird.

Die Versatzung ist auch bequem, wenn beim Legen der Balkenlagen lange Stichbalken ꝛc. damit eingesteckt werden, da man, wenn diese erst auf C liegen, und dann hingezogen werden, der Zapfen zuerst in die Versatzung und nicht an dem Loch herunter fallen kann, wenn derselbe nicht ganz sicher gehalten wird, um ihn in dasselbe einschieben zu können.

Fig. 14. Der verkeilte Schwalbenschwanzzapfen, welcher verhindert, daß — wagrecht oder senkrecht — derselbe herausgezogen werden kann. Die untere Stirn des Loches wird nach der des Zapfens, von b schräg eingearbeitet, daß sie in der Tiefe des Loches bis auf die von a verlängerte Linie trifft. Da nun aber der Zapfen an dem Ende, das zuerst eingesteckt wird, breiter ist als an dem andern, so muß auch, um denselben einbringen zu können, das Loch um ab nach oben bei cd länger gemacht werden. Das Loch, welches oben nach dem Einstecken des Zapfens bleibt, da derselbe erst das Loch schließend, dann auf der schrägen Stirn hinuntergleitet, wird mit einem scharf passenden Stückchen Holz ausgefüllt, und dadurch das Ausziehen des Zapfens verhindert. Das Loch kann oben von d parallel mit b eingearbeitet werden, zu dessen Ausfüllung ein solcher Keil erforderlich ist, wie der unten am Schwalbenschwanz abgefallene; da dieser jedoch leichter auszuziehen ist, so ist es nöthigenfalls besser, das Loch oben bei d winkelrecht einzuarbeiten, und zur Ausfüllung ein wenig keiliges Stück zu nehmen.

Fig. 15. Die schräge Versatzung. Sie wird angewendet, wenn dadurch ein wagrechtes Stück (ein Riegel, Rahmen, Unterzug, Balken), in eine Säule verzapft, mehr als gewöhnlich tragen soll. Hier trägt nicht allein der Zapfen durch Aufliegen auf der Stirn des Loches, sondern auch die von oben schräg auf den Zapfen greifende Brüstung, liegt damit auf der dazu ausgearbeiteten Brüstung des Loches.

Zu mehrer Sicherheit und bei starkem Holze läßt man diese

Versatzung auch auf der andern Seite durchgehen, so daß diese, bei gleich starken Hölzern auch auf dieser Seite sichtbar ist; bei dem Senkrechten, stärkern als dem Wagerechten, kann man diese des leichtern und genauern Arbeitens wegen auch durchgehen lassen, doch geschieht dieses gewöhnlich nicht, sondern der vorspringende Theil bleibt stehen, und verdeckt die schräge Linie der Versatzung, dessen Schluß hier fehlerhafter Weise nicht allemal so genau genommen wird, wenn nur, allerdings auch richtig, die Versatzung gut aufliegt.

Fig. 16. Der Zapfen mit einseitiger,

Fig. 17. Der Zapfen mit doppelter Scheere. Beide werden da angewendet, wo ein schwaches Stück Holz in ein stärkeres eingelassen werden, dieses aber durch die Scheeren wohl auch zugleich jenes vor dem Wenden sichern soll.

Fig. 18. Der geächsete Eckzapfen mit ganzer schräger Versatzung, welcher verhindert, daß der Zapfen die Aechslung des Loches leicht herausdrückt.

Taf. VIII.

Fig. 1. Der Eckzapfen mit geächselter Versatzung, verhindert noch besser als der vorhergehende das Ausreißen der Aechslung.

Fig. 2. Der Zapfen mit schrägversetzter Brust, wodurch die grade Versatzung verdeckt wird.

Fig. 3. Der einbrüstige Zapfen mit Scheere; er wird da angewendet, wo z. B. bei gleich starken Hölzern die Bundseite des einen nicht mit der des andern bündig ist, so daß das Stück, welches vorn zurückliegt, hinten um so viel vorsteht.

Fig. 4. Der Zapfen mit schräger ganzer Versatzung verdeckt, (siehe Fig. 15. Taf. VII.)

Fig. 5. Der doppelte Zapfen.

Fig. 6. Der Zapfen mit doppelter Scheere. Hier greifen die Scheeren, zwischen welchen ein Stück Holz aufgezapft liegt, in das auf diesem querüberliegende aber nicht verkämmte Stück.

Fig. 7. Der verkeilte Zapfen. Derselbe wird da angewendet, um ein verzapftes Stück vor dem Abheben zu sichern; der Zapfen ist deshalb so lang, daß er durch das aufzulegende Stück reicht, das Loch für denselben ist aber etwas länger gearbeitet, um ihm durch Eintreiben von Keilen die schwalbenschwanzförmige Gestalt geben zu können, als auch durch dieselben in dieser Richtung das Holz des Zapfens dichter zusammen zu pressen, während Keile, nach der Länge des Loches aufgesetzt, dasselbe spalten würden.

3) Von den schrägen Verbindungen.

Fig. 9. A, B, C, D. Das Winkelband, (im Verhältniß länger, als hier angegeben) wird angewendet, um allein oder mit einem andern, in entgegengesetzter Richtung angebrachten, zwei Hölzer (gewöhnlich Rahmen mit Säulen) in dem Winkel zu erhalten, nach welchem sie zu einander verbunden waren.

A mit zwei Schwalbenschwanzblättern; dieselben sind zwar verbohrt, doch läßt das untere Blatt die Säule dennoch nach auswärts gehen, wenn nicht ein Band andrerseits den Schub dahin aufhält.

Diese Bänder kommen gewöhnlich auf der Hinterseite mit dem schrägen Schnitt d'i', k'c' nicht zum Anliegen, weil die Blätter innerlicher Seits, in den Kehlen (abc, def,) zu scharf gelassen werden, so daß sie das Band hinten abtreiben; es ist nöthig, das Band bei lk und ih scharf nach dem Vorriß einzulassen und mehr bei abc und def nachzuhelfen, damit das Band nach dieser Seite kann. Derselbe Fehler findet sowohl bei fg statt, indem, wenn das Band daselbst zu scharf ist, dieses abgetrieben wird, als auch bei al, wenn zwei Bänder zu scharf zusammenstoßen, wodurch dieselben hinten von der Säule getrieben werden. Es ist gut, wenn das Band an allen Linien genau schließt, doch muß dieses hauptsächlich vor (oben) bei lk, ihg, hinten (unten) nach kc und id der Fall sein.

Ist auf der Zulage das Holz, aus welchem das Band gefertigt werden soll, nach ik aufgelegt, so wird an demselben bei i, k und c, d aufgewinkelt um unten die Schnitte c'k und d'i zu erhalten, dann werden die Blätter, gewöhnlich 1½—2 Zoll — bei starkem Holze noch stärker — verteuft und die Blätterstärke gearbeitet, einerseits die Kehle nach def ausgehauen und nach fgh verschnitten, andrerseits die Kehle abc ausgehauen und nach alk verschnitten, dann das Band aufgelegt, diese Verschnitte vorgeschrieben und ausgearbeitet. Ist andrerseits ein dergleichen Band einzubringen, so werden die zusammenstoßenden Blätter nachdem sie ausgekehlt sind, nach der richtigen Lage der Bänder, übereinander gelegt und nach al und lk verschnitten. Die Stirn lk wird von Manchen unterschnitten, damit dieselbe beim Einlegen des Blattes, das Band schärfer treibt; fehlerhafter Weise wird aber auch die Kehle bei ab unterhauen, wodurch das Band wieder abgetrieben wird, um entgegengesetzt hier etwas Flucht zu lassen, wenn die schräge Stirn das Blatt nach dieser Linie drängt. Die Nagellöcher müssen beim Zusammenstoß zweier Blätter etwas schräg nach diesem gebohrt werden, wodurch man oben etwas davon abgehen kann und wegen des Ausreißens des Loches bis dahin mehr Holz hat.

Fig. B. Das Winkelband, einerseits mit Zapfen, andrerseits mit durchreichendem Schwalbenschwanzblatt. Dasselbe wirkt wie das vorhergehende nur gegen ein Zusammenschieben, aber nicht genug gegen ein Auseinanderziehen des Winkels, weil letzteres fast nur der durch den Zapfen geschlagene Nagel verhindern muß. Das Zapfenloch wird bei a rechtwinklich, bei b in der Richtung des Bandes schräg eingestemmt, welches bei a schwieriger auszuführen wäre; darnach wird auch am Band der Zapfen rechtwinklich zum schrägen Verschnitt der Brüstung a′b′ verschnitten, — gestirnt, welches geschieht, nachdem die Zapfenstärke gearbeitet ist und von dem Arbeiter selbst angeschrieben wird. Da die Löcher für diese Zapfen sehr oft geschlagen werden, ohne die Länge derselben durch die Breite des zu verwendenden Bandholzes bestimmen zu können, so sind diese, indem sie nach einem ungefähren Maaße angenommen wurden, die Stücke zu den Bändern auch nicht allemal gleiche Breite haben, manchmal zu kurz; will man sie nun nicht auf der schrägen Seite, die beim Verteufen des Loches zum Schrägarbeiten mit einem ✕ bezeichnet wurde, nachschlagen, was manchmal viel Umstände macht, so macht man den Zapfen nach der Länge des Loches schmäler, man kehlt ihn, nach c, dann muß aber beim Verbohren desselben darauf Rücksicht genommen werden, was hier auch ohnedies immer versehen wird.

Da beim Einbringen eines solchen Bandes, zuerst das Ende mit dem Zapfen eingesteckt wird, so kommt das andere, mit dem Blatt, um die Stärke desselben höher zu liegen, wodurch die obere Brüstung am Zapfen zum Anstehen, die untere zum Abstehen kommt, so kann man diese Verbindung nur bei längern Bändern anwenden, weil bei kurzen, in Folge dieser geneigten

Lage des Bandes, vor dem Einlegen des Blattes dieselben zu lang werden; wird dieses aber nachgebessert, so werden sie dann leicht zu kurz oder nicht genau passend.

Fig. C. Das Jagdband; es hält, wie die vorigen, ebenso wenig gegen ein Auseinandergehen; durch die Versatzung an beiden Zapfen aber mehr gegen ein Zusammenschieben des Winkels, da es besser eingepaßt werden kann. Dasselbe wird unten von der Seite eingetrieben, — eingejagt, — indem erst oben der Zapfen eingesteckt wird. Die Stirn am obern Zapfen wird hier gewöhnlich mit angeschrieben und mit der Versatzung verschnitten; unten geschieht dieses ebenfalls, so daß dann aber hier an der Stirn, der Zapfen — der Jagdzapfen — noch einmal verteuft werden muß. Die Stirn bildet mit der langen Seite des Bandes einen rechten, oder einen, wenig von demselben abweichenden, spitzen Winkel, welche aber genauer bei kurzen Bändern nach einer Bogenform gearbeitet sein muß, zu welcher b/a der Radius ist, weil b der Punkt ist, an welchem sich das Band beim Einjagen dreht, jede Linie aber, welche von b bis an die Stirn des Jagdzapfens länger ist als ab, würde beim Einjagen in der Stirn des Jagdloches zu viel wegnehmen, weil die nachfolgenden Linien bis ab kürzer sind.

Hieraus ist ersichtlich, daß bei dergleichen Bändern, wenn sie genau passen sollen, mit Geschick und Ueberlegung verfahren werden muß, indem dieselben sehr leicht zu kurz — verjagt — werden.

Fig. D. Das überschnittene Winkelband mit Versatzungen. Die Blätter an demselben hintern das Auseinanderziehen und Zusammenschieben des Winkels noch mehr durch die Versatzungen; im Uebrigen gilt dabei das vorher Angeführte.

Fig. 10. Der gestirnte Zapfen mit Aechslung, gewöhnlich am Ende eines Holzes, z. B. beim Aufstand des Sparrens in den Balken, wo der Sparren das Hirnholz des Loches, nach dem Ende zu, herausschieben kann.

Fig. 11. Der gestirnte Zapfen, da angewendet, wo nicht zu befürchten ist, daß das schräg einstehende Holz das Hirnholz des Loches fortschieben kann.

Fig. 12. Der gestirnte Zapfen mit Versatzung. Hat das schräge Holz viel zu tragen, so wird unten die Versatzung angebracht, mit welcher dasselbe noch gegen das Hirnholz der

Brüstung stößt, wodurch die Stirn des Loches nicht den ganzen Schub oder Druck auszuhalten hat.

Fig. 13. Der schräggestirnte Zapfen mit Versatzung, wird dann angewendet, wenn das obere Ende des schrägen Stücks beim Einbringen sich nicht ausheben läßt, so daß das untere dadurch nicht mit aufgehoben und von der Seite eingesteckt werden kann sondern von der Oberseite, ähnlich wie beim Jagdband, ohne Verrückung des obern festen Endes, eingedrückt werden muß.

Fig. 14. Die schräge ganze Versatzung; sie ist ohne Zapfen, entweder angewendet, um das untere Holz durch das Loch nicht zu schwächen, oder wenn das schräge Verbandstück mit demselben weder von der Seite noch von oben in das Loch des wagrechten Stücks gebracht werden kann. Damit das Verbandstück beim Einbringen, nach dieser Art von der Seite, straff wird, muß die Versatzung auf den Zug, d. h. nicht rechtwinklich sondern hinten kürzer sein, weil diese schräge Stirn als Keil wirkt, wenn das schräge Stück eingeschoben wird.

Beim Abbinden nach der rechtwinklichen Stirn, hält die Wand, welche auf der hintern Seite des wagrechten Stücks stehen bleibt, das schräge Stück vor dem Durchfallen, doch hindert dieselbe auch, um nachzusehen, ob hier die Versatzung schließt. Ist die Versatzung schräg überschnitten, so fällt diese Wand weg; durch diesen Wegfall kann auf der Zulage die Verbindung richtiger, durch die schräg überschnittne Stirn straffer gemacht werden, indem man sich beim Nachbessern eher helfen kann, und das schräge Stück auch vor dem Durchfallen gesichert ist.

Fig. 15. Eine doppelte Versatzung, bei starken Hölzern angewendet. Die hintere Versatzung ist tiefer als die vordere, weil sonst, wenn sie gleich wären, der am untern Stück dazwischen befindliche Keil nicht viel halten würde, wenn das Holz der vordern Versatzung weicht, während hier, wenn letzteres der Fall sein könnte, die hintere Versatzung eine, unter dieser Versatzung tiefer liegende Holzschicht, fortschieben müßte.

Fig. 16. Eine doppelte Versatzung; ähnlich wie die vorige Figur, jedoch besser, weil die hintere Versatzung, auf diese Weise gestirnt, besser hält.

Fig. 17. A, B, C. Eine Klaue. Zwei Hölzer (Streben), Fig. A, B, tragen stumpf in ihren Ausschnitten einen Rahmen;

oder es sind dieselben, Fig. C, in den Rahmen mit Versatzung eingelassen.

Fig. 18. Die einfache,

Fig. 19. Die doppelte Mauerversatzung; wo z. B. Streben bei hölzernen Brücken mit steinernen Pfeilern in dazu angebrachten Oeffnungen der letztern, aufstehen.

Fig. 20. A, B, C. Sparrenklauen. Werden Sparren aufgeklaut, so geschieht dieses gewöhnlich auf Rahmen nach a, oder auf Balken nach a oder b, wo bei Letzterem zu mehrer Sicherheit noch, Fig. C, ein Zapfen angebracht ist. Gewöhnlich werden zu Befestigung aufgeklauter Sparren noch Nägel, oder Bolzen, oder Klammern angewendet; doch muß man die Löcher für die Nägel oder Bolzen, z. B. Fig. A bei a, jederzeit von der Klaue aus bohren, weil man, wenn von der Dachseite gebohrt wird, die Kehle der Klaue nicht allemal genau trifft. Liegen bei flachen Dächern die Rahmen, auf welche Sparren aufgeklaut werden sollen, parallel mit der Neigung des Daches, so werden auch die Einschnitte in die Sparren, (die Klauen) parallel, wie beim Ueberschneiden der Kämme gezeigt wurde.

Fig. 21. A, B. Die gewöhnliche Verbindung des Sparrens mit dem wagrecht liegenden Stuhl- oder Kehlbalken.

Fig. 22. A, B. Die gewöhnliche Verbindung zweier Sparren, in der Spitze des Daches; doch geschieht dieses auch manchmal (bei Klauen) nur stumpf nach einem lothrechten Schnitt aus der Spitze nach dem Balken.

4) Von den Verbindungen nach gekrümmten Linien.

Da diese an sich einfachen Verbindungen, welche bei den Wangen der Wendeltreppen, bei Bohlensparren ꝛc. vorkommen, nicht grade zu neue, sondern bereits schon angeführte sind, und nur unter mancherlei Abweichungen angewendet werden, so mögen dieselben auch später, bei ihrer Anwendung bemerkt, und nach Erforderniß die nöthige Erklärung finden.

Hiermit wären die Verbindungen, welche in der Praxis bei Verbindung mehrer Hölzer am gewöhnlichsten vorkommen, geschlossen; ehe jedoch ihre Anwendung bei Verbandstücken gezeigt wird, mögen sowohl noch einige dabei zu berücksichtigende Constructionen, als auch die Anwendung einiger gezeigter Verbindungen, bei Verbindung mehrer Stücke zu einem später zu verwendenden Verbandstück, angeführt werden, sowie derselben einige allgemeine Bemerkungen vorhergehen.

Fig. 23. A, B, C. Vom Ueberschneiden eines rechtwinklichen Holzes mit einem schiefwinklichen.

Fig. A. Ist ein rechtwinklich beschlagenes Holz abcd über ein anderes efgh von gleicher Höhe, aber mit dem Querschnitt eines Trapezes, bündig zu schneiden, oder zu blatten, so zieht man zu he die Senkrechte i, zu f die Senkrechte k, zu g merkt man senkrecht darüber den Punkt l an, zieht die Linie kl, schreibt die Breite des obern Holzes auf das untere, zieht dann am untern zu diesen Querlinien an den Seiten die Senkrechten — wobei man jedoch an der schrägen Seite das Winkeleisen auf der Kante f behalten muß — und verteuft nun mit der halben Höhe; so ist emnl der richtige Ausschnitt am obern Holze, welcher hier für dieses am untern leicht zu finden ist.

Hiernach würde es falsch sein, wenn man nach Verlängerung der Seite he durch die Senkrechte i, auch die Seite gf verlängern wollte, so daß man den Ausschnitt emof erhielt, welcher offenbar zu klein sein würde.

Fig. B. Ist diese Ueberschneidung bei zwei Hölzern auszuführen, von denen das untere höher als das obere ist, so ziehe man die Senkrechte i, dann aus f die Senkrechte nach k, trägt die Höhe des obern Holzes senkrecht von der Unterseite desselben an die Schräge des untern, zieht von diesem Punkt m, welcher angiebt, wie weit dieses unten zum Vorsprung kommt, wenn sie oben bündig sind, die Senkrechte von m nach l, verbindet l mit k, so ist lk parallel fm, und enol der richtige Ausschnitt.

Da das obere Holz, wenn es, oben bündig eingelassen, unten nicht mit hg gleich (bündig) ist, so würde es auch falsch sein den Punkt g senkrecht nach p zu tragen und diesen mit k zu verbinden, weil dieser Schnitt zu schräg sein, und dann bei m um pl abstehen würde.

Hat man, unter den hier angegebenen Bedingungen, den schrägen Schnitt gefunden, so ist es nun leichter denselben zu finden, wenn

Fig. C. der trapezförmige Querschnitt des untern Holzes die Breite oben hat. Dann zieht man zu f die Senkrechte kf, trägt die Höhe des obern Holzes senkrecht an die Schräge des untern bei n, trägt n m, die Entfernung der Senkrechten von n, aus f nach l, so ist l senkrecht über n, und lk der zu nf parallele Schnitt.

Um nun die beiden Hölzer an einander — oder den schrägen Schnitt an die schräge Seite bringen zu können, so kann man das obere um lf zurück oder von der Seite schieben und dann herunter lassen, oder von unten herauf heben; tritt jedoch der Fall ein, daß man dasselbe weder zurückschieben noch von unten heraufheben kann, so muß man das obere Stück rechtwinklich in das untere versetzen, indem man jenes nach lq verschneidet und in dieses, in der Breite des obern, nach ln den Keil lfn ausarbeitet, damit das obere Stück senkrecht heruntergelassen werden kann.

Der schräge Schnitt am obern Holze ist leicht zu finden, wenn man nach fg an demselben die Linie fi zieht; dieses ist jedoch falsch, wenn an dem andern Ende desselben Nichts übrig ist, daß es um ik hergerückt werden kann, weil dieses nach diesem Schnitt, beim Herunterlassen geschehen muß. Dieser Schnitt ist aber richtig, wenn das andere Ende des obern Holzes denselben Weg parallel mit fg macht, oder wenn das Holz ficp in den Zwischenraum fgop eingelassen werden soll.

Sind bei A, B, anstatt der Ueberschneidungen, auf der schrägen Seite Verzapfungen vorzunehmen, so behält man, wenn man die schräge Seite nach of an dem obern Holz verlängert, allemal an demselben ein Stück übrig, vorausgesetzt, daß dasselbe, nicht, wie zuletzt bei C angegeben wurde, zwischen zwei parallele schräge Seiten, sondern andrerseits, rechtwinklich verschnitten, senkrecht herunter gelassen werden soll. Da nun das Nachbessern viel unnöthige Arbeit verursachen würde, so ist es vortheilhafter, den Zapfen an den schrägen Verschnitt lk zu setzen.

Die Verständigung dieser Construction wird in vorkommenden ähnlichen Fällen in der Praxis manchen Vortheil gewähren — z. B. bei diesen Verbindungen mit über- oder unterhauenen Hölzern — für abweichende Fälle Veranlassung geben über dieselben schon hier einiges Nachdenken zu verwenden, wenn das dadurch geweckte Interesse nach befriedigenden Versuchen verlangt.

Verbindung mehrer Hölzer zu einem als ein Verbandstück betrachteten Ganzen.

Diese Verbindungen betreffen die künstliche Vermehrung der Tragkraft mehrer Hölzer, zu einem Ganzen verbunden.

Fig. 24. Die einfachste Verstärkung zweier übereinander liegender Hölzer geschieht durch Schraubenbolzen, welche dieselben scharf aneinanderziehen.

Fig. 25. A, B. Verstärkung zweier in Verzahnung übereinander liegender Hölzer. Die Länge der Zähne beträgt gewöhnlich 1—2 Ellen, die Tiefe 1—2 Zoll; im obern Stück stehen sie von beiden Seiten nach der Mitte, im untern umgekehrt von der Mitte nach den Seiten zu, einander entgegen.

Bei diesen zwei Hölzern ist es nicht gut die Stirnen der Zähne nach a rechtwinklich zur Oberseite der Hölzer, sondern besser, dieselben nach b rechtwinklich zur Schräge der Zähne aufzusetzen; denn wenn die Stirnen, beim Aufeinanderlegen der Stücke lothrecht aneinander herunter gleiten, so ist dadurch ein festes Aneinanderspannen derselben nicht möglich, sondern es geschieht dies erst bei dem in der Mitte stattfindenden Einbiegen der Hölzer. Im andern Falle können die Stirnen schärfer aneinander gebessert werden, weil die Zähne für das senkrechte Ineinanderlassen derselben, unten enger als oben, sind. Eine größere Spannung der Hölzer wird durch folgendes Verfahren erlangt: Man legt das untere Stück in der Mitte auf und drückt dasselbe an den Enden durch Belasten des gegen das obere Stück vorspringenden Theils c, etwas herunter, und bessert in dieser Lage das obere Stück auf; hierauf werden beide Stücke durch Bolzen fest zusammen geschraubt und dann die Belastung der Enden weggenommen, worauf beide Stücke ihre erste grade Richtung wieder einzunehmen suchen und dadurch die Zähne scharf gegeneinander stemmen, so daß diese Verbindung, in der Mitte belastet, mehr dem Einbiegen widersteht.

(Das Anschreiben und Arbeiten der Zähne siehe folg. Figur.)

Die Anlage der Zähne geschieht jedoch auch irrigerweise von Manchen falsch, indem sie dieselben im untern Stück von beiden Seiten nach der Mitte, im obern von der Mitte nach den Seiten zu, absetzen, oder, was dasselbe ist, hier das untere Stück d zum obern nehmen.

Fig. 26. A, C, D. Balkenverstärkung, aus drei Hölzern bestehend. Auf einem langen Stück a stoßen zwei Stücke b zusammen, indem sie mit Verzahnung auf demselben eingreifen.

Die Zähne können hier, sowohl des leichtern Anschreibens und Schneidens, als auch der beiden obern getrennten Stücke wegen rechtwinklich aufgesetzt werden, weil man jedes derselben besonders aufbessern kann. Diese beiden Stücke dürfen in der Mitte nicht genau zusammenstoßen, sondern müssen eine Oeffnung lassen, um darin einen genau schließenden und die Oeffnung ausfüllenden Keil von hartem Holze oder Eisen eintreiben zu können, wodurch die Zähne beider Stücke scharf an die des untern nach beiden Seiten getrieben werden. Um dieser Verbindung noch mehr Spannung zu geben, wird das untere Stück in der Mitte aufgelegt, an den Enden frei hängen gelassen, wodurch dieselben beim Eintreiben des Keils etwas herunter gedrückt werden, indem zuvor die Bolzen am Ende und, während des Eintreibens, die Bolzen nach der Mitte zu, fest angezogen werden.

Die nach aufwärts gekrümmte Linie — die Sprengung — dieser Verbindung, verliert sich etwas, noch mehr durch Auflegen derselben mit den Enden, sollte sie aber nicht ganz durch die später zu tragende Belastung verlieren.

Geschieht die Verbindung dreier Hölzer, wie bei

Fig. B, E angegeben, so fällt der Keil in der Mitte weg, die daselbst zusammenstoßenden Hölzer werden passend zusammengeschnitten, und durch die an den Zähnen eingeschlagenen Keile, scharf zusammengetrieben. Die Zähne sind wegen den Keilen rechtwinklich zu ihrer Schräge aufgesetzt, lassen aber für diese jedesmal eine Oeffnung.

Während bei der vorigen Verbindung ein Zahn so genau passen mußte wie der andere, weil sonst einer mehr dem Schube widerstehen muß als der andere, so ist hier die große Genauigkeit, wegen der Oeffnung, welche die Zähne lassen, nicht nöthig, weil durch die Keile ein etwaiger Unterschied in denselben, ausgeglichen wird; doch macht diese Verbindung, bei welcher im Uebrigen dasselbe Verfahren wie bei der vorigen zu beobachten ist, mehr Arbeit, und ist jene, wenn sie genau gearbeitet ist, vorzuziehen.

Beim Anschreiben der Zähne verfährt man nun nach A folgender Weise: die miteinander zu verzahnenden Stücke legt man übereinander, theilt daran die Länge der Kämme ab, und zieht hier in diesem Falle, Senkrechte; dann nimmt man ein Maaß — gewöhnlich ein Winkeleisen — etwas länger als die Kämme, und so breit als die Tiefe derselben, und legt dasselbe, die gemeinschaftliche Linie der übereinanderliegenden Hölzer deckend, von einer Seite nach der Mitte zu, schräg so auf, daß es von links nach rechts einerseits an dem Anfang einer Senkrechten am obern Stück auf dem untern, am Anfang der nächsten andrerseits am untern Stück auf dem obern liegt; hierauf schreibt man zu beiden Seiten des Winkeleisens vor, wodurch man die Schräge eines Zahnes parallel am untern und obern Stück erhält. Dieses Verfahren wird auf der rechten Seite, sowie auf den beiden hintern Seiten, wenn man die Länge der Zähne überwinkelt hat, angewandt, wobei man zu beobachten hat, daß man allemal das Winkeleisen von den äußern Enden der Hölzer für jeden Zahn steigend nach der Mitte zu, auflegen muß.

Sollten an A die Zähne rechtwinklich zur Schräge aufgesetzt werden, so zieht man die rechtwinklichen Linien der Zähne am untern Stück auf die obere über, da ja für die obern Stücke wenn sie dann beim Einlegen in die Verzahnung nach der Mitte zu, hinrücken, daselbst Oeffnung ist.

Dieses Verfahren kann man auch bei B anwenden, indem man dann das obere Stück um die Oeffnung für Keile, nach der Mitte schiebt, doch gilt dieses nicht bei b, Fig. 25 A, weil sonst, durch die Verlängerung der rechtwinklichen Stirnen der Zähne auf das andere Stück, diese hier zu weit über die andern greifen würden, und man somit einem unnöthigen Nachbessern ausgesetzt ist; sondern man muß die Zähne erst am untern anschreiben und dann die Schräge der Stirnen daneben an das obere winkeln.

Zum Ausarbeiten der Zähne werden dieselben nach der Tiefe ausgeschnitten und die Schräge der Zähne, bei jedem nach dem Kern zu, etwas hohl ausgehauen; dann werden beide Stücke übereinander gelegt und zusammen gebessert, indem mit einem langen Fuchsschwanz, welcher wegen des Einsteckens in den Schnitt an diesem Ende schwächer als an dem andern ist, jede Schräge durchzogen wird; hierauf werden die Stücke etwas zusammengelassen und dann wieder mit dem Fuchsschwanz durchzogen, welches Verfahren man, unter Nachbesserung der Stirnen, wiederholt, bis die Fugen genau schließen.

Fig. 27. Construction einer Verbindung von fünf Stücken. (Hier zur Hälfte gezeichnet.) Als freitragender Balken verwendet, ist diese eine sehr unsichere Construction und daher nur als Unter- oder Oberzug oder Binderbalken, mehrmals befestigt oder unterstützt, bei großen Hängewerken 2c. angewendet.

Der Untertheil besteht aus zwei Stücken; auf diesen liegt ein eben so langes Stück, von der Mitte des einen bis auf die Mitte des andern reichend, woselbst es mit einem Stück, auf der äußern Hälfte der untern zusammenstößt.

Die Ausführung dieser Construction geschieht leicht nach dem bei den vorhergehenden, hierher bezüglichen Figuren, angegebenen Verfahren.

Fig. 28. Verstärkung zweier übereinander liegender langer Hölzer. Dieselben liegen stumpf übereinander, werden durch Schraubenbolzen verbunden, aber noch durch eingetriebene Keile nach a oder b oder c vor einem Verschieben aufeinander, verhindert, welches sonst, bei Belastung der Hölzer, entstehen würde.

Fig. 29. A—E. Balkenverstärkung aus fünf Stücken bestehend. An einem langen und starken Balken sind auf jeder Seite zwei Stücke mit Verzahnung eingelassen, welche nach der Mitte zu, steigen, und daselbst zusammenstoßen.

Die Seitenstücke werden durch Bolzen mit dem Hauptbalken verbunden, und zwischen je zwei in der Mitte, wo sie zusammenstoßen, ein Keil eingetrieben, um dadurch dieselben mit dem Balken in die gehörige Spannung zu bringen.

Fig. 30. A, B. Eine Balkenverstärkung aus vier Stücken. Auf einem langen Balken ist an jedem Ende ein Stück mit Versatzung eingelassen, welche sich nach der Mitte zu erheben, und gegenseitig ein drittes Stück wagrecht halten, durch welche Bolzen gehen, die den Balken mit verbinden und in Spannung erhalten, andere die das Ausweichen der Hölzer da, wo sie eingelassen sind, verhindern.

Diese Construction findet Anwendung, um darauf eine, auf ein frei liegendes Balkenstück treffende Wand zu stellen, oder sie dient als Binderbalken bei weit freiliegenden Balken, wozu auf dem Balken Oberzüge liegen, an welche die Zwischenbalken gehangen werden.

Fig. 31. A, B. Vermehrung der Tragkraft eines Stück Holzes. Ein Balken z. B. wird, der Länge nach, zwischen seinen Enden aufgeschnitten, dieselben aber durch Bolzen oder eiserne Bänder vor dem Aufspalten gesichert; die getrennten Theile werden nun mittelst Keilen nach und nach auseinandergetrieben, dann durch verschraubte Bolzen fest an die eingetriebenen Keile oder an deren Stelle eingesetzte Klötze, gehalten und so in Spannung bleiben.

Ist diese Construction von größerer Länge erforderlich, so muß der Balken von nöthiger Länge und wohl auch stärker sein; ist jedoch dazu die nöthige Länge, aber nicht die Stärke, zu erlangen, so werden zwei gewöhnlich beschlagene Balken übereinander gelegt, deren Enden fest verbunden, in der Mitte aber auseinander getrieben, welches je mehr beträgt, je länger der aufzutreibende Spalt wird. Oder: ist die nöthige Länge nicht vorhanden, so nimmt man zwei beschlagene Balken, welche gestoßen, diese geben, schneidet jeden vom schwachen Ende herauf bis an den am starken Ende stehen bleibenden Theil, verbindet dann die aufgeschnittenen schwachen Enden beider Stämme miteinander, und verfährt nun wie vorher angegeben bei der Construction aus einem Stücke.

Reicht jedoch auch die Stärke dieser beiden zu einer solchen Construction erforderlichen Balken nicht aus, so nimmt man vier ganze Balken, verbindet zwei und zwei, der Länge nach gestoßen, legt diese beiden gestoßenen Balken übereinander, verbindet die äußern Enden derselben und verfährt nun ebenfalls wie vorher angegeben.

Sollen die bis hierher überhaupt angeführten Verbindungen zu vorliegendem Zweck von Nutzen sein, so möchte sie jeder dabei Betheiligte hiernach modelliren, um in der Hauptsache sicher zu werden, da für die Praxis bei den so mannichfachen Veränderungen und Umständen noch Manches zu lernen übrig bleibt, was, hier anzuführen, doch als Nebensache zu umständlich gewesen sein würde. Dieses Modelliren muß in einem Maaßstabe geschehen, bei welchem sich die Constructionslinien genau angeben lassen, also mindestens mit 1—2 Zoll starken Hölzern.

Von der Form der Dachflächen und der daraus abgeleiteten Benennung eines Daches.

Fig. 32. Haben die Flächen (Seiten) eines Daches wenig Abfall, oder hat das Dach nicht viel Höhe — welche lothrecht von der wagrechten Linie ab, dem Anfang der Dachflächen, bis in die Spitze c gemessen wird, — so heißt dasselbe flach, das flache Dach, wie abc.

Hat ein Dach die halbe Weite ad zur Höhe ae, so heißt dasselbe rechtwinklich, das Winkeldach, abe, weil die Dachflächen in der Spitze einen rechten Winkel bilden. Dasselbe heißt auch deutsches Dach, zum Unterschied von dem hohen oder spitzen Dach, dem altdeutschen Dach abf.

Fig. 33. Bildet die Seite eines Daches nach seinem Abfall keine grade, sondern eine gebrochene Fläche, so heißt dieses das Mansardedach, adceb; bildet die Seite eines Daches danach eine gebogene Fläche, so heißt dieses ein Bogendach, oder weil die, diesen Bogen bestimmenden Sparren aus Bohlen gebildet werden, das Bohlendach, abf.

Bilden die Dachflächen eines Gebäudes nach dessen Grundform Fig. 34 zwei Seiten (zwei Parallelogramme) acdb, abfe, so nennt man die Vereinigung dieser beiden einander gegenüber liegenden Flächen das Satteldach, wobei die Giebel grad auf bis in die Spitze des Daches reichen, welche eine der in Fig. 32 und 33 angegebenen fünf Formen haben können. Die Linie ab heißt die Forstlinie, der Forsten; die Linie cd, ef heißt die Traufline.

Fig. 35. Sind bei dieser Grundform des Gebäudes die Giebel nur bis zur Höhe der Frontmauer aufgeführt, von da an aber eine Durchfläche angebracht, so heißen diese Flächen die Walmen, — das Dach oder die Giebel sind abgewalmt — denen man gewöhnlich die Neigung der beiden Langseiten giebt. Dadurch, daß man beim Mansardedach die Giebel grad auf bis zum obern Dach führte, und von da den Walmen anbrachte, mag wohl beim deutschen Dach der halbe Walmen entstanden sein, welcher gewöhnlich in halber Höhe des Dachgiebels, unnöthiger Weise öfters hinauf anfängt.

Fig. 36. Hat ein Gebäude mit quadratischer Grundform von allen vier Seiten Dachflächen, welche sich in einer Spitze vereinigen, so heißt die Vereinigung dieser Flächen, wenn diese graden Abfall haben, das Zeltdach. Diesen Namen erhält auch das Dach eines Gebäudes

Fig. 37, wenn dessen Grundform ein Polygon oder Kreis ist, und die graden Sparren, nach Fig. 32 und adceb Fig. 33, sich in einer Spitze vereinigen. Sind jedoch die Sparren zu den Dächern der Figuren 37 im Bogen geformt, so bildet ihre Vereinigung nach einer derselben, die Kuppel. Sind die Sparren eines Daches in ihrer Vereinigung nach der Spitze unterbrochen, indem sie, in einer gewissen Höhe wagrecht abgeschnitten, wagrecht verbunden sind, und so, Fig. 36, eine abgekürzte Pyramide bilden, so heißt die obere Fläche abcd die Platform.

Von der Anwendung der Mauerlatten.

Die Lage der Mauerlatten ist nach Umständen verschieden.

Fig. 38. Gehört die Mauerlatte zu einer Stockwerksbalkenlage eines massiven Gebäudes, so daß also nach dem Legen derselben die Mauer auf der abgeglichenen fortgeführt wird, so kommt die Mauerlatte, wenn die obere Mauer gegen die untere um die Breite der Mauerlatte schwächer ist, auf den dadurch gebildeten Vorsprung zu liegen; wird jedoch,

Fig. 39, die obere Mauer in gleicher oder fast ziemlich gleicher Stärke mit der untern, fortgeführt, so wird die Mauerlatte so weit auf die untere Mauer gelegt, daß für die obere neben ihr noch richtiger Aufstand ist, weil sonst hier, wenn die Mauerlatte innerlich bündig oder ziemlich innerlich bündig gelegt würde, nach dem möglichen Verfaulen derselben, die obere Mauer hohl und unsicher stehen würde.

Fig. 40. Kommt auf eine Stockwerksmauer eine Fachwerksumfassung, so legt man öfters, je nach der Stärke der Mauer, zwei Mauerlatten, eine äußerlich, die andre innerlich bündig, oder etwas davon herein.

Fig. 41. Bei Dachbalkenlagen wird gewöhnlich auf die hier schwächern Mauern nur eine Mauerlatte, entweder innerlich bündig oder ein Stück von da herein gelegt, bei Bruchsteinmauern aber niemals gern auf die Mitte derselben.

Fig. 42. Bei stärkern Mauern werden jedoch auch zwei Mauerlatten angewendet; eine liegt innerlich bündig, die andere auf dem innerlichen Ende der weit ausladenden Simsplatte. Bei noch stärkern Mauern, welche große Dachwerke zu tragen haben, werden wohl 3—4 Mauerlatten angewendet.

Taf. IX.

Von der Zulage.

Die Verbandstücke, aus welchen die Balkenlagen, die Wände oder das Dachwerk eines Gebäudes, oder die Holzverbindungen eines andern Bauwerks gebildet werden sollen, werden erst außerhalb ihres Bestimmungsortes liegend zusammengepaßt und dann an demselben in richtiger Lage und Stellung mit einander zu dem beabsichtigten Ganzen verbunden; sie werden erst mehrere zu gewissen einzelnen Theilen vom Ganzen nach einander und übereinanderliegend vor- oder zugelegt und mit einander zusammengepaßt, (abgebunden) wonach auch die Theile nach oder auf welchen dieses zu einem Ganzen geschieht, zusammengenommen die Zulage genannt wird.

Die Bestimmung sowohl der Längen-, oder Höhen-, oder Stärkenmaaße der Verbandstücke zu oder in diesen Theilen, als auch die Bestimmung derselben bei der Verbindung eines Verbandstücks mit einem andern Theile nach andrer Richtung, oder die richtige Wiederaufnahme eines abgebundenen Stücks in einen andern Theil, hat oft seine Schwierigkeiten.

Der darin weniger Erfahrene führt die leichten Verbindungen auf der Zulage, die schwierigeren erst nach dem Aufstellen — Richten — des Hauptsächlichsten aus, indem er die erforderlichen Maaße am richtigen Orte abnimmt, welches z. B. bei Bestimmung der Schiftsparren am einfachen Walm geschieht.

Wie viel bleibt dann Demjenigen, welcher überhaupt darauf Anspruch machen will, die Zimmerkunst gelernt zu haben, noch zu lernen übrig?

Wollte man alle Verbandstücke eines Werkes gleich am richtigen Orte eintheilen, zuschneiden, verbinden und aufstellen, so würde dieses oft viel Umstände und Hindernisse verursachen, oft ohne weitläufige Vorrichtungen nicht gut möglich, überhaupt kostspieliger sein als das Abbinden auf der Zulage.

In dem Folgenden ist das Verfahren angegeben, welches der Lernende auf der Zulage zu beobachten nnd zu verfolgen hat. Wie schon früher erwähnt, handelt es sich hier hauptsächlich um die Dachconstructionen der Gebäude, dieselben sind hier nach Zeichnungen, als Aufgabe gestellt, auszuführen angenommen, indem dabei dieselben in einer gewissen Reihenfolge von den einfacheren kleinen, bis zu den einfachen größern, dann von den kleinen schwierigeren bis zu den größeren zusammengesetzteren und schwierigeren gegeben werden.

Dabei ist auf verschiedene möglicherweise eintretende Umstände Rücksicht genommen, und angegeben, wie hier und da ein Gewandter verfährt; doch ist nicht bei Lösung jeder Aufgabe ein sich wiederholendes Verfahren nochmals erklärt, sondern auf das zuerst erklärte verwiesen und dieses als verstanden vorausgesetzt.

Das Verfahren der Ausführung einer Construction, bleibt unter den beigefügten Bemerkungen der Hauptsache nach, bei mehr Länge und Tiefe derselben als hier angegeben, dasselbe; wenn wegen Platzersparniß die Länge und Tiefe der Constructionen geringer als bei ihrer Anwendung in der Praxis angenommen, und einzelne Theile nur stückweise gegeben werden, so dürfte doch wohl dadurch dem Verständniß kein Abbruch geschehen, da hier hauptsächlich die Ausführung und nicht die Anlage der Construction selbst, gelehrt werden soll, wodurch erst die Befähigung, für die Praxis zu construiren, erlangt wird.

Der Anfänger möge Alles mit größter Genauigkeit auffassen und ausführen, da nur die praktische Erfahrung so wie der vollständige Begriff des später Folgenden ihm zeigen wird, wo hier oder da eine Abweichung von dem hier angegebenen Verfahren oder von der strengen Genauigkeit einer Eintheilung ꝛc. zulässig ist, oder, wenn dieses unwissentlich geschah, wie die dadurch entstehenden Differenzen auszugleichen oder denselben abzuhelfen ist.

1) Das Satteldach auf Gebäude von rechtwinklicher Grundform.

a. Das Dach mit Windlatte.

Es sei die Zeichnung zu dem Dachwerk eines Gebäudes in Fig. 1 und 2 gegeben, wonach dieses mit den nach der beigefügten Tabelle beschlagenen Verbandstücken abgebunden werden soll.

Zuerst wird eine Mauerlatte A, Fig. 4, vorgenommen, auf dieser ab, die Länge der Zulage = 16 Ellen, abgemessen, ac, die Stärke eines Giebelbalkens = 8 Zoll zurückgeschrieben und nun von c bis b = 15 Ellen 16 Zoll, die Zwischenbalken eingetheilt, wodurch auf jeden Theil bei 8 Balken = 1 Elle 23 Zoll kommen, die Balkenstärke aber, welche von der Bundseite rechts, neben dem Theilriß mit ✕ bezeichnet, nach links fällt, allemal in Abzug kommt, um die lichte Weite zwischen den Balken zu haben.

Bei langen Mauerlatten, aber gleichmäßiger Balkeneintheilung, braucht man nicht die ganze Länge nach den einzelnen sich ergebenden Zwischenweiten bis auf die Linie einzutheilen, sondern man nimmt die ganze Länge zwischen cb in mehre passende größere Theile und theilt jeden für sich in die zugehörigen Weiten; bei ungleichmäßiger Balkeneintheilung werden zuerst die, diese Theilung bestimmenden Balken, angegeben und zwischen diesen die gleichmäßigen Balkenweiten eingetheilt.

Nun wird die andere (hintere) Mauerlatte B daneben gelegt und die auf der vordern gemachte Eintheilung übergewinkelt. Der Dachgiebel des Balken b wird mit Holz ausgebunden, der andere Giebel wird am Balken hinauf mit Steinen (massiv) aufgeführt; da nun beim Beschlagen die Balken gewöhnlich am hintern Ende 1 Zoll schwächer werden, so würde, wenn man an diesem Balken die Bundseite bei c nehme, derselbe hinten 1 Zoll von der gleichstarken Giebelmauer abstehen, welches noch mehr bei den, als die Balken schwächern und mit c bündig aufgesetzten Sparren, Fig. 8, der Fall sein wird. Obgleich dieses kein Fehler ist, so macht man es doch nicht gern, sondern nimmt die Bundseite auch äußerlich bei a, wodurch aber die lichte hintere Balkenweite 2 Zoll mehr beträgt als die vordere, die Bundseiten jedoch parallel bleiben.

Hierauf wird die Länge eines Balkens C, Fig. 1, abgemessen und zwar hier 9 Ellen Gebäudetiefe, + ½ Elle auf jeder Seite als Uebertrag oder Ausladung = 10 Ellen ohne den daselbst noch nöthigen Verschnitt, für welchen man gern, wie angegeben, noch auf jeder Seite einige Zoll zu der genauen Länge giebt.

Diese Länge c d = 10 Ellen wird getheilt, wodurch man das Mittel g erhält, dann von c und d herein, der Uebertrag 12″ hereingeschrieben, welches vorn zugleich die Bundseite der Mauerlatte bestimmt, während man, wenn sie wie hinten, das Stück, um welches sie gegen die Mauer zurück liegt, noch hinzu schreibt, zuletzt vorn die innerliche Mauerlatte angegeben; zu diesem Giebelbalken wird der andre D daneben gelegt und die Maaße von C übergewinkelt.

(Es ist nicht unbedingt nöthig, die beiden Mauerlatten oder beide Balken neben einander zu legen, um die Maaße gegeneinander über zu schreiben, doch geschieht dieses der Kürze, Sicherheit und Genauigkeit wegen und zwar bei langen Zulagen mit mehrern Zwischenbalken.)

Nun wird eine Mauerlatte A, Fig. 1, wagrecht auf Unterlager gelegt, von welcher man die Entfernung der andern B durch augenscheinlich rechtwinkliches Auflegen der beiden Giebelbalken C D erhält; diese beiden Balken legt man zur vordern Mauerlatte ebenfalls wagrecht, wodurch sich wieder die wagrechte Lage der hintern Mauerlatte B ergiebt, dann klammert man die Balken mit den Mauerlatten nach ihren Bundrissen fest und winkelt das durch diese 4 Stücke gebildete Viereck ein.

Dazu macht man auf dem Balken C einen Schnurschlag pp, einige Zoll von der Bundseite gleichweit entfernt (um nicht etwa auf Schalseite zu treffen), bindet eine Schnur cc', straff gezogen auf gleiche Punkte der Giebelbalken fest (am besten über die Bundseite der Mauerlatte, weil man diese dann nach dieser Schnur legen kann), sticht nun von r, dem Durchschnittspunkt der Schnur mit dem Schnurschlag, 4 Ellen auf die Schnur nach q, 3 Ellen auf den Schnurschlag nach s, so ist, wenn von q bis s 5 Ellen sind, das Viereck im Winkel; da dieses nicht leicht der Fall, so schiebt man dann entweder eine Mauerlatte der Länge nach fort, wodurch die Balken mit dem hier aufliegenden Ende auch mit fortbewegt und in einen andern Winkel zur andern Mauerlatte oder Schnur gebracht werden; oder man schiebt einen Giebelbalken seiner Länge nach, mit den unter denselben liegenden Enden der Mauerlatten.

Ersteres ist jedoch bei langen Zulagen und unebenem Zulageplatz vorzuziehen, weil man, wenn es im zweiten Fall auf große Länge viel beträgt, daselbst die Lager mit nachrücken muß.

Zu mehrer Sicherheit trägt man am andern Giebel den Winkel q'r's' an, richtiger jedoch geschieht das Einwinkeln der Zulage mit dem Deichselwinkel: dazu wird der Schnurschlag auf einen eingebrachten Balken E gemacht und von A, dem Durchschnittspunkte desselben mit der Schnur cc', auf dieser rechts nach u und links nach v 3 Ellen, auf jenem nach w 4 Ellen getragen und nun untersucht, ob uw und vw sich gleich, = 5 Ellen sind ꝛc.

Nun werden die Kämme für beide Balken angeschrieben, ehe jedoch an denselben gearbeitet wird, ist es gut, noch einige Zwischenbalken als Belastung auf die Mauerlatten zu legen, um dadurch ein Verschüttern der winkelrecht zu einander liegenden Hölzer beim Arbeiten der Kämme zu verhindern.

Sind diese beiden Balken aufgekämmt, so wird der Winkel noch einmal untersucht und berichtigt, die Balken werden mit den Mauerlatten, diese mit den Lagern befestigt, die übrigen Balken mit der Bundseite lothrecht aufgelegt, dann aufgekämmt und der Verschnitt cc', dd', sowie das Mittel gg' aufgeschnürt. Ehe nun aber diese Verbindung durch Herausnehmen eines Balkens gestört, oder ehe überhaupt später ein Stück aus seiner Verbindung mit einem andern, entnommen wird, muß dasselbe um Irrthum zu vermeiden, nach Nummer und Ort seiner Bestimmung gezeichnet werden, welches aus demselben Grunde entweder nur von dem Polir oder nur von einem andern nach Umständen mehrern zuverlässigen Leuten, mit folgenden Zeichen auf der Oberseite der liegenden Verbindung geschieht.

Fig. 7. Bei a, welches 1 bedeutet, wird mit der Schneide des Beils in deren Länge ein Hieb quer über die Breite eines Holzes eingehauen und dann an diesem Schnitt mit der innern Ecke der Schneide nach der Länge des Holzes ein kleines Dreieck schräg ausgestochen, indem man die Ecke daneben aufsetzt, daß der Helm tief kommt, und durch einen Druck mit der Hand auf den Rücken des Beiles, bis an den Schnitt schräg eindringt.

Nach der Anzahl der schrägen Stiche bedeutet b = 2, c = 3, d = 4; um jedoch bei höhern Zahlen nicht die entsprechende Anzahl Stiche machen zu müssen, so hat man für 5 das Zeichen e, für 10 das Zeichen f, welche dann mit den erstern passend zusammengestellt werden wie bei g, welches 16 bedeutet.

Die Nummern der Verbandstücke zählen, von der Vorderseite aus angenommen nach der Länge eines Gebäudes, von links nach rechts (also bei Bezeichnungen auf der Hinterseite, z.B. bei Wänden, von rechts nach links); nach der Tiefe desselben, von der Vorder- nach der Hinterseite, welche man dadurch unterscheidet, daß man an denen der letztern den Hieb, ähnlich den Stichen, schräg ausschneidet, wie bei h, welches 1 auf der Hinterseite bedeutet.

Um die Verbandstücke z. B. bei verschiedenen Quer- und Längewänden eines Gebäudes zu unterscheiden, so müssen die Wände im Ganzen, selbst wieder für sich nummerirt werden. Die Nummer (das Zeichen) der Wand wird von Manchen neben die des Verbandstückes gesetzt, wodurch jedoch leicht Irrthum entsteht; oder an die Seite desselben, wodurch man genöthigt wird, dasselbe auf zwei Seiten anzusehen, welches beides beim Richten manchen Uebelstand verursacht.

Besser ist daher, das Zeichen der Wände, da gewöhnlich die Anzahl derselben doch nicht so bedeutend ist, blos durch Hiebe neben der Stücknummer anzugeben. Der Hieb i mit dem Längeschenkel der Queraxt deutet die Längewand, der mit dem Querschenkel k die Querwand an; doch schneidet man den erstern Hieb zu mehrer Sicherheit wohl auch auf, wie Fig. l, da man sonst denselben später beim Richten nicht allemal gut wieder erkennt, und nennt diesen Hieb dann Ruthe. Wenn während des Abbindens eine Verwechslung der angeschriebenen und dann zu arbeitenden Stücke leicht möglich ist, so werden diese einstweilen mit geschriebenen Zahlen bezeichnet.

Wie das Zeichnen der Verbandstücke bei verwickelten und schiefwinklichen Zulagen durch Beizeichen 2c. vorzunehmen ist, muß im vorkommenden Falle die praktische Erfahrung lehren und der Geschicklichkeit des Polirs überlassen bleiben, um beim Richten die Stücke leicht zu erkennen und richtig herauszufinden.

Sind nun also die aufgekämmten Balken gezeichnet, so wird das Dachwerk abgebunden, zu welchem Zweck ein Balken F, Fig. 5, wagrecht neben die Zulage auf drei Lager z, z, y und zwar auf die breite Seite gelegt wird; auf das Lager in der Mitte legt man ein Stück langes Holz b, (gewöhnlich einen Sparren), Giebelsäule genannt, wagrecht und winkelrecht zum Balken, indem man auf dem Balken den Kamm, (die Kammtiefe, hier durch die punktirte Linie x) aufschnürt, sowie auf die Giebelsäule, welche stumpf an den Balken stößt, einen Schnurschlag vom Balkenmittel g macht, von diesem auf x links und rechts 3 Ellen, von x auf die Mittellinie 4 Ellen trägt, danach diese rechtwinklich zu x legt, darauf die Höhe des Daches bis d abmißt, und die Hölzer verklammert.

Hierauf werden zwei Sparren f, f in der Spitze bei d übereinander, unten auf den Balken, aber nicht nach dem Verschnitt c, sondern gewöhnlich noch 3—4 Zoll weiter herein nach e aufgelegt, das Loch und die Zapfen an den Sparren, sowie die Länge der Sparrenlöcher am Balken angeschrieben. (Ist das Dach nicht so hoch, und liegt die Giebelsäule wagrecht mit der obern Seite des Balkens bündig, so kommen die Sparren beim Zusammenstecken und Zusammenpassen auf derselben hoch zu liegen, wodurch sich die Schnitte nach dem Niederlassen ändern, so daß es dann besser ist, die Giebelsäule nach der Spitze zu, um die Sparrenstärke hängen (fallen) zu lassen.

Der Balken wird umgekantet (aufgekantet), daß der Kamm unten zu liegen kommt, und nun die Löcher und Zapfen an Balken und Sparren gearbeitet, dann der Balken wieder umgelegt, die Giebelsäule wieder eingewinkelt und befestigt, die Sparren unten ein- oben zusammengesteckt, unten und oben zusammengebessert, so daß die Spitze auf den gegebenen Punkt d, unten der Anfang des Sparrens (der Dachneigung) auf e trifft. Nun werden die Sparren mit dem Balken und in der Spitze durch Klammern zusammengehangen, die Giebelsäule darunter weggenommen und die Spitze auf das Lager y gelassen, dann wird der Kehlbalken i in gleicher Höhe (Entfernung) vom Balken aufgelegt und angeschrieben, die Zapfen an demselben gearbeitet, die Sparren auseinandergenommen und darin die Löcher geschlagen. Die Sparren werden dann wieder ein- und zusammengesteckt, dabei der Kehlbalken mit eingelassen und eingebessert.

Hierauf werden sämmtliche Zapfen verbohrt, indem dabei jedesmal eine Klammer eingeschlagen wird, welche daselbst die Hölzer scharf zusammenzieht, der Balken verschnitten, Sparren und Kehlbalken nach der Balkennummer gezeichnet.

Beim Anschreiben des Kehlbalkens, oder beim Einbessern desselben, ist darauf Rücksicht zu nehmen, daß die Stirn des Kehlbalkenzapfens zum Aufliegen auf die Stirn des Loches kommt, was von Vielen nicht beachtet wird, so daß der Kehlbalken nur durch die beiderseits eingeschlagenen Nägel getragen wird.

Die nun erlangte Verbindung dieser vier Hölzer, Fig. 2, heißt ein Gebind, und, wenn dasselbe zur Lehre dient, um danach und darauf die übrigen Sparrengebinde zusammen zu passen — abzubinden — ein Lehrgebind, Lehrgespärre, Sparrenlehre. Diese Lehre wird nun von Manchen, aber unnöthiger Weise, wieder auseinander genommen, um den Balken wieder in die Zulage zu nehmen und nach den in denselben gearbeiteten Sparrenlöchern, diese auf die übrigen Balken nach ehm oder fin überzuschnüren und zu arbeiten, ehe die Balken auf die Lehre kommen. Dieses Vorschlagen der Löcher ist allerdings vortheilhaft, weil dann der Balken, wenn er zum Abbinden in seine richtige Lage gebracht ist, nicht wieder umgelegt zu werden braucht; doch kann man auch den Lehrbalken liegen lassen, die Sparrenlöcher an demselben vom Verschnitt herein abmessen und auf die andern übertragen und überschnüren. Man findet aber auch an dem Lehrbalken vorher, ohne die Sparren aufgelegt zu haben, und überhaupt die Länge des Sparrenloches, auf folgende Weise: man nimmt, Fig. 6, ein Bretstück, trägt die halbe untere Weite der Sparren in Zollen von a nach b, die Höhe des Daches auf die Rechtwinkliche von a nach c, so ist b c die Neigung der Dachfläche; zieht man nun zu dieser Linie in rechtwinklicher Entfernung der untern Breite des Sparrens, die Linie d e, so ist b d der schräge Verschnitt zum Aufstand des Sparrens, durch welchen sich, nach Abzug der Aechslung, die Länge des Loches bestimmt.

Da jedoch die Sparren nicht genau von gleicher Breite sein werden, so kann man lieber das Loch nach hinten etwas länger machen, um etwaigen spätern Aufenthalt durch das Nachschlagen des Loches oder Kehlen des Zapfens zu entgehen.

Nachdem die Sparrenlöcher übergeschnürt sind, wird das Lehrgebind wieder zusammengesteckt und, zum Zusammenhalten desselben, in die vorher gebohrten Löcher, leicht passende hölzerne Nägel eingeschlagen, sowie Balken und Sparren auf den Lagern festgeklammert. Dann wird der Balken G auf die Lehre gebracht und nach Fig. 9 so auf den Lehrbalken gelegt, daß die Kammtiefen x, x′ hinten und vorn, sowohl für sich, als auch übereinander lothrecht sind, sowie daß die Mittellinien g beider Balken, lothrecht auf einander treffen. Hierauf werden die Sparren, wie Fig. 5 angegeben, auf dem Balken, nach e und f aufgelegt, nach der Spitze auf ein Stück Holz, (welches zur Ausgleichung gegen das auf dem Balken höher liegende untere Ende querüber gelegt wird), so daß der äußere Durchkreuzungspunkt derselben lothrecht über die Spitze d der Lehre trifft. Die Sparren werden wie bekannt angeschrieben, gearbeitet, ein- und zusammengesteckt und zusammengepaßt, dann der Kehlbalken, entweder mit der Unter- oder Oberseite lothrecht über die des untern gelegt, angeschrieben, gearbeitet, eingebracht und eingebessert; diesmal wird nur der Kehlbalken und die Sparrenspitze verbohrt, weil ein Herausziehen der aufgerichteten Sparren aus dem Balken nicht leicht möglicherweise erfolgt, und dies Verbohren am Lehrbalken nur deswegen geschah, um denselben durch Nägel fest mit den Sparren zusammen zu halten, dann der Balken verschnitten, Kehlbalken und Sparren nach dessen Nummer gezeichnet.

Bei diesem Abbinden war nun Folgendes zu berücksichtigen: ist, Fig. 9, die Breite (eigentlich Höhe) des Balkens G von der Kammtiefe x bis zur Oberseite f, derselben des untern Balkens

F gleich, so trifft auch auf der Lehre, e am obern Balken G, der aufgeschnürte Anfang der Dachschräge, nach welchem hier die Sparren gelegt wurden, auf den des untern Balkens. Da nun aber die Balken gewöhnlich am schwachen Ende nicht allemal genau gleiche Höhe haben, sei dieses sowohl durch das Beschlagen oder Einkämmen versehen, als auch bei Balkenlagen absichtlich mit höhern und niedrigern Balken 2c. so ist es falsch, die, nach dem Lehrgebinde abzubindenden Sparren, bei dem ihnen zugehörigen Balken unten nach dieser Linie e zu legen, während man oben stets richtig verfährt, wenn der äußere Durchkreuzungspunkt der aufgelegten Sparren, lothrecht über d trifft.

Es seien z. B., Fig. 10 B, auf zwei nebeneinander liegende ungleich hohe Balken F, G, der Verschnitt derselben nach cc′, die äußere Aufstandslinie der Sparren nach ee′, das Sparrenloch nach hh′, mm′ aufgeschnürt und geschlagen; wird dann, Fig. A, der eine niedrige Balken G auf den andern höhern (breitern) Lehrbalken F gelegt, daß die Kammtiefen lothrecht gleich sind, so springt der untere Balken auf der andern (obern) Seite etwas vor, und legt man, nach Fig. C, den obern Sparren nach e′, welches lothrecht über e am untern Balken ist, so treffen ff′, die äußern Seiten (die Dachseiten) beider Sparren, worauf es doch hauptsächlich ankommt, nicht lothrecht übereinander, sondern der obere Sparren kommt hier gegen den untern zurück, beim Aufstellen gegen diesen tiefer zu liegen. Daher ist es richtiger, den abzubindenden Sparren mit der Dachseite lothrecht über die des untern zu legen; geschieht dieses, so trifft die obere in der Verlängerung nach der untern, den Balken G in n, wodurch dann hier die Aechslung von h′ bis n geht, hinten aber das Loch um nc′ zu lang ist.

Tritt der umgekehrte Fall ein, daß der obere Balken breiter als der untere ist, so wird, bei lothrechten Dachseiten der Sparren die Aechslung an jenem um so viel weniger betragen als an diesem, hinten aber das Loch zu kurz sein, während man bei gleicher Lage der Sparren nach dem aufgeschnürten Aufstand ee′ gleiche Aechslungen hatte. Um nun überhaupt die bei ungleichen Balkenhöhen auf diese Weise entstehenden ungleichen Breiten der Aechslungen zu bestimmen, so winkelt man h, die Stirn des Loches, auf die Bundseite (Oberseite) des Balkens, legt dann den Sparren, nach dem die Länge des Zapfens verschnitten, die

Stärke desselben gearbeitet ist, mit diesem auf den Balken, nach der Dachseite lothrecht über den untern, und winkelt an den Zapfen die Stirn des Loches, wodurch man den Abfall von demselben, als Aechslung erhält.

Auf gleiche Weise hat man bei dem schrägen Verschnitt ungleichhoher Balken Rücksicht zu nehmen; ist derselbe, Fig. F, auf der Oberseite zwei solcher, nebeneinander liegender Balken nach cc′ aufgeschnürt, an der Unterseite beim Abbinden angewinkelt, (welches auch hier bei möglicherweise ungleich tief eingekämmten Balken falsch ist) so wird er auch gewöhnlich nach diesen beiden Linien geschnitten: am schmalen Balken nach ci, am breiten nach c′i, wodurch die Balkenstirnen ungleiche Richtungen erhalten und somit auch eine Verkleidung derselben mit Breten ꝛc. erschwert wird. Am einfachsten erhält man den richtigen Verschnitt, wenn man den Lehrbalken verschneidet, diesen Verschnitt an der Unterseite jedes Balkens anschreibt mit welcher er auf dem Lehrbalken liegt, und dann zu beiden Seiten anwinkelt.

Oder: ist, Fig. J, der dachrechte Verschnitt (in der Richtung der Sparren), nach ll′, cc′ auf zwei nebeneinanderliegende ungleich hohe Balken übergeschnürt, so wird derselbe, Fig. K, gewöhnlich nach l′c am hohen, nach lc am niedrigen geschnitten, wodurch derselbe Fehler wie bei Fig. G entsteht und hier noch mehr Umstände verursacht, weil derselbe auf die ganze Länge des Sparrens Einfluß haben kann, wenn auch dieser danach und nicht nach der Dachseite lothrecht abgebunden ist.

Vor dem Auseinandernehmen eines Gebindes ist auch noch auf der Dachseite jedes der vordern Sparren das Beimittel für die Windlatte anzugeben. An dem vordern Lehrsparren wird, Fig. 2, auf der Dachseite z. B. bei n, ein Lothriß gemacht, welcher auf jeden darüber abgebundenen angeschrieben werden muß, dann wird das Gebind auseinander genommen, der Balken in die Zulage gebracht, der vordere Sparren daneben, der hintere Sparren und der Kehlbalken, überhaupt beide für sich, bei Seite gelegt.

Das bisher beim Abbinden der Sparren gezeigte Verfahren wiederholt sich beim Abbinden auf den übrigen Balken H, H′ ꝛc. jedoch beim Abbinden des Giebels C wird, nachdem der Balken mit den Sparren und diese mit dem Kehlbalken zusammengepaßt sind, Fig. 3, aus der Sparrenspitze nach dem Balkenmittel auf den Kehlbalken übergeschnürt, von diesem hier und auf dem Balken die Breite des Fensters angegeben, danach die beiden Säulen k, k aufgelegt, die Zapfen und Löcher angeschrieben und gearbeitet, indem das Gebind auseinandergenommen, dann mit den Säulen wieder zusammen gesteckt wird; hierauf wird die rechtwinkliche Entfernung der Riegel von einander auf den Sparren (wie links oder rechts angegeben) eingetheilt und über die Säulen geschnürt, danach die erforderliche Länge der Riegel abgenommen, dazu passende Stücke ausgeschnitten, dieselben l, l 2c. aufgelegt, angeschrieben, das Gebind auseinandergenommen, Löcher und Zapfen gearbeitet und dann Alles zusammengepaßt.

Dieses Zusammenpassen erfolgt hier am zweckmäßigsten von der Mitte aus, indem man erst den untern Fensterriegel (Brustriegel) zwischen die beiden Säulen einbringt, den Kehlbalken oben daran steckt, diesen nach dem Mittel legt und festklammert, dann links und rechts die Riegel einsteckt und die Sparren anlegt. Hierauf werden auch Stücke Holz zu Bändern m aufgelegt, angeschrieben, das Gebind zu beiden Seiten auseinandergenommen, dann mit den Bändern wieder zusammengesteckt; zuletzt werden die Riegel und die Bandblätter verbohrt, das Ganze gezeichnet. Dabei erhalten Sparren und Kehlbalken das Balkenzeichen Nr. 9, die Riegel, Säulen und Bänder werden jedes für sich, vom vordern Sparren angerechnet, gezählt, und das Beizeichen daneben angegeben, als zweite Querwand oder zweiter Giebel, mit zwei Hieben des Querschenkels der Queraxt. Die Riegel, welche zwischen zwei Stücke übereinander gezapft werden, erhalten eine Nummer, aber zum Unterschied des obern von dem untern erhält jener auf der Ecke beim Zeichen eine kleine Kerbe eingehauen, welche bei drei Riegeln übereinander der mittlere, dagegen dann der obere zwei Kerben erhält.

Da sowohl in dem ersten Giebel D, als auch überhaupt zum ganzen Dachwerk keine dergleichen Riegel 2c. mehr als in Fig. 3 vorkommen, oder auch darum, wenn letzteres nicht der Fall wär, daß das Holz zu diesem Giebel gehobelt wird, so hatte man hier nicht nöthig gehabt den Verbandstücken des Giebels ein Beizeichen zu geben, da man dieselben dadurch leicht an ihren Platz finden wird; doch darf man bei mehrern dergl. an verschiedenen Orten vorkommenden Stücken die Beizeichen nicht vergessen.

Das Abbinden solcher, namentlich größrer Giebel mit Fachwerk geschieht auch auf folgende Weise: das Sparrengebind wird zum Einpassen der Säulen, Riegel und Bänder nicht auseinandergenommen, sondern es werden dieselben auf dem Gebind zusammengepaßt, indem die Säulen auf dem Dach- und Kehlbalken, die äußerlichen Riegel nach den Sparren, die Bänder nach diesen und den Dachbalken mit den Zapfen aufliegen. Hierbei werden die Säulen erst aufgelegt, um die Zapfen anzuschreiben und zu arbeiten, dann mit diesen wieder aufgelegt so, daß die Stirn der untern Zapfenbrüstung an Dach- und Kehlbalken stößt, die Säule also um die obere Brüstung- und Zapfenstärke über dem Gebind liegt. Hierauf werden die Riegel eingetheilt, übergeschnürt, aufgelegt, dabei jedoch unter diejenigen, welche äußerlich auf das Gebind zu liegen kommen, wegen der vorhererwähnten Erhöhung der Säulen über dasselbe, ein passendes Stück geschoben; dann werden die Riegel angeschrieben, dieselben mit Zapfen, die Säulen mit Löcher versehen, beide zusammengepaßt, so daß nun die äußerlichen Riegel nach dem Sparren mit dem Zapfen aufzuliegen kommen.

Auf ähnliche Weise werden die Bänder aufgelegt, dann die Riegel und Bänder wie gewöhnlich verbohrt, (was auch bei den aufliegenden Zapfen der äußern Riegel, und zwar erst durch den Zapfen dann durch die Brüstungen des Loches geschieht), das Ganze gezeichnet, zuletzt die Breite der aufliegenden Zapfen an die darunter liegenden Stücke für die einzuschlagenden Löcher angeschrieben, hierauf das Fachwerk und das Gebind auseinandergenommen, die Löcher angeschrieben und gearbeitet, sowie die zugehörigen Zapfen eingesteckt, ohne jedoch dieselben mit den Brüstungen einbessern zu können, wenn man das Gebind nun nicht noch einmal zusammenstecken will, aus welchem Grunde beim Auflegen schon danach gesehen werden muß, daß diese passen.

Um einem solchen einfachen Dach- oder Sparrwerk einen sichern Stand zu geben, wird die Windlatte eingelegt, bei deren Abbinden auf der Zulage folgenderweise verfahren wird: die abgebundenen vordern Sparren werden nun, Fig. 11 A, B, C, auf den zugehörigen Balken gelegt, daß die Dachseite oben auf, Fig. A, C, die Bundseite desselben lothrecht über die des Balkens kommt, sowie daß die bei n angemerkten Risse (Beimittel), beim

Anziehen einer Schnur in eine Linie treffen, diese zugleich aber auch einen rechten Winkel mit der Bundseite der Sparren bildet.

Zu leichterer Erlangung dieser richtigen Lage, legt man, Fig. A, die Giebelsparren mit dem Beimittel n auf entsprechende Maaße der Giebelbalken, z. B. nach dem Verschnitt, oder, wenn n weiter nach der Sparrenspitze war, damit dann auf die Mittellinie, und zieht die zwischenliegenden Sparren nach der angezogenen Schnur, denn zu diesen beiden oder jeder andern Parallele sind hier die Bundseiten im rechten Winkel.

Nachdem die Sparren richtig gelegt und festgeklammert sind, wird z. B. ½ Elle abwärts des auf der untern Seite befindlichen Kehlbalkenloches, die Lage der Windlatte aufgeschnürt; diese wird in zwei Stücken aufgelegt, so jedoch, daß eins die Bundseite unterhalb, das andre oberhalb der Schnur hat, damit sie nicht auf einem Sparren zusammenstoßen, wo sie nur durch kurzes Blatt und den darin geschlagenen Nagel befestigt werden können, sondern, des bessern Haltens wegen, etwas nebeneinander vorbeigehen, dadurch ganz über den Sparren geblattet werden, wohl auch noch einen Kopf lassen.

Dann werden die Stücke eingelassen, indem man erst die Blätter an denselben anschreibt und ausarbeitet, die Stücke wieder auflegt und danach die Blätter an den Sparren vorschreibt und ausarbeitet. Auf gleiche Weise werden die Bänder eingelassen, (wie Fig. A verschieden angegeben ist) — jedoch eben so wenig zwei derselben auf einen Sparren zusammenstoßend —, diese und die Windlatte mit den Sparren verbohrt sowie gezeichnet. Bei dem nun zu erfolgenden Auseinandernehmen dieser Verbindung muß vorzüglich mit den Windlattenstücken behutsam umgegangen werden, weil dieselben namentlich an den Enden durch beiderseits eingeschnittene Blätter, sehr geschwächt sind; doch verrichten dieselben, wenn sie beim Abbinden und Richten gut eingelegt werden, vollkommen ihren Zweck.

Die Windlatte in Stücken nach den, durch punktirte Linien angegebenen schrägen Richtungen einzulegen, ist nicht anzurathen. Durch diese wird allerdings das Ueberschnüren derselben, und die Arbeit wegen Einlegen der Bänder erspart, da der Zweck dieser zugleich durch die Windlatten erfüllt wird, doch werden dabei einige Sparren zu tief gefaßt, für welche durch eintretenden Sturm, während oder unmittelbar nach dem Richten ein Umfallen zu befürchten ist, die Sparren aber auch daselbst weniger zu tragen vermögen als oben, wo sie durch Kehlbalken unterstützt sind, sowie sich dergleichen Windlatten am obern Ende schwerer einlegen.

Umständlicher ist das Abbinden neben der Balkenlage, wozu zwei Lager von der Länge der Zulage nach der Länge der Sparren zum Auflegen derselben, von einander entfernt liegen. Auf diese Lager wird von der Zulage die Entfernung der Balkenbundseiten getragen, die Giebelsparren aufgelegt und dieselben nach der über die-Beimittel ausgezognen Schnur in Winkel gebracht, dann übrigens wie bekannt verfahren.

Das Verschneiden mancher Hölzer an den freien Enden z. B. der Mauerlatten, Rahmen 2c. an den Giebeln, geschieht gewöhnlich mit den Bundseiten der Balken bündig und werden dieselben nach den Balken vorgeschnitten, welches nach Wegnahme dieser vollständig geschieht, doch läßt man auch an diesen Stücken bei steinernen Giebeln einige Zoll über die Bundseite vorgehen.

Wenn im Vorhergehenden über Eintheilen, Einrichten der Balkenlage und Abbinden der Sparren, welches sich fast in allen ähnlichen Fällen wiederholt, angegeben wurde, wie dabei für den Lernenden oder für den damit nicht völlig sichern Polir nach und nach verfahren wird, Letzterer deswegen auch nur einige (2—5) Arbeiter bei sich hat und dann auch nur haben kann, so hat dagegen ein tüchtiger Polir bei größerer Zulage und wohl auch mit mehr Leuten anders zu verfahren. Obgleich sich dieses Eintheilen, Einrichten und Abbinden gleich bleibt, so wird doch die angegebene Reihenfolge der Arbeiten nicht beibehalten, sondern es wird Vieles eher angeschrieben und vorgearbeitet, um später keinen Aufenthalt dadurch zu verursachen, Vieles später völlig vollendet, wenn es vorher, beim Abbinden nicht nöthig war, so daß diese Arbeiten für anderwärts entstehenden Aufenthalt aufgespart sind; es werden verschiedene Arbeiten zugleich vorgenommen um mehr Arbeiter zu beschäftigen und dadurch die Vollendung der Zulage eher zu ermöglichen.

Unter solchen Umständen ist es nöthig, daß der Polir ein deutliches Bild vom Ganzen hat, damit er die erwähnten Vortheile, um unnöthigen Arbeiten und Störungen derselben zu entgehen, berücksichtigt.

Um mehr Leute beim Abbinden beschäftigen zu können, ist

noch eine Sparrenlehre anzufertigen, auf welcher auch abgebunden wird, welche aber gewöhnlich eine andere Bundseite hat, da doch sehr oft nicht alle Gebinde z. B. bei innerlichen ausgebundenen Giebeln, sowie auch hier der Giebel D, nach einer Seite bündig sind, welcher Wechsel jedoch von Manchen oft unnöthigerweise geschieht. Sind alle Gebinde nach einer Seite bündig, so wird das andre Lehrgebind nach dem ersten gefertigt; im andern Fall geschieht die Anfertigung desselben nach einer der vier verschiedenen Weisen: 1) man fertigt dasselbe für sich nach den Maaßen des erstern und dem dabei angegebenen Verfahren, dazu hier die linke Seite als Bundseite oben genommen; oder 2) man legt den Balken des zweiten auf den des ersten, die Bundseite oben auf, so jedoch, daß das starke Ende desselben auf das schwache des untern zu liegen kommt. Da bei diesen beiden Verfahren leicht Fehler entstehen können, so ist es besser, nach der richtigeren dritten Weise den Balken der zweiten Lehre so auf den der ersten zu legen, daß die Bundseiten zusammen übereinander zu liegen kommen, die Sparren werden dann nach den untern aufgelegt, aber mit der Unterseite des Balkens bündig eingebracht, dieses Gebind dann als Lehre so zusammengesteckt, daß die Bundseite der Hölzer oben kommt; oder 4) man nimmt ein zweites, nach dem ersten abgebundenes gleiches Gebind, steckt dieses dann so zusammen, wie nach vorhergehender Weise die zweite Lehre abgebunden wurde, daß die Bundseite an Balken, Sparren und Kehlbalken unterwärts liegt, wodurch jedoch die zum Abbinden danach aufgelegten Sparren weiter von einander entfernt, und somit dabei nach der Spitze höhere Lager zur Ausgleichung nöthig werden, welches manchen Uebelstand hat.

Noch mehr Arbeiter werden dadurch beschäftigt, daß einige in jeder Sparrenlehre, gewöhnlich 2 Mann, die Balken, Sparren und Kehlbalken vorlegen und anschreiben, andere 2 Mann daran die Zapfen und Löcher arbeiten und den Balken verschneiden, während erstere wieder ein anderes Gebind vorlegen, dann die von den andern gearbeiteten Hölzer zusammenstecken, während die andern wieder das vorgelegene Gebind zum Zusammenstecken vorarbeiten 2c.

Um den Transport der Balken auf die Lehre und von da zurück nach der Balkenlage zu ersparen, werden die Sparren auch fluchtmäßig abgebunden, indem dazu die Balken weggelassen werden, welches Verfahren jedoch dem weniger Gewandten nicht zu empfehlen sein dürfte, weil dabei manche Umstände zu berücksichtigen sind, durch deren Nichtachtung leicht ungleiche Dachflächen entstehen. Bei dem fluchtmäßigen Abbinden eines Gebindes werden die Sparren nach der Dachflucht, wie bei Fig. 10 als richtig angegeben wurde, lothrecht über die Lehrsparren gelegt, unten nach der Balkenflucht der Verschnitt überschnürt. Da nun aber, wie schon mehrfach erwähnt, die Balken nicht allemal genau gleiche Höhe haben, namentlich am schwachen Ende, wo sie außerdem noch schalkantig sind, so muß diese Balkenhöhe für den Verschnitt jeden Sparrens von der Mauerlatte abgemessen, und dann aus dem Kamme des Lehrbalkens aufgetragen werden. Wegen der Aechslung der Zapfen hat man jedoch nach Fig. 10 auch auf diese ungleiche Höhe Rücksicht zu nehmen; dabei hat man für den Unterschied derselben beim Winkeldach an niedrigeren Balken um so viel mehr, bei höhern um so viel weniger zu nehmen.

Bei Dächern unter anderm Winkel findet man nach diesem oder überhaupt leicht die Aechslung, wenn man die auf die Bundseite des untern Balkens getragene Stirn des Loches, welche doch über alle Balken geschnürt wurde, an den Verschnitt des Zapfens heranschreibt und bis an die schräge Stirn des Sparrens winkelt.

Dieses fluchtmäßige Abbinden der Sparren wird noch mehr gefördert, wenn, wie früher angegeben, einige Leute dieselben vorlegen und anschreiben, andere die Löcher und Zapfen arbeiten, während erstere wieder andere Sparren vorlegen, dann die gearbeiteten zusammenbessern, während die andern wieder an dem zuletzt angeschriebenen Gebind die Löcher und Zapfen arbeiten, wohl auch beim Auflegen, Arbeiten und Zusammenpassen der Sparren, zugleich der Kehlbalken mitgenommen wird um dieselben zu letztern nicht mehrmals vornehmen zu müssen. Das Arbeiten der untern Zapfen, sowie das Verschneiden der Balkenköpfe auf der Balkenlage, welches letztere am besten nach einer Schablone, Fig. 12, vorgeschrieben wird, kann man aufsparen, wenn durch Einrichten einer andern Arbeit nicht alle Leute dabei Beschäftigung finden. Gewöhnlich wird aber auch die Zeit zum Richten eines Gebäudes einige Tage vorher bestimmt, um namentlich bei größern und schwierigen Arbeiten noch verschiedene Einrichtungen zu treffen und die noch erforderlichen Arbeitskräfte an mehr Leuten zu bestellen. Treten nun Umstände ein, welche die völlige Vollendung aller zum Richten nöthigen Arbeiten bis zu demselben nicht gestatten, so muß der Polir darauf sehen, daß dann nur noch die Arbeiten während des Richtens gefertigt werden können, welche den Gang desselben nicht verhindern.

Die untern Zapfen an fluchtmäßig abgebundenen Sparren werden gewöhnlich nicht in die Löcher der Balken gepaßt, sondern es muß beim Arbeiten beider darauf gesehen werden, daß dieselben muthmaßlich beim Richten möglichst gut passen. Die Schablone zu dem Verschnitt der in ihrer Lage verbliebenen Balken nimmt man, Fig. 12, von dem des Lehrbalkens auf ein Bretstück ab, welches man bis an die aufgeschnürte Kammlinie legt, daran die Schräge schreibt, und z. B. die Stirn des Loches als Beimittel anmerkt. Zum Anschreiben des Verschnittes nach der verschnittenen Schablone, werden die Balken umgelegt, der Kamm aufgeschnürt, die überschnürte Stirn des Loches zur Seite umgewinkelt; dann wird sie an die Kammlinie gelegt, so, daß das angeschriebene Beimittel auf diese umgewinkelte Linie für die Stirn des Loches trifft, und nun der schräge Verschnitt angeschrieben.

Nachdem nun die erforderlichen Verbandstücke dieses oder eines Dachwerks abgebunden, und die dazu nöthigen hölzernen Nägel angefertigt sind, kann zu dem Richten, (Aufstellen) desselben verschritten werden, wobei aber mehreres Wichtige zu beobachten ist, indem dasselbe, namentlich bei großen und verwickelten Constructionen, sehr viel Geschicklichkeit in Anstellen und Leiten der Arbeiten, erfordert. Zuerst hat der Polir zu untersuchen, ob die Abgleichung der Mauern für das Auflager der Mauerlatten, gegenseitig wagrecht ist und ob die Winkel oder Ecken der Mauern (besonders bei Walmdächern und bei Dächern von unregelmäßigen Grundflächen) mit denen der Zulage übereinstimmen.

Wurde bei Fig. 1 der Anfang der Zulage angegeben, so erfolgt derselbe doch bei diesen und verschiedenen andern und schwierigern Fällen in der Praxis oft auf folgende andre Weise: Sind die Mauern bei diesem als Parallelogramm regelmäßigem Grundplan, nach einem aus drei Breten gefertigten Winkel genau angelegt, so wird die Länge und Tiefe des Gebäudes abgemessen, danach und durch Auflegen des Winkels die Zulage eingerichtet, welches Verfahren auch stattfindet, wenn die Mauern bei einem unregelmäßigen Grundplan aufgeführt sind, indem man die Seiten und Winkel genau abmißt, und danach die Zulage einrichtet. Ist jedoch in beiden Fällen die Zulage zuerst angefangen, so werden umgekehrt aus dieser die Maaße und Winkel für die Mauern abgegeben, doch muß man, wie oben angegeben, vor dem Richten noch einmal untersuchen, ob die Mauern in der Weise von den Punkten, wo die Maaße für die Zulage entnommen wurden, lothrecht bis zur Gleiche aufgeführt sind, da sonst, wenn dieses nicht der Fall ist, beim Auflegen oder Aufstellen der sonst richtig abgebundenen Hölzer, diese nicht passen, dadurch oft aufs Ungewisse hin, Verschiebungen nach einer Seite stattfinden, so daß es nachher auf der andern wieder fehlt, dadurch oft viel Zeit verloren geht, ja sogar schon Mauern ruinirt und dem Einsturz nahe gebracht wurden. Die Zulage muß nach den Winkeln, wie sie abgebunden wurde, auf die Mauern gelegt, und müssen etwa entstehende Differenzen, z. B. bei ungleichen Gesimsausladungen auf andre Weise ausgeglichen, überhaupt aber das aufgestellte Bundwerk während des Richtens oder sofort nach demselben in seine vollständige Ordnung gebracht, und dieses nicht verschoben werden, weil es, später z. B. bei Belastung des Werkes, oft schwierig oder gar nicht möglich ist. Hat sich der Polir von der Abgleichung sowie Umgrenzung der Mauern überzeugt, so weiß er den Grund dieser Differenzen, und kann dadurch irgend nöthige Vorkehrungen treffen.

Was überhaupt das Aufbringen der zum Richten eines Dachwerks erforderlichen Hölzer betrifft, so geschieht dies je nach Höhe bis zu demselben, oder nach Schwere der Stücke, oder auch meist nach örtlichen Verhältnissen: mit einem oder mehreren, bei niedrigen Mauern und leichtern Stücken durch senkrechtes Aufziehen im Ganzen; oder bei schwerern, erst mit einem Ende und dann mit dem andern; oder bei höhern Mauern durch gleiches Ziehen auf passend langen, schräg an das Gebäude gelegten Stücken; oder bei höhern Gebäuden und schweren Stücken mittelst Krahn, Flaschenzug 2c. gewöhnlich an einem Giebel, oder wenn dies nicht passend ist, an einer Stelle, von der die Stücke leicht an den betreffenden Ort gebracht werden können.

Sind hier bei einem einstöckigen Gebäude die Mauerlatten und von innen der Unterzug aufgebracht, so muß dieses zuerst mit den Giebelbalken geschehen, welche eingekämmt werden, um das dadurch geschlossene Viereck, wie bei Anfang der Zulage, in den gehörigen Winkel zu ziehen. Nach diesen nimmt man von einem Giebel herein, an welchem das Aufbringen der Hölzer stattfinden kann, die übrigen Balken nach der Reihenfolge, um auf den ersten drei — vier Balken, durch Auflegen von Bretern, für Arbeiter Boden zu gewinnen, welche die Balken entweder auf einer sogenannten Laufbrücke von unten herauf, oder für andre, welche die Balken nach dem Aufziehen derselben auf diesen Boden, bis an ihren Platz bringen. Hierbei und überhaupt beim Richten ist sowohl darauf zu sehen, daß immer Leute an eine gewisse Arbeit gestellt werden und dabei bleiben (so bringen einige die Balken auf, andere kämmen sie ein, während wieder andere auf den eingekämmten Balken den Boden auflegen), — als auch daß die Arbeiter nach den Arbeiten eingetheilt werden, damit immer eine Abtheilung nur soviel zufördert als die andere vollenden kann.

Werden bei dem Fortschaffen der am Giebel durch den Krahn aufgezogenen langen und schweren Balken die Wagen angewendet, so geschieht das Aufziehen der Balken nach der Reihenfolge vom andern Giebel herein, wodurch man keinen Aufenthalt hat, wenn das Einkämmen der Balken länger dauert, als das Aufziehen der folgenden, so daß dadurch nach dem vorhergehenden Verfahren mehrere, namentlich beim Auflegen des Bodens, hinderlich werden, durch das Fehlen desselben dann aber wieder das Fortschaffen der Balken verhindert wird; doch kann man dann auch nach dem Aufziehen des letzten Balkens nicht sofort andre Verbandstücke aufbringen, weil an diesem Giebel noch der dazu nöthige Boden fehlt, wenn man nicht schon vorher zu dem der Balken, einen Boden, auf den ersten 3 — 4 eingelegten Balken gemacht hatte. Oder man fängt mit dem Legen der vordern Balken an, und bringt die folgenden mittelst der Wagen auf doppelt über einander gelegte Breter nach dem andern Giebel.

Sind hier die Balken aufgebracht, und der Boden zugelegt, wobei jedoch allemal die Löcher für einzusteckende Zapfen in den Oberseiten der Balken nicht verdeckt werden dürfen, so erfolgt das Aufbringen und Aufstellen des Sparrwerks; ersteres kann, namentlich bei langen Gebäuden, zuerst mit denjenigen Stücken erfolgen, welche dem Giebel, an welchen dieses geschieht, entgegengesetzt, kommen, damit daselbst immer aufgestellt werden kann. Hierauf werden z. B. die Sparren des Giebels D unten eingesteckt, andrerseits zur Vereinigung der Spitze hoch gehoben, und nachdem auch der Kehlbalken aufgehoben und in die Sparren gesteckt ist, diese vollends zusammengelassen, der Kehlbalken genagelt; je nach Erforderniß halten nun zwei oder mehr Leute dieses aufgestellte Gebind, während andre das folgende auf gleiche Weise zusammenstecken, welches wieder von andern Leuten gehalten wird, und so wenigstens vier Gebind aufgestellt.

Nun wird auf diese das zugehörige Stück Windlatte nebst den Bändern eingelegt und vernagelt, so daß sie, ohne weiter gehalten zu werden, feststehen, dann mit dem Aufstellen der andern Gebinde auf gleiche Weise fortgefahren werden kann, welche durch das Einlegen des andern Windlattenstücks mit den Bändern wieder festen Stand bekommen, und auch dem Ganzen mehr Festigkeit gegen ein Verschieben nach der Länge gegeben wird.

Es ist bequem, die Windlatte in kleinen Stücken, über 3—5 Sparren reichend, einzulegen, weil sonst, wenn dieselbe erst bei mehr als diesen, eingelegt werden kann, zu viel Leute auf das Halten der aufgestellten Gebinde zu verwenden sind, durch Vernachlässigung desselben aber leicht Unglück entstehen kann.

Dieses Verfahren beim Aufstellen der Sparren ist jedoch bei langen und schweren Sparren, sowie hochliegenden Kehlbalken, umständlich und verfährt man dann, aber auch im Allgemeinen, leichter auf folgende Weise: man nimmt zuerst die Sparren zu H'', legt dieselben unten mit den Zapfen über ihre Löcher, mit dem obern Ende steckt man sie zusammen, indem man den Kehlbalken mit einsteckt, denselben und die Sparrenspitze vernagelt; dann nimmt man die Sparren zu H', legt dieselben unten ebenfalls über die Löcher, mit den obern Enden, welche zusammgesteckt werden, indem der Kehlbalken mitgenommen und vernagelt wird, kommen sie auf den Kehlbalken des darunter liegenden Gebindes H'' zu liegen. Dieses Zusammenstecken der Gebinde wird mit allen vorkommenden, sowie mit dem Giebel ausgeführt, welchen man ebenfalls zusammensteckt und vernagelt; dann wird dieser und die Gebinde, der Reihe nach, wie sie übereinander liegen, aufgerichtet, — dem man bei langen und schweren Sparren mit Staken und Folgen nachhilft, — und nachdem dies mit dem dritten oder vierten geschehen, welche alle bis dahin ebenfalls gehalten wurden, ein Stück Windlatte mit Bändern eingelegt und vernagelt. Nachdem diese Gebinde festgestellt sind, wird mit dem Aufrichten der zusammengesteckten fortgefahren, und diese ebenfalls durch die eingelegte Windlatte festgestellt, wodurch das Ganze bis auf die letzten beiden fehlenden Gebinde, einen festen Stand hat, so daß nun zum Aufstellen des ersten derselben, zu H''', auf den Kehlbalken der zuletzt aufgestellten, Boden gelegt werden kann, von welchem aus die nun einzeln aufgerichteten Sparren, an diese angelehnt, verbunden werden können; dann wird dieses Gebind grade gestellt, dabei die Windlatte an diesem Ende etwas aufgehoben, danach wieder in dasselbe eingelassen, so daß es ebenfalls feststeht, der Boden auf den Kehlbalken nachgerückt, und auf diese Weise das letzte Gebind zusammengesteckt und befestigt.

Alle die mannichfachen Vortheile beim Richten, welche oft von sehr großem Werthe sind, muß der Polir nach örtlichen Umständen aufzufinden wissen und zu benutzen suchen, indem die vorkommenden schwierigen und lebensgefährlichen Arbeiten durch richtig angewandte Hülfsmittel oft leicht und sicher auszuführen sind, wobei jedoch Vorsicht allemal die Hauptsache ist.

Vom Abbinden der Wände.

In diesem ersten Beispiel von dem Abbinden eines Daches, wurde angenommen, daß die Umfassungen und Scheidungen eines einstöckigen Gebäudes als Mauern auf Mauerlatten das Dachwerk tragen; in dem folgenden soll die Umfassung, welche dieses trägt, z. B. im zweiten Stockwerk eines Gebäudes, nur in einer Längen- und einer Seitenfront als Mauer, in der andern Längen- und Seitenfront, sowie den Scheidungen, aus Fachwerk (Fachwand, Holzwand) bestehen, wobei dann folgendes zu berücksichtigen ist.

Nachdem die Eintheilung der Dachbalken (Oberbalken), (wie bei Fig. 1) bestimmt war, richtet sich die der Stockwerksbalken, (Unterbalken) mit nach diesen; der Unterbalken am hölzernen Giebel kommt lothrecht unter den Oberbalken daselbst, während jedoch der am steinernen um so viel zurückspringt, als die untere Mauer gegen die obere stärker ist. Dann sind noch diejenigen Balken bestimmt, auf welche Querscheidewände treffen, damit diese lothrecht unter den zugehörigen Oberbalken liegen. Hiernach werden auch oft die Balken gewöhnlich gleichmäßig von $1\frac{1}{2}$ zu $1\frac{1}{2}$ bis 2 zu 2 Ellen — wegen zweckmäßiger Verwendung und leichterer Anschaffung gleichen Materials an Breten und Latten zu Böden, Schalungen, Decken, Lattungen 2c. — als Dachbalken auf den untern Mauerlatten zuerst eingetheilt und darauf die nach der untern Einrichtung nöthigen Abweichungen für die Stockwerksbalken zurückgeschrieben, dann wird, Fig. 13, zu der untern Balkenlage (wie bei Fig. 1) eine Mauerlatte wagrecht gelegt, die andre, derselben parallel, nach der auf den beiden Giebelbalken abgemessenen Weite der Auflager, welches auf der Vorderseite durch eine äußerlich und eine innerlich mit der Mauer bündige, auf der Hinterseite, wegen des Aufstandes der Stockwerksmauer, durch eine innerlich bündige Mauerlatte geschieht. Die Balken, welche vorn der äußern Mauerlatte bündig, hinten innerhalb der Mauerstärke verschnitten werden, legt man nach ihren, auf den Mauerlatten angegebenen Lagern, wagrecht, zieht dieses Viereck in den rechten Winkel, und bringt danach die innere vordere und wohl auch eine mittlere Mauerlatte oder einen Unterzug in Ordnung.

Nachdem nun die Balken aufgekämmt sind, wird vorn die Lage der Saumschwelle a, lothrecht über die Bundseite der äußern Mauerlatte, sowie die der innern Wandschwelle b, b, ferner das Mittel von der Weite (Tiefe) des Gebäudes und der hintere Verschnitt aufgeschnürt, dann die Saumschwelle und die innern Wandschwellen aufgebracht und eingekämmt; hierauf über diese Schwellen, Fig. 14, nach den Bundseiten die Rahmen c, d, hinten auf untergelegte Lager eine Mauerlatte e gelegt, und auf diese drei Längestücke die Dachbalken gekämmt, an deren Giebelbalken das Mittel von den Unterbalken angelothet, und danach auf die übrigen geschnürt wird.

Das Dach wird nun wie früher abgebunden, doch braucht dies mit der Windlatte nicht auf den Oberbalken wegen der oft unbequemen Höhe zu geschehen, sondern es kann dieses später auf den Unterbalken vorgenommen werden; ehe jedoch die zum Abbinden des Daches eingerichtete Balkenlage gestört, oder dieselbe danach nebst Rahmen, Mauerlatte und Schwellen abgetragen und zum Abbinden der Fachwände geschritten wird, müssen 1) die Mittel sämmtlicher Thüren und Fenster oder auch deren lichte

Weiten lothrecht vom Oberbalken an den Unterbalken, von den Rahmen an die Schwellen, ferner 2) die Bundseiten der Rahmen und Schwellen, an Ober- und Unterbalken und, am Ende jeder Wand, die Bundseite des Ober- und Unterbalken an Rahmen und Schwelle, endlich 3) an den Ober- und Unterbalken der Querwände die Stärke der vordern Wand und der hintern Mauer, sowie an den Längewänden — an der vordern — einerseits die Stärke des Giebels, andrerseits die Bundseite der Giebelbalken, — an der mittlern — zur linken Hälfte dieselben ähnlichen Maaße, zur rechten Hälfte die Stärke der Giebel- und der Mittelquerwand, angeschrieben werden, wie dies Alles in Fig. 13—24 angegeben ist.

Auf einer Seite der Hinterfront ist die Mauer so schwach angenommen, daß auf diese allein beim Richten nicht zu verlassen ist, dann wird dieselbe vorher auch nicht aufgeführt, aber an ihrer Stelle unter die Mauerlatte eine Wand gesetzt, zu welcher jene dann als Rahmen, etwas stärker als gewöhnlich genommen wird.

Das Abbinden der Wände geschieht zuerst mit den Querwänden, dann mit den Längewänden, und zwar bequemer auf als neben der Zulage. Zum Abbinden der Giebelwand, Fig. 16, legt man den Giebeloberbalken nach der breiten Seite über den Unterbalken No. 7 auf ein vorn und hinten untergelegtes Bret, welches vom sechsten bis zum achten Balken reicht; legt man denselben mit der aufgeschnürten Kammtiefe in gleiche Entfernung von der Bundseite des Giebelunterbalkens und mit dem Mittel über das des Balkens No. 7 so liegt er rechtwinklich zur Mittellinie der Balkenlage, so daß die Verbindung der Bundrisse dieser beiden Giebelbalken rechtwinklich zu diesen, und parallel unter sich sind.

Nach diesen gegenseitigen Bundrissen werden erst die beiden Ecksäulen 1 und 6, oben mit dem winkelrechten Verschnitt an die eigentliche Unterseite des Oberbalkens gestoßen, die übrigen Säulen nach den Bundrissen vorgelegt, und in den obern verzapft, auf dem untern dann wieder nach diesen vorgelegt, oben angebessert und verklammert. Dann wird die lichte Höhe des Stockwerks an den beiden Ecksäulen zur Seite von der Unterseite des Oberbalkens an, aufgetragen, und zwischen diesem Höhenmaaße die Eintheilung der Riegel angegeben und aufgeschnürt.

Bei dieser Eintheilung wird gewöhnlich erst die Höhe des untern Fensterriegels (Brustriegels) angegeben, und von diesem bis zum Oberbalken die Fache eingetheilt, sowie die Fensterhöhe aufgetragen. Danach werden die Riegel eingezapft und die Bänder eingelegt, daß sie mit dem gestirnten Zapfen an den Zapfen der Säule zu liegen kommen, Riegel und Bänder verbohrt; doch geschieht dieses gewöhnlich mit erstern nur an der Ecke bei beiden, und von den zwischenliegenden nur mit den obern. Die Wand wird gezeichnet, die Länge der Säulen und Bänder zu den Zapfen überschnürt, sowie das Stichmaaß für die Rahmen, in welche die Ecksäulen später gesteckt werden, angeschrieben, die Breite der Zwischensäulen und Bänder auf dem Unterbalken, wegen Einarbeiten der Löcher, angegeben und nach diesem die Zapfen eingesteckt und möglichst gut eingebessert, ohne die Wand mit dem Unterbalken zusammenzustecken.

Die Löcher im Oberbalken mußten auch hier erst geschlagen werden, ehe derselbe in richtige Lage gebracht wurde, weil es immer umständlicher ist, denselben dann deswegen mehrmals umzulegen, die Löcher sich aber auch leicht nach den Bundrissen und der Breite der zu verwendenden Säulen und Bänder, bestimmen lassen.

Nachdem zu einer vorgelegten Wand an den Säulen die Löcher, an den Riegeln die Zapfen gearbeitet sind, geschieht das Zusammenpassen derselben auf folgende Weise: zuerst wird der Oberbalken und eine Ecksäule richtig festgelegt, dann die zweite Säule oben eingesteckt, der obere Riegel so eingebessert, daß sich diese letztere bis an den zugehörigen Bundriß am Unterbalken drücken läßt; dieses wird bei dem untern Riegel wiederholt und die Säule dann festgeklammert. Dieses geschieht mit den folgenden Riegeln und den zugehörigen Säulen auf gleiche Weise bis mit der andern Ecksäule.

Das Stichmaaß an der Ecksäule wird, Fig. 23 A, an der äußern Seite derselben, vom Balken an, abgestochen, und dazu gewöhnlich die Schmiegenlänge angenommen; um nun später für die Säule den Verschnitt zum Zapfen zu finden, mit welchem sie, Fig. B, in den Rahmen der Längewand eingebunden werden soll, so wird die Höhe des Rahmens, von der Unterseite bis zur Kammtiefe, genommen, dann die Schmiege wieder nach dem Stichmaaß auf die Säule gelegt, von oben herein diese Höhe abgerechnet und dazu angemerkt, so daß nun der Zapfen angeschrieben werden kann, aber beim Einstecken der Säule das Stichmaaß von dieser bis in die Kammtiefe des Rahmens wieder treffen, und, wenn dasselbe noch zu lang ist, nachgebessert werden muß.

Nachdem die Wand völlig vollendet, indem die Säulen und Bänder in den Unterbalken verzapft sind, diese und die Riegel bei Seite als äußeres Wandholz, für sich zusammengelegt, die Ecksäulen jedoch in der Zulage gelassen, wird nun, Fig. 17, die auf derselben Seite bündige Querwand, auf dem vierten Balken vorgenommen. Der dazu gehörige Oberbalken wird auf den zweiten Unterbalken gelegt, (wie bei der vorigen Wand bemerkt) die Säulen eingezapft, die unter den Mittelrahmen treffende stumpf angestoßen, und dieselben nach den auf dem Unterbalken angegebenen Bundrissen gelegt. An den beiden Ecksäulen, hier Beisäulen genannt, wird das Maaß der Stockwerkshöhe angetragen, die Riegel eingetheilt und eingebracht, dann die Bänder eingetheilt, diese aber nicht, wie von Manchen geschieht, nach der punktirten Richtung, sondern in der entgegengesetzten, daß sie unten da auf den Balken drücken, wo derselbe — schon beim Richten — unterstützt ist; doch kann man die Bänder an die Säulen rücken, wodurch das Loch für den Säulen- und für den Bandzapfen eins wird, oder man rückt dieselben, bei der dadurch sonst zu schrägen Richtung, unten und oben oder auch nur oben etwas ab.

Nachdem unten der Verschnitt für Säulen und Bänder übergeschnürt, wird, außer der auf die Mittellangwand treffenden Säule, auf dem zugehörigen Unterbalken die Breite der übrigen vorgeschrieben, sowie die der Bänder nach dem Verschnitt parallel aufgewinkelt, dann die Riegel verbohrt, die Wand gezeichnet und auseinandergenommen, die Zapfen an Säulen und Bänder geschnitten, die Löcher in den Balken geschlagen, jene eingebessert, hierauf die Verbandstücke, bis auf die Säule der Mittellangwand, bei Seite als innerliches Wandholz, für sich zusammengelegt.

Wenn wie hier eine Querwand nicht auf eine Säule in der Vorderwand trifft, in welche die Riegel derselben gesteckt werden können, so lassen Manche auch die Beisäule weg, und stecken die Riegel der Querwand in die der Längewand; Fig. 18. Dann mußte vorher die Bundseite der Wand an Schwelle und Rahmen auf der Hinter- oder Vorderseite derselben, als man die Bundrisse beim Auflegen der obern Balkenlage, anschrieb, mit angeschrieben werden. Anstatt der Beisäule wird daselbst ein Bret auf die Unterbalken gelegt, zugleich unter den Oberbalken reichend, auf welches die Riegel eingetheilt, mittels untergeschobener Lager in noch erforderlicher Höhe gelegt und befestigt werden.

Zu derartiger Verbindung muß man die Eintheilung der Vorderwandriegel haben, welche man auf das Bret sowie die hintere an der Mauer nöthige Beisäule trägt und überschnürt; dann werden die Riegel und Säulen, wie bekannt, verbunden, die Enden der letztern jedoch, wo dieses nicht mit einer Beisäule geschieht, unbearbeitet gelassen. Das Band wird mit einer aufrechten Seite auf den Durchschnittspunkt gelegt, welchen die aufgeschnürte Linie der Säulenlänge mit der, zu ihr rechtwinklich nach der Hinterseite der Saumschwelle gezogenen, macht; dann wird von der Bundseite der Vorderwand am Unter- und Oberbalken ein Abstich, z. B. die Schmiegenlänge, aufgestochen, dieser über die Riegel geschnürt, die Wand bis an die Zapfen dieser Riegel, welche in die Vorderwand stoßen, fertig gemacht, die fertigen Stücke zu dem Haufen des innerlichen Wandholzes gelegt, während die andern in der Zulage verbleiben.

Auf ähnliche Weise wird auch die zweite Querwand — auf dem sechsten Balken, welcher aber von der andern Seite bündig ist, abgebunden, indem der zugehörige Oberbalken auf den achten Unterbalken gelegt wird. In derselben ist, wie auf dem sechsten Unterbalken zu ersehen ist, vorn die Beisäule weggelassen und auch für die Mittellangwand keine Säule eingebunden, sondern für diese eine Beisäule an die Querwand gestellt, so daß die Riegel der letztern, von der Thürsäule, auf dieser Seite bis in die hintere, hier in die Mauer zu stehen kommende Säule, reichen, und daß nach dem Abbinden dieser Wand, sowohl die hintere Säule, welche oben in den später als Mauerlatte dienenden Rahmen greift, und deshalb hier mit einem Abstich zu versehen ist, als auch die beiden vordern Riegel zu weiterem Abbinden in der Zulage verbleiben.

Nach diesem so erfolgten Abbinden der Querwände, kommt das der Längewände. Zur vordern, Fig. 19, wird die früher abgenommene Saumschwelle wieder eingekämmt, mit derselben der Rahmen parallel in einer, ziemlich mit der Stockwerkshöhe gleichen Entfernung, über die Balken auf Lager gelegt, welche mit der eingekämmten Schwelle gleiche Höhe haben, eben so, daß die an den Enden des Rahmen angeschriebenen Bundrisse über die zugehörigen Bundseiten der Giebelbalken treffen. Hierauf werden die Ecksäulen (wie bei Fig. 23 angegeben), sowie die übrigen Säulen in den Rahmen eingezapft, unten nach den Bundrissen der Saumschwelle gelegt, die Riegel eingetheilt, sowie übergeschnürt und eingebracht. Die Eintheilung der Riegel geschieht hier einerseits gewöhnlich durch Umwinkeln der Eintheilung von der Giebelseite der schon einmal abgebundenen Ecksäule und durch Uebertragen derselben an die andre.

An der ersten Ecksäule wird unten von der angeschriebenen Stockwerkshöhe die Höhe der verkämmten Saumschwelle (von ihrer Kammtiefe an) heraufgestochen; an der andern Ecksäule geschieht dieses von dem Ende des von der Kammtiefe des Rahmens aufgelegten Maaßes der Stockwerkshöhe, mit der daselbst abgenommenen Schwellenhöhe, diese werden über die Säulen geschnürt, dann die Bänder eingelegt, dann ebenfalls deren Verschnitt sowie die an Schwelle und Rahmen angemerkten Bundseiten der Querwand des sechsten Balkens auf die an derselben vorbeigehenden Riegel übergeschnürt.

Nachdem die Breite der Säulen und Bänder auf der Saumschwelle vorgeschrieben, die Wand gebohrt und gezeichnet ist, werden die Löcher in die Saumschwelle, die Zapfen an Säulen und Bänder gearbeitet, diese in jene gepaßt, ferner der Verschnitt der Unterbalken an die Saumschwelle aufgeschnitten, nachher Rahmen und die Schwelle selbst sowie nach Abnahme der letztern, nach dem Aufschnitt die Unterbalken verschnitten und dann die Stücke dieser Wand bis auf die beiden Riegel, in welche noch die der Querwand einzustecken sind, zu dem Haufen des äußern Wandholzes gelegt.

Die noch mit einander zu verbindenden Riegel werden nun aufgenommen. An der Rückseite eines vordern Riegels wird, Fig. 25, von dem hieher dazu umgewinkelten Bundriß an, die Stärke des zugehörigen Querriegels aufgetragen, wodurch sich in ersterm die Länge des Loches ergiebt, die Länge des letztern erhält man wenn man, die Stärke des erstern abnimmt und von dem nach dem Abstich aufgelegten Stichmaaß abrechnet. An beiden Riegeln wird von unten verteuft, dann das Loch und der

Zapfen gearbeitet, diese zusammengesteckt, nach dem Stichmaaß zusammengebessert und verbohrt, dann jeder zu dem betreffenden Haufen gelegt.

Obgleich man durch diese Verbindung der Wände eine Säule (die Beisäule) erspart, welche jedoch, zur Aufnahme der Riegel, neben der Längewand stehend, weniger zum Tragen des Balkens, nicht stark zu sein braucht, so hat man doch dadurch umständlichere Arbeit.

Die Mittellangwand, Fig. 20, wird auf gleiche Weise wie die Vorderwand vorgestreckt; die Säulen werden nach ihren Bundrissen oben eingezapft, — dazu bei der schon einmal abgebundenen Säule, No. 4, die Rahmenhöhe vom Stichmaaß abgerechnet, die fünfte und achte Säule, als Beisäulen, um die Stärke der an denselben vorbeigehenden Querwände (gewöhnlich 6 Zoll) von den eigentlichen Bundrissen hereingerückt — unten nach den entsprechenden Bundrissen aufgelegt, die Stockwerkshöhe an den Ecksäulen der als zwei Theile betrachteten Wände, aus den aufgeschnürten Kämmen des Rahmen daselbst abgestochen, die Riegel eingetheilt und im Uebrigen wie bekannt, abgebunden. Bei dem Schlagen der Thürsäulenlöcher in die Schwellen muß jedoch darauf gesehen werden, daß dieselben von der Bundseite im Thürlichten, geächselt werden, denn wenn, Fig. 24, später, beim Legen des Fußbodens der in derselben vorstehende Theil der Schwelle mit diesem gleichlaufend ausgearbeitet wird, so ist es möglich, daß die Thürsäulen mit dem ungeächselten Zapfen nach dem Lichten hereingedrückt werden können.

Da die Schwelle nach dem Ausarbeiten des Thürlichten sehr geschwächt wird, so muß darauf gesehen werden, daß die Thürsäule, über einen Balken treffend, auf der Schwelle steht; ist dieses nicht der Fall, sondern trifft sie zwischen zwei Balken, so muß dahin unter die Schwelle ein Stück Holz (ein Wechsel) eingelegt werden, durch welches dann die geschwächte Schwelle vor dem Einbiegen gesichert wird.

Es ist auch, wie in dieser Wand angegeben, vorzuziehen, hier die fünfte Säule der Längewand als Beisäule zur zweiten Querwand, die achte Säule als Beisäule zur Giebelwand einzustellen, wenn nämlich deshalb die, an den Beisäulen vorbeigehenden Riegel nicht zu lang werden; dabei werden jedoch die Schwellen nicht nach den Beisäulen sondern nach den Querwänden bündig verschnitten. Man spart dadurch mehr Arbeit, weil man jedesmal vier Löcher und eben so viel Zapfen weniger zu arbeiten hat, und braucht zur Beisäule ein schwächeres Stück Holz als z. B. zur vierten, welche stärker sein muß, weil in dieselbe allemal in gleicher Höhe von drei Seiten Löcher zusammentreffen, welches den Uebelstand hat, daß man die Verbindung der einstehenden Hölzer durch Nagelung ihrer Zapfen, nicht gut ausführen kann; wenn diesem nicht dadurch abgeholfen wird, daß nur zwei gegenüberstehende Riegel in gleicher Höhe, der andre über oder unter diese trifft.

Zuletzt folgt nun das Abbinden der Hinterwand, Fig. 21, dieselbe ist hier innerlich bündig angenommen und wird nach Wegnahme der Mittelschwellen, auf ähnliche Weise wie die vorige daselbst vorgestreckt; besser ist es aber, die Wand äußerlich bündig zu nehmen, denn dann kommt der Rahmen beim Vorstrecken nach der Mitte, die Säulen mit dem untern Ende auf die Balkenköpfe zu liegen, wo sie mit Zapfen einstehen und genauer danach vorgelegt werden können.

Hier werden die beiden schon einmal abgebundenen Ecksäulen No. 5 und 8 nach Abzug der Höhe des verkämmten Rahmen in diesen eingezapft, dazwischen bei schwachem Rahmen der Sicherheit, hier wegen des Fensters, in der Umfassung noch zwei Säulen, auf Balken treffend, eingestellt; dann werden die Bänder eingebracht und verbohrt, diese und namentlich die Zwischensäulen gezeichnet, letztere nach den Ecksäulen überschnürt und mit Zapfen verschnitten, welche in die zugehörig geschlagenen Löcher gepaßt werden. Richtiger ist es jedoch bei diesem Ueberschnüren für die Länge der Säulen, wenn man die Höhe des zugehörigen Balkens vom Kamme mißt, und danach bestimmt wird, die Säulen auf niedrigere Balken als die Wandbalken sind, um so viel länger, im umgekehrten Falle um so viel kürzer zu machen.

Die Verriegelung dieser Wände ist wohl überflüssig, weniger aber ist dies mit den Bändern der Fall, um beim Richten den Längenverband dieser Wände zu haben, wenn man nicht dabei als Ersatz derselben, Brete in diagonaler Richtung befestigt, welche nach Aufführung der Umfassung abgenommen werden können.

Die äußern Seiten der in den Fronten zur Ansicht kommenden Hölzer z. B. der Mauerlatten, Balken, Schwellen, Rahmen, Säulen, Riegel, Bänder, Sparren, Kehlbalken 2c. werden gewöhnlich gehobelt; diesem zufolge ist es vortheilhaft, namentlich beim Abbinden der Wände die zu hobelnden Säulen, Riegel und Bänder wie schon früher erwähnt, in Haufen für sich zu legen, so wie es aber auch überhaupt anzurathen ist, bei großen und verwickelten Zulagen, gewisse Sorten Verbandstücke oder gewisse Verbindungen mehrer Stücke zu größern Theilen vom Ganzen, für sich zu legen, weil beim Richten doch nur immer die einzelnen Stücke, oder die Stücke zu gewissen Verbindungen in der Reihenfolge fortgeschafft und aufgebracht werden, in welcher sie dazu erforderlich sind, damit dies nicht mit Stücken zur unrechten Zeit geschieht, welche dann hinderlich sind; oder, damit man nicht bei unordentlichem Durcheinanderwerfen wegen eines nothwendigen Stücks viele Haufen durchsuchen muß, wodurch oft großer Aufenthalt verursacht wird.

Das Richten eines Gebäudes mit dem im zweiten Stockwerk nach Fig. 13 angegebenen Umfassungen und Scheidungen und einem Dachwerk nach Fig. 1, erfordert nur noch bei jenen einiges zu berücksichtigen. Ist die untere Balkenlage aufgebracht, der Boden zugelegt indem die Löcher und Kämme frei gelassen werden, so wird das Wandholz aufgebracht, die Saum- und Mittelschwellen eingelegt, dann die erste und zweite Säule der Vorderwand auf die Saumschwelle eingestellt, zwischen diese erst der untere dann der obere Riegel sowie das Band eingebracht und diese vernagelt; ebenso werden die folgenden Säulen der Reihe nach aufgestellt, indem jedesmal die zugehörigen Riegel und Bänder mit eingesteckt und vernagelt werden. Diese Wände werden wegen ihren Bändern nicht nach ihrer Länge verschoben, doch ist dieses von der Seite möglich, wenn die Längewände nicht durch die Querwände, oder umgekehrt, mittels Klammern oder Nägeln, oder da, wo sie frei stehen, einstweilen durch angenagelte Brete befestigt werden, bis dieselben durch das Auflegen der Rahmen und dann der Balken festen Stand und mehr Spannung erhalten.

Werden nun, wie gewöhnlich geschieht, um die Dachbalken 2c. aufbringen zu können, Hölzer (Streichbäume), von erforderlicher Länge schräg angelegt, auf denen sich die Balken bequemer hinauf ziehen lassen, so darf dieses nicht an den Rahmen der Längefront, sondern an dem zuerst frei aufgezogenen oder von innen aufgehobenen Giebelbalken geschehen, weil die auf dem

Boden der Dachbalken stehenden und zum Aufziehen bestimmten Leute durch das taktmäßige und oft unvorsichtige Aufziehen der Hölzer, die Fachwände ins Schaukeln, wohl gar zum Einsturz bringen, denn es sind für die Länge, auf welche die Kraft wirkt, welche das Schaukeln hervorbringt, nur wenig Bänder, welche dieser entgegenstehen, während dann, wenn diese Kraft am Giebel wirkt, dieser mehr Bänder entgegenstehen. Kann man jedoch die Streichbäume nicht am Giebel anlegen, so muß man, wenn dieses dennoch vorn geschieht, entgegen dem Druck derselben, daselbst oben nach dem Rahmen einige Steifen anbringen; oder man zieht die Hölzer zum Dachwerk erst auf die untere Balkenlage und bringt sie innerlich des Gebäudes auf; oder man bedient sich dann lieber, der Sicherheit wegen des Krahnenbaums.

Wenn auch bei dem Abbinden dieser Wände, wie beim Abbinden des ersten Daches, angegeben wurde, auf welche Weise wenn dieselben bei kleinern Zulagen vorkommen, oder wenn der Polir nicht recht sicher und gewandt ist, und also hier wohl 3 bis 6 Leute bei sich hat, damit nach und nach verfahren wird, so ist doch dagegen, wenn dergl. und mehr Wände bei großen Zulagen vorkommen, und dabei mehr Leute beschäftigt werden sollen, die angegebene Reihenfolge nicht streng zu verfolgen und erfordern dann diese Abweichungen und Umstände einen gewandten Polir; dann giebt es so viele unter sich als auch mit einander abwechselnd verschiedene Arbeiten zugleich zu fertigen, die er meistentheils angeben aber alle übersehen und leiten muß. Namentlich machen diese Wände oft sehr große Schwierigkeiten, was bei einem Dache, zu welchem alle Gebinde nach einem gleichmäßig abgebunden werden, weniger der Fall ist.

Die verschiedenen Fälle, welche überhaupt bei Wänden vorkommen, dürften wohl nach den beigefügten Angaben und nach Verständniß des hier im Allgemeinen darüber Gesagten, leichter zu lösen sein, doch mögen hier dieserhalb noch einige, überhaupt in der Praxis von dem hier beibehaltenen Gange vorkommende Abweichungen und Aenderungen, Vortheile und Erleichterungen erwähnt sein.

Bei Eintheilung der Balken ist auf die Bundseite der Bundbalken — der Balken, auf welche die Wände stehen, Rücksicht zu nehmen, weil diese nicht alle von einer Seite bündig sind; diese werden beim Eintheilen auf den Mauerlatten, (Fig. 4, No. 4

und 6), besonders bezeichnet, damit die Leute, beim Auftragen der Balken, dazu passende aussuchen und dahin auftragen, weil zu denselben immer die bessern, die vollkantigern, genommen werden.

Hat der Polir nach dem Aufkämmen der Balkenlagen, eine oder mehrere Sparrenlehren eingerichtet und sind danach die Sparrenlöcher, Mittel und Verschnitt übergeschnürt, so beschäftigt er Leute mit dem Abbinden der Sparren, während er, wie früher erwähnt, an den Balkenlagen die nöthigen Thür- und Fenstermittel und Bundseiten anmerkt; nachdem er damit fertig, kann die obere Balkenlage abgetragen und das Abbinden der Wände angefangen werden. Dieses geschieht jedoch nicht allemal auf der Zulage und auf die dabei früher angegebene Weise, wodurch es bequem war, die Wände nach derselben vorzulegen, sondern sie werden oft neben der Zulage und dann sowohl hier als auch auf der Zulage und bei schiefwinklichen Balkenlagen, in beiden Fällen auf folgende Weise abgebunden: Nachdem z. B. der obere Giebelbalken entweder auf oder neben der Zulage vorgenommen, werden zuerst die nöthigen Löcher an denselben nach den Bundrissen nach einer allgemein angenommenen Breite für die Säulen und für die Bänder angeschrieben und gearbeitet und dann, wie früher angegeben, in einiger Entfernung vom zugehörigen Unterbalken umgelegt, dann wird eine Säule, deren oberer Zapfen gewöhnlich bei allen angeschrieben und gearbeitet wird, ohne die Säule aufgelegt zu haben, z. B., Fig. 16, die dritte, in den Oberbalken eingesteckt, auf diesem der Kamm, auf der Säule, einige Zolle von der nach dem Fensterlichten aufrechten Bundseite entfernt, eine Linie aufgeschnürt und mittels Anwenden des Deichselwinkels, diese beiden Linien in rechten Winkel gezogen, indem man diese Bundseite auf dem zugehörigen Bundriß am Unterbalken festhält, so daß entweder beim Einrichten des Winkels nöthigenfalls der Unter- oder Oberbalken geschoben werden kann. Doch wird auch beim Abbinden neben der Zulage nicht allemal der Unterbalken mit herausgenommen, sondern an dessen Stelle ein langes Unterlager gelegt, auf welchem die Säulen liegen. Ist dann die dritte Säule winkelrecht zum Oberbalken gezogen und festgeklammert, so werden an demselben die Entfernungen der Bundrisse einzeln abgemessen und so unten von der Bundseite der befestigten Säule nach beiden Seiten aufgetragen.

Ist diese Bundseite im Winkel gebracht, so wird die Säule

oben genau angebessert, dann ersterer nochmals untersucht und berichtigt, Balken und Säule verklammert; hierauf werden die übrigen oben eingesteckt, unten vorgelegt, dann angebessert und festgeklammert. Die Ecksäulen brauchen oben nicht anzustoßen, auch nach unten nicht die Länge der andern Säulen zu haben, da an beiden Enden ein Stück für die Höhe des Rahmens und der Schwelle fehlen kann. Das oben fehlende Stück zwischen dem Oberbalken und der abstehenden Säule, wird durch ein Klötzchen ausgefüllt, damit die Säule nicht nach jenem rücken kann, welches entgegengesetzt von ihm und zur Seite, durch Klammern verhindert wird; wegen das am untern Ende fehlenden Stücks wird von dem Ende des aufgelegten Maaßes der Stockwerkshöhe ein Stichmaaß heraufgestochen, wie dieses von oben herunterwärts geschieht, doch ist es sowohl der Sicherheit wegen, beim Anschreiben vorzuziehen, diese Säulen von der Länge für die lichte Höhe des Stockwerks zu nehmen, als auch deswegen, weil sie gewöhnlich stärker als Rahmen und Schwellen sind, und dann auf der Hinterseite derselben mit einem Blatt (Scheere), versehen werden. Manche lassen sogar, wegen der bessern Befestigung dieser Säulen beim Abbinden, dieselben oben um die Kammtiefe länger, um sie nach der Form derselben am Oberbalken einlassen zu können.

Beim Abbinden der übrigen Querwände wird oft auf dieselbe Weise wie bei der vorigen, verfahren, indem eine Säule, z. B. Fig. 17 die zweite, in den abgelochten und zum Unterbalken augenscheinlich parallel gelegten Oberbalken, eingesteckt, auf jenen nach dem zugehörigen Bundriß vorgelegt und nach geschehenem Aufschnüren mittels des Deichselwinkels, in den rechten Winkel gezogen wird; doch rückt man dann die Beisäulen weder scharf an die Längefachwand noch an die Mauer, sondern lieber 1—2 Zoll davon ab, damit man hier einigen Spielraum hat.

Eben so geschieht das Abbinden der Längewände, indem eine Säule, z. B. Fig. 19, die vierte, in den abgelochten Rahmen eingesteckt, unten auf die augescheinlich parallel zu demselben liegende Schwelle nach dem zugehörigen Bundriß mittels des Deichselwinkels, winkelrecht aufgelegt und dann die Wand im Uebrigen wie bekannt abgebunden wird.

Um mehr Leute beim Abbinden der Wände zu beschäftigen, ist es vortheilhaft, wenn der Polir einigen angiebt, die Wände vorzulegen, dann kommen andere, welche Zapfen und Löcher arbeiten, darauf wieder andere, welche die Wände zusammenbessern und fertig machen, andere welche abräumen ꝛc., so daß immer eine Abtheilung der andern folgt.

Bei langen Zulagen muß auf die Stöße der nach der Länge liegenden Hölzer Bedacht genommen werden, damit nicht mehrere über oder hintereinander treffen, sondern dieselben wechseln, weil dadurch, daß ein Holz, z. B. eine Schwelle, über den Stoß einer Mauerlatte geht, wenn diese daselbst einbiegt, doch die Schwelle noch den Druck der auf sie wirkenden Last auf die Mauerlatte abhält, oder dadurch, daß z. B. ein Wandrahmen über den Stoß eines andern, zurückliegenden Rahmens reicht, eine Seitenbewegung des Stoßes mittels der, die Rahmen verbindenden Balkenlage, verhindert, und somit den Querverband sichern wird. Beim Abbinden der Wände müssen dann die gestoßenen Rahmen ꝛc. zum Aufschnüren der Kämme, Einwinkeln der Säulen ꝛc. grade gezogen und mehr befestigt werden.

Bei dem Zeichnen der Hölzer zu so verschiedenen Zwecken ist auch die nöthige Aufmerksamkeit zu verwenden, doch unterscheidet schon die Form, das Ansehen eines Verbandstücks, meistentheils den Namen und einen allgemeinern Bewendungszweck, welchen näher die Nummer bestimmt.

Taf. X.

Bei unebenem Zulageplatz oder bei starken Hölzern, kommt (nach Fig. 14 Taf. IX.) die obere Balkenlage etwas hoch zu liegen; dieserhalb lassen Manche nach Fig. 1 die Schwellen beim Uebereinanderlegen der Balkenlagen weg, doch ist dieses, der Genauigkeit wegen, nicht gern anzurathen. Die Mittel- und Bundrisse werden wie gewöhnlich an die betreffenden Unter- und Oberbalken angeschrieben, an den Rahmen die Bundseite eines Balkens angeschrieben mit welcher derselbe, lothrecht darüber, auf die nach Abtragung der Oberbalkenlage eingekämmten Schwellen gelegt wird, um nun an diese gegenseitig die nöthigen Bundrisse und Mittel anmerken zu können.

Sind in dem zweiten Stockwerk eines Gebäudes massive Umfassungen, die Scheidungen aber Fachwand, so ist zwar das Abbinden der letztern, sowie des Dachwerks, dasselbe wie früher, doch werden hier nicht immer die Oberbalken über die Unterbalken zugelegt, erst das Dach und dann die Wände gefertigt.

sondern es findet der umgekehrte Fall statt, daß, Fig. 2, sowohl die Oberbalken zuerst, die Unterbalken darüber zugelegt werden, als auch daß erst die Wände und dann das Dachwerk abgebunden wird.

Da bei massiven Umfassungswänden eines Stockwerks die Unterbalken auf die untern Mauern gelegt werden müssen, ehe jene aufgeführt werden, so müßten, wenn wie früher in der Zulage die Dachbalkenlage oben aufliegt und, wenn bei Erfordern der Unterbalkenlage zum Aufbringen, nicht schon die ganze Zulage fertig, sondern nur die Wände zuerst abgebunden worden sind, die Balkenlagen von- und auseinandergenommen die Dachbalkenlage aber wieder zusammengesteckt werden.

Da jedoch, namentlich bei mehrern Stockwerken, die Zulage gewöhnlich noch nicht völlig abgebunden ist, wenn die untere Balkenlage aufgebracht werden soll, — auch dieses nicht vortheilhaft ist, wenn dann die Leute nicht andre oder in der Nähe Beschäftigung finden, so wird die Dachbalkenlage zuerst gefertigt. Je nach dem Gang der Arbeiten der Maurer- und Zimmerleute, sowie der innern Einrichtungen der Stockwerke, kommt es nun bei mehrern Stockwerksbalkenlagen darauf an, ob man auf der Dachbalkenlage jedesmal nur eine — und dann nach der Reihenfolge zuerst die untere Balkenlage abbinden und danach wieder abtragen kann, weil dieselbe aufgelegt werden muß, indem die Mauer während dem Abbinden derselben fertig wurde, oder ob man alle Balkenlagen übereinander 1. von der untern bis zur obern, oder 2., Fig. 3 A, auf der Dachbalkenlage von der obern bis zur untern, oder 3., Fig. B, von der untern zur obern fertigen kann. Die letztern beiden Annahmen können dann statt finden, wenn bis zu Vollendung der Parterremauern mehrere Zeit vergeht, das Abbinden dieser Stockwerksbalkenlagen aber immer nicht lange aufhält; dann ist es auch besser, wenn die Scheidungen aus Fachwerk bestehen, diese zugleich bei jeder Balkenlage vor deren Abräumen mit abzubinden, um dieselben jedesmal beim Auflegen der höhern Balkenlage mit ein- und aufstellen zu können.

Manchmal wird es unterlassen, diese Scheidungen auf der Zulage abzubinden, sondern es werden dieselben erst nach dem Aufstellen des Daches stückweise eingepaßt und eingebracht; doch wird früher wohl der Längenverband mit vorgenommen, um die Balkenlagen zu stützen, wenn dieses nicht von Mittelmauern geschieht.

Dieses Einziehen — Schleifen der Wände geschieht, Fig. 4 A,B, auf folgende Weise: die Stellung z. B. der Säulen einer Querwand wird am Unterbalken abgetheilt;und nach dem Oberbalken gelothet, welches Letztere ebenfalls mit der Bundseite der Wand geschieht, die sich jedoch nach den mehr oder weniger lothrecht übereinander liegenden Balken bestimmt; dann wird an beiden die Bundseite, wohl auch zugleich die Löcher mit aufgeschnürt, die Länge der Säulen abgenommen, deren beiderseitige Zapfen, sowie die am Oberbalken nach der Breite derselben angeschriebenen Löcher gearbeitet, während die Säulen im Unterbalken ein nach einer Seite verlängertes offenes Loch — ein Schleifloch erhalten, um die Säule nach der Länge der Wand, von der Seite einzuschleifen. Dieses geschieht, Fig. A, (wenn die Querwand zwischen zwei Längewänden ist) zuerst mit den Ecksäulen (Beisäulen) a, b, dann mit den Säulen c, d; hierauf werden die Riegel an Erstern eingetheilt und übergeschnürt, die Länge derselben abgemessen und die dazu bestimmten Stücke mittels des Bleistiftes nummerirt; dann werden die Zapfen und Löcher gearbeitet, indem zu letzterm Zweck die Säulen herausgeschlagen werden.

Nachdem die Zapfen und Löcher gearbeitet, werden die Ecksäulen a, b zuerst eingestellt, dann nimmt man die Säule d und steckt bei deren Schleifen zugleich die Riegel e, e mit ein und hierauf die Säule c mit dem Thürriegel f. Um nun die Riegel g, g einbringen zu können, werden dieselben auch eingeschleift, indem für die kurzen Zapfen derselben in der Säule c Schleiflöcher eingearbeitet werden; oder es geschieht hier das Einschleifen nach Fig. B, wodurch man nur den Thürriegel einzuschleifen hat.

Zu mehrer Sicherheit dieser Wand als Querverband, kann man noch Bänder einbringen, welches auf ähnliche Weise, wie in der Zulage, unten jedoch nur mit stumpfer Versatzung geschieht; weniger nöthig ist das Verbohren dieser Wände.

Es ist leicht einzusehen, daß das Einziehen der Wände umständlicher ist, das Holz mehr schwächt, und nicht allemal so genau und mit der Sicherheit geschehen kann, als dies beim gewöhnlichen Abbinden der Fall und möglich ist.

Fig. 5 A—D. Trifft nothwendigerweise eine Querwand nicht auf einen von den Balken a', a', sondern zwischen dieselben, so werden für dieselbe zum Auf- und Einstehen die Beibalken b, b' eingelegt. Dieselben können die Stärke der eigentlichen Balken haben und wie diese aufgekämmt werden, doch ist es besser, den untern stärker, dafür den obern schwächer als diesen zu nehmen, weil ersterer die Wand zu tragen, während letzterer nur die eingesteckten Säulen und somit die ganze Wand in ihrer Stellung zu halten hat. Die mehrere Stärke des untern Beibalkens kann man entweder nach unten (wo dieses thunlich) oder aufwärts von dem beiderseitigen Auflager des Fußbodens in der Stärke der Wand zugeben. An den schwächeren obern Beibalken b' Fig. D werden unten beiderseits die Deckenbrete befestigt, während oben die Fußbodenbrete über denselben, ohne auf ihm zu liegen, hinwegreichen; doch wird b' Fig. C, derselbe auch so tief gelegt, daß er z. B. zwischen Mauerlatte und dem Rahmen der Mittelfachwand gezapft wird, aber über denselben die Deckenbrete noch bequem in den bis an die Unterseite der Balken lassenden Zwischenraum durchgeschoben werden können.

Fig. 6 A, B, C. Gewöhnlich werden die Querwände nach Fig. A auf eine Seite des Balkens, (die Bundseite eines dazu ausgesuchten Balkens) bündig gesetzt, doch ist es namentlich bei starken aber mehr schalseitigen Balken, nach Fig. B, C besser, diese Wände 1 oder 2 Zoll von der Bundseite herüber zu setzen (zu versetzen), um auf dieser Seite am Unterbalken den Fußboden, am Oberbalken die Deckenbrete besser befestigen zu können. Will man nach Fig. C bei stark anlaufenden Stämmen, nicht so viel Holz abhauen, als zu beiden Seiten nach Fig. B überflüssig ist, so gewinnt man allerdings für dergl. Balken mehr Tragkraft, doch erschwert diese Form das Abbinden derselben bei Dachbalken, wenn dieselben dazu übereinander zu liegen kommen, und läßt man dieserhalb diese Form gewöhnlich nur den Stockwerksbalken.

Fig. 7. Sehr oft kommt es z. B. bei Wohngebäuden vor, daß wegen der innern Einrichtung die Balken a, a, a nicht gleichmäßig eingethelt werden, oder daß dieselben nicht alle in ganzer Länge durchgehen, indem die Oeffnungen für Treppenräume oder Schornsteine zc. dieses nicht gestatten; dann werden Balken ausgewechselt, Wechsel b, b eingezogen, in welche die ausgewechselten Balken und Beibalken c stoßen.

Dieses Auswechseln geschieht auch und aus denselben Gründen, bei Balkenlagen zu Gebäuden von unregelmäßiger Grundform, wobei dann die ausgewechselten oder angeschmiegten kürzern Balken, den Namen Stichbalken erhalten. Bei diesen außergewöhnlichen Stücken, den Beibalken, Stichbalken, Wechseln, ist beim Zeichnen der Balkenlagen Rücksicht zu nehmen, indem man die Stich- und Beibalken als ganze Balken in der Reihe mit fort, oder dieselben, wie die Wechsel, für sich mit einem besondern Beizeichen versieht.

Fig. 8 A, B, C. Das Abbinden der Stichbalken bei Dachbalken geschieht nach einem Beimittel, welches man z. B. von der Mittellinie auf beiden Nebenbalken absticht und überschnürt, um danach den Stichbalken dabei aufzulegen; doch ist beim Auswechseln darauf zu sehen, daß, namentlich bei vielem Uebertrag des Balkens vor der Mauerlatte oder dem Rahmen, der Stichbalken andrerseits (wie hier angegeben), nicht zu kurz, oder das Wechsel zu weit heran gerückt wird, weil der Sparren dann leichter den Kopf herunterdrückt, als dann, wenn die andre Seite länger ist.

Bei Gebäuden mit mehrern Stockwerken und Scheidungen oder Umfassungen von Fachwerk, ist wegen der Höhe derselben und wegen der am schwachen Ende der Balken geringern Höhe als an dem andern, dem Stammende, Rücksicht zu nehmen.

Fig. 9. Bei dem Gebäude, Fig. 13 Taf. IX, wurden im zweiten Stockwerk die Umfassungen und Scheidungen durchgängig gleich hoch angenommen; war nun die Umfassung des ersten Stockwerks wagrecht abgeglichen, die Mauerlatten gleich hoch, Unter- und Oberbalken hinten einen Zoll niedriger als vorn, so kam die untere Decke wagrecht, der erste Fußboden und die zweite Decke hingen einen Zoll, der zweite Fußboden hing zwei Zoll nach hinten, welches unter gleicher Fortsetzung immer mehr geworden sein würde.

Nimmt man dabei die Wandhöhen gleich, und die untere Mauerlatte einen Zoll höher, oder legt man unter dieselbe Bretstücke, einen Zoll stark, so steigt die untere Decke einen Zoll, der erste Fußboden und die zweite Decke sind wagrecht, der zweite Fußboden hängt nur einen Zoll nach hinten. Hieraus ist ersichtlich, daß man, um bei verschiedenen Balkenstärken wagrechte Fußböden zu haben, die Höhen der Längewände nach ihrem Stand bis zum Unterschied der Balkenstärken verschieden untereinander annehmen muß. Diese Verschiedenheit stört weniger in den Querwänden, weil die vordere und die hintere Höhe abgemessen und überschnürt wird, als in den Längewänden, wenn diese nicht im Mittel stehen, — wo der Unterschied der gegenseitigen Höhe, die Hälfte beträgt —, sondern verschieden vor oder hinter demselben, so daß für diese Stellungen die Höhen aus den Querwänden entnommen werden müssen.

Kommen auf der Zulage mehre Balkenlagen (Dachbalken und Stockwerksbalken mit Fachwänden) übereinander, an welche viel abzulothen und danach anzuschreiben ist, so ist es vorzuziehen, diese nach Länge und Breite wagrecht zu legen. Würde dieses in ersterer Richtung bei hängendem Zulageplatz und langen Zulagen viel Umstände durch Unterschlagen der Mauerlatten 2c. verursachen; so läßt man diese etwas hängen, nimmt sie jedoch der Breite nach wagrecht, dann wird zum Anschreiben der lothrechten (winkelrechten) Lage der Balken übereinander, Fig. 10, das Winkeleisen auf die Mauerlatte gesetzt und der Oberbalken an den Schenkel desselben gerückt; an den Längestücken die lothrecht sein sollen den Linien, rechtwinklich zur geneigten Lage nach dem aufgelegten Winkeleisen angeschrieben.

Wenn z. B. beim Richten eines Gebäudes schwere Verbandstücke hoch aufzubringen sind, welche nicht unmittelbar durch Menschenhände aufgezogen werden können, so geschieht dies mittels des Krahnens, Fig. 11 A, B. Der einfache Krahn, Fig. A, besteht bei niedrigem Aufbringen aus einem, bei höhern aus mehrern Stücken zu einem Ganzen verbundenen starken Stamme a, im ersten Fall unten eingegraben und gegen Seitenbewegung befestigt; im zweiten Fall an Gerüsten 2c. mehrmals und noch besser gegen dieselbe befestigt. Obenauf ist der Arm b gezapft, welcher durch das Band c unterstützt, diese Verzapfung aber noch durch eiserne Bänder und Klammern befestigt wird.

Der Arm zeigt nach dem Gebäude, zu welchem das Holz aufgebracht werden soll und wird dasselbe auf dieser Seite, welche entweder von Gerüsten frei, oder der Krahnenbaum noch um diese Breite vom Gebäude abgerückt sein muß, mittels des Flaschenzuges aufgezogen.

Der Krahn Fig. B wird bei höhern Gebäuden und da, wo große Gerüste auf der Seite an welcher das Holz aufgezogen werden soll, Umstände verursachen, jedoch deswegen nicht abgetragen werden sollen. Am obern Ende des Krahnenbaums, welcher an dem Gerüste befestigt wird, dreht sich auf einem kurzen runden Zapfen, die Krone; dieselbe besteht aus dem wagrechten Holze d, in welches ein senkrechtes Stück b gezapft ist, sowie aus dem Band c. Das obere Stück hat ein Loch für den Zapfen am Krahnenbaum, und wird durch einen als Achse des Zapfens durchgehenden Bolzen auf diesem vor dem Abheben festgehalten. Von den oben eingelassenen Rellen geht das Seil einerseits auf einen oder zwei Kloben (Flaschen), andrerseits herunter auf die Schleuderscheibe, um von da durch eine Welle oder durch andre Kräfte angezogen zu werden. Das Stück b ist nach dem runden Stamm, hohl ausgearbeitet und wird unten durch einen an dasselbe befestigten leicht passenden Ring, an dasselbe gehalten.

Während dem, daß das mit einem Seil an einen Klobenhaken im Schwerpunkte befestigte Holz aufgezogen wird, dessen richtiger Gang vor Schwankungen und im Gleichgewicht durch beiderseits befestigte Leinen, Schwungleinen, gehalten wird, indem ein oder zwei Mann diese Leinen langsam mit dem aufgehenden Holz nachgleiten lassen, steht die Krone abwärts vom Gebäude; ist jedoch das Holz auf die nöthige oder mögliche Höhe gebracht, so wird die Krone mittels einer am äußern Ende angebrachten Leine langsam mit sammt dem Holze herum nach dem Gebäude gezogen, welches dann auf das Gerüste, oder auf das Gebäude selbst, zu liegen kommt.

Obgleich dabei durch die Last das Seil die Krone fest auf den Zapfen des Baumes, sowie durch die Strebe das senkrechte Stück fest an den Baum gedrückt wird, so ist doch der um diese beiden gelegte eiserne Ring und der oben durchgehende eiserne verschraubte Zapfen wegen möglicherweise vorkommenden Rückungen, nothwendig.

b Das Dach mit dem Windrispen.

Bei diesem, sowie bei den folgenden größern Dachconstructionen kommen, zum Unterschied von den Leergespärren, sogenannte Binder oder Bindergespärre vor, welche sich nach der Balkeneintheilung zu 6—8 Ellen wiederholen und mit mehr Holz

ausgebunden werden, welches theils den Querverband bildet, theils den Längenverband aufnimmt.

Fig. 12. In dem Binder eines solchen Daches, zu einem Gebäude von derselben Weite wie vorige Tafel Fig. 1, wird eine Mittel- oder Giebelsäule a eingebunden, in welche der Kehlbalken nach Fig. 14 überblattet, oder besser nach Fig. 15, zerschnitten, von beiden Seiten eingelocht wird. Als Längenverband dienen, Fig. 16, Rahmenstücke c, welche zwischen die Säulen eingelocht sind, und auf welche die Kehlbalken gekämmt werden; die Säulen und Rahmen werden durch Bänder verbunden, um beim Richten den nach der Länge des Gebäudes lothrechten Stand der Säulen zu halten.

Beim Abbinden dieser Construction wird, wie bekannt ein Lehrgebind, aber diesmal eigentlich ohne Kehlbalken, gefertigt, dann wird ein Binderbalken aufgelegt, eine Mittelsäule ins Mittel mit der breiten Seite aufgelegt und eingezapft, die Sparren nach den Lehrsparren lothrecht aufgelegt, oben nach Fig. 13 in der Säule verzapft und verbohrt. Ebenso wird der Kehlbalken aufgelegt, auf der Säule zerschnitten und beide Stücke in Säule und Sparren eingezapft, ohne jedoch die Säule für die Zapfen ganz durchlochen zu müssen.

Nachdem die Binder gefertigt, werden ihre Balken wieder in die Zulage gebracht, aus welchem Grunde auch bei den spätern Constructionen zu den Lehrgebinden keine Binder genommen werden dürfen, weil diese allemal zur Längenverbindung wieder in die Zulage müssen, und dann, während dieses geschieht, das Abbinden der Leergespärre aufhören müßte. Dann werden, Fig. 19, Rahmenhölzer, welche von der Mitte einer Säule bis zu der einer folgenden reichen müssen, auf die Balken dahin gelegt, wo der Aufstand der Säulen ist, so, daß sie nach vorn bündig mit der Säule, wenn auch dadurch nicht genau aufs Säulenmittel zu liegen kommen, weil sie schwächer sind als die Breite derselben beträgt. An diese Rahmen wird die Bundseite sämmtlicher Balken angelothet; besser aber überschnürt, weil zu gewöhnlichen Balken oft krumme Stämme verwendet werden, während zu Bindern allemal grade genommen werden müssen. Zu diesem Ueberschnüren wird auf die hintere und vordere Mauerlatte ein Winkeleisen an die Bundseite der Balken gesetzt, an deren aufgehende Schenkel die Schnur gehalten, und damit auf diese mittlern Rahmen sowie auf die, denselben zu beiden Seiten liegenden, und den Kehlbalken während des Einkämmens zum Auflager dienenden Rahmen, (punktirt angegeben) die Bundseite des Balkens bemerkt.

Nach diesen Schnurschlägen werden die Kehlbalken aufgelegt und aufgekämmt, welches jedoch beides bei den abgebundenen der Binder z. B. bei 9 nicht geschieht, weil letzteres nicht gut möglich ist; dann werden die Kehlbalken gezeichnet, sowie an den Stößen und Enden der Rahmen die Stichmaaße und Bundseiten der Binderbalken angeschrieben, weil die Rahmen auf den Bindern auseinandergeschnitten und sowohl hier, als auch an den frühern Enden mit der Mittelsäule verzapft werden müssen. Reicht, Fig. 17 und 21, der Rahmen am Giebel über den Balken vor, so wird die Bundseite des Balkens angelothet und angeschrieben; reicht derselbe nicht vor, so wird die Bundseite aufgelothet aber von der Lothschnur das Stichmaaß (die Schmiegenlänge) hereingestochen. Reicht ein Rahmen über eine Säule bis zur nächstfolgenden, so wird da, wo diese über den Binderbalken geht, die Bundseite desselben angelothet; da wo, Fig. 20, zwei Rahmen auf einem Binderbalken zusammenstoßen, wird an dem einen die Bundseite desselben gelothet und von da ein Stichmaaß auf den andern gestochen; oder auch von der angelotheten Bundseite noch ein Stück zurückgeschrieben und von da erst das Stichmaaß nach dem andern getragen. Nachdem sowohl die einzelnen Rahmen, als auch die längern, nach den Stücken, in welche sie später geschnitten werden müssen, gezeichnet, und das Mittel auf die Kehlbalken geschnürt, werden diese abgeräumt und in die Lehre zum Abbinden geschafft, jene Fig. 16 mit den aufgenommenen Mittelsäulen aufgelegt.

Diese kommen auf die zugehörigen Bundbalken mit den Bundseiten bündig, z. B. mit der Höhe der untern Kehlbalkenlinie aufs Mittel der Balkenlage; auf sie kommen, Fig. 15, die Rahmen so zu liegen, daß die daran aufgeschnürte Kammlinie auf die genannte Linie der Säulen trifft, sowie auch, daß die angeschriebene Bundseite der Bundbalken an den Rahmen, auf die Bundseite der Säule, und die Entfernung der gestoßenen Rahmstücke nach den Abstichen treffen. Nachdem die Rahmen in die Säulen gezapft sind, werden die Bänder, (wie Fig. 16, links angegeben) je nach der Länge der Giebelsäulen, (Mittelsäulen) eingebracht und, sowie die Rahmen, verbohrt.

Beim Abbinden der Leergespärre werden dann die Kehlbalken nach der obern aufgeschnürten Mittellinie und nach gleicher Höhe am Kamme desselben, gelegt.

Umgekehrt kann man auch alle Kehlbalken abbinden und danach erst aufkämmen, indem man sie auf den Rahmen nach dem Mittel in die Schnur legt, welches man auf dieselben in der Lehre von der Spitze nach dem Balkenmittel aufschnürte.

Ist unter dem Windrispenrahmen eine Scheidewand einzubringen (wie rechts angegeben), so hat man vor dem Auflegen des Rahmens zum Einkämmen der Kehlbalken, die Schwelle einzulegen; bei dem Einbinden der Mittelsäulen läßt man dieselben stumpf am Balken stoßen und schreibt das Stichmaaß, von diesem an, auf, um bei der Längewand die Höhe der Schwelle danach abzuziehen; oder man läßt, der bessern Befestigung wegen, in der Lehre die Säule mit einem Zapfen in den Balken stehen und schneidet denselben dann beim Abbinden der Längewand ab; oder man läßt die Schwelle nur ein Stück auf dem Balken unter die Säule bis an die Zapfenstärke reichen, an welche dieselbe stößt.

Zur Verankerung der massiven Giebel werden, (Fig. 12, punktirt angegeben), in die Giebelgebinde Stücke Holz eingebunden, um daran die Anker befestigen zu können.

Beim Richten eines Daches mit Windrispen werden erst die Bindersparren mit den Zapfen unten vorgelegt, oben mit Säule und Kehlbalken zusammengesteckt und genagelt. Nun wird der erste aufgerichtet und von einigen Leuten gehalten, dann geschieht dies mit dem zweiten, wobei der, zwischen dieselben gehörige Rahmen, mit eingesteckt wird, die Bänder eingelegt und genagelt werden; dann wird der dritte Binder aufgerichtet, ebenfalls mit Rahmen und Bänder festgestellt und auf diese Weise mit den Bindern fortgefahren. Hierauf werden zu den Leergespärren die Sparren von beiden Seiten oben hoch gehoben, unten eingesteckt, der Kehlbalken auf dem Rahmen eingekämmt und mit den Sparren eingelassen, so daß diese durch den eingekämmten Kehlbalken vor dem Umfallen gesichert sind, aus welchem Grunde es vorzuziehen ist, letztere mit Kreuzkämmen zu versehen.

Bei diesem Richten konnte man auch wie bei dem Dache mit der Windlatte, verfahren, indem man wie dort die Gebinde der Reihe nach und nach bis zum zweiten Binder aufrichtet, den Rahmen unter die Kehlbalken bringt, einerseits einsteckt, diese zum Einkämmen richtet, dann denselben andrerseits einsteckt und befestigt. Dabei ist jedoch das Unangenehme, daß alle Gebinde nach einer Seite gelegt und genagelt werden müssen, obgleich nicht alle Gebinde nach einer Seite bündig vorgelegt, und verbohrt sind.

Aus dem vorher angegebenen Verfahren des Richtens, ist ersichtlich, daß beim Abbinden darauf gesehen wird, gewisse Verbandstücke, z. B. zu den Bindern und zum Längenverband, für sich zu legen, und nicht darunter die, der Leergespärre, zu mengen, weil die erstern zuerst aufgebracht und verwendet werden müssen —, ohne diese unten dazu auszusuchen —, oder daß oben die andern, zugleich mit aufgebrachten, im Wege liegen.

c. Das Dach mit einfach stehendem Stuhl.

Nachdem, Fig. 22, aus der Lehre die Länge der Kehlbalken gefunden, sowie danach und dazu Stücke Holz ausgeschnitten sind, werden sie auf einen im Ganzen verbundenen Rahmen, der Stuhlrahmen, welcher im aufgeschnürten Mittel der Balkenlage liegt, wie vorher angegeben, eingekämmt; die Bundseite des Rahmens wird auf die Binderbalken und deren Kehlbalken, die Bundseite der Balken an den Rahmen bemerkt.

In jedem Binder wird eine Mittelsäule, (Stuhlsäule) bis unter den Kehlbalken reichend, nach den, an Dach- und Kehlbalken gemachten Bundrissen, in jenen eingezapft, und an dieselbe vom Kehlbalkenkamm das Stichmaaß getragen. Sind diese Säulen mit den Bindern abgebunden, so wird, Fig. 18, der Stuhlrahmen nach dem Mittel der Zulage umgelegt, oben an den Säulen die Zapfen, nach Abzug der Rahmenhöhe vom Stichmaaß, angeschrieben und eingebracht, dann die Bänder eingerichtet und verbohrt, das Ganze, (die Stuhlwand), gezeichnet.

Trifft nach Fig. 24 eine Thür unter den Stuhlrahmen, so daß unter demselben keine Säule stehen kann, so wird er auf einen Riegel gelegt, welcher für die Höhe des Rahmens bis in den Kamm, passend von dem Kehlbalken entfernt liegen muß.

Beim Richten dieses Daches wird erst die Stuhlwand aufgestellt und dann von beiden Seiten die Sparren mit den eingekämmten Kehlbalken zusammengelassen.

Fig. 25 zeigt, wie bei massivem Giebel auf der Balkenlage die Giebelbalken übereinanderliegen, wenn derselbe am Oberbalken schwächer als am Unterbalken ist. Wie früher erwähnt, wird dann die Balkeneintheilung nach der Oberbalkenlage gemacht, die zweiten Balken kommen übereinander zu liegen, und in der Unterbalkenlage wird die erste Zwischenweite etwas enger als die folgende.

Taf. XI.

d. Das Dach mit doppelt stehendem Stuhl.

Diese Construction wird bei Dachwerken angewendet, welche eine größere Tiefe, als die vorhergehenden, haben. Sie ist als ein besonderer Einsatz im Sparrwerk zu betrachten, wodurch dieses sowohl innerlich getragen, als auch gegen ein Umfallen gesichert wird. Die dabei zu beiden Seiten des Daches an jedem Ende des Kehlbalken, — dieser nun Stuhlbalken genannt, — eingestellten Stuhlwände, enthalten den Längenverband, und werden oben mit den, in jedem Binder stehenden Stuhlsäulen, durch einen Spannriegel verbunden, welcher mit den noch nöthigen Bändern den Querverband bildet.

Nachdem die Balkenlage, Fig. 1, eingerichtet, wird die Sparrenlehre nach Fig. 2, gefertigt; von dem, aus der Spitze nach dem Balkenmittel aufgeschnürten Mittel des Stuhlbalkens a, wird nach beiden Enden desselben ein Maaß — das Stuhlweitemaaß — aufgetragen, welches man aber auch von jedem Ende, 6—12 ″ herein, anschreiben konnte. Auf diesen eingebundenen Stuhlbalken wird ein Stück Holz, zu einem andern Stuhlbalken bestimmt, entsprechend gelegt, und daran die beiden Bundrisse für die Stuhlweite, sowie das Mittel, angeschrieben, welches Verfahren bei langen Zulagen mit mehrern dergleichen Stücken geschieht.

Die Stuhlrahmen, d, d Fig. 1, werden nun nach der, an diesen beiden Stuhlbalken a, a angegebenen Weite auf die Zulage gelegt, indem man dieselben auf die, den Giebeln zunächst liegenden Balken, sowohl nach der Bundseite, als auch nach dessen Mittel richtet, wodurch sich beiderseits die Lage der Stuhlrahmen bestimmt. Hierauf werden die Stuhlrahmen grade gezogen, festgeklammert und diese Stuhlbalken eingekämmt; dann die übrigen Stuhlbalken aufgeschnürt, — wozu auf die vordere und hintere Mauerlatte ein Winkeleisen an die Bundseite der Balken gesetzt wird — diese danach aufgelegt und eingekämmt,

Fig. 3, dann wird das Mittel auf die Stuhlbalken geschnürt, diese und die Rahmen gezeichnet, ferner die Bundseite der Rahmen auf den Bindern der Dach- und Stuhlbalken, die Bundseite dieser beiden*) an die Rahmen geschrieben, die (Binder-) Stuhlbalken wohl auch unten noch an denselben verstrichen, sowie das Stichmaaß von der Stärke und Höhe der Rahmen an der Bundseite der Binderstuhlbalken auf folgende Weise angeschrieben: Fig. 4, A, B, das kleine Winkeleisen, an welches der Polir zu diesem Anschreiben ein gewisses Stichmaaß, 10 oder 12 Zoll angeschrieben, besser durch eine eingefeilte Kerbe bezeichnet hat, wird, Fig. A, mit diesem Schenkel an die Seiten, mit dem andern an die Unterseite des Rahmens gelegt, dieses Stichmaaß auf der; am Winkeleisen nach der Seite des Rahmens verlängerten Linie am Stuhlbalken, bei 1 und 2 bemerkt. Nach diesem werden die Stuhlbalken und Rahmen abgeräumt und die Binder abgebunden. Sind die Sparren zu einem Binder auf der Lehre verbunden, so wird der Stuhlbalken mit dem Mittel nach dem des untern aufgelegt, aber nicht allein lothrecht mit den Kammtiefen über die des untern, sondern gewöhnlich nach einem Stichmaaß aus der aufgeschnürten Kammtiefe am Dachbalken, welches rechtwinklich zu und von dieser an das Auflager des Stuhlbalkens im Kamm des Rahmens, gehalten wird.

Ist der Stuhlbalken eingezapft, so werden, Fig. 2, die beiden Stuhlsäulen b, b nach den angeschriebenen Bundrissen des Rahmens an dem Dach- und Stuhlbalken, aufgelegt, in erstern eingezapft, am letztern stumpf anstoßen gelassen. Dann wird parallel zu dem Stuhlbalken auf die Stuhlsäulen der Spannriegel c aufgelegt, und in diese verzapft, dann die Bänder eingebracht — e als Jagd- oder f als Blattband — das Ganze verbohrt, gezeichnet, und zuletzt die Stärke, Höhe und die, früher an dem

---

*) Die Bundseite des Stuhlbalkens muß mit der, des Dachbalkens, am Auflager des Stuhlrahmens, übereinander treffen, demzufolge man auch die Binder nicht überschnürt, sondern ihre Lage daselbst auflothet, da es sich beim Ueberschnüren herausstellen könnte, daß der Dachbalken nicht ganz genau grade sei, wodurch dann der, nach dem Ueberschnüren eingekämmte Stuhlbalken, entweder nach jenem vor- oder zurückliegen würde, welches Letzteres aber immer noch vorzuziehen ist, wohl auch absichtlich geschieht, daß die Bundseite verschnürt wird, während im andern Fall die nach der Bundseite am Stuhlbalken eingestellten Stuhlsäulen auf dem Dachbalken vorzustehen kommen.

Stuhlbalken angemerkte Lage des Stuhlrahmens, auf die Stuhlsäule getragen, Fig. 4 B, indem man nach dem Winkeleisen die Linien am Stuhlbalken auf die Stuhlsäule verlängert, welche man in Fig. 4 A vom Rahmen an denselben zog, und auf diese von den darauf gemachten Punkten 1, 2, den am Winkeleisen gehabten Abstrich nach 1', 2', herunter trägt, wodurch man an der Säule das abfallende Stück für die Höhe des Rahmens, sowie bei mehrer Stärke der erstern, das stehen bleibende Blatt hauptsächlich aber auch die richtige, unveränderliche Weite der in dem Stuhlbalken eingekämmten Rahmen auf die durch den Spannriegel verbundenen Stuhlsäulen, erhält, da man ersteres auch erhalten konnte, wenn man wie früher gezeigt, (Fig. 23 Taf. IX.) einen Abstich der Bundseite an die Säule macht.

Der Binder wird auseinander genommen, der Balken in die Zulage gebracht, und die beiden Stuhlsäulen dazu gelegt; ist dieses mit allen gefertigten Bindern geschehen, so werden die Rahmen und Säulen aufgenommen und die Stuhlwände abgebunden, Fig. 5 A, B. Dazu werden die Säulen gezapft und ausgeschert, — indem man die dazu nöthigen Linien auf der Bundseite nach der hintern überwinkelt und verteuft —, die Rahmen gelocht, und z. B. nach der Mittellinie gelegt, dann die Säulen eingesteckt und nach der Bundseite des zugehörigen Balkens gelegt oder eingewinkelt, die Bänder eingebracht, verbohrt und gezeichnet.

Letzteres ist hier nur bei den Bändern nöthig, da die Rahmen schon ein Zeichen auf der Balkenlage, die Säulen auf der Sparrenlehre das Zeichen des zugehörigen Binderbalkens erhielten, durch ein zweites Zeichen aber, welches hier nun nach der Reihenfolge trifft, beim Richten für den damit weniger Vertrauten leicht Verwechslungen und Irrungen entstehen.

Vor dem Abbinden der Wände war wiederum als vortheilhaft anzurathen, die Bandlöcher mit den Säulenlöchern zu schlagen, um die Wände zu erstern, wenn sie im Winkel gezogen sind, nicht wieder auseinander nehmen zu müssen.

Wollte man auf der Balkenlage auch auf der andern Seite des Binderstuhlbalkens die Abstiche für den Rahmen machen, so würden sich diese in der Sparrenlehre nicht gut an der Unterseite des Stuhlbalkens von da auf die Säule tragen lassen, daher dieses auch unterbleibt, und weil man auch ohnedies, bei gehöriger Genauigkeit, von der Bund- und Oberseite aus, die Verbindung richtig anschreiben kann.

Bei einem ausgebundenen, innerlichen oder äußerlichen Fachwerksgiebel, fällt der Spannriegel weg, weil die Stuhlsäulen durch kleine Riegel in Zwischensäulen verbunden werden; doch lassen Manche, der Holzersparniß wegen, auch denselben bei den Bindern weg, und stecken die Bänder des Querverbandes in den Stuhlbalken, dadurch wird jedoch das Richten eines solchen Dachwerks, das mit dem eingebundenen Spannriegel auf folgende Weise geschieht, erschwert: die Stuhlböcke, — aus Stuhlsäulen, Spannriegel und Bändern bestehend, — werden zusammengesteckt, genagelt, der Reihe nach aufgerichtet, bei langen Gebäuden stückweise durch aufgelegte Rahmen und die, den Längenverband sichernden Bänder, auf- und festgestellt. Nach dem Auflegen der Rahmen, welche zuvor außerhalb längs der Stuhlsäulen gelegt wurden, werden die Stuhlbalken aufgebracht, eingekämmt, und auf diese ein Bretboden gelegt, damit Leute darauf stehen können, um die Sparren helfen aufzuziehen, und dann mit den, über ihnen angebrachten Kehlbalken, zusammenstecken zu können.

Das Aufziehen der Sparren erfolgt entweder zuerst bis auf die Dachbalkenlage, auf der sie an den betreffenden Ort gebracht, dann mit dem untern Ende ein Stück über den Sims od. dergl. heruntergelassen, — damit das obere Ende unter den Stuhlrahmen herausgeht, — und nun wieder zum Auflegen und Befestigen aufgezogen werden, oder: es werden dieselben bis auf den Boden der Stuhlbalken — der Stuhlboden -- gezogen, auf welchem man sie bis an den zugehörigen Stuhlbalken schafft und von da herunterläßt, welches Letztere im Allgemeinen vortheilhafter sein dürfte; bei beiden Verfahren ist jedoch nach Umständen zu berücksichtigen, ob man z. B. bei wenig Leuten die Sparren erst alle aufbringt und dann auflegt oder einsetzt, oder ob man, bei mehr Leuten, den von einigen aufgebrachten Sparren, von andern fortbringen, und dann wieder von andern auflegen oder einsetzen kann.

Im letztern Falle müßten aber dann die Sparren der Reihenfolge nach, aufgebracht werden, weil es sowohl nicht gut ist, wenn viele Sparren von einer Seite aufgelegt werden, als es auch störend sein würde, einen Sparren an dem Ende, dann einen an dem andern, dann einen in der Mitte ꝛc. auflegen zu müssen.

Bei dem Richten ohne Spannriegel, werden die Stuhlwände aufgestellt, dann die Stuhlbalken eingekämmt, und als Querverband die Bänder zwischen Säulen und Stuhlbalken eingebracht. Wollte man auf diesem Stuhlboden, zu genanntem Zwecke, Sparren aufbringen, und daselbst zum Aufbringen derselben, Leute beschäftigen, so würde dieses gefährlich sein, und durch die dabei entstehende Bewegung, der Stuhl leicht möglicherweise der Quere nach, zusammenstürzen, denn die Bänder würden die Stuhlbalken aus den Kämmen heben, wenn diesem nicht dadurch vorgebeugt wird, daß während des Richtens Brete in schräger Richtung vom Balken nach den Stuhlsäulen genagelt werden.

Werden bei mehrer Tiefe des Gebäudes die Stuhlbalken so lang, daß sie die aufzulegende Last ohne Unterstützung nicht zu tragen vermögen, so legt man, gleich den Rahmen, und parallel mit diesen, einen oder mehre Unterzüge unter die Stuhlbalken. Diese Unterzüge, wohl auch stärker als die Rahmen, liegen entweder auf dem darunter befindlichen Spannriegel, unter welchem Säulen stehen; oder diese stehen in den Unterzügen, und die Spannriegel, sind entweder in die Säulen, oder, wenn die Unterzüge dicht unter dem Stuhlbalken, in jene verzapft; dann müssen aber andererseits die Stuhlsäulen so stark sein, daß hinter dem Rahmen eine Scheere (ein Blatt) bleibt, welche noch stark genug ist, um den Spannriegelzapfen zum Verbohren einbringen zu können.

Fig. 6. Um z. B. bei einem Unterzug für den darunter gehörenden Spannriegel, in der Lehre die Entfernung von dem Stuhlbalken zu finden, ohne deswegen die jedesmalige Höhe des Unterzugs zu messen, so wird diese nach dem Verkämmen desselben in der Zulage, auf ähnliche Weise, wie bei den Rahmen, mit angestochen, ohne Berücksichtigung seiner Breite, jedoch mit der, der Bundseite an Stuhl- und Dachbalken, wegen Anschreiben und Einstecken der darunter zu stellenden Säule.

Nachdem die Binder abgebunden sind, werden von einigen Leuten die Stuhlwände vorgenommen, während andere Sparren abbinden; die Säulen können nach jedem fertigen Binder gezapft, die Löcher in den Rahmen geschlagen werden, so daß man nach dem letzten Binder auch schon mit den Stuhlwänden anfangen kann, wenn man bei langen Zulagen vortheilhafter, dieselben nicht stückweise fertigen will, in welchem Fall die ganze Balkenlage belegt ist, wodurch für andere Arbeiten ein Aufenthalt möglich ist.

e. Das Dach mit liegendem Stuhl.

Sind die Stuhlsäulen der vorigen Construction dadurch hinderlich, daß sie keinen freien Bodenraum über die ganze Länge und Breite des Gebäudes lassen, so bietet das Gegentheil der liegende Stuhl, bei welchem die Säulen schräg unter den Sparren in deren oder etwas steiler Richtung stehen (liegen), und man dabei den verschwellten oder verriegelten Stuhl unterscheidet.

Bei dem verschwellten Stuhl liegt unten, hinter den Sparren, eine Schwelle auf die Balken gekämmt, in welcher die Säulen stehen, und von der, wie oben vom Rahmen, Bänder auf dieselben gehen, und so den Längenverband sichern, aber auch die Last auf die, dem Binder zunächst liegenden Balken, mit vertheilen, während bei dem verriegelten Stuhl die Last desselben der Binder allein zu tragen hat, indem die unteren Bänder wegfallen, dagegen für den Längenverband oben längere Bänder angewendet werden, welche über den, gewöhnlich bis 1 Elle vom Rahmen entfernten Stuhlriegel greifen. Wenn bei der vorigen Construction, durch die Stuhlsäulen, die Last des Daches mehr nach der Mitte der Balken wirkt, diese deshalb auch da unterstützt sein müssen, wirkt hier die Last durch die Stuhlsäulen auf die Enden der Balken, und somit auf die Umfassungen.

Ist die Balkenlage, Fig. 7, eingerichtet, die Sparrenlehre Fig. 8, mit Stuhlbalken gefertigt, so ist nun noch der Stuhl einzubringen. Zuerst sind hier die Rahmen und Schwellen, deren Schablone wegen des vieleckigen Querschnitts aus der Sparrenlehre entnommen wird, zu arbeiten.

Zu Erlangung der Schablone nimmt man, Fig. 11, ein Stück Bret, so breit als die Stärke des Rahmens, legt dieses innerlich, wo der Stuhlbalken einstößt, an den Sparren, und zieht darauf eine Linie 1, parallel mit dem Stuhlbalken; Manche schreiben nun zu dieser nach dem Winkeleisen eine andere, 2 als Kammtiefe parallel auf, und ziehen vom Anfang dieser, rechtwinklich zur oberen, die Linie 4, wodurch die spitze Ecke abgeschnitten wird, und für den Rahmen die Fase entsteht. Besser ist es jedoch, von der doppelten Kammtiefe 3, die Rechtwinkliche 5 zu ziehen, weil man dann, für die Höhe des Rahmens bis an die zur Seite rechtwinklich gezogene untere Linie 6, ein weniger hohes Stück Holz braucht, aber auch dadurch die Fase leichter vollkantig erhält. Die Form der Schwelle ist — umgekehrt — dieselbe des Rahmens, nur wird diese gewöhnlich des, bei flacher Lage möglichen Herunterdrückens — Aufkantens — wegen, etwas niedriger, seltner schwächer, eher stärker gemacht.

Fig. 12. A. Zu diesen Rahmen und Schwellen müssen schon wegen ihrer Höhe, und wenn sie vollkantig sein sollen, starke Stämme genommen werden, doch weicht man von der Schablone etwas ab, indem man sie am schwachen Ende etwas niedriger nimmt; dann müssen aber beim Stoßen dieser Stücke, welches allemal, wenigstens mit den Rahmen, auf einem Binder geschehen muß, schwache oder starke Enden zusammenstoßen.

Vortheilhafter ist es nach Fig. B, einen etwas stärkeren Stamm zu nehmen, und daraus zwei Rahmen zu trennen, wodurch man die Fase niedrig nehmen kann und vollkantig erhält.

Fig. C. Legt man beim Anschreiben der Schablone, dieselbe sowohl am starken als schwachen Ende des Stammes nach den beiden parallelen Seiten aufs Mittel, so hat man, wenn nach dem schwachen Ende die vollen Kanten fehlen, auf beiden untern Seiten Schalseite; um diese nur auf einer, aber nicht auf der breiten, der im Dache sichtbaren Seite zu haben, rückt man die Schablone etwas seitwärts, nach der schmalen Seite.

Fig. D zeigt, wie man bei breiterer Fase als die Kammtiefe, aus einem, mit C gleichen Stamme, ein stärkeres Stück erhält.

Ist ein Stamm zu einem solchen Rahmen gelagert, so wird die Schablone, Fig. 11, — nach 1, 5, 6 verschnitten, — mit den parallelen Seiten lothrecht an die vordere und hintere Stirn gehalten, danach diese Seiten abgeschnürt und gearbeitet; dann wird der Stamm umgelegt und die, zu der behauenen, rechtwinkliche Seite gearbeitet, Fig. E. Um nun die schiefwinklichen Seiten zu erhalten, wird der Stamm mit der, nach der Schablone angeschriebenen Linie, lothrecht gelegt, Fig. F — die breite Seite unterwärts, — schräg auf die ausgekerbte Seite eines Stück Holzes — Sattel —; beim Abschnüren dieser Seite darf jedoch der Stamm von einem Lager zum andern nicht einbiegen, sondern muß in der Mitte in grade Richtung gehoben, oder dann besser, noch ein Lager angebracht werden.

Es würde falsch sein, diese schräge Seite nach Fig. E auf die, nach dem Querschnitt wagrechte Seite abzuschnüren, da diese — als auch andre — möglicherweise doch nicht allemal als ganz genau grad und lothrecht gearbeitet, anzunehmen sein dürfte; sonst würde es richtig sein, und in dieser Lage würde dann auch das Einbiegen Nichts schaden.

Nach dem Bearbeiten dieser Seite wird der Rahmen in dem Sattel so gewendet, daß dieselbe oben wagrecht, die rechtwinkliche Ecke, welche die breite Seite mit der Stärke des Rahmens macht, in den Winkel des Sattels kommt, wodurch die Fase lothrecht wird. Beim Abschnüren derselben muß der Rahmen ebenfalls in der Mitte etwas gehoben werden, weil derselbe, in Folge seiner erhaltenen Form, nicht lothrecht, sondern nach seitwärts einbiegt.

Die Kerbe des Sattels, welcher aus einem kurzen Stück Holz — $\frac{3}{4}$—$\frac{5}{4}$ Elle lang — gefertigt, von denen dann auch später mehrere gebraucht und alle nach dem erstern vorgeschrieben und gearbeitet werden, muß stets nach dem einliegenden rechten Winkel des Rahmens, rechtwinklich sein; doch hängt die Neigung der Schenkel dieses Winkels stets von der Neigung des Rahmens, welche der Neigung der untern Seite des Sparrens gleich ist, ab, wonach der Winkel, Fig. 13, A, B, aufgelegt wird.

Diese geringfügige Nebenarbeit wird von Vielen unüberlegt und unverstanden gefertigt, dadurch aber kein richtiges Lager für die einzulegenden Rahmen gegeben, vielmehr Umstände durch Nachkeilen 2c. verursacht.

Nach dem die Schwellen und Rahmen gearbeitet, werden dieselben auf die Zulage gebracht, erstere b, Fig. 7, eingekämmt, wobei man sie nicht dicht an die Sparren, sondern die Fase z. B. 1 Zoll von dem innern Aufstand jener, abrückt; diesen Abstand schreibt man an den Giebelsparren zurück, und schnürt diese Linie auf. Die Rahmen werden in die gefertigten Sattel f, Fig. 9, gelegt, von denen wenigstens auf jedem Binder einer liegt; zur Bestimmung der Weite der Rahmen, legt man auf den abgebundenen Stuhlbalken ein, zu einem andern bestimmtes Stück Holz, schreibt die Länge des untern bis an die Zapfen, sowie das Mittel daran auf. Diese beiden Stücke werden nun auf die Rahmen gelegt, daß ihr Mittel auf das der Dachbalken trifft, die Rahmen so gerückt, daß die schräge Brust des Stuhlbalkenzapfens, wenn der Stuhlbalken eingekämmt ist, mit der schrägen äußern Seite des Rahmens verläuft; besser ist es jedoch, die Rahmen — wie bei den Schwellen — nach Fig. 14 noch um 1 Zoll von den Sparren abzurücken, da letztere nicht alle genau gleich breit sind — und wohl einige breiter sein könnten als die Lehrsparren, von welchen das Maß abgenommen wurde —, so daß dann die breitern Sparren nicht an der Brust des Zapfens zum An- oder Aufliegen kommen.

Die Rahmen und Stuhlbalken werden nun befestigt, wohl auch erst eingekämmt, dann die übrigen Stuhlbalken aufgeschnürt, aufgekämmt und gezeichnet, das Mittel aufgeschnürt, sowie die Bundseiten der Binder an den Stuhlrahmen bemerkt und die Abstiche für Rahmen und Schwellen angeschrieben, Fig. 9, welches auf ähnliche Weise wie bei den Rahmen am stehenden Stuhl mittels des, mit dem Abstich versehenen Winkeleisens geschieht, da hier die Stuhlsäulen in die zur schrägliegenden Richtung der Rahmen und Schwellen rechtwinkliche Seite gezapft werden.

Sind, Fig. 15. A, in der Zulage die Abstiche der Schwellen an den Balken gemacht, — indem man das Winkeleisen an die parallele Seite anlegt, darnach vorschreibt, und von der Ecke, welche diese Seite mit der dazu rechtwinklich sein sollenden macht, das Stichmaß nach 1, 2 abträgt —, so geschieht dieses nach Fig. 16 B, auf gleiche Weise bei den Abstichen für die Rahmen an den Stuhlbalken nach 2, 3. Dabei tritt jedoch der Fall ein, daß die Abstiche entweder der untern oder obern Seite, manchmal auf die Schalseite der, oft, namentlich am schwachen Ende schalseitigen Stuhlbalken trifft, dann muß man, wenn dies auf der o b e r n Seite geschieht, ein kürzeres, — auf der u n t e r n ein längeres Stichmaß, (nach 1) — als auf der andern Seite nehmen, doch dieses anmerken, damit man beim Auftragen auf die Stuhlsäule, daselbst wieder dieses Stichmaaß nimmt. Nimmt man erst auf der einen Seite z. B. 10 Zoll, auf der andern 12 Zoll, so sieht man dann bei diesem Auftragen, daß man nicht auf beiden Seiten des Rahmens gleiches Maaß (10 Zoll) von den Abstichen des Stuhlbalkens nehmen kann, weil sonst die Auflage des Rahmens auf der Stuhlsäule schiefwinklich wird, man somit dann den Unterschied des Stichmaaßes nicht anzumerken braucht, wenn man denselben auffällig annimmt.

Nachdem so die Abstiche der Rahmen und Schwellen gemacht wurden, und dieselben, sowie die Stuhlbalken, gezeichnet sind, werden sie abgeräumt, und nun die Binder abgebunden, Fig. 8, A. Dabei werden die, in der Breite mit Anlauf gehauenen Stuhlsäulen a, nachdem die Sparren mit einem Binderbalken und dem zugehörigen Stuhlbalken verbunden, an der innerlichen Seite der Sparren auf den Dach- und Stuhlbalken gelegt, in schiefen Winkeln unten und oben parallel stumpf verschnitten und eingelegt, indem Bretstücke 2c. auf die Sparrenlehre untergeschoben sind, welche das Durchfallen verhindern. Dann wird der Spannriegel d, gewöhnlich mit Versatzung ziemlich oben am Ende zwischen die Stuhlsäulen eingebracht, wozu beide Säulen, wenigstens oben, aufgehoben und dann zugleich eingelassen werden müssen, sowie die Jagdbänder e, ebenfalls mit Versatzung eingesteckt, das Ganze wie gewöhnlich verbohrt, gezeichnet und die Abstiche auf die Säulen gemacht, indem man wieder, z. B. Fig. 15 B, das Winkeleisen nach den am Balken gemachten Linien auflegt, diese auf die Säule verlängert, und das Stichmaaß von dem Abstich auf diese Linie nach 1′, 2′ trägt.

Dasselbe Verfahren wird beim Auftragen der Abstiche vom Stuhlbalken auf die Stuhlsäule, Fig. 16 A, beobachtet.

Um nach dem Einbringen des Spannriegels, denselben nebst den Stuhlsäulen nicht wieder zum Schlagen der Jagdlöcher herausnehmen zu müssen, so schreibt man diese gleich beim Auflegen gen des Spannriegels an diesen und beide Säulen mit auf.

Die Länge dieser Löcher erhält man, wenn man, Fig. 18, aus dem Winkel, welchen der Spannriegel mit der Stuhlsäule bildet, an beide die Entfernung 1, 2 anschreibt, in welcher das Band an sie mit der langen Seite zum Anstehen kommt; diese beiden Punkte verbindet man z. B. durch ein aufgelegtes Lattenstück 3, und sticht rechtwinklich zu diesem die Breite des Jagdbandes an Säule bei 4 und Spannriegel bei 5, so ist 1—4 und 2—5 die Länge der Löcher.

Nachdem die Binder abgebunden sind, wobei nach jedem der Balken wieder in die Zulage geschafft und die Stuhlsäulen dazu gelegt wurden, geschieht das Abbinden der Stuhlwände. Dazu werden, Fig. 10 A, die Rahmen, Schwellen und Säulen aufgenommen, die Zapfen, wie früher angegeben, an die Stuhlsäulen von der Bundseite übergewinkelt und gearbeitet, die Löcher danach in Rahmen und Schwelle geschlagen und dann mit jenen zusammengesteckt. An dem Rahmen wird die Kammtiefe, auf eine Säule ein Beischlag geschnürt, mit diesen der Deichselwinkel gemacht, danach die Wand in Winkel gezogen, die Säulen angebessert und zusammen verklammert.

Geschah es auch hier, daß die Bandlöcher mit den Säulenlöchern angeschrieben und geschlagen wurden, so sticht man die Auflage der Bänder von Rahmen und Schwelle, an den Giebelsäulen auf, schnürt diese über, legt die Bänder danach und bringt sie ein. Dieselben werden nicht nur auf der Säule, sondern auch in Rahmen und Schwelle verbohrt, dann gezeichnet.

Diese Bänder erhalten auch auf Rahmen und Schwelle, anstatt des Zapfens ein Baltt; weniger anzurathen ist aber, dieselben an die Stuhlsäulen nur anzuschmiegen und dann mit eisernen Nägeln zu befestigen, weil dadurch beim Richten jeder Bock in die richtige Stellung gelothet werden muß.

Wird auch hier, unter den Stuhlbalken ein Unterzug, l Fig. 8, wie in der vorigen Construction, angenommen, so ist dabei dasselbe zu beobachten, wie daselbst angegeben wurde. Ebenso fällt auch hier, Fig. 19, bei Fachwerksgiebel der Spannriegel weg.

Bei der mehrern obern Breite der Stuhlsäulen bleibt daselbst innerlich ein Blatt, — Scheere — stehen, meist um den Rahmen vor dem Wenden nach dieser Seite zu entgegnen; eine etwas schwächere Scheere entsteht auch unten, welche, wenn sie innerlich ist, damit zugleich auf dem Balken steht, und sowohl dadurch, als auch wenn dieselbe äußerlich ist, ebenfalls die Schwelle vor dem Wenden sichert. Bei breiteren Stuhlsäulen, und wenn Rahmen und Schwelle einige Zoll von den Sparren abgerückt sind, entsteht wohl unten und oben auf jeder Seite eine Scheere; doch ist die untere innerliche, beim Richten mit ganzen Böcken, hinderlich, und fällt dieserhalb weg.

Auf die obere Scheere muß noch mehr Rücksicht genommen werden, wenn, wie Fig. 20, der Spannriegel an den Stuhlbalken gerückt wird, und sie allein den Zapfen zum Verbohren aufnimmt.

Bei massivem Giebel fällt auch hier der Spannriegel weg, — theils weil derselbe bei Anbringung von Fenstern gewöhnlich von dieselben kommt — und es werden dann die Stuhlsäulen durch entgegenstehende Streben i vom Giebelbalken aus, unterstützt, an welche auch zugleich die Giebelanker befestigt werden.

Beim Richten dieses Stuhles, werden die Schwellen eingekämmt, die Rahmen äußerlich daneben auf den vorstehenden Balkenkopf, die Säulen unten vorgelegt, dann die Binder zusammengesteckt und genagelt, oben gehoben und aufgerichtet, und die untern Bänder eingelegt, wodurch jeder Bock einstweilig festen Stand erhält. Hierauf werden die Rahmen auf den Stuhlsäulen hinaufgeschafft, oben eingelegt, die Bänder eingesteckt und vernagelt, dann die Stuhlbalken aufgebracht und eingekämmt, und darauf Boden gelegt, um von da aus, wie früher, die Sparren mit aufziehen und zusammenstecken zu können.

Ist ein solcher Stuhl hoch, so dürfen die, den sichern Stand desselben gewährenden Bänder nicht zu kurz sein, weil sonst bei dem entstehenden Schaukeln leicht ein Ausheben der Säulen, der Rahmen, Ausbrechen und Ausreißen der Zapfen und Aufschlitzen der Löcher entstehen, überhaupt der Stuhl zusammenbrechen kann.

Der Fachwerksgiebel wird gewöhnlich im untern Theil zusammengesteckt, vernagelt und aufgerichtet, da das einzelne Einriegeln in die freistehenden Säulen bei hohem Giebel sehr gefährlich ist; beim Abbinden desselben kann man die Säulen, Riegel und Bänder auf Balken, Stuhlsäulen und Stuhlbalken zulegen und abbinden, wie bei Fig 3, Taf. IX., angegeben.

Sind die Sparren über den Stuhlbalken noch sehr lang, so bringt man, gegen das Einbiegen, der Sicherheit wegen, darüber den Kehlbalken an.

Bei niedrigem Stuhl fallen die untern Bänder, und somit auch die Schwellen weg, und bleiben für den sichern Stand des niedrigen Daches, nur die obern Bänder; doch läßt man die Schwellen mit den untern Bändern auch bei hohem Stuhl weg; um jedoch dann den obern Bändern mehr Festigkeit zu geben, und mehr gegen das Verschieben zu wirken, werden die Stuhlriegel g, Fig. 10 B, über die Stuhsäulen geblattet, über und in welche die Bänder eingreifen; dadurch entsteht der verriegelte Stuhl, Fig. 7 B, 8 B, 9 B, 10 B, wobei noch Einiges über das Einstehen der Stuhlsäulen in den Balken, sowie über das Einlegen der Riegel zu erwähnen, das Uebrige aus dem Vorhergehenden bekannt ist: da die Stuhlsäulen unten an dem Sparren steht, so dürfen die Zapfenlöcher für beide nicht eines bilden, sondern es muß jedes für sich sein, damit die Aechslung von dem Sparrenloch nicht herausgedrückt wird. Diesem zufolge setzt man das Stuhlsäulenloch auch in gleiche Brüstung mit dem Sparrenloch, ächselt aber dasselbe, und bringt zu mehrer Sicherheit noch Versatzung an; oder man versetzt das Stuhlsäulenloch, indem man demselben andre Brüstung als dem Sparrenloch giebt; oder man rückt die Stuhlsäule unten etwas vom Sparren ab, Fig. 7 B.

Durch die Verzapfung der Stuhlsäulen in den Balken, wird das Einbessern des Spannriegels erschwert, und ist es besser, dieselben dabei unten aufzulegen, während man bei Annahme der Schwelle, und abgesehen von einer Scheere an der Stuhlsäule, diese daselbst so verschneidet, daß sie nicht scharf an den Balken stoßen, damit man die Stuhlsäulen während dem Einbessern des Spannriegels herunterziehen kann, wodurch man oben mehr Weite erhält, und dann, nach dem Aufrücken der Stuhlsäulen, in den unten entstehenden Zwischenraum einen Keil bringt, welcher zugleich die Stuhlsäule etwas fester legt.

Fig. 10 B. Sind die Stuhlsäulen zum Abbinden der Stuhlwände unten nach der Bundseite mit ihrem Zapfen nach dem Loche vorgelegt, und mit dem Rahmen in Winkel gezogen, so wird die Entfernung der Riegel vom Rahmen, abgestochen und übergeschnürt, die Riegel, welche allemal so lang sein sollten, daß sie über die Stuhlsäulen zweier Binder reichen, wie bei der Windlatte bemerkt, Fig. 11, Taf. IX., werden so aufgelegt, daß ein Riegel links, der andere rechts dieser Schnur bündig ist; sie werden mit Schwalbenschwanzblättern eingelassen und die Bänder darüber, wie bekannt, eingelegt ꝛc.

Beim Richten werden die Böcke ebenfalls zusammengeschlagen, und, wenn zwei nebeneinanderfolgende aufgerichtet sind, der vordere und hintere Riegel nebst den Bändern eingelegt; dann wird der dritte Binder aufgerichtet, welcher wieder durch Riegel und Bänder an die bereits stehenden, befestigt wird; doch müssen diese Bänder so lang genommen werden, daß der Theil unter dem Riegel, länger und schwerer als der über demselben ist, weil ihr Einlegen dadurch erleichtert wird, indem sie dann dabei nicht so leicht überschwenken können.

Nach diesem Aufstellen macht jedoch das Einlegen der Rahmen, namentlich bei hohem Stuhl, wo man von unten keine Gewalt brauchen kann, wegen des Einsteckens der obern Bänderzapfen, manche Schwierigkeiten, wenn diese Bänder nicht gut eingepaßt sind, da sie auf dem Riegel nicht nachgeben; dagegen gewähren diese Riegel einigen Aufstand für Arbeiter beim Aufziehen und Einkämmen der Stuhlbalken, welches dann so geschieht, daß die letztern auf der Balkenlage unter den betreffenden Ort gebracht, dann beiderseits mittels Seilen, welche über den Rahmen liegen, bis an denselben aufgezogen, dann mit einem Ende aufgehoben und verzogen werden, damit das andere Ende ebenfalls aufgehoben und der Stuhlbalken nach dem erfolgten Zurückziehen eingekämmt werden kann.

In Fig. 17 ist die Form einer Schwelle angegeben, deren untere Seite breiter ist und dadurch sicherer liegt, aber auch ein stärkeres Stück Holz erfordert. Beim Anschreiben des Stichmaaßes sind nach der, auf der innerlichen lothrechten Seite gezogenen Linie, zwei Abstiche zu machen, einen für die obere volle Ecke, der andere für die stumpfe Ecke auf der Aufstandseite der Säule, welche Maaße nach Fig. B wieder auf die Säule getragen werden.

Ist, Fig. 21, wegen geringer Höhe vom Dachbalken, der Spannriegel b dicht an den Stuhlbalken a gelegt, es soll aber unter dieselben, wegen ihrer Länge auch ein Unterzug gelegt werden, so muß man denselben in Stücken c,c zwischen zwei Spannriegel, oder den Spannriegel als Stücke in den durchgehenden Unterzug einzapfen. In beiden Fällen müssen dann die Unterzüge und Spannriegel auf der Balkenlage mit aufgelegt, ehe die Stuhlbalken eingekämmt werden, und sind dann die Stichmaaße für die zerschnittenen, eingezapften Stücke, sowie die Bundseiten, anzuschreiben. Nach diesen Stichmaaßen werden entweder die Spannriegelstücke, beim Abbinden auf der Lehre, in der Mitte um die Breite des Unterzugs, oder, im andern Fall, wenn von der Unterzugssäule Bänder nach demselben gehen, die Unterzugsstücke beim Abbinden dieses Längenverbandes, danach, um die Breite der Spannriegel auseinandergerückt. Je nach Umständen wird dann querüber, unter den Spannriegel, ein Stück Holz — Jochstück d — gelegt, welches unter die eingezapften Unterzugsstücke greift, und unter welchem dann die Säule e steht.

Tafel XII.

f. Das Rahmen- oder Fettendach.

Diese Construction findet da am vortheilhaftesten Anwendung, wo keine vollständige Dach- oder Stuhlbalkenlage zu Auflegung der Fußböden ꝛc. nöthig ist; dieserhalb werden nur Binder angeordnet, welche die Sparren, und mit diesen die Bedachung, durch aufgelegte Rahmen — Fetten *) — zu tragen haben, so daß die leeren Dach- und Stuhlbalken wegfallen können. Doch kommt es auch vor, daß diese Construction auf verschiedene Weise bei vollständigen Balkenlagen, namentlich bei solchen angewendet wird, wo die Balken weiter als gewöhnlich, die Sparren aber enger eingetheilt sind.

Ist, Fig. 1, die Balkenlage eingerichtet, nach Fig. 2 die Lehre, maßgebend für die Balkenlage mit Bindern, auch hier mit einem Binderbalken und zwei Sparren a gebildet, so werden in gleicher Entfernung von letztern die Doppelsparren — Rahmen- oder Fettensparren d — mit dem Kehlbalken e, hier auch Spannriegel genannt, eingebunden, und an den Sparren die Bundrisse der, zwischen dieselben einzulegenden Rahmen b, übergewinkelt, Spannriegel und Sparren verbohrt, und gezeichnet. Die gleiche Entfernung der Sparren muß zwei Kammtiefen weniger betragen, als die eigentliche Höhe der Rahmen erfordert, da dieses Maaß wegen zweimaliger Verkämmung in Abzug zu bringen ist. Hiernach werden nun alle Binder und Leergespärre abgebunden, wobei an jedem Sparren die Bundrisse der Rahmen anzumerken sind; ist dieses geschehen, so werden, Fig. 3, von einer Seite die Doppelsparren d, (ähnlich wie beim Abbinden der Windlatte) auf die Zulage nach der Bundseite auf den zugehörigen Balken gelegt, so daß z. B., Fig. 4, der obere Bundriß auf das Mittel derselben trifft; oder man legt die Doppelsparren nach der Bundseite unten über ihr, Loch vor, zieht sie nach der Länge der Balkenlage mit einer, auf entsprechende Bundrisse, ausgezogenen Schnur, und nach einer, parallel zur Bundseite eines Sparrens geschnürten Linie, in

*) Durch die Bezeichnung des Rahmens, mit dem andern Worte: Fette, daher auch das Dach, mit Anwendung derselben, Fettendach genannt; da hier aber die Bezeichnung Rahmen beibehalten wird, so würde dann dieses Dach mit: Rahmendach zu bezeichnen sein.

Winkel. Dann werden die Rahmen b nach den Bundrissen aufgelegt und eingekämmt; ihnen zur Seite werden noch Knaggen c, Fig. 2, mit hölzernen oder eisernen Nägeln befestigt, besser noch mit Versatzung eingelassen. Zwischen die Rahmen werden Bänder, gewöhnlich Kreuzbänder, entweder stumpf mit Versatzung, oder mit kurzen Zapfen, oder kurzen Blättern, — um die Rahmen nicht zu schwächen —, eingelassen; auf diese werden die Sparren übergeschnürt, — hier wie bekannt, nach der Bundseite von den Mauerlatten aus, beim Fehlen der Balken nach der, auf den Mauerlatten zwischen den Binderbalken anzugebenden Eintheilung der Sparren —, danach und nach den Bundrissen auf die Bundseite der Rahmen gelegt, dann eingekämmt. Da jedoch die Seite des untern und obern Sparrens, welche mit den Rahmen verkämmt wird, nicht ganz genau grade sein könnten, so würden vielleicht die Kämme gleiche Tiefe haben, aber die Dachseite der Sparren keine ganz ebene Fläche bilden. Diesem zufolge ist es besser, die Kämme nach gleichen Maaßen aufzuschnüren, welches an den Sparren auf der Lehre geschieht, indem man auf dem Lehrbinder, bei welchem zu der gleichen Entfernung der beiden Sparren noch auf jeden für die Rahmen eine Kammtiefe hinzukommt, diese unten und oben aufschreibt und gegenseitig aufschnürt; unten und oben mißt man die Entfernung der Schnurschläge von der Dachseite herein, ab, und trägt diese auf jeden folgenden, welcher abgebunden wird. Dadurch erhält man bei der danach erfolgten Einkämmung eine ebene Dachfläche, vorausgesetzt, daß noch die einzukämmenden Rahmseiten, auf welche man nun nur noch Rücksicht zu nehmen hat, ganz genau grade und parallel sind.

Stehen alle Dachsparren, wie hier, in Balken, so geschieht die Verkämmung derselben nur aus Vorsicht gegen die aus vorhergehendem Grunde angenommenen Abweichungen; eben so ist die Verkämmung der Rahmen nicht nöthig, wenn sie, außer den Knaggen, auf den Bindern durch Bolzen mit beiden Sparren, jedoch erst nach Auflegung des äußern, fest verbunden werden.

Kreuzen sich die Bänder, — welche nur die Stärke zu haben brauchen, welche die Entfernung der beiden Sparren läßt — auf dem Bindersparren, so tragen sie, durch Einstehen mit Zapfen in den Rahmen, in Etwas das Einbiegen derselben zwischen zwei Bindern, deren Entfernung von einander sich nach der

Stärke der Rahmen und nach der Schwere der Dachdeckung richtet; wenn nicht anders durch letztere und durch bestimmte Eintheilung der Binder, die Stärke der Rahmen bedingt wird; doch darf diese Entfernung allgemein nicht zu groß genommen werden, weil die Rahmen zwischen ihrem Auflager im Binder, keine Unterstützung durch Bänder oder Säulen finden, dadurch aber, wenn diese noch angebracht werden, die Construction leicht ihren Zweck verfehlen möchte.

Sind die Kreuzbänder stärker als der Zwischenraum der beiden übereinander liegenden Sparren, so müssen sie entweder in den untern, oder obern, oder in beide eingelassen, wodurch diese geschwächt werden; oder die überflüssige Stärke wird aus den Bändern genommen, wodurch Holz verschwendet wird und unnöthige Arbeit entsteht.

Wurde hier, wegen der vollständigen Balkenlage, die Lehre mit einem Lehrgebind gemacht, so konnte man bei mehrern Leuten nach dem zuerst erfolgten Abbinden der Binder, die Doppelsparren, wenigstens einer Seite auflegen, die Rahmen einkämmen, die Bänder einlegen, und dann die Bindersparren einkämmen, während Andre die Lehrgebinde fertigten, so daß nur noch diese Sparren einzukämmen sind, wenn man dies nicht schon vor ihrem Abbinden, mit dazu bestimmten Hölzern thun will, welche man dann nach den daran gemachten Bundrissen auf der Lehre zulegt.

Beim Richten werden die Binder — die Doppelsparren mit dem Spannriegel — zusammengesteckt, vernagelt und aufgerichtet, dann werden nach diesem die Rahmen aufgelegt, die Bänder eingebracht, wodurch die Binder einen festen Stand erhalten, so daß nun die Sparren aufgelegt werden können.

Fig. 5. Ist ein Rahmendach auf eine Balkenlage zu setzen, deren Eintheilung nicht mit der, der Sparren trifft, so muß auch auf die Balken ein Rahmen, hier Schwelle genannt, f Fig. 5, 6, gelegt werden, auf welcher man die Sparren einkämmt. Da man von dieser Schwelle nur an dem Binderbalken das Stichmaaß anschreiben kann, um danach auf der Lehre die Einkämmung anschreiben zu können, so ist es nöthig, daß diese genau von einer Stärke gehauen, aber auch, obgleich für das Stichmaaß am Binder weniger störend, in gleicher Tiefe und Richtung eingekämmt wird. Die Sparren werden auf der untern Schwelle, wohl auch auf dem obern Kopfrahmen, welcher auf der von den Doppelsparren getragenen Mittelsäule liegt, mit eisernen Nägeln befestigt.

Dieser Kopfrahmen kommt beim Abbinden der übrigen Rahmen, nicht mit dazu, weil er wegen seiner gewendeten Lage nicht gut zu jenen paßt, aber auch an den Sparren die Klaue auf demselben in der Lehre angeschrieben und gearbeitet wurde. Die Verkämmung der Schwelle f, Fig. 5, mit den Bindersparren, geschieht erst zugleich mit der der Rahmen, nach dem Abbinden der Binder, auf der Zulage nach den in der Lehre vom Stichmaaß abgenommenen Abstichen und Bundrissen.

Ist bei dieser Balkeneintheilung die Schwelle auf den, Fig. 7, um so viel längern Balken herausgerückt, daß die Sparren in dieselbe zu stehen kommen, — welche ebenfalls wegen der gleichen Dachflucht genau gearbeitet und eingekämmt werden muß —, so wird deren Stichmaaß an dem Binderbalken angestochen, und dann auf der Lehre von demselben auf den Sparren getragen.

Nimmt man einen Lehrbalken zum Lehrgebind, so werden die Dachsparren dazu, des bessern Haltens wegen, erst auch in dem Balken eingezapft, deren Zapfen aber später für die Höhe der Schwelle abgeschnitten. Die Verzapfung der Sparren in die Schwelle, geschieht hier nicht nach einem, an alle gleich angeschriebenen Stichmaaße, sondern der Verschnitt derselben wird auf der Zulage, wenn sie nach den Bundrissen auf die Rahmen gekämmt sind, von dem, nach dem Stichmaaß angeschriebenen Verschnitt zweier Bindersparren, auf die zwischenliegenden Lehrsparren geschnürt, da doch wohl anzunehmen ist, daß die Schwelle, auf die Entfernung zweier Binder, möglichst grade ist.

Zu Bestimmung der Klaue an den Sparren auf dem Kopfrahmen, Fig. 6, wird die Stärke desselben von dem Mittel, in welchem die Sparren stumpf zusammenstoßen, nach links und rechts getragen, und nach der Tiefe der Klaue von der Dachseite aus, wagrecht (rechtwinklich) querüber geschrieben. Diese Klaue wird an jeden Sparren von dem untern Lehrsparren aufgewinkelt, und an der eingebundenen Kopfsäule wird, von der wagrechten Seite der Klaue, an die kürzern nicht bis dahin reichenden Säulen, ein Stichmaaß angestochen, besser von einem untern angemerkten aufgewinkelt, um dadurch nach Abzug des Rahmens den Verschnitt zur Verzapfung zu erhalten.

Zu mehrer Sicherheit werden von diesen Mittelsäulen, welche auf den Spannriegeln festen Stand haben, oder von den Doppelsparren getragen werden können, nach dem Kopfrahmen Bänder angebracht, um sowohl den Längenverband gegen das Verschieben, als auch das Einbiegen des Rahmens zwischen zwei Säulen zu verhindern. Der Kopfrahmen wird auf das Mittel der Balkenlage gelegt, die Bundseiten der Balken aufgeschnürt, um danach die Kopfsäulen einstecken, die Leersparren danach beim Richten in richtiger Lage auflegen zu können.

In Fig. 8 geben die Rahmen zugleich die Stelle der Sparren ab; sie sind so eng gelegt, daß darauf die Schalung, jedoch nach der Dachneigung, befestigt werden kann.

Fig. 9 giebt eine andre Construction eines Rahmendachs, bei welchem in den Bindern zwei Säulen meist die Last des Daches tragen, indem dieselben, wie bei stehendem Stuhl, auf dem Balken stehen, oder, wenn dieser frei liegt, durch zwei Streben getragen werden müssen. Die Streben tragen auf die Hälfte ihrer Länge noch einen Rahmen gegen das Einbiegen der Sparren zwischen ihrem Aufstand auf dem Balken und ihrem Auflager auf den von den Säulen getragenen Rahmen; diese werden wieder von Bändern unterstützt, welche nach den Säulen heruntergehen, wodurch der Längenverband gebildet wird.

g. Das Dach mit versenkter Balkenlage.

Um namentlich bei flachem Dach, den Dachraum besser benutzen zu können, so läßt man die Umfassung noch ein Stück über die Dachbalkenlage aufführen, und von da erst die Neigung des Daches anfangen. Dadurch liegt diese Balkenlage, von außen betrachtet, gegen die Abgleichung oder gegen die Höhe der Umfassung versenkt, aus welchem Grunde überhaupt alle auf diese Weise construirte Dächer, bei denen die frühern Constructionen Anwendung finden, diese allgemeine Benennung erhalten haben.

Da bei diesem Dache nur die Bindersparren über die Binderbalken treffen müssen, so gewähren sie auch den Vortheil, daß die Balkenlage weder vollständig, noch mit den Sparren gleich, eingetheilt ist. In Folge der Erhöhung über die Dachbalken haben diese nicht alle und nicht unmittelbar die Sparren und mit ihnen das Dach zu tragen, sondern es geschieht dieses durch eine Wand, Trempel- oder Stempelwand, aus Säulen, — Trempel oder Stempel genannt, — und Rahmen bestehend, entweder durch Aufklauen der Sparren oder durch Einstehen derselben in Stichgebälken, wobei jedoch auf den Bindern Zangen angewendet werden, welche den Schub der Sparren aufhalten, indem sie mit den Stuhlsäulen oder mit den demselben, auf dieser Seite entgegenstehenden Streben, sowie mit der Stempelwand verbunden sind.

Fig. 11. Dachconstruction bei versenkter Balkenlage, mit liegendem Stuhl und Stempelwandstichgebälke. Nachdem, nach Fig. 10 A, die Balkenlage eingerichtet, ist es nun hierbei das Schwierige, die Lehre anzufertigen, zu welcher man am liebsten einen Binder nimmt. Diesen legt man an seinen beiden Enden auf lange Lager, welche querüber unter demselben liegen, und oberhalb des Balkens in Höhe der Stempelwand vorgehen müssen. Auf einige solche, nach Länge von Bretern auseinander liegenden Stücken, wird, Fig. 13, mit diesen Bretern ein Boden gelegt, auf diesem die Lage durch die Linie 1, die Höhe der Stempelwand bis an die Linie 2, sowie auf dieser das äußerste Ende des Stichbalkens, nach der zu gebenden Ausladung, durch den Punkt 3 bezeichnet. Hierauf wird eine Mittelsäule, wie bei der ersten Lehre angegeben, eingewinkelt, darauf die Höhe des Daches angegeben; dann wird auf jeder Seite eine Stempelsäule, bis an die Linie 2 reichend, eingesteckt, sowie nach dieser Linie ein Binderstichbalken aufgelegt, und auf letztere von dem Punkte 3, die Sparren nach der auf der Mittelsäule angemerkten Spitze des Daches. Sind die Sparren in dieser Lage mit den Stichbalken verbunden, so wird der Stuhlbalken eingebracht, und die Mittelsäule herausgenommen, dann werden die Stuhlsäulen aufgelegt, oben stumpf angeschnitten unten mit Zapfen in den Balken eingesteckt, in ihrer Mitte die Breite der Stichbalken, an diese die schräge Lage gewinkelt, um hier den Stichbalken mit einem Blatt in die Stuhlsäule einlassen zu können; ist dieses geschehen, so wir der Spannriegel mit den Bändern eingebracht. Fig. 11.

Da bei dem Abbinden die Stücke, eine recht feste Lage haben, so muß Alles gut verklammert, und darauf Rücksicht genommen werden, daß diese wegen Anschreiben, Lochen und Zusammenschneiden 2c. nicht so oft auseinander genommen und dann wieder in ihre richtige Lage gebracht werden müssen.

Auf den Stuhlbalken wir das Mittel übergeschnürt, am Balken vorn und hinten das Beimittel angegeben, und dieses lothrecht darüber an den Stichbalken a, Fig. 11, getragen; an die

Stempelsäulen wird der Abstich gemacht, von der Stuhlsäule nach dem Winkel, welchen sie mit dem Stuhlbalken bildet, die Schablone zum Stuhlrahmen abgetragen, der Binder verbohrt, gezeichnet und auseinander genommen.

Nun werden, Fig. 10 A, B, Fig. 12, die Stempelwandrahmen d mit ihrer Bundseite nach der des Aufstandes der Säulen e auf die Balken gelegt, dahinter, zum Aufheben der Stichbalken in die richtige Lage, einstweilig ein andrer Rahmen g, z. B. durch Sparren gebildet; über diese Rahmen werden die Bundseiten der Binderstichbalken a, nach denen der untern aufgeschnürt, dieselben danach nnd nach der angeschriebenen Bundseite der Stempelwand sowie dem vorher auf dem Balken aufgeschnürten Beimittel, aufgelegt und eingekämmt.

Hierauf wird vom Beimittel die Bundseite der Wechselbalken b angeschrieben, wohl auch überschnürt, dieselben aufgelegt und eingebracht; dann werden auf den Rahmen, zwischen den Binderstichbalken, die Lehrstichbalken c eingetheilt, — unbekümmert um die Unterbalken, — gegenseitig übergeschnürt, eingebracht, und darauf ebenfalls das Beimittel geschnürt; das Stichgebälke wird dann verbohrt, gezeichnet, an die Rahmen die Bundseite der Binderbalken angeschrieben, auseinander- und heruntergenommen.

Hatte man die Stuhlrahmen gearbeitet und aufgebracht, so erhielt man beim Ueberschnüren der Stichbalken, auf ihnen zugleich die Lage der Stuhlbalken; diese wurden wie bekannt, gelegt, eingekämmt, das Stichmaaß der Rahmen angegeben rc. und dann mit abgeräumt.

Der Binder wird wieder als Lehre zusammengesteckt, und danach die übrigen abgebunden; dann werden die Stuhlwände, hier verriegelt, (wegen ihrer Lage seltner verschwellt) wie bekannt, abgebunden; zu den Stempelwänden werden die Rahmen auf die Zulage gelegt, die Stempelsäulen, nach Abzug der Rahmenhöhe von dem oben gemachten Abstich, verschnitten, nach den Bundrissen an den Rahmen eingesteckt, und nach den Bundseiten der Balken über ihre Löcher vorgelegt. Bei niedrigen Stempelwänden werden die Säulen nach dem Winkeleisen zum Rahmen winkelrecht eingesteckt und angebessert; oft werden aber auch Fig. 14, zwischen die Bindersäulen, zur Unterstützung der Rahmen, noch eine oder mehre Säulen gestellt, deren Länge je nach ihrem Stand, dann beim Abbinden der Wand bestimmt wird, wenn man diesen Zweck nicht zugleich durch die, die Längenverschiebung dieser Wände, sichernden Bänder, — deren jedoch nur wenige nöthig sind —, oder in Gemeinschaft mit diesen, erreichen kann.

Ist die Stempelwand zugleich Umfassung als Fachwand, so wird sie wie gewöhnlich verriegelt, wohl auch eine Schwelle (Saumschwelle), auf die Balken gelegt.

Beim Richten werden die Binder, wie beim liegenden Stuhl angegeben, aufgestellt und die Stuhlbalken aufgebracht, die Stempelsäulen eingestellt, die Rahmen darauf gehoben und die Bänder eingelegt. Dann wird von einem Ende herein der erste Binderstichbalken auf den Rahmen gekämmt, andererseits in die Stuhlsäule geblattet, dann geschieht dies mit dem zweiten 2c., indem allemal das zwischenliegende Wechsel mit eingebracht wird, wonach die Lehrstichbalken, dann die Sparren eingesteckt und befestigt werden.

Wegen der hier weniger schrägen Lage der Stuhlsäulen, und der dadurch weniger im stumpfen Winkel verschobenen Form der Rahmen; giebt man derselben dann nach Fig. 15 den Querschnitt wie der bei stehendem Stuhl. Das Einkämmen der Stuhlbalken und das Anschreiben des Stichmaaßes bleibt dasselbe, wie bei demselben angeführt; auf der Lehre hat man jedoch, Fig. B, beim Einlegen der liegenden Stuhlsäule, diese nicht nach dem Punkte am Stuhlbalken zu legen (c), wo die Bundseite des Rahmens auf die Unterseite desselben trifft, also nicht nach der punktirten Richtung, sondern man legt dieselbe nach der untern Ecke auf der Bundseite des Rahmens, welche man durch das Auflegen des Winkeleisens nach dieser (a) und dem Stichmaaß (b) erhält, weil man sonst einerseits wenig Scheere, andererseits Holz übrig, oder, wenn man auf dieser Seite eine spitze Scheere stehen läßt, dadurch mehr Arbeit haben würde. In dieser doppelten Scheere hat allerdings der Rahmen ein sicheres Lager, und ist bei breitern Stuhlsäulen, oder wenn der Spannriegel unter dem Rahmen einsteht, anwendbar.

Beim Abbinden der Stuhlwände mit diesen Rahmen, welche (nach Fig. A), übereck in den Säulen liegen, ist die Verbindung der Bänder mit denselben, etwas schwieriger; man läßt sie blos von der Säule über den Stuhlriegel, oder über denselben hinaus bis an die Unterseite des Rahmens, daselbst stumpf mit Versatzung auf der Ecke einstehen.

Dieser liegende Stuhl wird ebenfalls auch da angewendet, wo ein möglichst freier Bodenraum verlangt wird; sind dabei die Stempelwände höher als hier, (dadurch die Stuhlbalken länger, die Stuhlsäulen gerader gestellt), so ist über dem Stuhlbalken noch zu viel Sparren übrig, als daß derselbe ohne Querverband, mehr aber als ohne Längenverband, bleiben sollte. Dann wird je nach Umständen der Kehlbalken und darüber außen die Windlatte, oder der Windrispen mit dem Kopfrahmen angewendet, auf welchem die Sparren klauen, und dadurch den Schub auf die Stichgebälke etwas vermindern. Werden die Binderstichbalken, wie hier, nur mit dem Schwalbenschwanzblatt in die Stuhlsäulen eingelassen, was schon besser ist, als dieselben nur mit Zapfen, — obgleich vernagelt —, einzustecken, aber ohne Befestigung durch Schraubenbolzen niemals geschehen sollte, so ziehen sich dieselben durch den Schub der Sparren nach außen, wenn die Blätter, wie gewöhnlich, doch etwas zusammentrocknen; dann ist es vorzuziehen, am Stichbalken einerseits an dem Blatt noch einen über der Säule 6—12″ vorstehenden Kopf stehen zu lassen, wie dies in den folgenden Constructionen angegeben ist, andererseits im Sparren das Blatt nach Fig. 26 zu arbeiten.

Der Schub des Sparren wird aber auch nach Fig. 25 schon durch den gekehlten Zapfen des Stuhlbalkens aufgehalten. Aus diesem Grunde muß hier das Loch mit dem Zapfen genau passen; um dieses zu erlangen, wird das Loch erst dann geschlagen, wenn der Zapfen gearbeitet, auf den Sparren gelegt, — so daß der Stuhlbalken seine richtige Lage hat —, darauf derselbe vorgeschrieben und dann die Länge des Loches zur Seite angewinkelt.

Wird diese Construction angewendet, um den untern Theil des Daches zu bewohnbaren Räumen einzurichten, wodurch Querscheidewände entstehen, so werden die Binder so eingerichtet, daß sie zugleich in diese Scheidungen treffen, oder umgekehrt, daß die eingetheilten Binder die Scheidungen aufnehmen, und somit die Größe der Räume bestimmen. Unter diesen Umständen wird dann wohl der stehende Stuhl, Fig. 16, 17, 18, angewendet, wobei im Allgemeinen das bei seiner ersten Anwendung, sowie das bei der vorigen Construction Gesagte, gilt. Das Wesentliche in dieser Figur ergiebt sich durch den Wegfall der Stichgebälke, so daß die Sparren hier auf den Rahmen der Stempelwände klauen.

Ist der Lehrbinderbalken vorgelegt, und der Boden daneben gebracht, so wird die Stellung der Stempelwand durch die Linie, Fig. 13, aufgeschnürt, und die Lage des Sparren angegeben, wodurch sich die Höhe der Stempelwand und die Klaue in jenem ergiebt; oder es wird umgekehrt die Höhe der Stempelwand abgemessen, danach die in der Klaue des Sparrens verbleibende Stärke rechtwinklich zur Dachneigung auswärts getragen.

Auf dem erwähnten Boden läßt sich z. B. die Simshöhe und die Ausladung desselben, nach der sich die Lage und der Anfang des Sparren, und somit auch die Lage und Höhe der Stempelwand richtet, bequem anschreiben; ohne denselben ist dieses umständlicher und unsichrer und man verfährt dann ungefähr, z. B. bei Fig. 17, auf folgende Weise: man zapft in den Lehrbinderbalken nach gegebener Bestimmung die Stempelwandsäulen, etwas länger, als zur Wandhöhe erforderlich, trägt darauf die Höhe der Versenkung vom Balkenkamm der Mauerlatte an, bei Mauerumfassung mit Sims bis zur Simskante, von dem auf dem Lehrbalken aufgeschnürten Kamm, auf die Säulen; nach diesen beiden Punkten zieht man eine Schnur, über die Stempelwandsäulen reichend, straff, sticht von den Säulen noch die Ausladung des Simses, unter Hinzurechnung der vor ihnen befindlichen Mauerstärke, den Punkt an, wo die Dachneigung die Simsgleiche trifft, und legt die Sparren mit der Dachseite auf diesen Punkt, oben nach der Dachhöhe auf der Mittelsäule; dann wird die Klaue der Sparren und danach die Höhe der Stempelwand an den Säulen verschnitten. Hierauf wird der Stuhlbalken, die Stuhlsäulen mit Spannriegel und den Streben — letztere unten gewöhnlich mit stumpfer Versatzung — eingebracht, von der Höhe der Stempelwandsäulen eine Kammtiefe heruntergeschrieben, und danach, anstatt der frühern Stichbalken, hier die Zangen aufgeschnürt; diese werden danach aufgelegt, in Sparren, Streben und Stuhlsäulen eingeblattet, zugleich für die Breite der Stempelwandsäule — richtiger nach der Rahmenstärke — die Kammtiefe ausgearbeitet, wodurch die Zangen beim Richten die Stempelwand vor dem Aus- oder Einwärtsfallen hindern.

Da auch hier die Zange den Schub ihres Sparrens, und

zum Theil den, der danebenliegenden auszuhalten hat, indem dieselben den Rahmen, auf welchem sie befestigt sind, nach auswärts schieben, so lassen die gewöhnlichen Schwalbenschwanzblätter beim Zusammentrocknen etwas nach auswärts; obgleich die Verkämmung der Zange — aber nur in Blattstärke — dieses zu verhindern sucht, und der Sparren sich in der Kehle des Blattes fest eindrücken wird, so ist es doch besser, das Blatt im Sparren, nach Fig. 26, zu fertigen, wenn dasselbe auch mehr Arbeit erfordert.

Innerlich reicht die Zange a, Fig. 17, über die Strebe auf die Stuhlsäule, wodurch der Kopf, über dieselbe hinaus, erspart werden könnte, derselbe wohl auch manchmal störend ist. Gewöhnlich dient die Zange bei ausgebundenen Bindern als Riegel, und stößt mit einem Zapfen in die Säule; doch ist es besser, die Zange über die Säule reichen zu lassen und den an der Seite des vorstehenden Kopfes in die Säule stoßenden Riegel höher oder tiefer einzulassen.

Bei dem Anschreiben des Stichmaaßes für Stuhlrahmen, sei hier nebenbei bemerkt: tritt der Fall ein, daß ein rechtwinklich gehauener Rahmen an der Stelle, an welcher das Stichmaaß für das Auflager auf die Säule, parallel an den Stuhlbalken an die aufgezogenen Linien zu beiden Seiten des Rahmens getragen werden soll, nicht genau rechtwinklich ist, so muß auch dieses beim Stichmaaß berücksichtigt werden; dann kann man, z. B. Fig. 20 A, innerlicherseits das Winkeleisen nicht wie gewöhnlich anlegen, weil man dann das Stichmaaß von der vordern Ecke, aber nicht das von der hintern, kürzern erhalten würde. In diesem Fall, welcher ähnlich oft bei unrichtig gehauenen Hölzern vorkommt, zieht man die innerliche Seite an den Stuhlbalken, legt das Winkeleisen an denselben und an diese Linie, nach der Seite des Rahmens so, daß der Querschenkel oben, der Abstich am Winkeleisen an die stumpfe Ecke kommt, — zu deren Bestimmung man das Winkeleisen mit einer nach der Unterseite angelegten Schmiege kreuzen läßt — und macht am Stuhlbalken im Winkel des Winkeleisens den Abstich.

Werden bei Dachconstructionen mit versenktem Gebälke im untern Theil bewohnbare Räume eingerichtet, so sind die, für den Längenverband von den Stuhlsäulen nach den Rahmen reichenden Bänder, hinderlich, welchem zufolge der Längenverband entweder in die, nach der Mitte angebrachten Längescheidewände, oder in die, dann wohl auch höhern Stempelwände und das über dem Stuhlboden befindliche Dachwerk, angebracht wird; dann sichert man aber das Einbiegen der Rahmen zwischen den Stuhlsäulen dadurch, daß man sie stärker nimmt, oder Beistücke unter die Rahmen anbringt, welche zu beiden Seiten der Stuhlsäulen 1—2 Ellen vorreichen.

Bei größern Verbänden bringt man wohl auch doppelte Zangen an, um dem Schub der Sparren sicherer zu entgegnen; dann müssen sowohl diese, als auch die Säulen, überhaupt die wichtigen Verbandstücke von mehrer Stärke sein, Bolzen und Klammern zu sichrer Befestigung angewendet werden.

Man legt auch, nach Fig. 19, auf die Stempelwandsäule die Zange und auf diese den Rahmen; dadurch entsteht jedoch der Uebelstand, daß z. B. bei wenig ausladenden massivem Gesims, die Bindersparren wenig oder gar nicht durch die Zange gehalten werden können, oder, daß dann bei flachem Dach der Rahmen nicht über die Stempelwandsäule zu liegen kommt, also keine Bänder anzubringen sind, wenn anderntheils die Säulen nicht so weit auf die Balken hereingerückt werden.

Fig. 21. Construction eines Daches mit versenkter Balkenlage über ein Gebäude von wenig Tiefe. Hier tragen im Binder zwei Streben, von den Balkenenden aus nach der Spitze des Daches stoßend, den Kopfrahmen, auf welchem die Sparren geklaut sind; werden dieselben hier befestigt, so könnten sie die Stempelwand nicht hinausschieben, wodurch die Zangen, welche hier über die Streben blatten, überflüssig erscheinen, doch wendet man dieselben zu mehrer Sicherheit noch an. Den Längenverband können hier Bänder sichern, welche von den Streben nach dem Kopfrahmen reichen.

Fig. 22. Eine andre Dachconstruction zu einem Gebäude von größrer Tiefe. Hier ist ein Kehlbalken angebracht, um das Einbiegen der Sparren zu verhindern, unter demselben stehen im Binder die schrägen Säulen oder Streben, in welchen die Zangen eingeblattet sind, auf denen der Stempelwandrahmen liegt, die Wandsäulen aber unter den Zangen stehen.

Fig. 23. Eine andre Dachconstruction bei noch mehr Tiefe und flacherem Dach. Hier ist ebenfalls ein Kehlbalken angebracht; weil jedoch die Streben, um sie, wie in vorhergehender

Figur in denselben oben einstecken zu können, zu schräg liegen würden, so sind kürzere Streben, in weniger schräger Richtung in die Sparren verzapft, Zangen und Stempelwand wie gewöhnlich angewendet. Diese Construction ist bei leichter Deckung anwendbar; bei schwerer ist es vortheilhafter, den Windrispen mit Kopfrahmen einzusetzen, indem dadurch zugleich der Längenverband erlangt wird, welcher bei den vorhergehenden in Windlatte besteht.

Fig. 24. Eine andre Construction eines Daches mit versenkter Balkenlage, ähnlich der Rahmendachconstruction, Fig. 9. Hier fällt zwischen den Bindern das Stuhlgebälke weg, und die Sparren klauen auf dem Rahmen, welcher auf den Binderstuhlbalken verkämmt ist, und unter welchem die in diesem verzapften Säulen stehen, um durch Bänder den Längenverband zu erhalten. Die Zangen reichen hier nur über die Streben, indem der Schub der Sparren durch diesen Rahmen aufgehalten wird.

Wie beim Abbinden und Richten dieser letzten Constructionen verfahren werden muß, dürfte nach Verständniß der bei den erstgegebenen, hierher bezüglichen Erklärungen, leicht zu bestimmen sein, nur sei hier, z. B. bei Fig. 9 und 24 bemerkt, daß beim Richten dieser Constructionen auf die, sich nur in den Bindern wiederholenden Spannriegel oder Stuhlbalken ein Boden durch mehrfach übereinander gelegte starke Breter, oder durch einfachen Bretbeleg auf Streckhölzern gebildet wird, welcher jedoch oft nur über zwei Binder reicht und nach dem Aufstellen der dahin treffenden Sparren, wieder fortgerückt wird, man wohl auch zu den erwähnten Streckhölzern sehr oft Sparren nehmen muß, in welchem Falle man dann dazu die zuletzt erforderlichen aussucht.

Tafel XIII.

h. Das Mansarde- oder gebrochene Dach.

Obgleich dieses Dach zu Neubauen fast gar keine, meist nur als nöthig z. B. bei Anbauen an dergl. Dächer, Anwendung findet und immer seltner wird, so sei doch die Construction desselben der Vollständigkeit wegen hier angeführt. Diese Construction, aus welcher die vorhergehende entstanden sein mag und denselben Zweck erfüllt, hat mit ihr einige Aehnlichkeit und bietet überhaupt in den dabei vorkommenden Verbindungen der einzelnen Theile, nichts Neues. Sie besteht aus zwei getrennten Abtheilungen: der eigentlichen Mansarde, als unterer Theil, dessen Seiten weniger als Dach, mehr als Wände zu betrachten sind, und als obern Theil dem darauf gesetzten Satteldach. Die bei letzterem vorkommenden Verbindungen sind nach dem Vorhergehenden leicht auszuführen, so daß nur für den untern Theil Einiges zu bemerken bleibt.

Ist die Balkenlage nach Fig. 1 eingerichtet, so wird ein Binderbalken zur Leere aufgelegt, der Kamm aufgeschnürt und zu demselben parallel ein oberer Dachbalken; nun kommt es darauf an, ob der Binder, Fig. 2, in der Mansarde auch einen Sparren erhält, oder ob, Fig. 7, denselben die Stuhlsäule mit abgiebt; ob man in beiden Fällen verschwellten oder im ersten Fall verriegelten Stuhl hat. Hat der Binder seinen Sparren, so wird derselbe aufgelegt, angeschrieben, (welches auch mit der Stuhlsäule geschieht, und, wie hier angenommen, stumpf eingeschnitten) unten und oben (in beiden Dachbalken) eingezapft, dann der Spannriegel und die Bänder eingebracht, die Schablone für Stuhlrahmen und Schwelle abgenommen, sowie der obere Theil des Binders angefertigt, das Mittel aufgeschnürt, die Stücke gezeichnet und verbohrt.

Hierauf werden auf der Balkenlage, Fig. 1, 3 A, die Schwellen eingekämmt, die Rahmen und die hier gewöhnlich nöthigen Unterzüge oder vorkommenden Wandrahmen, aufgelegt, die obern Dachbalken übergeschnürt, eingekämmt, die Bundrisse und Abstiche angeschrieben, das Mittel aufgeschnürt, die Stücke gezeichnet und dann die obern abgeräumt. Der Binder wird wieder zusammengesteckt, die übrigen danach abgebunden, um dann die Stuhlwände fertigen zu können.

Bei diesen Stuhlwänden, sowie bei den Lehrsparren der Mansarde, ist auf die hier gewöhnlich angeordneten, sogenannten stehenden, größern Dachfenster Rücksicht zu nehmen, damit bei ersten die Bänder des verschwellten Stuhls, sowie die Riegel und Bänder des verriegelten Stuhls nicht vor dieselben kommen, bei den zweiten dieselben nach den Oeffnungen dieser Fenster eingetheilt oder ausgewechselt werden müssen. Trifft hier eine Fensteröffnung nicht in das Lichte zweier Sparren, so wird ein Sparren, nach Fig. 4 A oder B, ausgewechselt. Zwischen die

Sparren, welche neben dem auszuwechselnden liegen, wird nach Fig. A in der nöthigen Brusthöhe, Fig. 5, ein Wechsel eingezogen, bis in welches von unten ein, in den Balken stehender kurzer Sparren reicht; auf diesem Wechsel stehen nach der Weite des Fensters zwei Sparren, zwischen welche in der Höhe des Fensters ein Sturzriegel eingezapft ist, dieselben aber über ihn hinausreichen, so daß sie sich später an den Stuhlrahmen legen können, um dann mit Nägeln befestigt zu werden. Oder es wird nach Fig. 4 B zu dem untern Wechsel, anstatt des Sturzriegels, ein andres Wechsel eingezogen, zwischen beide die, die Fensteröffnung bestimmenden Gewändesparren gezapft, auf das obere Wechsel ein kleiner Sparren in der Richtung des untern eingesetzt, welcher in den darüber liegenden Oberbalken stößt.

Besser ist es dann, wenn die Mansarde zu Wohnungen eingerichtet ist, und dazu mehrere Fenster einzutheilen sind, die Construction, Fig. 6, 7, 8, wo die Stuhlsäulen zugleich die Bindersparren abgeben, und wodurch der Längenverband innerlicherseits vor den verschwellten Sparren nicht vorsteht, aber auch die Sparren nach den Fensteröffnungen beliebig eingetheilt werden können, indem sie in Schwellen und Rahmen, unabhängig von den Balken, einstehen. Dadurch wird auch das Abbinden dieser Lehrsparren auf der Lehre erspart, indem dieses zugleich mit in der Stuhlwand nach Maaßgabe der Stuhlsäulen geschieht, während im andern Fall zum Abbinden derselben, der Unterbalken zu jedem auf die Lehre gebracht werden möchte, wenn dieses nicht fluchtmäßig vorgenommen wird. Beim Abbinden eines solchen Daches werden dadurch mehr Leute beschäftigt und dasselbe befördert, wenn es, nach Einrichtung des Leerbinders und der Balkenlagen, mit dem untern und obern Theil für sich, jedoch mit einem ganzen Gebind nicht auf einmal geschieht, weder mit einem Binder, noch im ersten Fall mit einem Lehrgebind, weil zu jedem Theil der Oberbalken erforderlich ist.

Fig. 9 giebt die abgebundene Wand, welche, besser als Kehlbalken, die flachen Sparren des obern Dachs, Fig. 7, unterstützt, und zugleich dessen Längenverband bildet.

Wie beim Richten dieser Dächer verfahren wird, dürfte leicht nach dem Verständniß des früher Angegebenen zu bestimmen sein.

i. Das Bohlen- oder Bogendach.

Diese Construction gewährt nach seiner Breite und Höhe einen, in Form eines Gewölbes durchaus freien Raum, doch bietet die Außenseite eines solchen Daches manche Uebelstände, die Ausführung derselben, wegen Erlangung des dazu nöthigen Materials, manche Schwierigkeiten dar, aus welchen Gründen sie auch weniger angewandt wird, hier nur das Wesentlichste derselben angeführt werden soll.

Eine für sich besondere und wichtige Arbeit, bei dieser Construction, ist die Anfertigung der Sparren nach einer Bogenlinie, welche, je nach Größe der Construction, aus mehr oder wenigern und stärkern oder schwächern Pfosten- oder Bohlenstücken bestehen. Den Querverband bilden hier blos diese Sparren; als Längenverband sind durch dieselben abwechselnd schwache Riegel gesteckt, welche durch 3—4 Sparren reichen, zu beiden Seiten derselben mit einem Keile versehen sind, und so die Sparren lothrecht erhalten, welche überdies oben noch in die Forstbohle versetzt und zur Ausgleichung der mehr oder weniger gebogenen Dachseite unten und oben kürzere oder längere Knaggen, oder kurze Sparren, — Aufschieblinge — erhalten.

Ist die Balkenlage nach Fig. 10 angefertigt, so wird ein Balken als Lehrbalken aufgelegt und der Bogen, nach Fig. 11, A oder B, für den Bohlensparren bestimmt. Zu Anfertigung der Sparren wird, Fig. 12, nach diesem Bogen der Stern gefertigt. Dieser besteht aus einem Stück Holz a (gewöhnlich ein Balken), etwas länger, als die äußere Weite des Aufstandes der Sparren beträgt, neben diesem wird der Bogen aufgezeichnet, und nach dem Mittelpunkte b desselben, in sternförmiger Richtung, Hölzer in den Balken verzapft. Dazu werden soviel genommen, als die Seite eines Sparrens Fugen hat, diese werden gleichmäßig eingetheilt und danach die Hölzer in langen oder mit ausgewechselten Stücken, eingezapft.

Da die zu diesem Dach erforderlichen Sparren einander gleich sind, so braucht man nur die Hälfte dieser Lehre zu machen; doch ist es besser, wenn auf beiden Seiten derselben Sparren gefertigt, und somit Leute beschäftigt werden können.

Sind die Hölzer des Sterns, sowohl unter einander als auch auf untergelegte Lagen fest verbunden, so wird der Lehrbogen darauf eingelassen. Dieser besteht aus Bretstücken, welche nach der äußern Seite der Sparren gearbeitet, und danach mit den Hölzern bündig eingelassen, oder darauf genagelt werden.

Die Sparren bestehen aus mehrern mit einander verbundenen Lagen Pfosten, doch dürfen die Stöße der einzelnen Pfostenstücke nicht auf einander treffen, sondern es müssen dieselben wechseln. Dieses geschieht bei zwei Lagen, Fig. 13, in der Mitte des andern; bei drei Lagen, Fig. 14, in jedem Drittheil nach einander, oder, nach Fig. 15 A, wo der dritte Stoß oder das zweite Dritttheil das mittlere Stück trifft; oder wenn, Fig. B, in der Mitte ein starkes, zur Seite desselben schwache Pfosten sind, daß diese auf eine Fuge treffen, das mittle in der halben Länge gestoßen wird; bei 4 Lagen, Fig. 16, mit zwei nebeneinanderliegenden Bogen, wie Fig. 13, construirt.

Auf dem Beibogen werden erst die Fugen für die untere Lage in gleich lange Stücke (nach Anzahl der Strahl- oder Fugenhölzer) eingetheilt, dazwischen die Fugen für die aufzulegenden Lagen, mit der ersten in ebenfalls gleiche Stücke — mit Ausnahme des ersten und letzten Stücks, welches dann wegen des Wechsels der Fugen, ein kürzeres, besser ein längeres Stück ist. Dann wird eine Schablone von einem Stück der untern Lage gemacht, welche für alle Stücke, nach Umständen auch für die kleinern oder größern paßt, denn die, in der zweiten Lage durch das Wechsel entstehenden Stücke bilden zusammen ein ganzes Stück. Nach dieser Schablone schneiden einige Leute die Stücke vorräthig, andre arbeiten die Bogenform, (aber nicht die Stirnen), wonach andre diese nun zusammenpassen und verbinden.

Die Eintheilung der Fugen, und somit die Länge der Schablone, wird durch das Material bedingt, welches zu den Bögen da ist; ob dasselbe in passend langen Pfosten, oder ob dies aus verschiedenen Pfostenstücken, durch Trennen von Stämmen oder Stammstücken nach Länge und Breite zu erlangen ist. Dabei hat man jedoch immer darauf zu sehen, daß die Stücke so lang wie möglich werden, um wenig Fugen zu erhalten, — ohne daß dadnrch der Scheitel des innern Bogens über die Sehne des äußern trifft, Fig. 20 — aber auch nicht, bei Annahme von breiten Pfosten zu viel Holz verloren geht, wenn die Bogenlinie keine flache ist.

Werden mehre Stücke aus einer langen Pfoste, so schneidet

man dieselben vortheilhafter, nach Fig. 17 als nach Fig. 18. Nimmt man die Schablone so lang, daß sie nach ihrer Breite mit dem Scheitel des äußern Bogens und die Anfange des innern, eine zu verwendende nicht breite Pfoste noch genau decken sollen, so würde man entweder kurze Stücke bekommen, oder, um bei Pfosten von verschiedener größerer Breite, diese noch benutzen zu können, so läßt man wohl nach Fig. 19, z. B. bei 3 Lagen, an den Stücken der äußern, äußerlich ein Stück als Kreisabschnitt, oder bei denen der mittlern die innerlichen Ecken fehlen; überhaupt aber kann man bei verschiedenem Material, dieses hierzu bei überlegter Anordnung möglichst vortheilhaft verwenden.

Bei Anfertigung der Sparren wird das erste Stück der untern Lage auf den Lehrbogen gelegt, die erste Stoßfuge genau nach dem Mittelpunkt aufgeschnürt und gearbeitet, dann wird das zweite Stück angepaßt, die Fuge am andern Ende desselben aufgeschnürt und gearbeitet ꝛc. Ist dieses von beiden Seiten bis mit dem letzten Stück geschehen, ohne daß diese daselbst scharf zusammenstoßen, so werden in die verbleibende Oeffnung Keile eingeschlagen, wodurch die einzelnen Stücke in ihren Stoßfugen scharf zusammengetrieben werden; damit durch diese Keile kein Aufheben der Stücke erfolgt, so werden diese durch kleine Klammern an die untenliegenden Hölzer befestigt; um jedoch das Ausweichen des Bogens nach außen zu verhindern, so müssen auf die, über die Bogenlinie vorreichenden Enden der Hölzer, Knaggen genagelt werden, welche so hoch sind, als die über einander zu legenden Pfostenlagen betragen, und an deren Stirn sich die Bogenstücke legen.

Nach dem Schluß der ersten Lage wird das erste Stück der zweiten aufgelegt, die erste Stoßfuge desselben vom Lehrbogen heraufgeschrieben, nach dem Mittelpunkt aufgeschnürt und gearbeitet, und wieder so fortgefahren, wie bei der ersten Lage angegeben.

Sind so die nöthigen Lagen übereinander gepaßt, — wobei wohl auch mit darauf zu sehen war, daß die Flächen, mit denen die Stücke übereinanderliegen, gut aneinander passen, — so werden die Sparren verbohrt und genagelt. Dieses geschieht bei jeder Stoßfuge zu beiden Seiten derselber durch hölzerne

Nägel, welche durch alle übereinanderliegenden Pfosten reichen. Da viel von der guten Nagelung dieser Pfostenstücke abhängt, so muß auch besondere Rücksicht darauf genommen werden, daß die Nägel von hartem Holz sind, die Pfosten nicht spalten, aber scharf zusammenhalten, zu welchem Zweck sie der Sparrenstärke gleich verschnitten und mit einem schmalen Stemmeisen so aufgespalten werden, daß ein danach eingetriebener schwacher Keil nicht nach der Länge, sondern querüber zu den Holzfasern der Pfosten steht, damit diese nicht gespalten werden. Hiernach werden die Sparren umgewendet, — wohl auch einige Nägel von dieser Seite eingeschlagen — und dasselbe Verfahren auf dieser Seite beobachtet, welche Arbeit aber von andern Leuten besorgt werden kann, indem die Leute, welche den ersten Sparren so weit fertigten, wieder Stücke zu einem andern zusammenpassen.

Dadurch, daß man die Hölzer des Sterns mit dem Mittel unter die Stoßfugen der untern Lage legt und nicht breit nimmt, werden dieselben von den hölzernen Nägeln, welche man beim Fertigen der Sparren zu beiden Seiten der Fugen einschlägt, nicht getroffen, welches man auch berücksichtigen muß, wenn bei langen Pfostenstücken zwischen die Stoßfugen der untern Lage noch ein Lager gelegt wird.

Zugleich mit dem Anfertigen der Sparren kann, um nicht zwei oder mehr Lehrbögen dazu haben zu müssen, das Abbinden derselben und zwar auf folgende Weise geschehen: nachdem der Balken zum Lehrgebind ausgelegt, wird der Kamm aufgeschnürt, eine Mittelsäule von nöthiger Länge eingewinkelt, die Höhe der Sparrenspitze und die des Forstens abgemessen, zwei Sparren werden unten, nach den Punkten, von welchen der Anfang des Bogens zu dem Lehrbogen abgenommen wurde, oben nach der Spitze, in welcher sie sich vereinigen, aufgelegt, unten eingezapft, oben stumpf zusammen-, oder, nach Fig. 21 A, B, zur Versatzung in der Forstbohle, verschnitten.

Die untere Verzapfung geschieht hier, nach Fig. 22, 23, auf verschiedene Weise, entweder, in ganzer Breite des Sparrens mit e i n e m Pfostenstück; oder mit z w e i e n; oder geächselt, z. B. mit dreien; doch ist dabei darauf zu sehen, daß hier die Sparrenlöcher nicht tiefer gemacht werden, als der als Zapfen einstehende Theil des Sparrens verlangt, damit derselbe auch mit trägt, weil dazu für die Brüstung, am Sparren wenig Holz ist.

Die Knaggen oder Aufschiebling werden mit angepaßt, erstere aus Pfostenstücken, letztere aus schwachem Holze gefertigt, — zu welchen später nöthigenfalls das Holz vom Stern mit verwendet werden kann, — und nun die Riegellöcher eingetheilt, sowie deren Breite an der äußern und innern Seite der Sparren angewinkelt.

Das Abbinden der übrigen Sparren geschieht nun, indem jeder Balken dazu aufgelegt wird, oder fluchtmäßig, wie bei der ersten Dachconstruction gelehrt wurde; sind im ersten Fall die Sparren unten eingezapft und mit den Dachseiten der, der Lehre, gleich gelegt, so werden sie oben nach ihrem Einstehen mit Versatzung in der Forstbohle, nach Fig. 21 A und B, verschnitten und die Riegellöcher beiderseits angewinkelt. Letztere werden dann, nach ihrem gleichmäßigen Verteufen von der Dachseite herein, geschlagen, die den Längenverband abgebenden Riegel jedoch nicht gern auf der Zulage nach ihrer gehörigen Verwendung mit den Sparren zusammengesteckt, indem dieses viel Umstände verursachen würde. Diesemzufolge müssen sowohl die Löcher als auch die Riegel nach gleichen Maaßen genau gearbeitet sein, um beim Aufstellen des Sparrwerks kein Nachbessern zu haben, und wird dieses dadurch erlangt, daß man sämmtliche Riegel nach dem Streichmaaß arbeitet und beim Schlagen eines jeden Loches, mit einem nach diesem Streichmaaß gearbeiteten kurzen Stück probirt.

Die Riegel werden in solchen Stücken verwendet, daß sie durch drei, höchstens vier Gebinde reichen; dieselben sind jedoch, wenigstens an den Giebeln, nicht alle gleich lang, sondern sie wechseln, indem einige bis durch das zweite, einige bis durch das dritte reichen, die, in der Verlängerung derselben liegenden Riegel, aber erst in den folgenden Gebinden anfangen, Fig. 22, indem sie nach dieser Seite vorgehen, und sowohl hier, als auch allemal zu beiden Seiten eines Sparrens, ein Keil oder Nagel eingeschlagen wird, (je nachdem die Löcher in den Riegeln — zu Keilen — geschlagen, oder — zu Nägeln — eingebohrt sind), um die Sparren in Spannung zu erhalten.

Zu Bestimmung der Keil- oder Nagellöcher werden die Riegel der Länge nach, wie sie nach einander in den gelassenen

Zwischenräumen folgen, nebeneinander*) auf die Zulage gelegt, Fig. 23, darüber die Bundseiten, sowie die Stärken der Sparren aufgeschnürt; dieses kann auch zugleich mit über die Forstbohle geschehen, wenn sie daneben gelegt wird, um die Entfernung der Versatzungen für die einstehenden Sparren zu erhalten.

Nach diesen aufgeschnürten Linien werden die Löcher in die einzelnen Riegel gearbeitet, jedoch so, daß sie von beiden Seiten eines Sparrens etwas näher zu, als von einander kommen, weil dann im letztern Fall die Keile oder Nägel nicht an den Sparren schließen, und dieser sich bewegen kann.

Zum Richten eines solchen Daches sind Gerüste erforderlich, um die Sparren aufrichten, halten und befestigen zu können. Nahm man in der Sparrenlehre die Höhe vom Balken bis unter die Forstbohle ab, schnitt eine Säule nach diesem Maaße, — unter Hinzurechnung eines Stücks, ziemlich der Höhe der Forstbohle gleich, um sie für diese zum Einlegen ausscheeren zu können, — so werden solche Säulen beim Richten aufgestellt, und von dem Gerüste aus, die Forstbohle eingelegt.

Sind die ersten Sparren unten eingesteckt, oben in die so aufgestellte Forstbohle eingelegt, so geschieht dies dann mit den zweiten, welche beiden Gebinde nun durch die kurzen Riegel richtig gestellt, diese jedoch überhaupt nicht so weit unten und so dicht übereinander angewendet werden, wie Fig. 22, als Beispiel ihrer Anwendung allgemein, zeigt. Hierauf wird das dritte Gebind aufgestellt, dann die, bis durch dieses reichenden Riegel eingeschoben und befestigt. Auf diese Weise werden die folgenden Gebinde aufgestellt und die Riegel dann eingeschoben, wenn ersteres mit so vielen geschehen ist, durch welche letztere reichen. Dabei werden die Gerüste mit nachgerückt, weil es kostspielig sein würde, dieselben für die ganze Länge eines Daches aufzustellen; sie müssen dieserhalb so eingerichtet sein, daß das Nachrücken derselben ohne große Mühe und Umstände geschehen kann.

Diese Construction hat man mit andern in Verbindung gebracht, um dadurch innerlich einen freien Dachraum, äußerlich eine ebene Dachfläche zu erhalten; entweder auch auf Balken-

---

*) Richtiger, lothrecht herunter nach dem Balken in ihrer Lage vom Lehrbogen.

lage, oder, ohne dieselbe, auf Mauern gestellt, wovon hier einige als Beispiel angeführt sind:

Fig. 24. Hier stehen die Bohlensparren — in dieser und der folgenden Anwendung weniger mehr als Sparren, sondern als Bohlenbögen zu benennen, — auf Schwellen, (auf einer sogenannten, bis vielleicht 3 Ellen hohen Schwellenmauer liegend), und stoßen in Spitzbogenform oben in die Forstbohle. Auf der Mauer steht neben der Sparrenschwelle, als senkrechte Umfassung und Verblendung der innern Bogenconstruction, eine Fachwand von passender Höhe, welche mit der Forstbohle, die durch aufgelegte, grade Sparren gebildete Dachfläche, trägt. Die Bohlenbögen sind mit den Fachwandsäulen und Dachsparren durch Zangen ꝛc. verbunden; anstatt der Riegel, zu Feststellung der Bogen, dienen hier Einstrichbrete, Fig. C, welche mit Versatzung zwischen die Sparren eingelassen sind, und mehr als Verzierung dienen, welche durch sie und eine äußerlich auf die Bohlenbögen gelegte Verschalung erlangt werden kann, wodurch ebenso, wie durch die Verbindung der Bögen mit den Umfassungswänden, ein Umfallen der erstern nicht so leicht möglich ist.

Fig. 25. Hier tragen oben die Bohlenbögen, um die graden Dachsparren auflegen zu können, Rahmen; unten stehen sie mit einer andern Construction, auf einem Stichgebälke, in Verbindung. Während bei den vorhergehenden Constructionen ohne Binder die Bohlensparren zugleich die Dachfläche bilden, oder die aufgelegten Sparren je von einem derselben getragen werden, so wird diese als Binder angewendet, und liegen die Dachsparren auf den, den Längenverband bildenden Rahmen, welche theils durch die Bögen, theils durch die damit verbundene Construction getragen werden.

Fig. 26. Eine Construction bei mehrer Tiefe mit Bohlenbögen, deren Form nach außen durch senkrechte Wand und gradabfallendes Dach verdeckt wird. Sie kann, wie die vorige, als Binder zu einem Rahmendach angewendet werden.

Hier wird der Bogen aus Pfosten oder Bohlen gebildet, welche, anstatt wie die frühern, auf die hohe Seite nebeneinander gestellt und in Bogen geschnitten, auf die breite Seite übereinander gelegt und in die verlangte Form gebogen werden. Die Bohlen zu einem Bogen einer Seite sind hier aus einem ganzen behauenen Stamm geschnitten, aber an seinem untern Ende nicht auseinandergerissen; sie werden am obern Ende etwas schwächer als an diesem angenommen, um den Stamm so stark als möglich zu lassen, um aber auch nicht in den Randbohlen, — wie bei Annähme gleicher Stärke geschieht, — die Holzfasern schräg zu durchschneiden, wodurch Festigkeit verloren geht.

Ist in dieser Weise ein Stamm mehrmals aufgeschnitten, so geschieht dessen Biegung auf folgende Weise: nach der Form, welche der Bogen haben soll, wird, ähnlich, nach Fig. 12, ein Stern gefertigt, und auf die Strahlhölzer der Bogen geschnürt; nach der innern Bogenlinie werden innerlicherseits auf diese Hölzer Knaggen, so hoch, als die Breite der Bohlen beträgt, genagelt. Hierauf wird der Stamm am ganzen Ende in den Balken des Sterns so verzapft, daß die Bohlen auf die höhe Seite zu liegen kommen, und befestigt, dann die innere Bohle an die Knaggen in Bogenform gezogen und befestigt; alsdann die zweite nach der ersten gebogen und so fortgefahren bis mit der äußern. Nun werden, vom untern Ende an, die Bohlen durch Keilzwingen scharf zusammengetrieben, die Löcher zu den Schraubenbolzen gebohrt, und diese selbst, eingebracht, auf welche Art man stückweise fortfährt.

Um nicht zu viel Schraubenbolzen, — welche streng eingehen müssen, — anzuwenden, so kann man auch abwechselnd scharf passende, harthölzerne Nägel eintreiben, und diese zu mehrer Sicherheit, wie bei Fertigung der Bohlensparren bemerkt, noch verkeilen.

Da sich beim Biegen die Bohlen aufeinander verschieben, so müssen die Schnitte sehr genau geschehen, weil sonst dieselben nicht überall zum Anliegen kommen, wenn man die Unebenheiten nicht zuvor abarbeitet.

Die in der Spitze des Daches zusammenstoßenden Enden der Bögen mit den, der übereinander verschobenen Bohlen, werden, nach Fig. 27 A, vor einander zum Ineinandergreifen verschnitten, in den doppelten, überblatteten Zangen durch Keile zusammengetrieben, und wohl auch durch eine oben aufgelegte Eisenschiene, welche hier zugleich mit den ersten Bolzen verschraubt wird, zusammengehalten.

Vor dem Verschrauben der Bögen dürfte es unter allen Umständen anzurathen sein, die Schnitte austrocknen zu lassen, indem man dieselben durch schwache, in Entfernung von 4—8

Ellen eingeschobene Holzstücke, — Speller — öffnet, und sie so nach Erforderniß längere oder kürzere Zeit dem Trocknen aussetzt.

Die mit diesem Binderbogen durch doppelte Zangen verbundene Construction besteht aus einer, bei den vorhergehenden bezüglichen Constructionen ähnlich angewandten Säule, welche mit dem Bogen das Sparrwerk wie bei einem gewöhnlichen Rahmendach trägt. Das Ganze wird durch Bolzen und Klammern 2c. noch mehr befestigt.

Reicht die Länge eines zu einem solchen Bogen bestimmten Stammes nicht aus, so kann man das Fehlende durch angesetzte Bohlen, die sich jedoch in den Stößen auf größere Länge überdecken und wechseln müssen, ergänzen.

Zu Fig. 10 ist noch zu bemerken, wie bei langen freiliegenden Balkenlagen, bei denen kein Querverband durch Scheidewände mit Bändern, oder mit diesen und Säulen stattfinden kann, durch Auf- oder Unterlegen von Sturmlatten (Windlatten) eine Seitenbewegung derselben und damit die der Längenwände, verhindert wird. Diese Sturmlatten werden eingekämmt, oder auch nur stumpf angebracht und mit Bolzen festgeschraubt.

Tafel XIV.

k. Das Pultdach.

Die bisher angeführten Dachconstructionen waren bei Satteldächern angewendet, welche zwei gleiche, entgegengesetzt abfallende Neigungsflächen nach den beiden freistehenden Langseiten eines Gebäudes hatten. Diese Constructionen finden aber auch als Hälfte, mit einer Dachfläche nach einer freistehenden Seite eines Gebäudes, — gewöhnlich bei sogenannten Seiten- oder Hintergebäuden — Anwendung, im Allgemeinen meist nach der Seite, nach welcher der Abfall des Regenwassers gestattet ist.

Dieses einseitige Dach heißt das Pultdach, welches je nach der Tiefe des Gebäudes, welches mit einem solchen versehen werden soll, z. B. nach Fig. 1—17 construirt werden kann, wobei sich die vorhergehenden Constructionen wiederholen, hier aber es hauptsächlich noch darauf ankommt, daß dem Druck der Dachfläche gehörig Widerstand entgegengesetzt, und eine Wand, die Rückwand — Pultwand genannt —, aufgestellt wird, welche das Dach nach dieser Seite hin, als Fachwand senkrecht abschließt, oder der zu diesem Zweck bis in die Spitze des Daches aufgeführten, gewöhnlich schwachen Mauer zur Verankerung, und zur Aufnahme der Querverbandstücke, sowie zum Auflager der obern Sparrenenden dient. Dabei kommen ebenfalls Binder vor, durch welche der Quer- und Längenverband aufgenommen wird.

Das einfache Pultdach. Sind, nach Fig. 1, die Balken aufgekämmt, welches vorn wie gewöhnlich, hinten bündig mit dem senkrechten Verschnitt der Balken geschieht, so wird ein Balken zur Lehre aufgelegt, eine Rückwandsäule, etwas länger als dieselbe eigentlich nöthig, am gehörigen Orte je nach Umständen eingezapft oder stumpf angestoßen, diese mit dem aufgeschnürten Balkenkamm in Winkel gezogen, und danach auf der äußerlichen Bundseite die Höhe des Daches daselbst, getragen. Nach diesem Punkte und nach der auf dem Balken bestimmten Lage wird der Sparren aufgelegt, unten der Zapfen und das Loch, oben die Klaue und an der Säule der Verschnitt angeschrieben und gearbeitet, dann der Kehlbalken in Sparren und Säule eingezapft, das Band eingelegt und der Binder, Fig. 2, wie bekannt vollendet.

Ein solcher Binder wiederholt sich hier wechselsweise einen Balken um den andern; in das dazwischen liegende Lehrgebind kommt nur der Sparren und der Kehlbalken, welcher in der Rückwand in einen zwischen den Säulen eingebundenen Riegel gezapft, Fig. 3, oder auf denselben gekämmt wird, wenn dieser dazu niedriger liegt, Fig. 4. Ist die Bundseite der Rückwand innerlich, so schnürt man, für die Kehlbalken der Lehrgebinde, dieselbe in beiden Fällen auf; ist die Bundseite äußerlich, so geschieht das Aufschnüren derselben nur bei den aufgekämmten Kehlbalken, indem die eingezapften nicht bis hieher zu reichen brauchen, der Bundriß aber auch an den dazu ausreichend langen, bei der Verzapfung weggeschnitten werden würde, daß also demzufolge bei verzapften Kehlbalken ein Abstich von der Schnur aufzutragen ist.

Auf der Balkenlage, Fig. 1, liegt, Fig. 5, die Rückwand abgebunden; A als Fachwand, unten mit Schwelle, in der Mitte mit dem Riegel oder Rahmen für den eingekämmten Kehlbalken; B einfach abgebunden, nur mit den zum Länge- und Querverband nöthigen Bändern und Kehlbalkenriegel.

Die Rückwand wird beim Richten zuerst aufgestellt, und

zwar, wenn sie nicht lang und hoch, somit nicht schwer ist, auf der Balkenlage zusammengesteckt, genagelt, der Rahmen festgeklammert, und im Ganzen aufgerichtet. Würde dieses wegen mehrer Länge und Schwere nicht auszuführen sein, so geschieht das Aufstellen in größern Theilen der Wand, welche dann allemal durch Auflegen der Sparren, Einbringen der Kehlbalken und Bänder, festgestellt werden, oder es muß die Wand in seinen einzelnen Stücken aufgestellt werden, worauf aber schon beim Abbinden Rücksicht genommen werden muß, damit die Rahmen durch große Länge nicht zu schwer sind.

Nach beiden Arten des Aufstellens würde es aber hinderlich sein, hier bei Fachwand über den aufgekämmten Kehlbalken wieder eine Schwelle, Fig. 4, einzuzapfen und einzukämmen, weil man dann, beim Richten den Kehlbalken nicht einbringen kann, wenn man sich nicht dafür vorgesehen hat, daß man in einer Säule einerseits ein Loch nach aufwärts etwas länger geschlagen, um die Schwelle beim Einkämmen des Kehlbalkens heben zu können.

Fig. 6. Ist die Rückwand durch Mauer verblendet, so wird diese oben dadurch überdacht, daß die Sparren dazu um so viel länger gemacht werden; doch dürfen dieselben, nach Umständen in feuerbaupolizeilicher Hinsicht, nicht allemal zum Vorstehen kommen, sondern müssen auch noch zu verblenden sein.

Fig. 7, 8. Anstatt des lothrechten Verschnitts der Sparren am obern Ende, geschieht dieses auch nach dem Winkel, welchen die Dachfläche bildet; auf die schräge Stirn wird dann ein Bret genagelt, um darauf eine Doppelreihe Ziegel hängen zu können, durch Auflegen von Forstziegeln einen guten Schluß des Daches zu erhalten, und, wenn man auf einigen Uebertrag Rücksicht nahm, die Rückwand wenigstens von oben, mehr gegen Einwirkung des Regens zu schützen.

Fig. 9. Bei dieser Construction, Pferdekopfdach genannt, ist die Pultwand — hier nun nicht Rückwand, sondern entgegengesetzt als Vorderwand — mehr durch ein kleines Dach geschützt, indem auf dieser Seite kleine Sparren angebracht sind, welche oben auf einem Rahmen klauen, oder mit den gegenüberliegenden hintern Sparren wie gewöhnlich verbunden sind, unten in Kehlbalken stehen, welche auf dieser Seite in ihrer halben Länge Uebertrag bilden, in der Mitte auf einen Rahmen oder Riegel der Pultwand gekämmt, auf der andern Seite in die genannten hintern Sparren verzapft sind. Bei dieser Construction, welche gewöhnlich bei einem Dache auf ein kleines Wirthschaftsgebäude angewendet wird, ist die Wand als Fachwand ausgebunden, mit Thüren oder Laden versehen, um von dieser Seite, welche gewöhnlich dem Wirthschaftshofe zugekehrt ist, Etwas auf den Boden stecken zu können. Die Säulen reichen bis unter den obern Rahmen, so daß der Kehlbalkenrahmen zwischen jene eingezapft werden muß, welches besser ist, als die Säulen nur unter diesen, in ganzer Länge durchgehenden, einzustecken.

Fig. 10. Zu diesen Constructionen gehört auch das Anschieblingsdach. Wird auf ein tiefes Gebäude sowohl der Raum, welcher durch Aufsetzen eines Stockwerks, zu Wohnungen und dergl. entsteht, als auch das Dach im Ganzen dann größer als, des Raumes wegen, erforderlich, so läßt man nur (einerseits) den vordern Theil des Stockwerks mit grader Umfassung zu Wohnungen, (andrerseits), den hintern Theil als Dachraum, so daß dann über das Stockwerk nach dessen Tiefe ein kleines, in Verbindung mit dem hintern gebrachtes Dach aufgesetzt wird.

Hier hängt die Dachneigung von der Stellung und Höhe der hintern Stockwerkswand, sowie von der Länge der Unterbalken, welche über dieselbe hinausreichen, ab; oder es richtet sich umgekehrt, nach der Dachneigung die Stellung der Wand 2c. Dabei müssen alle Bänder des Querverbandes dem Druck des hintern Daches entgegenwirken, da dieses mehr nach vorn drückt, als daß eine Kraft zu befürchten wäre, welche das Dach nach hinten ausheben würde.

Fig. 11. Ein Pultdach mit stehendem Stuhl. Hier hält eine lange Zange den Stuhlverband, so wie die Rückwand vor dem einseitigen Verschieben durch den Druck — das Einbiegen — des einseitigen Daches, mehr aber letztre beim Richten. Wird eine Rückwand bei mehr Tiefe des Gebäudes sehr hoch, so ist es besser, dieselbe in zwei Theilen übereinander aufzustellen, indem man den ersten Theil bis unter das Stuhlgebälke nimmt und dieses aufkämmt, auf dieses wieder eine Schwelle legt, und den obern Theil der Rückwand darauf stellt. Dabei kann man kurze Stücke Holz zu den Säulen verwenden, und können dieselben auch schwächer als die im Ganzen durchgehenden Säulen sein, weil in diese für die Kehlbalken und deren Riegel drei Löcher zusammentreffen.

Fig. 12. Ein Pultdach mit liegendem Stuhl. Hier steht eine Strebe, entgegengesetzt der Stuhlsäule, oben in dieselbe verzapft, und wird durch erstere der Druck aufgehoben.

Fig. 13. Ein Pultdach mit Fetten. Hier ist unter den Doppelsparren ein Jochstück gelegt, in welchem eine Strebe steht, um dem Einbiegen des Daches zu wiederstehen.

Fig. 14. Ein Pultdach bei versenktem Gebälke, mit liegendem Stuhl. Hier ist außer der, der Stuhlsäule entgegengesetzten Strebe, welche oben in dem Spannriegel steht, über ihr ein Band angewendet, welches gegen die Rückwandsäule stößt, über Spannriegel und Stuhlbalken, wohl auch in den Sparren eingeblattet oder verzapft ist.

Fig. 15. Ein Pultdach, als gemischte Construction. Die eigentliche Dachbalkenlage reicht hier nicht mit der Simsgleiche im Ganzen durch, sondern blos über ein Stück, z. B. über einen Gang bis an die Scheidewand der, gegen denselben, danebenliegenden, höhern Wohnzimmern, deren Deckenbalken als Stuhlbalken oder dergl. eingelegt und in die Sparren verzapft sind.

Fig. 16. Ein Pultdach mit Mansarde. Bei dieser Construction wird dem weniger einseitigen Druck, jedoch dem leichtern Einbiegen der getrennten Dachflächen dadurch am leichtesten entgegnet, daß dem Stuhl der Mansarde andrerseits ein andrer dergleichen eingestellt wird.

Fig. 17. Ein Pultdach mit Bohlensparren. Diese Construction läßt sich am wenigsten vortheilhaft beim Pultdach anwenden, indem dabei ein im Verhältniß umständlicher Verband erforderlich wird, um dem einseitigen Druck zu entgegnen. Soll dabei das Dach, wie hier, eine ebene Fläche bilden, so wird der Bohlensparren überflüssig, indem man dann, vortheilhafter und einfacher, einen gewöhnlichen graden Sparren anwendet.

Ueberhaupt ist bei den Pultdächern darauf zu sehen, daß die, der Dachfläche entgegenstehenden Bänder oder Streben, so wenig als möglich den Bodenraum beengen, wenn dieser so viel als möglich frei sein soll; dabei dürfen die Binder nicht zu weit auseinander angewendet, und muß z. B. bei Einrichtung des Bodenraumes zu Wohnungsräumen, auf deren zweckmäßige Eintheilung Rücksicht genommen werden.

Von den Hänge- und Sprengwerken.*)

Wenn ein Balken, welcher so lang, oder nicht stark genug ist, daß er — ohne einzubiegen oder zu brechen — weder sich selbst noch eine aufzulegende Last ohne anzubringende Unterstützung durch Säulen ꝛc. zu tragen vermag, so muß derselbe entweder durch ein Hängewerk gehalten, oder durch ein Sprengwerk getragen werden.

Fig. 18 zeigt ein einfaches Hängewerk mit einer Hängesäule, welche durch zwei, von den Enden z. B. eines Balkens entgegengesetzt schräg aufgehenden Streben gehalten wird.

Fig. 19 zeigt ein einfaches Hängewerk mit zwei Hängesäulen, welche von den, an den Enden des Balkens schräg aufgehenden Streben und dem, zwischen ihnen eingelegten Spannriegel, auseinander- und gehalten werden; aus welcher Verbindung leicht ersichtlich ist, daß die vorhergehende verhältnißmäßig mehr zu tragen vermag, als diese, da der Winkel, in welchem die Streben mit dem Spannriegel die Säulen halten, stumpfer ist als der, welchen die Streben allein mit der Säule bilden.

Bei den Hänge- und Sprengwerken überhaupt, ist darauf zu sehen, daß möglichst Hirnholz gegen Hirnholz stößt, aber auch immer Holz genug vor den eingesetzten Hölzern stehen bleibt; daß die einzelnen Verbindungen gut zusammengearbeitet sind, da ohnedies jede sich setzt, — weil die Hölzer doch etwas zusammentrocknen, indem wohl fast nie ganz trocknes Holz verwendet wird, — die Stirnflächen sich aber auch bei Belastung der Hölzer mehr zusammenspannen, als dies beim Abbinden geschieht und möglich ist.

Fig. 20. Das Einstehen der Streben mit stumpfer Versatzung am Kopfe einer Hängesäule. Besser ist, wenn nicht viel Holz vor der Versatzung steht, die Versatzung nach Fig. 21; dieselbe ist hier noch mit Zapfen versehen. Wird der Kopf der Säule in der Richtung der, beiderseits einstehenden Streben verschnitten, so wird die Versatzung nach Fig. 22 angewendet. Ist zu befürchten, daß die Streben auch das Hirnholz der, nach dem

---

*) Obgleich die hier mit angeführten Holzverbindungen nicht neu, sondern schon früher ähnlich erwähnt sind, so mögen sie doch in ihrer Anwendung bei den hier angeführten Constructionen, wegen ihrer Wichtigkeit durch praktische Ausführung, besonders erwähnt sein.

dabei angewendeten Jagdzapfen gearbeiteten Löcher, herausschieben wird, so wendet man eiserne Bügel an, welche, beiderseits angelegt, durch Schienen, Bolzen 2c. befestigt werden und die Streben niederhalten.

Fig. 23. A, B, C. Bleibt bei einer doppelten Hängesäule genug Kopf stehen, so werden die Streben meist in ihrer ganzen Stärke durch dieselbe eingelassen; bleibt jedoch wenig oder gar kein Kopf über den eingelegten Streben stehen, so wendet man den eisernen Bügel nach

Fig. 24 an, welcher für die Stirn der zusammenstoßenden Streben breit, für die an der Säule hängende Last stark genug sein muß.

Auf ähnliche Weise wie bei Fig. 23, geschieht nach

Fig. 25 A, B der Zusammenstoß einer Strebe mit einem Spannriegel, oder, nach

Fig. 26, A, B, C der Zusammenstoß zweier, in gleicher Richtung gehender Streben, über den eingelegten Spannriegel, in einer doppelten Hängesäule.

Fig. 27 A—D zeigt das Einstehen der Streben, je nachdem die Lage der Streben flach, oder weniger Holz vor dem Einstehen derselben bleibt, mehr und mehr durch Versatzung und Eisen gesichert.

Je nach der Form der Hängesäulen, oder der Lage der Unter- oder Oberzüge (Fig. 18, 19) richtet sich auch die Form und Befestigung der Hängeeisen, durch welche die Binderbalken oder Unterzüge mit den Hängesäulen verbunden werden, um dann die Zwischenbalken an die Oberzüge hängen, oder auf die Unterzüge legen zu können. In

Fig. 28 umfassen die doppelten Hängesäulen den Binderbalken, und lassen unter demselben noch einen Kopf, durch einen Bolzen befestigt, wodurch die Hängeeisen wegfallen. Der Oberzug liegt neben der Hängesäule.

Fig. 29 A zeigt ein doppeltes Hängeeisen mit gewendeten Schienen, wenn die Breite der doppelten Hängesäule querüber zum untern, zu befestigenden Stück Holz, ist. Zu Befestigung dieser Hängeeisen müssen bei Oberzügen die Binderbalken, oder bei Unterzügen, durch diese die ganze Balkenlage nach ihrer richtigen wagrechten Lage aufgesteift werden; da sich jedoch, wie gesagt, ein Hängewerk, sowohl durch seine eigne, als auch durch die später aufzulegende Last etwas setzen wird, so ist es besser, die Balkenlage über die wagrechte Linie aufzusteifen, — zu überheben, — demzufolge auch die Hängesäulen beim Abbinden unten nicht zum Anstehen kommen dürfen, sondern daselbst stets einige Zoll Zwischenraum lassen.

Das Hängeeisen nach a, welches die Last noch etwas durch eingetriebene Keile hebt, kann erst die Löcher zu denselben in der Hängesäule, nach dem erwähnten Aufsteifen erhalten, weil dann erst das Maaß sicher nach den Hängeeisen anzuschreiben ist, da dieses, wenigstens nach unten, nicht überlei groß sein kann. Unter die einzutreibenden Keile wird auch durch die Hängesäulen eine Eisenschiene geschoben, damit, wenn das Loch in jener breiter ist, als die Stärke der Keile verlangt, dieselben sowohl beim Eintreiben darauf fortrücken, als auch sich bei geringer Stärke nicht in das Holz, obgleich Hirnholz, einarbeiten. Es ist besser, zweimal Keile übereinander (und wohl auch von mehrer Höhe als hier angegeben) anzubringen, damit man, wenn später ein Heben durch Anziehen der Keile z. B. der durch Setzen des Hängewerks gesunknen Balken erforderlich werden sollte, ein Paar nachlassen und etwas unterlegen kann, um dann durch Anziehen dieser, die ersten nachzulassen, auch da unterzulegen, und, nachdem man auch auf Flucht nach oben in den Keillöchern der Hängesäulen Bedacht genommen, die Keile gemeinschaftlich anzuziehen.

Das Hängeeisen nach b wird oben, am umgebogenen Ende, durch eine Haspe — Kramme — dann durch Nägel oder Bolzen befestigt und gehalten. Bei Anwendung der Bolzen durch beiderseits angelegte Hängeeisen, zeigt sich derselbe Uebelstand, wie früher bei Fig. 2 Taf. VI. angegeben, daß man mit dem Bohrer nach den Löchern des Hängeeisens einer Seite, nicht allemal genau die des andern trifft, so daß dann die, nach solchen unrichtigen Löchern eingesteckten Bolzen nicht gleichmäßig zu tragen haben, welchem man dadurch nachzuhelfen sucht, daß man die Löcher in dem andern Hängeeisen, nach dem Bohren durch die Hängesäule, fertigen läßt. Besser sind dann große Nägel, von denen mehre übereinander, jedoch nicht alle rechtwinklich, eingeschlagen werden dürfen, sondern es geschieht dies abwechselnd nach verschiedenen, wenig schiefwinklichen Richtungen, damit sie nicht alle in gleiche Holzfasern treffen, somit leichter spalten, und daher nicht festhalten. Bei diesen Hängeeisen ist ein Heben nach geschehener Senkung, außer dem Aufsteifen und Unterlegen, nur durch Keile möglich, welche unten zwischen dem querüberreichenden Eisen und dem darauf liegenden Stück Holz, eingetrieben werden; oder ein Hängeeisen besteht aus zwei Schienen, welche unten mit Schraubengewinden versehen sind; an sie wird — anstatt der unten mit den Längeschienen zusammenhängenden Querschiene — eine andere längere mit Löchern, zum Durchstecken der Gewinde versehen, zum Auflegen eines Unterzugs oder Balkens mit Schraubenmuttern befestigt, so daß durch diese ein späteres Nachheben möglich ist.

Fig. 29 B. Ein Hängeeisen auf einer, oder auf zwei Seiten einer einfachen Hängesäule angewendet. Dasselbe wird oben wie das vorige befestigt, unten eine Schraubenmutter angedreht, durch welche auch, bei langem Gewinde an dem Hängeeisen, ein späteres Nachheben der Balken ꝛc. möglich ist.

Fig. 29 C zeigt ein unten verschraubtes Hängeeisen; wegen der doppelten Hängesäule, auf deren Breite angewendet, gespalten, und wie das vorhergehende befestigt.

Fig. 29 D zeigt ein unten verschraubtes Hängeeisen, in eine doppelte Hängesäule eingesteckt, und oben wie a Fig. A mit Keilen.

Zu den Sprengwerken werden auch die Hölzer, deren Tragkraft künstlich vermehrt wurde, gerechnet. Sie dienen nach Fig. 30 A, B sowohl als Binder bei Balkenlagen, um auf ihnen Querbalken legen zu können, als auch zu ganzen Balkenlagen als Balken. Nach Fig. 31 A, B liegen Querbalken zwischen solchen künstlich construirten Binderbalken, bei denen das untere ganze und Hauptstück stärker als die beiden obern darauf zusammenstoßenden genommen wurde, so daß auf jenem zu beiden Seiten ein Vorsprung als Auflager entsteht, der durch aufgelegte Hölzer erhöht wird, um die schwächern Querbalken dem Binder oben bündig zu erhalten.

In Fig. 32 A sind z. B. bei einer Dachbalkenlage mit Hängewerk die Binderbalken als construirte, aus zwei Stücken übereinander; die Zwischenbalken, welche mit jenen unten eine gleiche Decke bilden, hängen durch lange Bolzen an dem Oberzug, welcher quer auf den nicht weit von einander entfernten höhern Bindern liegt. In Fig. B, wo die Binder weiter entfernt sind, ist der Oberzug doppelt, um die Balken 2c. auf die größere Länge sichrer tragen zu können; bei solchen, namentlich langen und aus vielen Stücken gestoßenen Unterzügen, hat man jedoch darauf zu sehen, daß die Stöße dieser Stücke immer auf einen Binder treffen, und ist es nicht anzurathen, damit willkürlich zu verfahren, wodurch, wie bei Fig. 32 B, leicht ein Stoß zwischen zwei Binder treffen kann.

In Fig. 33 A, B liegen auf einem Balken zwei flache Streben, welche einen Spannriegel so hoch über demselben halten, daß auf ihm, (unter diesen), Oberzüge liegen können, an welche Zwischenbalken gehangen werden. Der Binderbalken wird mit Bolzen an den, von den Streben getragenen Spannriegel, gehangen, auf die Unterzüge werden zum Ausgleichen Holzstücke gelegt, so daß die schwächern Zwischenbalken oben mit dem Spannriegel bündig sind; auf die Streben kommen zu dieser Ausgleichung keilförmig geschnittene Hölzer.

In Fig. 34 A, B ist auf einem starken längern Balken ein größeres Sprengwerk angebracht, wobei die untern Deckenzwischenbalken an Oberzügen, die Fußbodenzwischenbalken auf Unterzügen liegen. Nach Fig. B ist auch ein Längenverband durch kleine Bänder zwischen den Unter- und Oberzügen angewendet, um eine Seitenbewegung der übereinandergebauten Construction zu verhindern; doch dürfte hier wohl auch, der Sicherheit wegen, der Unterbalken im Binder doppelt zu nehmen sein.

Tafel XV.

Die Hänge- und Sprengwerke finden auch bei Wänden Anwendung, welche auf Balken zu stehen kommen, denen weder durch eine andere Wand noch durch Säulen eine Unterstützung gegeben werden kann.

Fig. 1 A, B. Werden dergl. Wände ausgebunden, um die Fache dann auszumauern, oder auszukleben, so dürfen die Streben mit den Riegeln nicht überblattet, sondern diese in jene nur mit kurzen Zapfen eingelassen werden, um sie nicht zu schwächen. Dabei wird wohl gar ein Riegel b mehr*) eingezogen als sonst

*) Wodurch jedoch aber auch bei Verwendung nassen Holzes durch dessen Zusammentrocknen die Fachausfüllung an demselben Risse erhält, wohl gar locker wird.

geschieht, um die Wand leichter zu machen, doch werden z. B. die kurzen Riegel a, oben in den dreieckigen Fachen an den Streben weggelassen. Da auch hier durch die Belastung mit dem Ausfüllen der Fache, die Streben sich fester eindrücken und dadurch ein Sinken des Balkens entsteht, so ist es gut, unten, ein Stück vom Balken entfernt, einen Riegel b einzubringen, und erst von diesem an mit Ausfüllung der Fache zu beginnen, um die Oeffnung unter dem Riegel nach dem etwaigen Senken ausfüllen, vorher aber den Balken durch Andrehen der Schraubenmutter wieder heben zu können.

Dasselbe ist bei Fig. 2 beobachtet, wo eine Thür in der Mitte der Wand angebracht ist, und die Thürsäulen zugleich die Hängesäulen abgeben.

Trifft diese Wand querüber auf Balken zu stehen, so läßt sich diese nach Fig. 3 B leicht einstellen, wenn man darunter einen Unterzug legen kann, um auf demselben die Streben stehen zu lassen. Es sind auch hier unten Riegel eingebracht, um nach dem Ausfüllen der darüber befindlichen Wand die gesunkene Balkenlage durch den Unterzug wieder heben zu können. Darf jedoch Fig. A unten der Unterzug nicht stattfinden, oben aber die stärkere Schwelle b, weil nun an diese die Balken gehangen werden müssen, nicht durch das Thürlichte reichen, sondern dazu ausgeschnitten wird, so müssen die Schwellen durch eine Eisenschiene c und Bolzen d, d, zusammengehalten werden, damit sie die Streben nicht der Länge nach fortschieben. Fig. A trifft eine Thürsäule auf einen Balken, so hält das Hängeeisen diesen und somit die auf demselben liegende Schwelle b, an welche die, bis an das andere aufliegende Ende derselben befindlichen Balken angehangen werden. Trifft jedoch eine Thürsäule zwischen zwei Balken, so muß ein Wechsel e eingelegt werden, durch welches das Hängeeisen reicht und sowohl jenes als auch den inmitten des Thürlichten treffenden Balken hält.

Fig. 4. Wird eine solche gehängte und gesprengte Wand länger; oder kommen z. B. zwei Thüren in der Mitte, ganz oder ziemlich nebeneinander; oder kommt eine Thür, — aber etwas seitwärts, — in dieselbe, so wendet man zwei Hängesäulen mit längerem Spannriegel an, um im ersten Fall die Streben nicht zu flach legen zu müssen; im zweiten: die mittlere

Thürsäule, daran hängen zu können; im dritten: den einseitigen Druck zu vermindern.

Sollen dergl. Wände in vollendete Gebäude eingezogen werden, so ist auf die dabei oft vorkommenden erschwerenden Umstände, wegen Einbringen der Hölzer, Rücksicht zu nehmen; muß aber unter einer unterstützten Wand, welche nicht zum Tragen ihrer Last eingerichtet ist, die Unterstützung weggenommen werden, so wird dieselbe nach Fig. 5, um sie nicht abtragen und dazu einrichten zu müssen, vor gänzlicher Entziehung der Unterstützung, gehängt. Dieses geschieht durch lange Eisenschienen, in der umgekehrten Richtung wie die der Streben angewendet. An jedem Ende der Wand geht zu beiden Seiten eine Eisenschiene von oben herunter nach der Mitte der Wand; dieselben werden unten und oben — über Rahmen und unter der Schwelle oder dergl. — durch angesteckte Querschienen verbunden, und auf diesen die Schraubenmuttern fest angezogen.

Fig. 6. Um freistehende Fachwände durch deren Ausfüllung nicht zu schwer zu machen, werden deren Seiten mit Bretern verschalt, diese berohrt und geputzt. Fig. A, B, C, dabei werden jedoch die Brete a so genagelt, daß sie einander entgegengesetzt von beiden Seiten als Streben wirken. Fig. C, D, wird eine leichtere Bretwand ohne Fachwerk eingesetzt, so nagelt man wohl zuerst Brete b senkrecht an unten und oben dazu befestigte Leisten c, und auf diese Lage Brete eine andere d, in diagonaler Richtung, gegenseitig als Streben.

Liegt z. B. über einem weiten freien Saale wieder einer dergleichen, so wird die dazu nöthige Sprengung der Zwischenbalkenlagen für die Decke des untern und dem Fußboden des obern, so hoch gemacht, daß der dazwischenliegende Raum zugleich vortheilhaft zu niedrigen Wohnungsräumen oder dergl. benutzt wird, wodurch auch den Streben, welche hier viel zu tragen haben, eine etwas steilere Lage gegeben werden kann. Bei dieser Einrichtung müssen sich jedoch die Räume nach der erforderlichen Eintheilung der Binderbalken und des Längenverbandes richten, welche deshalb nicht gestört werden darf und wobei man wohl auch zu mehrer Sicherheit alle untern oder nur die Binderbalken doppelt nimmt.

Zur Ansicht mögen hier noch einige Dachconstructionen mit Hängewerk, ohne weitere Angabe ihres Längenverbandes, folgen.

Fig. 8. Hängewerk mit einer Hängesäule bei flachem Dach mit versenkter Balkenlage; bei 12—16⁰ lichter Weite.

Fig. 9. Hängewerk mit einer Hängesäule bei deutschem Dach mit liegendem Stuhl; bei 12—18⁰ lichter Weite.

Fig. 10. Hängewerk mit zwei Hängesäulen, an Stelle der Stuhlsäulen bei stehendem Stuhl, bei 18—24⁰ lichter Weite.

Fig. 11. Hängewerk mit zwei eisernen Hängesäulen bei flachem Fettendach; zu 20—28⁰ lichter Weite. Wollte man hier zu den kurzen Hängesäulen hölzerne nehmen, über dieselben aber oben einen eisernen Bügel legen, — weil hier kein Kopf bleibt, — und unten das Hängeeisen anbringen, so würde man an eine Hängesäule eben so viel, wenn nicht mehr Eisen brauchen, als zu einer eisernen.

Fig. 12 A, B. Hängewerke mit drei Hängesäulen; bei 28—32⁰ lichter Weite.

Fig. 13. Anwendung der Laves'schen Construction, als Hängewerk mit drei Säulen; bei voriger lichter Weite.

Fig. 14. Hängewerk mit vier Hängesäulen; die hier noch in der Mitte zum Tragen des Kopfrahmens angebrachte Hängesäule zählt hierbei eigentlich nicht als solche. Bei 32—38⁰ lichter Weite.

Fig. 15. Hängewerk mit sechs Hängesäulen; bei 45—52⁰ lichter Weite.

Fig. 16. Hängewerk mit neun Hängesäulen; bei 70—80⁰ lichter Weite.

Da bei Hängewerken, je größer sie werden, auch mehr Stöße durch die zu einem Binder gehörenden Hölzer entstehen, so ist es natürlich, daß dadurch das Setzen desselben um so größer wird, weil die Hölzer beim Abbinden nie so scharf an einander gespannt werden können, wie dies nach dem Aufstellen durch die eigne und die aufgelegte Last geschieht. Durch das Senken kommt aber die Verbindung der Hölzer in ein ungleichmäßigeres Verschieben und wird ersteres dadurch vermindert, daß man in jedem Zusammenstoß zweier Stirnen nach Größe derselben, eine dünne Blei-, Zink- oder Eisenplatte einlegt, wodurch sich die Hölzer nicht so leicht ineinander- und zusammendrücken können, dieses Eindrücken aber durch die Einlagen wieder ersetzt werden kann.

Wegen des Setzens ist es bei großen Hängewerken, also bei langen, wohl auch gestoßenen Sparren, namentlich bei flachem Dach, gut, diese weder auf ihrem Stoße noch in ihrer Vereinigung in der Spitze, beim Richten sofort mit einander zu verbinden, damit sie sich bei dem unvermeidlichen Setzen etwas nebeneinander verschieben können, und spätestens bei oder nach Auflegung der Bedachung zu verbinden sind, indem diese, hier gewöhnlich die einzige oder größte Belastung ist, und durch dessen zugehöriges Material schon bei seinem Aufbringen, bei gehöriger Vertheilung auf der Dachbalkenlage, das Setzen bis zu einem hohen Grade beseitigt wird.

Fig. 17. Hängewerk auf einem eisernen Balken (Anker) mit einer eisernen Hängesäule. Die Streben, als Doppelsparren eines Fettendachs, stehen unten in eisernen Schuhen, welche an den Enden des Balkens befestigt sind, und oben stoßen sie gemeinschaftlich in einen Doppelschuh; von diesem herunter hängt ein Stab, welcher einen dergl. Schuh hält, um die, die Doppelsparren unterstützenden Streben aufzunehmen, und von welchem wieder ein kürzerer Stab heruntergeht, um den Balken fest in wagrechter Lage zu halten.

Fig. 18. Ein Sparrwerk mit abgesprengten Fettensparren; da angewendet, wo es auf einen freien Dachraum abgesehen ist.

Fig. 19. Ein Dachwerk mit überhobener Balkenlage auf Fachwerksumfassung. Hier ist die Tiefe des Gebäudes in zwei schmale Seitentheile und einen breiten mittlern Theil durch Fachwände oder Säulen, getrennt, dessen Deckenbalken auf Rahmen über diesen Säulen gegen die (als Stichgebälke) über den Seitentheilen, höher liegen. Die Sicherstellung des Querverbandes geschieht durch die langen doppelten Zangen oder Streben, welche zugleich eine Hängesäule tragen, an welche die erhöhte Balkenlage gehangen ist.*)

Fig. 20. Eine ähnliche Construction wie die vorige, z. B. bei einer Kirche angewandt, mit überhobener Balkenlage, welche

*) Die bei diesen Constructionen angegebenen Eisentheile sind etwas stärker gezeichnet als sie dieses im Verhältniß sein sollten, indem sie sonst weniger zu bemerken gewesen sein würden.

jedoch auch als ganze Balkenlage eines für sich darauf stehenden Daches betrachtet werden kann, indem die Verlängerung des Daches bis auf die Umfassung, durch kurze Sparren gebildet wird, welche von den kurzen Unterbalken bis unter diese Oberbalken reichen. Das obere Dach ist ein Hängewerk bei liegendem Stuhl, mit einer Hängesäule, — wenn der dadurch gehängte Balken auf die freie Länge nur sich selbst zu tragen hat, — und ruht am Aufstand der langen Streben, auf einem von Säulen gestützten Rahmen, am Verschnitt der Balken auf einer Stuhlwand welche, entgegen ihrer Lage, durch Streben gestützt werden muß.

Beim Richten der Hängewerke werden meistentheils Gerüste nöthig, um mit Hülfe derselben die Balkenlage einrichten, und auf ihnen diese wohl auch absteifen zu können, bis sie mit den Hängeeisen befestigt sind.

Fig. 21. Eine Dachconstruction mit mehrern liegenden und stehenden Stuhlverbindungen übereinander; z. B. bei einem Magazingebäude von mehrer Tiefe, zu Benutzung des Dachraumes durch Böden.

Die Ausführung einer jeden, von Fig. 8 an gegebenen Dachconstruction, hier so anzuführen, wie dies bei den frühern geschah, dürfte doch wohl zu umständlich sein, da dieselben vorkommenden Falls noch durch verschiedene nöthige Zeichnungen der einzelnen hauptsächlichsten Verbindungen erläutert, dann ohne große Schwierigkeiten nach dem Verständniß der frühern Constructionen folgerichtig auszuführen sein dürften, wenn, wie bis jetzt angenommen, das Dach gleiche Tiefe hat, überhaupt die Grundfläche ein Parallelogramm ist, und die Construction sowohl der Binder als die der Lehrgespärre immer dieselbe, dadurch das Abbinden derselben eine gleichmäßige Arbeit bleibt, und leicht wird, nachdem z. B. ein Binder fertig ist; doch sei dabei nochmals erwähnt, daß in der practischen Ausführung hauptsächlich auf gut gearbeitete Verbindungen gesehen wird, indem durch Vernachläßigung derselben eine sonst gut entworfene Construction seinen Zweck nicht erfüllt.

Hiermit sei die Lehre von den Dachconstructionen bei Satteldächern auf Gebäude von rechtwinklicher Grundfläche, geschlossen, und wir kommen nun zu denen auf Gebäude von schiefwinklichen und vieleckigen Grundflächen mit verschiedenen Dachflächen und Neigungen.

Tafel XVI.

Von Ausmittelung der Forst- und Gradlinien.

Die Bestimmung der Forst- und Gradlinien, und somit die der Dachflächen, hat bei irregulärer Grundform eines Gebäudes, mehr noch bei dem Zusammenhang verschiedener, zu einem Ganzen gehörenden, aber unter verschiedenen Winkeln zu einander stoßenden Gebäude, oft seine Schwierigkeiten. Diese Bestimmung ist um so wichtiger, da sich sehr oft die Eintheilung der Balkenlage danach richtet und, wenn auch nicht vollständig von dem Polir verstanden zu werden braucht, derselbe doch damit bekannt sein muß, da dieses das Abbinden eines verwickelten Dachwerks wesentlich erleichtert.

Eine allgemeine Regel für Ausmittelung dieser Linien ist, beim Zusammenstoß mehrer Dachflächen die, daß letztere nach einem Winkel alle gleiche Neigung haben sollen, wodurch sich dann auch erstere leichter und sichrer bestimmen lassen; doch weicht man in der Praxis sehr oft davon ab, wenn man sich dadurch manche Erleichterung verschaffen kann, indem man einigen Flächen einen andern Neigungswinkel giebt; aber es bleibt sich die Ausmittelung unter allgemeiner Annahme jeden Neigungswinkels gleich, so daß dieser jene nicht ändert.

Diese Abweichungen erlaubt das richtige Verständniß der Ausmittelung, so wie das der Ausführung in der Praxis.

Fig. 1. Es sei das Parallelogramm a b c d die Grundform eines Gebäudes; dasselbe steht mit der Seite a d an einem andern Gebäude, und erhält hier gradaufgehenden Giebel, während es auf der andern Giebelseite b c frei steht und hier Walmen erhalten — abgewalmt werden — soll.

Man theilt die Tiefe des Gebäudes, a d und b c in zwei gleiche Theile, in e und f, und zieht die Linie e f, so würde diese die Forstlinie von einem Giebel bis zum andern sein; trägt man nun von f die halbe Tiefe des Gebäudes nach g, so würde dies der Punkt — der Anfallspunkt — sein, wo die Walmfläche den Forsten trifft, so daß dieser nun nur noch die Länge e g hat.

Ist a d h der Giebel (Querdurchschnitt) des Daches, bei dem e h die Höhe (senkrecht und nicht schräg nach a h) gleich ist, der halben Tiefe des Gebäudes = a e, so würde Fig. B e′ f′ f e der Längendurchschnitt des gewöhnlichen Satteldaches sein; da nun aber der Giebel f′ f wegfallen und eine Dachfläche in gleicher Neigung mit den Langseiten angebracht werden soll, so trägt man von f′ die halbe Weite a e Fig. 1 nach g′, errichtet darauf die Rechtwinkliche g′ g, und verbindet g mit f′, so ist g f′ die Neigung der Walmfläche, und g der Anfallspunkt des Walmen an dem Forsten.

Deutlicher wird dieses, wenn man sich das Dach über a b c d e f geschlossen als dreiseitiges Prisma denkt, von welchem man nach der angegebenen Linie ein Stück abschneidet, so daß noch a b c d e g übrig bleibt.

Vom größten Vortheil wird es aber für den Lernenden sein, wenn er die Vereinigung solcher Dachflächen modellirt, und zwar am einfachsten mit steifem Papier (Pappe) wodurch derselbe sich ein deutliches Bild und in zweifelhaften Fällen Gewißheit, überhaupt ein sichres Verfahren verschaffen kann.

Es sei z. B. auf einem zum Modelliren passenden Bogen die Grundform des Gebäudes nach a b c d aufgezeichnet, so trägt man hier, nach geschehener Ausmittelung, bei ausreichender Größe des Bogens die zum Dache gehörenden Flächen, unmittelbar an die Grundlinien desselben auf folgende Weise aus: aus dem Durchschnitt, oder hier gleich als Giebelfläche des Daches, entnimmt man die Neigung der Dachflächen als deren Breite, indem man sie auf die zu a b und c d rechtwinklich gezogenen Linien von d nach k, von a nach l trägt; aus diesen Punkten l und k zieht man, als Forstlinien, dieselben parallel mit den Trauflinien, und macht sie = e g; verbindet man die so erhaltenen Punkte, m mit c, n mit b, so hat man die Dachflächen der Langseiten in d c m k und a b n l.

Zu Bestimmung der Walmfläche errichtet man in der Mitte f der Seite c b eine Rechtwinkliche, und macht diese, f o, so lang als d h oder d k, (weil die Dachflächen gleiche Neigung haben), richtiger aber so lang, als g f′ Fig. B; oder auch: man macht c o = c m, b o = b n. Schneidet man nun die Grundfläche des Gebäudes mit den anhängenden Dachflächen nach den Linien a l n b o c m k d h aus, bricht die (vier) Dachflächen an den Grundlinien um, indem man sie daselbst leicht aufschneidet, und legt sie mit den übrigen zusammengehörenden gleichen Linien nach der Neigung des Daches zusammen, so werden sie genau schließen und das Aeußere des Dachkörpers vorstellen.

Die Kante, welche eine Dachfläche mit einer andern macht, wenn o c und c m oder o b mit b n zusammenkommen, heißt ein Grad, hier Walmgrad. Nach dieser Kante (Linie) wird ein Sparren gelegt, welcher die von der Trauflinie i b nach der Forstlinie g f in gleicher Richtung mit i g reichenden Sparren eines Giebeldaches schräg durchschneidet, wovon man sich nun im Modell sehr leicht überzeugen kann, wenn man die Sparren auf den Dachflächen durch Linien angiebt.

Der auf den Grad, die Gradlinie treffende Sparren, heißt der Gradsparren, Walmgradsparren; seine Richtung wird auf der Grundfläche durch die Linie g c oder g b bezeichnet, in welcher lothrecht darüber die Seitendachflächen mit der Walmfläche zusammenstoßen; seine Neigung, welche jedoch geringer ist als die, der andern Sparren, indem derselbe auf die größere Länge seiner Grundlinie b g auch nicht mehr Höhe hat als ein andrer Sparren, dessen Grundlinie i g ist, findet man, wenn man Fig. C die Länge seiner Grundlinie = g' b, die Höhe des Daches = g g' macht, und g mit b verbindet, welche Länge gleich sein muß den Linien m c, c o, o b, b n. Die durch den Gradsparren in ihrer Länge bestimmten, und sich an denselben legenden kleinern Sparren heißen Schiftsparren, — Schifter — hier Walmschifter, deren Länge sich auch in dem Modell verdeutlicht, und aus ihrer Grundlinie auf folgende Weise bestimmt wird. Ist p q die Grundlinie eines solchen Schifters, daß also derselbe lothrecht über q von dem Gradsparren — der Gradlinie — (hier unberücksichtigt der Stärke des Gradsparrens) geschnitten wird, so nimmt man p q trägt dies, Fig. C von i nach q, oder richtiger, man nimmt, vom Mittel aus, s q, und trägt dies von g' nach q', errichtet in q' eine Senkrechte, so schneidet dieselbe die Neigung des Daches in q und man erhält in i q die Länge des Schifters, welche der im Modell nach p r, Fig. A, gleich sein muß.

Ist die Ausmittelung bei dem verschobenen Parallelogramm a b c d, Fig. 2, vorzunehmen, wo ebenfalls einerseits ein Giebel, andrerseits ein Walmen sein soll, so geschieht dies auf ähnliche Weise wie vorher. Nachdem man nach der rechtwinklichen Weite und der Höhe des Daches, (der vorigen gleich), die Länge der Sparren, — die Neigung und Breite der Dachflächen — erhalten, zieht man von e die Forstlinie, schneidet dieselbe in f durch eine, parallel zu b c in der, als Grundlinie rechtwinklich zu b c aufgetragenen Breite der Dachfläche gezogenen Linie, und verbindet f mit b und c, so haben die über diesen Linien sich stoßenden Dachflächen, rechtwinklich zu ihrer Grundlinie, also nach der kürzesten Linie — nach dem Ablauf des Regenwassers — gleiche Neigung, demzufolge es, genau genommen, falsch sein würde, den Anfallspunkt durch die Breite der Dachfläche in ihrer Grundlinie auf der verlängerten Forstlinie von h nach g zu tragen.

Will man zu diesem Dach ein Modell fertigen, so kann man ebenfalls die Flächen unmittelbar an die Grundform austragen. Man errichtet in e, der Mitte der Giebelseite a d, eine Rechtwinkliche, macht diese der Höhe des Daches gleich, und verbindet i mit d und a, so hat man die Giebelfläche; dann trägt man die Weite, (Entfernung) der Punkte e f, die Forstlinie, rechtwinklich auf die Linie d c, verlängert die, diese Weite bestimmenden Linien, bis sie von der, in Breite der Dachfläche parallel zu d c, der Grundlinie derselben gezogenen Linie in k l geschnitten werden, und verbindet k mit d, l mit c. Auf gleiche Weise trägt man die Forstlinie rechtwinklich auf die verlängerte a b, verlängert diese Linien, und verfährt wie vorher, wodurch man die Fläche a n m b erhält. Ebenso trägt man f, den Anfallspunkt des Walmen, rechtwinklich auf die Grundlinie desselben nach p, verlängert diese Linie nach auswärts, macht sie bis o gleich der Breite der Dachfläche, und verbindet o mit b und c; oder man macht p o = der Neigung der Linie p f; oder o c = c l, o b = b m.

Werden die Flächen ausgeschnitten und umgebrochen, so bilden sie in dem Zusammenstoß ihrer Seiten die Form des Daches.

Nach dem hier, sowie dem früher Gesagten, bei Construction der Figuren, und dem Verständniß der folgenden Ausmittlungen, dürfte es dann für das Modelliren der Dächer weniger Schwierigkeiten verursachen, wenn beim Zusammenstoß mehrer Dächer, die Flächen derselben nicht alle unmittelbar an die Grundform, sondern unzusammenhängend mit derselben, für sich ausgetragen werden müssen.

Fig. 3. Hier stoßen an ein Dach (I) in Grundform eines Parallelogramms, auf beiden Seiten abgewalmt, in gleicher Ebene, nach der Verlängerung einer dieser Giebelseiten, ein mit diesem gleich weites und hohes Dach (II), nach der Verlängerung der andern abgewalmten Seite ein schmäleres und niedrigeres Dach (III).

Zuerst suche man zu I, als ein für sich bestehendes Dach, von der Form a b c d, die Forst- und Gradlinien, indem man in der halben Tiefe des Gebäudes I, die Forstlinie zieht, und auf diese, von den Giebelseiten herein, die Anfallspunkte der Walmen, mittels Auftragen der halben Gebäudetiefe, in e und f bestimmt, erstere mit a und d, letztere mit b und c verbindet. Nun sucht man zu II die Forstlinie, welche in ihrer Verlängerung die Forstlinie in dem Anfallspunkte des gefundenen Walmen trifft, weil diese beiden Dächer gleiche Weite und Höhe haben; dadurch verläuft die äußere Dachfläche mit dem Walmen in eine Fläche, während die innerliche als Wiederkehrung eine Kehle g e bildet, es fällt auf I von der Dachfläche über a b f e, das Stück a g e mit dem Fall von e nach a g. weg, und wird dasselbe von zwei, rechtwinklich darauf stoßenden Flächen e h a und e h g überdeckt. Ueber e g kommt zu Vereinigung der darüber zusammenstoßenden Sparren, ein Gradsparren, hier Kehlgradsparren genannt, zu liegen.

Zieht man zu III die Forstlinie, so trifft diese in ihrer Verlängerung den Grad f b in k, so daß sich die äußere Dachfläche mit der Walmfläche von I, von b bis k vereinigt, die innere nach der Linie k i an die Dachfläche a b f e stößt, und daselbst eine Kehle bildet, welches durch Fig. B noch deutlicher wird. Wird die Forstlinie eines niedrigen Daches gegen ein höheres mit dessen Forstlinie, wie hier an einem Ende derselben, durch ein Stück Gradlinie verbunden, so bezeichnet man die verschiedene Höhe dieser Forstlinien durch ihre geneigte Verbindungslinie, mit dem Namen: Dachverfall.

Fig. 4. Hier stößt an ein abgewalmtes Dach, in der Richtung der Giebelseite, ein andres von etwas weniger Tiefe, und daher, bei gleichem Dachwinkel, weniger Höhe. Das erstere Dach würde die Forstlinie e f, die Gradlinien d e und a e erhalten; die Forstlinie vom andern Dach würde letztere in g treffen, und hier ein kleiner Dachverfall entstehen. Wegen der für die Praxis dadurch entstehenden Mehrarbeit, sowie der nach Umständen möglicherweise entstehenden Unzweckmäßigkeit, umgeht man denselben, indem man ihn dadurch weg bringt, daß man beide Dächer gleich hoch macht; dann vereinigen sich beide Dächer in der Gradlinie d k und h k, mag man nun, Fig. B., die gemeinschaftliche Höhe nach dem kleinern a g h, oder nach dem größern, Fig. D, d e a nehmen.

Soll jedoch aus gewissen Gründen der Walmen am größern Dach nach d e a bleiben, das kleinere soll aber die Höhe des andern bekommen, so kann die Forstlinie desselben nicht auf's Mittel, sondern etwas seitwärts kommen, wie Fig. B und C zeigt, wo die äußere Dachfläche gleiche Neigung mit der des großen Daches, die innere aber mehr Abfall hat.

Fig. 5. Ist die abzuwalmende Giebelseite eines Daches keine grade, sondern eine gebrochene a b c, so wird hier der Anfallspunkt d wie früher nach der halben Weite h d von i nach d getragen, und danach von a, b und c die Gradlinien gezogen.

Fig. 6. Stößt ein kleineres Dach inmitten der Länge eines größern, so erhält man, nachdem man, Fig. B, den Punkt c gefunden, in welchem die Forstlinie des erstern die eine Dachseite des andern trifft, in Fig. A, zwei Kehlen a c und b c.

Fig. 7. Stößt aber ein größeres Dach inmitten eines kleinern, so erhält man auch zwei Kehlen, welche sich jedoch oben nicht vereinigen, indem die vordere Dachfläche nach h c Fig. B bis an die Forstlinie des höhern Daches in e verlängert wird, und so ein kleiner Walmen entsteht, dessen Gradlinien die tiefere Forstlinie in d und f treffen, von welchen Punkten die Kehllinien nach a und b gezogen werden. Dieser kleine Walmen wird jedoch in der Praxis sehr oft vermieden, indem man das weitere Dach so hoch als das schmälere macht, so daß die Forstlinie desselben von der des erstern in c getroffen wird, und man dann die, sich in diesem Punkte vereinigenden Kehllinien a c und b c erhält.

Fig. 8. Stößt ein kleineres Dach, aber unter einem schiefen Winkel inmitten eines größern, so bestimme man, Fig. B, auf g f, der Dachneigung des letztern, nach Höhe des erstern, den Punkt c, wo die Forstlinie jene trifft, dessen Entfernung vom Mittel, man in Fig. A rechtwinklich von der Forstlinie nach c trägt, von welchem Punkte die ungleichen Kehllinien nach a und b gezogen werden. Hat man, Fig. C, nach g' g der Höhe des größern Daches und, in der Richtung der Forstlinie des zweiten Daches aus Fig. A nach h g = g' h' die schiefwinkliche Dachneigung h' g gefunden, so trifft die tiefere Forstlinie diese in c, so daß man die Entfernung vom Mittel = c' g' in Fig. A von g nach c tragen kann, welches Verfahren eben so richtig als das vorhergehende ist.

Fig. 9. Stoßen zwei Dächer von gleicher Weite aber verschiedener Höhe, rechtwinklich zu einander, so erhält man, nach Fig. B, sehr leicht den Punkt, wo die Forstlinie des niedrigen Daches die Fläche des andern trifft, wenn man die Neigung desselben nach Höhe der tiefern Forstlinie in c schneiden läßt, wonach man, in Fig. A, von dem bestimmten Punkte c die Kehllinien nach a und b ziehen kann.

Fig. 10. Stößt an ein Gebäude ein andres, welches dessen Länge zur Tiefe hat, die Trauflinien der Dachflächen dieser Gebäude aber nicht in einer Gleiche, sondern die des erstern höher als die des letztern liegen, so findet man, nach Fig. B, sehr leicht aus dem Durchschnitt des größern Daches und dem Längendurchschnitt des höher anfangenden, diesem querüberstehenden, niedrigeren Daches, die Punkte a, b, wo dieses in der Trauflinie von jenem getroffen und überbaut wird, bis an c, den Vereinigungspunkt der, hier in gleicher Höhe sich schneidenden Forstlinien, von welchem die Kehllinien nach a und b gezogen werden.

Fig. 11. Stößt an ein Dach von rechtwinklicher Grundform, in der Richtung des aufgeführten Giebels, ein Pultdach, dessen Weite der halben des ersten gleich ist, so findet man die entstehende Kehllinie a b, wenn man die Durchschnittspunkte der Forst- und Trauflinien verbindet. Hat das Pultdach jedoch mehr Tiefe, so wird dasselbe von der Verlängerung der andern Dachfläche, wie früher erwähnt, abgewalmt, wodurch der kleine Grad e d entsteht, welcher die Forstlinie des Satteldaches schneidet, und so den Punkt bestimmt, von welchem man nach dem Durchschnittspunkte der Trauflinien die Kehllinie d e zieht. Dieser kleine Walm wird jedoch vermieden, und die Kehllinie von f, dem Durchschnittspunkte der sich schneidenden Forstlinien, von den gleich hoch angenommenen Dächern, nach e gezogen. Eben so vermeidet man in der Praxis

Fig. 12 C C' den kleinen Dachverfall am Giebel von b nach c, und macht dieserhalb das niedrigere Pultdach eines Seitengebäudes eben so hoch, als das höhere Satteldach des Hauptgebäudes; oder man macht das (z. B. später angebaute) Pultdach über D D', welches durch die dabei angewandte niedrige Stempelwand e g, Fig. B, eigentlich, bei gleicher Tiefe mit der halben des Vorder- oder Hauptgebäudes um i h = der Höhe der Wand, über dieses vorstehen würde, und, Fig. A, von i nach k auf dasselbe abgewalmt werden müßte, niedriger, und die Forstlinien beider Gebäude gleich hoch, so daß die Kehle von ihrem Durchschnittspunkte h anfängt, hier aber nach g geht, welches der Punkt ist, wo die höher liegende Trauflinie des Pultdachs in die diesseitige Dachfläche des Satteldaches stößt, und den man dadurch erhält, daß man auf e h, Fig. B = der Neigung dieser Dachfläche in Höhe der Stempelwand die Trauflinie verlängert, wodurch diese in l geschnitten wird, so daß man nun die Linie g l, nach Fig. A, von e nach g tragen kann.

Fig. 13. Stößt ein Pultdach mit Mansarde rechtwinklich in die ebene Fläche eines Daches, dessen halbe Tiefe gleich der des Pultdachs ist und deren Forstlinien in gleicher Höhe sich schneiden, so findet man keineswegs die Kehllinie durch die grade Linie, welche den Durchschnittspunkt der Trauflinien mit dem der Forstlinien verbindet, sondern man erhält dieselbe, und zwar hier eine gebrochene Linie darstellend, auf folgende Weise: ist, Fig. B, a b die Neigung der ebenen Dachfläche z. B. über der Grundlinie a b, Fig. A, und, Fig. B, b e a die Neigung der gebrochenen Dachflächen des Mansardedaches, so trifft die Trauflinie, welche den Bruch dieser Flächen bezeichnet in Fig. B senkrecht unter e, und ist in Fig. A auf der Linie e b. Sieht man nun, Fig. B, a b b' als Durchschnitt des Satteldachs, und in a a' h b e die Ansicht der auf die Dachneigung a b stoßenden Mansardedachflächen, so sieht man, daß die Traüflinie a' e diese Neigungslinie in c trifft, welcher Punkt senkrecht auf die Grundlinie derselben heruntergelassen, nach c' kommt; trägt man nun die Entfernung dieses Punktes von dem lothrecht unter der Forstlinie gelegenen Punkte b, in Fig. A, auf genannte Grundlinie von dem entsprechenden Punkte b nach c, so ist dieses der

Punkt, über welchem die obere Trauflinie a e, Fig. A, an die über eine in grader Richtung mit ihr gezogenen Grundlinie liegende Neigungslinie stößt.

Auf der andern Seite erhält man durch das Anstoßen eines Bohlenpultdaches ebenfalls keine grade, sondern hier eine gebogene Kehllinie. Ist die Weite des Pultdaches der halben des Satteldaches, und die Forsthöhen dieser beiden gleich, so ist, Fig. D, die grade Linie a b die Neigung der Fläche in welche die des Pultdachs, nach a c b gebogen, stößt; nimmt man nun auf dieser den Punkt c, so trifft dieser lothrecht darunter in c' auf die Grundlinie a b, beider Dachflächen, welche der Linie a b, Fig. C, gleich ist, so daß sich hier auf der Grundfläche des Pultdaches dieser Punkt in c befindet. Nun kommt es darauf an, zu bestimmen, wo eine Linie aus c, Fig. C, parallel nach der Längenrichtung des Daches gezogen, an die grade Dachfläche stößt. Dieses erhält man einfach dadurch, daß man sich, Fig. D, a b' b als halben Durchschnitt des Satteldaches auf der, in Richtung der aus c, Fig. C, gezogenen und darunter liegenden Linie a b, denkt, und a h b Fig. D als Ansicht eines Stück Pultdachfläche, auf welcher die, in Höhe des Punktes c verlängerte Linie die grade Dachneigung in e trifft, welcher Punkt lothrecht darunter, auf der Grundlinie dieser Neigung, in e' ist, so daß man nun die Entfernung e' von dem unter der Forstlinie gelegenen Punkte b' in Fig. C von b nach e tragen kann, welches der Punkt ist, in welchem lothrecht darüber eine auf der Pultdachfläche gezogene Linie c e die ebene Dachfläche trifft. Bestimmt man auf diese Weise den Anstoß mehrer solcher auf der Pultdachfläche gezogenen Linien, so erhält man durch Verbindung der Endpunkte dieser Linien die Richtung, und durch bogenförmiges Zusammenziehen, die Kehllinie d e g.

Fig. 14. Wenn zwei Bohlendachflächen, wegen ihrer verschiedenen Weite und Höhe auch von verschiedener Form, rechtwinklich zusammenstoßen, so erhält man ebenfalls eine etwas gebogene Kehllinie; sie wird auf ähnliche Weise wie die in der letzten Fig. dadurch bestimmt, daß man auf der Dachfläche des niedrigern, nach der Forstlinie Parallelen zeichnet, deren Höhe und richtige Entfernung im Durchschnitt A angegeben wird. Von diesem zieht man aus diesen Punkten Wagrechte nach dem Durchschnitt B des andern Daches, von dem man aus den erhaltenen

Punkten wieder auf die Fläche dieses Daches Parallelen mit der Forstlinie zeichnet, welche sich mit den erstern schneiden, und durch ihre Durchschnittspunkte die Richtung der gebogenen Kehllinie geben. Stoßen jedoch

Fig. 15 zwei Bohlendachflächen von gleicher Form rechtwinklich aneinander, so erhält man zur Grundlinie eine grade Kehllinie, weil die zu Bestimmung derselben auf den Dachflächen gezogenen Parallelen in den gleichen Durchschnitten der Dachformen, je gleiche Entfernung vom Mittel und auch gleiche Höhen haben. Beim Modelliren einer solchen Dachfläche, Fig. C, kann man jedoch, nachdem man die Breite derselben durch Auftragen der in mehrere Theile getheilten Bogenlinie bestimmt hat, nicht sofort auf der Kehlseite das Ende der Trauflinie mit dem der Forstlinie durch eine grade Linie verbinden, um an dieser Fläche die Kehlgradlinie zu erhalten, sondern dieselbe bestimmt sich, als eine gebogene, f e d c b a, durch die Länge der auf der Dachfläche angenommenen und sich schneidenden Linien, die man auf die zu modellirende Fläche in der angenommenen Entfernung aufzeichnet und ihre Länge bis zu den Punkten f e d c b a Fig. A, wo sie von einer entsprechenden geschnitten wurde, bestimmt. Hat man auf diese Weise auch die Kehlgradlinie der andern Dachfläche modellirt, so wird man beim Zusammenlegen derselben in der gehörigen Bogenform, zur Grundlinie eine grade Kehllinie erhalten.

Auf ähnliche Weise erhält man beim Modelliren leicht die Form an der Kehllinie der aufgelegten Dachflächen zu Fig. 14, und 13 C, leichter aber die des Mansardedaches Fig. 13 A, bei welchem man nach Bestimmung der Breite der nebeneinanderliegenden ebenen Dachflächen und der verschiedenen Länge der Trauf- und Forstlinien beide Trauflinien, dann die obere mit der Forstlinie durch grade Linien verbindet. Doch kann man beim Zusammenstoß zwei gleicher Mansardedächer, wo die Grundlinie der Kehllinie auch eine grade ist, für die modellirten Dachflächen nicht eine grade Kehllinie von der untern Trauflinie nach der Forstlinie ziehen, sondern dieselbe wird eine auf der obern Trauflinie gebrochene darstellen.

Wenn bei den bisherigen Figuren die Grundflächen gleiche Breite hatten, so kommen doch auch in der Praxis Gebäude vor, welche an dem einen Ende breiter als an dem andern sind, so daß also dadurch die unregelmäßige Grundform des Daches bestimmt wird. Hat z. B. ein Satteldach eine solche Grundfläche nach

Fig. 16, so ist daraus sehr leicht ersichtlich, daß nicht alle Sparren desselben gleiche Länge und gleiche Neigung haben können, sondern dieselbe mehr oder weniger verschieden sein muß, welchen Uebelstand man nun je nach Umständen auf verschiedene Art vermindern kann. Ist, Fig. B, der Giebel an der breiten Seite, hinten und vorn mit gleicher Dachneigung, so ist danach a b die Forstlinie, parallel mit der vordern Trauflinie c d, wodurch die Hinterseite schmäler, und nach der schmalen Seite steiler wird, wie dies, in Fig. C, die Linie b f zeigt. Nimmt man die Forstlinie g h nach dem Mittel aus dem schmalen Giebel, so wird die Rückseite nach dem breiten Giebel immer breiter und die Dachneigung flacher. Eine solche gedrehte oder gewendete Fläche heißt windschief — eine Windschiefe —. Um die Abweichung der verschiedenen Neigungen einer Windschiefe zu vermindern, macht man nach

Fig. 17 beide Dachflächen windschief, indem man die Forstlinie nach dem Mittel eines jeden Giebels legt, wodurch allemal die einander entgegenstehenden Sparren gleiche Neigung erhalten. Bei dieser Richtung der Forstlinie kann man aber die Windschiefe auch ganz vermeiden, wenn man erstere fallen läßt — fallenden Forsten anwendet — wodurch alle Sparren gleiche Neigung, aber nur allemal zwei entgegenstehende gleiche Länge haben. Für den ersten Augenblick scheint dieser Wegfall der Windschiefen sehr vortheilhaft zu sein, doch ist dies keineswegs der Fall, indem dadurch sowohl das Abbinden des Dachwerks als auch das Auflegen mancher Bedachung erschwert wird. Vortheilhafter und von besserem Ansehen ist es dagegen,

Fig. 18, die Windschiefe durch Anwendung einer Platform zu umgehen, wodurch alle Sparren, wenigstens einer Seite, gleiche Neigung und Länge erhalten, und der Unterschied in der verschiedenen Breite des Daches (wohl auch zu beiden Seiten noch etwas mehr) zur Platform genommen wird.

Ist ein Dach mit Windschiefe abzuwalmen, so giebt es dabei zwei Verfahrungsarten: man läßt entweder die Windschiefe bis in den Walmgrad gehen, wodurch man diesen krumm erhält, — welches der schwierige und richtige Fall ist, — oder man bricht die Windschiefe auf dem Anfallsgebind (dem Gebind, welches unter den Anfallspunkt trifft) und läßt die Schiftsparren mit diesem in paralleler Neigung an den graden Walmgrad stoßen, — welches der leichtere Fall ist und zuerst erklärt werden soll. Ist in

Fig. 19 A, a b c d die Grundfläche eines Daches, so erhält man z. B. den Anfallspunkt e des Walmen links, wenn man auf die ins Mittel von a d rechtwinklich gezogene Forstlinie ½ a d von f nach e trägt, und auf g h das Anfallsgebind, dessen Neigung auf der Windschiefe in, Fig. B, die Linie e h ist. Denkt man sich nun die Fläche n e h d z. B. als Grundfläche eines Pultdaches, d h als Trauflinie, n e parallel mit dieser als Forstlinie, so liegen die Sparren in der Richtung über d n, k m, i l und h e und haben, in Fig. B, die Lage d n, k m, i l und h e. Diese sollen aber von einer Linie e d schräg durchschnitten werden, so geschieht dies bei i l in o, bei k m in p, welche lothrecht herunter, nach Fig. A, auf ihre Grundlinien getragen, nach o und p kommen, und in einer graden Linie zwischen e d, der Walmgradlinie, liegen. Die aus den Punkten p und o, Fig. B, gezogenen Wagrechten, treffen das Anfallsgebind e h in p′ o′ und die Grundlinie e h desselben, in Fig. A, in p′ o′ deren Verbindungslinien daselbst mit p und o wieder Parallelen sind.

Nimmt man im andern Fall, wo der Anfallspunkt e des Walmen rechts, auf dieselbe Weise wie der links bestimmt worden ist, e h in, Fig. C, als Neigung vom Anfallsgebind, und e f als Neigung der Sparren des Walmen, so trifft die Neigung aller Schiftsparren desselben in diese zusammen, während vorn die Sparren nach außen zu, oben alle in die in grader Richtung verlängerte Forstlinie treffend, immer flacher werden, wie h e, i e, k e und c e, in Fig. A (rechts) über h e, i e′, k e″, e f liegend, zeigt. Will man nun wissen, welche Linie vom Walmen, z. B. die über k e″ liegende trifft, so nehme man die Entfernung e″ von e, trage diese, in Fig. C, von e‴ nach e″ und errichte daselbst eine Senkrechte, so wird diese die Walmneigung in l schneiden, so daß also e″ l die Höhe ist, in welcher die Neigungslinie k e, Fig. C, über k e″ in Fig. A — von einer Linie der Walmneigung geschnitten wird, welchen Durchschnittspunkt p man durch die von l gezogene Wagerechte erhält. Trägt man den Punkt p lothrecht herunter auf die Grundlinie der Neigung k e so trifft dieser in Fig. A auf k e'' in p.

Auf gleiche Weise wird der Punkt o bestimmt, welcher die über i e' liegende Dachneigung in der Entfernung e é' vom Anfallspunkte, wie Fig. C zeigt, nach dieser aufgetragenen Entfernung in Höhe von e' 2 schneidet, und ebenso wenig wie p in einer, Fig. A, zwischen c é gezogenen graden Linie liegt, sondern in Verbindung dieser Punkte eine etwas seitwärts krumme Linie bildet, wie dies auch für die unterwärts krumme Linie aus Fig. C nach den in richtiger Höhe verschnittenen Schiftsparren ersichtlich ist.

Da die Gradlinie aus den Durchschnittspunkten einiger Dachneigungslinien bestimmt wird, so ist es nun einfacher, denselben aus den Grundlinien derselben zu bestimmen. Denkt man sich das Dach über a b c d, Fig. A, als einen pyramidalischen Körper, denselben dann, Fig. C, durch den Schnitt o 2 (auf ein Drittheil der Höhe) wagrecht abgekürzt, so wird A die Oberfläche 2'200'0 erhalten; wird der Körper nach Fig. C durch den Schnitt 1 p abgekürzt, so erhält man die Oberfläche 1' 1 p p' p, die Umfangslinien dieser beiden Flächen, gehen mit denen der Grundfläche, bis auf den windschiefen Theil, parallel; denn auf letztern durchschneidet z. B. der untere Schnitt 1 p, Fig. C, den Sparren h e in p', den Sparren k e in p. Betrachtet man jedoch, Fig. A, rechts die Linien p' p und o' o, so treffen diese in ihrer Verlängerung die Linien c b in p'' und o'' wodurch diese, infolge der Construction, in drei gleiche Theile getheilt wird; woraus sich ergiebt, daß man, um die Gradlinie zu finden, hier die Linien h c und e f, e h und f c in gleiche Anzahl Theile theilt, und die erhaltenen Punkte der gegenüberliegenden Linien verbindet, deren mittlere Durchschnittspunkte die Gradlinie bestimmen.

Ein andrer Beweis für den krummen Gradsparren bei der bis an denselben fortgesetzten Windschiefe, ergiebt sich dadurch, daß man die Ansicht desselben aus dem zugehörigen Grundriß in seiner graden Richtuug vor sich so aufzeichnet, daß man die anstoßenden und den Grad bestimmenden Schiftsparren in ihren Richtungen sieht. Fig. D E F.

Ist, Fig. F, der bezügliche Theil des Grundrisses aus Fig. A, so ist e der Anfallspunkt des Grades, welcher von der Ecke c anfangen soll; e f ist die Forstlinie der erst ohne Walm gedachten, bis über c f verlängerten Windschiefe, h e, i e′, k e″ sind die Grundlinien der auf h c oder e f gleichweit eingetheilten Sparren. Trägt man diese Punkte senkrecht herunter, nach Fig. D, so erhält man, in dieser Ansicht des Grundrisses, die Richtung dieser Sparren in den Linien h e, i e′, k e″, c f. Zieht man nun, Fig. F, die Walmsparren als ganze Sparren an die gedachte Forstlinie e h, welche ebenso wie f c in drei gleiche Theile o′ p′ getheilt, deren gegenüberstehende Punkte mit einander verbunden werden, so erhält man, in Fig. D, die Richtung dieser Sparren durch die Linien f e, o″ o′, p″ p′ welche die zuerst gezogenen in o p schneiden. Da man jedoch am Walmen die Sparren in paralleler Entfernung anbringt, so bestimmt sich die Grundlinie derselben, Fig. F, rechtwinklich zu f c aus o und p, so daß man dann aus o die Linie o n und in Fig. D den Sparren n o, parallel f e erhält. Aus dem Grundriß F und der Ansicht D ersieht man die Abweichung des Sparrens von den graden Linien nach seitwärts, doch läßt sich auch daraus, in Fig. E, die Abweichung von der Neigung in grader Linie nach unterwärts bestimmen, wenn man aus Fig. F die Entfernung der Punkte o, p auf der Grundlinie des Grades, auf die grade Länge e c desselben, und von da nach, Fig. E, von e nach o und p trägt, darin Senkrechte errichtet, welche man aus D in Höhe der Durchschnittspunkte durch Wagrechte schneidet, welche Punkte man verbindet, so daß man die unterwärts gebogene Linie e o p c des Grades erhält.

Zugleich ersieht man aus D E F wie man den Walmgradsparren grade erhält, wenn man, Fig. F, das Dach vom Anfallspunkte an, parallel mit der Grundlinie h c fortgehen läßt, die Windschiefe bricht, so daß die Sparren i t, k s in gleicher Neigung bis an die Forstlinie r e gehen ꝛc.

Auf ähnliche Weise bestimmt sich der krumme Kehlgrad beim Zusammenstoß einer windschiefen mit einer ebenen Dachfläche, wenn man die Trauflinien über ihren Durchschnittspunkt hinaus bis an die Forstlinie des andern Daches verlängert, dann diese, ein unregelmäßiges Viereck bildenden Linien, in gleiche Anzahl Theile theilt und die gegenüberliegenden Punkte verbindet, so daß man in Verbindung der mittlern Durchschnittspunkte die Kehlgradlinie erhält.

In Fig. 20 ist angegeben, wie für die Praxis auf die einfachste Weise das Dach eines wenig vorspringenden Vorbaues, — Vorlage a b c d — an das Dach eines Gebäudes, dessen Tiefe weniger als die Länge der Vorlage beträgt, gelegt wird, indem man die Walmgradlinien der Vorlage nach den Punkten e, f zieht, wo die Kehlgradlinien die Forstlinie des andern Daches schneiden, wodurch zwar das Dach der geringen Vorlage eine flachere Lage erhält, aber viel Arbeit durch Wegfall des kleinen Stück höhern Forstens und der von demselben nach dem tiefern Forsten des Gebäudes, den beiderseitigen Dachverfall bildenden kleinen Walmgradsparren erspart.

Fig. 21. Ist die Vorlage halbkreisförmig, so gehen die Sparren derselben strahlenförmig als Radien nach dem, über den Mittelpunkt gelegenen Anfallspunkte d, von welchem der Forsten nach dem Gebäude geht und, bei gleicher Höhe der Forstlinien, dieselbe in e schneidet, in welchem Punkte auch die von dem Anschluß des Halbkreises gezogenen Kehlgradlinien a e c e zusammentreffen.

Ist die Vorlage, nach Fig. 22, ein Theil eines Zehnecks, so gehen von den Ecken die Walmgradlinien nach dem über dem Mittelpunkte e des vollständigen Zehnecks liegenden Anfallspunkte, von welchem der Forsten nach dem Gebäude geht und sich hier in f mit den vom Anschluß der Vorlage gezogenen Kehllinien a f, d f vereinigt. Doch erspart man hier wohl einige Arbeit, wenn man den Forsten von der Vorlage vermeidet, und die Walm- und Kehlgradlinien aus a, b, c, d nach dem Punkte f zieht, wo dieser an das Dach des Gebäudes stößt. Dieses läßt sich jedoch bei der Vorlage nach einem halben Achteck,

Fig. 23, nicht gut anwenden, sondern hier ist es besser, die Walmgradlinien aus b, c, d, e nach dem über dem Mittelpunkte gelegenen Anfallspunkte g zu ziehen.

Nach dem Verständniß des hier Gesagten über die Bestimmung der Dachflächen der Gebäude durch Ausmittelung ihrer Forst- und Gradlinien, dürfte es wohl möglich sein, verschiedenartig andre vorkommende Fälle zu lösen, und wird die Sicherheit darin, wie schon früher erwähnt, durch Modelliren mit steifem Papier am leichtesten erlangt. Zum Schluß möge hier in

Fig. 24 noch eine Zusammenstellung verschiedener

Dachflächen, wie sie wohl einige mit einander, in der Praxis oft vorkommen, folgen.

Darin wird die Annahme der Dachflächen durch Zerlegung der Grundfläche in mehrere für sich bestehende, deutlich zu ersehen sein, und seien hier nur noch einige Bemerkungen angeführt. a, b, c und nach Befinden auch d, sind Platformen, von denen b nicht gut zu vermeiden ist, bei d, woselbst ein nachbarliches Gebäude anstößt, kommt es jedoch auf die dreieckige Vorlage an, ob man nämlich daselbst 1, den Anfallspunkt deren Dachflächen nach e nimmt, von da den Forsten nach g zieht, (welche Punkte in gleicher Höhe liegen,) wobei die Platform bleibt und die Kehllinie von g nach i geht, wenn man nicht unzweckmäßiger Weise von e einen Grad herunter nach f gehen läßt, und von da nach i die Kehllinie zieht; oder ob man 2, den Anfallspunkt der Vorlage über f nimmt, und von da den Forsten nach l zieht, wodurch die Platform wegfällt, h f l m k eine ganze Dachfläche, f h, k h, k m Gradlinien werden. Daher möge sich Niemand durch die Zeichnung irren lassen, wenn darin beide Annahmen ausgeführt sind.

Tafel XVII.

2. Das Satteldach mit Walmen, — beziehentlich mit Kehle, beim Zusammenstoß mehrer Dächer — auf Gebäude von rechtwinklicher Grundform.*)

a. Bei einfachem Sparrwerk.

Zu Einrichtung der Balkenlage, Fig. 1, wird, ähnlich wie bei den frühern Balkenlagen angegeben, verfahren, nur ist hier auf die dabei zu treffenden Abänderungen, wegen der durch den Walmen entstehenden Constructionen, Bedacht zu nehmen; dieses ist der Fall mit der auf die Walmseite treffenden Mauerlatte,

*) Bei dem auf den hier nachfolgenden Tafeln angegebenem Abbinden von Dächern ist der Deutlichkeit wegen ein etwas größerer Maaßstab, hinsichtlich der Stärke der Hölzer, angenommen, hinsichtlich der Ausdehnung der Dachwerke sind dieselben gegen Vorkommen in der Praxis weniger weit gezeichnet, als z. B. bei liegendem Stuhl ꝛc. erforderlich ist, oder die Balken sind enger gelegt, wodurch jedoch dem hier beabsichtigten Zweck keineswegs geschadet wird, da es hier nur auf die Details der Constructionen ankommt.

ferner mit dem, an den Anfallspunkt des Walmen treffenden Balken, sowie mit dem, in welchem die Stichbalken der Walmschift- und Gradsparren verbunden werden, und endlich auf diese Stichbalken selbst. Zuerst werden die vordere a und hintere Mauerlatte b parallel nach gegebener Entfernung vorgelegt, wozu man einige Balken aufbringt, an welche die Entfernung der Mauerlatten, durch Anschreiben ihrer Bundseiten, bestimmt ist; sie werden von dem angenommenen Verschnitt der Mauerlatten an der abzuwalmenden Giebelseite beliebig weit, mit dem vordern und hintern Ende aber gleich weit entfernt, aufgelegt. Auf die Mauerlatten wird nach diesem Verschnitt eine Schnur querüber und im Winkel mit einer Mauerlatte gezogen. Nach dieser eingewinkelten Schnur wird eine Mauerlatte auf die andern beiden gelegt, und mit ihnen gewöhnlich auf Giehrung stumpf zusammengeschnitten. Oder man legt einfacher, — wie bei der ersten Balkenlage, Fig. 1, Taf. IX. bemerkt — Fig. 2, einen Balken b an den Verschnitt der Mauerlatten auf, zieht diesen mit der vordern a in Winkel, und weiterhin die hintere durch einen andern c oder mehrere in gleicher Entfernung aufgelegten, in rechtwinkliche Lage, worauf dann der erstere Balken einige Male umgekantet wird, um die Mauerlatte r einschneiden zu können. Um nun, Fig. 1, den Anfallspunkt c des Walmen bestimmen zu können, so kantet man den Giebelbalken wieder auswärts in seine erste Lage, schreibt an diesen, sowie an einen andern, nicht zu weit entfernten, den äußersten Verschnitt sowie das Mittel auf, befestigt Fig. 2 nach diesem Verschnitt ein Bret d auf die Balken b c, welches aber über b etwas mehr hinaus reicht, als die Entfernung des äußersten Verschnitts der Stichbalken von der Mauerlatte, beträgt. Diese Entfernung trägt man auf das Bret von der Bundseite des Balkens b an der äußern Seite auf das vorreichende Stück nach 1, so ist dies der Durchschnittspunkt der Linien h d, Fig. 1, nach welchen die Balken der Lang- und Giebelseite verschnitten, am weitesten herausgehen, und so als Linien der Grundfläche eines Daches anzusehen sind.

Von diesem Punkte aus kann man den Anfallspunkt des Walmen bestimmen, indem man die halbe, nach den äußersten Verschnitten gemessene Länge des Balkens A, Fig. 1, in Fig. 2 von 1 nach 2 trägt und auf der Mauerlatte bei 3 bemerkt. Das Maaß auf der Mauerlatte von 3 bis zur Bundseite des Balkens b, trägt man in Fig. 1 entsprechend auf die hintere Mauerlatte, und legt danach den Balken A. Von diesem Balken an theilt man die nach der Giebelseite hin treffenden Balken B, C in beliebiger, oder je nach Umständen bestimmter Weite ein; bei ihrem (oder wenigstens von C) dann erfolgendem Auftragen wird das erwähnte Bret entfernt, diese Balken A, (B), C eingekämmt, und das Mittel von den aufgelegten Beibalken (b c Fig. 2) übergeschnürt, wodurch man an dem Balken A den Anfallspunkt c erhält.

Dann wird das Bret wieder richtig aufgelegt und Fig. 2 von 1 nach dem dazugehörigen Anfallspunkte die Gradlinie auf die Balken geschnürt, so daß man, Fig. 1, die Linie 1 c erhält. Zu Bestimmung der andern — hintern — Gradlinie, legt man nun daselbst ebenfalls ein Bret auf, und schnürt aus dem Durchschnittspunkte der äußern Verschnittlinien f, h, die Gradlinie 2 c auf.

Nachdem dieses geschehen, wird auf dem äußern Beibalken und dem Balken C zu den aufgeschnürten Gradlinien die halbe Stärke der Gradstichbalken rechtwinklich nach einer Seite, als Bestimmung der Bundseite, aufgetragen, danach diese Stichbalken aufgelegt und ihre Verzapfung oder Verblattung angeschrieben. Dann wird diese gearbeitet, die Beibalken entfernt, erstere eingesteckt, eingepaßt, aufgekämmt, — indem dazu der Balken C aus dem Kamme um dessen Tiefe gehoben, und ein Klötzchen von dieser Stärke hinein gelegt wurde, sowie, daß man das Mittel von der Stärke der Stichbalken auf der Oberseite abschnürte, und dieses nach der Schnur in die Richtung der aufgeschnürten Gradlinie zog. — Sind die Kämme gearbeitet, so wird der Balken wieder in seine Kämme und die Stichbalken ebenfalls eingelassen. Bei den gewöhnlichen übrigen Stichbalken kommt einer in die Mitte der Dachweite zu liegen; die andern werden nach beiden Seiten beliebig eingetheilt. Ihre Richtung wird gewöhnlich aufgeschnürt, — wozu das, auf der Mauerlatte oder dem Balken C eingetheilte Maaß auch auf den Balken A getragen wird — bei ihrem Einkämmen, namentlich wenn sie nicht lang sind, der Balken C wieder aus dem Kamme gehoben, und dann wie vorher angegeben, verfahren.

Hierbei ist nun Folgendes zu bemerken: wenn hier die Bestimmung der Gradlinien durch die Verschnittlinien der Balken gemacht würde, so mag dies 1) bei rechtwinklicher Grundform des Daches richtig sein, und geschieht dies in diesem Falle dann einfacher nach dem auf Gehrung zusammengeschnittenen Stoß der Mauerlatten — wenn 2) die Bundseite derselben gleich weit von der äußern Mauerlinie entfernt und wenn 3) der Sims auf allen Seiten vor dieser gleiche Ausladung hat; richtiger aber ist es, und in jedem Falle anwendbar, — namentlich bei entgegengesetzten vorhergehenden drei Annahmen — die Gradlinien aus den Durchschnittspunkten der Linien zu ziehen, welche die Gesimmsausladung bezeichnen, so daß man nun bei den Ausmittelungen, Taf. XVI, die Umfassungslinien der Grundfläche eines Gebäudes nicht mehr als die der äußern Mauer, sondern als die nach der noch hinzukommenden Gesimsausladung gezogenen, anzusehen hat. Der Anfallspunkt wird mit der halben Weite zwischen der vordern und hintern Gesimsausladung der Langseiten, durch Auftragen derselben von der Ausladung am Giebel herein, bestimmt, und daselbst ein Balken gelegt. Schon bei der Ausmittelung wurde jedoch bemerkt, daß man in der Praxis sehr oft von dem dabei angegebenen richtigen Verfahren abweicht, und so geschieht es, daß der Anfallspunkt sich nach einem in dessen Nähe liegenden, durch andre Umstände oder passende Eintheilung bestimmten Balken, richtet, und die Neigung des Walmen etwas mehr oder weniger von der der Langseiten abweicht. Bei der nach der Regel erfolgten Bestimmung des Anfallspunktes, richtet sich die Eintheilung der Balken meist nach dem daselbst gelegten.

Von dem zur äußern Linie h parallel, richtiger zur Vorderseite rechtwinklich gelegten Balken A, wird auf die Stichbalken, parallel zu ihm, ein Stichmaaß (vorn und hinten aufgetragen), übergeschnürt, k k, ebenso von dem Anfallspunkte ein Stichmaaß nach l auf die Gradstichbalken getragen; in jedem Falle ist es aber richtiger, ersteres Stichmaaß nur auf den Stichbalken zu tragen, dessen Mittellinie, rechtwinklich zum Balkenverschnitt (Simsausladung) h verlängert, den Anfallspunkt c trifft, (s. p f, Fig. 2, Taf. XVI, zu Bestimmung des Anfallspunktes) von diesem Stichmaaß bis an genannten Verschnitt abmißt, und dieses Maaß am ersten und letzten (1 und 5) Stichbalken von ihrem Verschnitt herein aufträgt, um es über die andern schnüren zu können.

Bei der Ausmittlung wurde zu Bestimmung der Länge der

Schiftsparren, bis an die Gradlinie gemessen, hier ist jedoch die Stärke des Gradsparrens noch zu berücksichtigen; sie wird demzufolge in ihren Grundlinien 3—4, 5—6, aufgeschnürt, indem die untere auf dem Stichbalken, die obere auf dem Balken A von der Gradlinie zu beiden Seiten zur Hälfte aufgetragen wird. Dadurch erhält man auf dem Balken z. B. auf B, die Länge der darauf entstehenden Schiftsparren, denn es wird der vordere mit seiner längsten Seite den Gradsparren lothrecht über m, der hintere den Gradsparren über r treffen, demzufolge man auch die, den später erfolgenden schrägen Verschnitt dieser Schifter bestimmenden Grundlinien, roth aufschnürt, oder mit Bleistift überschreibt, sicherer mit der Säge aufschneidet. Etwas Anderes ist es jedoch zu Bestimmung der Länge der Walmschiftsparren, weil dieselben den Gradsparren selten über einem Balken treffen. Dazu wird dann nun ein Bret 7890, oder mehrere, in der Richtung der aufgeschnürten Gradlinie so aufgelegt nnd befestigt, daß die, auf diese Seite fallende halbe Stärke des Gradsparrens, beim erfolgenden Aufschnüren derselben darauf trifft. Die so erhaltene Grundlinie von dieser Seite des Gradsparrens schneidet man durch die früher aufgeschnürte Richtung der Stichbalken mit der, nochmals nach den dazu auf dem Balken A angemerkten Maaßen, ausgezogenen Schnur, wodurch man auf dem Brete für den Sparren zum zweiten (und vierten) Stichbalken den Punkt o erhält, über welchem jener den Gradsparren trifft. Hat man auf diese Weise die Grundlinien der Schiftsparren bestimmt, so nimmt man deren Maaße ab, — weil dieselben, durch Auseinandernehmen der Balkenlage verloren gehen, — entweder durch Anschreiben an eine nach Erfordern lange Latte, oder z. B. einem Balken, und zwar von dem Stichmaaße k an.

Waren vor diesem Aufschnüren 2c. die Balken gezeichnet, die Stichbalken verbohrt, bei welchen ersteres jedoch auf verschiedene Weise geschehen kann, — indem die Gradstichbalken mit den andern Stichbalken fortzählen, so daß der zweite Gradstichbalken Nr. 7 erhält, oder es wird dieser, bei mehrern dergleichen mit Nr. 1 hinten, bezeichnet —, so erfolgt das Abbinden des Sparrwerks, wovon jedoch hier nur der, vom Anfallsgebind nach auswärts gelegene Theil — der Walmen — zu erklären ist.

Das Anfallsgebind, Fig. 3 A, wird aus dem Balken A, den Sparren d, e, dem Kehlbalken g, nach der, zu dem andern

Theil gefertigten Sparrenlehre, zusammengesteckt, dabei jedoch eine Mittelsäule f eingebunden, um sowohl oben die Gradsparren sichrer anlegen, als auch im Mittel die Grad- und gewöhnlichen Stichbalken des Kehlgebälkes anstoßen lassen zu können. Dieses Kehlgebälk erfordert seine eigene Verbindung und wird, auf verschiedene Weise eingetheilt, nach dem, der zum andern Theil gefertigten Sparrenlehre entnommenen Kehlbalken, bestimmt, und vor Abbinden des Walmen aufgelegt.

In Fig. 4 ist a der in das Anfallsgebind treffende Kehlbalken, von der zum Einbinden nöthigen Länge genommen; in denselben stößt der zum mittlern Walmsparren gehörige Kehlbalken b, welcher beim Abbinden mit einem Zapfen in die Mitsäule versehen wird, sonach hier beim Zulegen darauf Rücksicht zu nehmen ist, indem man wohl jetzt diesen Zapfen schon anschneidet und in dieser Weise in den zum Einbinden in die Mittelsäule später doch auseinander zu schneidenden Kehlbalken a einläßt. Zwischen die beiden Kehlbalken wird auf jeder Seite ein Wechsel i eingelassen, um darin einen Gradstichbalken d stoßen zu lassen, in welchen wieder von beiden Seiten kleinere Stichbalken e, f angebracht werden. Die Länge der zu diesen Grad- und Stichbalken erforderlichen Hölzer bestimmt sich durch eine Linie g von dem Ende des, von nöthiger Länge aufgelegten Kehlbalkens a, oder eines andern, schon abgebundenen, bis an die Gradlinie und von da auf die Walmseite, durch eine Linie h, parallel mit der zugehörigen Trauflinie. Diese Stichbalken erhalten das Zeichen des zugehörigen untern; sie werden verbohrt und wie diese, mit Stichmaaßen versehen. Man nimmt letztere hier gern gleich groß an, um nicht durch Annahme verschiedener, leicht irre geführt zu werden, und trägt dasselbe auf den Stichbalken e, von dem auf b geschnürten Mittel oder verlängerten Forstlinie; auf den Gradstich d, vom Anfallspunkt c; auf den Stichbalken f, von der Bundseite des Kehlbalkens a; ebenso auf b, welches jedoch bei f und b in jedem Falle richtiger von dem auf den untern Balken geschnürten Stichmaaße k geschieht.

Eine andere Verbindung des Stichgebälkes ist die in Fig. 5. Hier stoßen zwei Gradstichbalken in ganzer Länge an den Kehlbalken N des Anfallsgebindes zusammen; sie werden auf Gehrung stumpf zusammengeschnitten, und, nach Fig. 6, in Verlängerung der nach demselben gelegenen Seiten, wie e b d zeigt, in den noch im Ganzen aufgelegten Kehlbalken A eingelassen, da dieser beim Einbinden in die Mittelsäule auseinandergeschnitten mit einbrüstigem Zapfen versehen wird. Die Gradstichbalken D und H, Fig. 6 A, B, erhalten bei ihrem spätern Abbinden die hier angegebenen Zapfen.

Der über den Balken B, Fig. 1, treffende Kehlbalken wird dann entweder im Ganzen über die Gradstiche geblattet, oder umgekehrt, derselbe wird erst aufgelegt und diese darüber geblattet; oder derselbe wird in drei Theilen eingebracht, indem der mittlere Theil g als Wechsel für den Stichbalken b, die äußern beiden als Stichbalken in die Gradstichbalken verzapft werden, welches auch mit den Stichbalken f, f geschieht.

Einfacher geschieht die Verbindung des Stichgebälkes bei kleinem Dach, nach Fig. 7, wo die Gradstiche und der mittlere Walmstichbalken in den über den Balken B, Fig. 1, gelegten ganzen Kehlbalken stecken, die früheren kleinern Stichbalken f, f aber ganz weggelassen sind.

Bei dem nun erfolgenden Abbinden der übrigen, in diesen Theil gehörenden gewöhnlichen Sparren wird man nicht gern das Anfallsgebind als Lehre nehmen, weil dieses mit jenen verschiedene Bundseiten hat, aber auch zum Abbinden der Gradsparren gebraucht wird, wenn beide Arbeiten vorgenommen werden sollen; sondern man nimmt dazu lieber eine passende aus dem andern Theil.

Ist nun, Fig. 3, der Balken B aufgelegt, ein Stück Holz zu dem zugehörigen Schiftsparren eingepaßt, so findet man dessen Länge durch Bestimmung des Punktes m, Fig. 1, lothrecht darüber in der Dachneigungslinie, wenn man das Maaß von m bis an die verlängerte Forstlinie in p, also = m p, Fig. 3, von p′ nach m′ trägt und m′ mit m verbindet, in welcher lothrechten Linie — die Lothschmiege — der Sparren verschnitten wird. Da nun aber der Gradsparren den Schiftsparren schräg durchschneidet, so wird dieser nach der untenliegenden Seite kürzer, welche Verkürzung, — Backenschmiege — mit welcher sich dieser an jenen legt, man ebenfalls aus den Grundlinien erhält: ist, in Fig. 8 A, auf dem Balken N die Linie 7—8 die aufgeschnürte Gradlinie, m′ m die von dieser aufgeschnürte halbe Stärke des Gradsparrens, und I ein, an diesen stoßender Schiftsparren, so ist m″ m die Grundlinie des schrägen Verschnitts desselben, welche in der Wirklichkeit eine geneigte Lage erhält, während eine Linie m'', — oder jede andere — rechtwinklich zur Bundseite des Schiftsparrens gezogen, auf diesem eine Wagrechte sein wird, also ihr Maaß nicht verändert, indem dagegen wieder die Grundlinie von der Bundseite des Schiftsparrens, also auch das Stück m 1 derselben in der Wirklichkeit die einer geneigten Lage ist.

Nach Betrachtung dieser Linien findet man aus ihnen den schrägen Verschnitt des Schiftsparrens, wenn man an dessen Bundseite das Maaß m 1, nach Fig. B, von der Lothschmiege m m, wagrecht (rechtwinklich) nach 1 trägt, und von da eine Linie 1—1 lothrecht (parallel m m) zieht, so ist m 1 die schräge Lage der Grundlinie m 1 aus Fig. A, aber auch zugleich, rechtwinklich auf die Bundseite des Schiftsparrens die Länge der dahinterliegenden schrägen Verschnittlinie. Zieht man nun, Fig. C, auf der Dachseite des Sparrens, wo sie von dieser Linie 1 — 1 getroffen wird, eine Rechtwinkliche zur Bundseite des Sparrens, so ist der Punkt m'', wo sie die Hinterseite desselben trifft, derjenige, welcher auf der Dachseite durch eine schräge Linie mit dem obern Punkte m zu verbinden ist, wodurch man den schrägen Verschnitt erhält, welcher jedoch noch auf die der Dachseite entgegengesetzten untern Seite zu tragen ist, wozu man, Fig. 8 C, von dem untern Punkte 1 eine Rechtwinkliche zur Bundseite nach der hintern Seite zieht, und das Ende dieser Linie, lothrecht unter m'', mit dem untern vorderen Punkte m verbindet, so daß man dann die schrägen Linien auf der Dach- und Unterseite des Sparrens auf dessen Hinterseite verbinden kann.

Wenn hier, bei Bestimmung der Backenschmiege, auf der Dachseite des Sparrens, die rechtwinkliche Linie m'' 1 von dem Punkte m'', wo die Hinterseite des Sparrens von dem Gradsparren geschnitten wird, gezogen wurde, so wird in der Praxis anders verfahren, weil sowohl nicht alle Schiftsparren an ihrem zu verschneidenden Ende gleiche Stärke haben, — welche allemal aufgetragen werden müßte, um die Entfernung m 1 zu erhalten, — als auch, daß sie auf der Rückseite selten vollkantig sind, wodurch das Anschreiben dieser schrägen Linien erschwert wird. Um diesen Uebelständen zu entgehen, nimmt man in der Grundfläche, — wagrechten Projection — von der längsten Lothschmiege ein Stichmaaß, 3—4 Zoll an der Bundseite, von welchem eine Rechtwinkliche, nach dem Gradsparren gezogen, diesen noch vor Auslauf der Backenschmiege trifft. Zu diesem Stichmaaß nimmt man von beiden Seiten eines Gradsparrens das Maaß einer danach von der Bundseite der, nach den Grundlinien parallelen Sparren, rechtwinklich gezogenen Linie, und so gelten diese beiden Maaße wenigstens für alle, unter genannten Umständen, an eine Seite eines Gradsparrens stoßenden Schiftsparren.

Trägt man, Fig. 8 A, dieses Stichmaaß, z. B. 3 Zoll, von m nach 2, zieht aus 2 eine Rechtwinkliche, so trifft diese den Gradsparren in 3, welche Linie 2—3 das andre Stichmaaß und hier, wo die Gradlinie den Sparren in einem Winkel von 45 Grad durchschneidet, dem ersten gleich ist. Beim Abtragen dieses Stichmaaßes an den Sparren, Fig. 8 B, trägt man das erste Stichmaaß, 3 Zoll, von der Lothschmiege m m''' wagrecht (rechtwinklich) nach 2, und zieht die Lothrechte 2—2'; von diesen Punkten zieht man, Fig. 8 C, auf der Dach- und Unterseite eine Rechtwinkliche, und schneidet diese mit der Länge des zweiten Stichmaaßes in 3; diesen Punkt verbindet man mit m und verlängert diese Linie bis an die Hinterseite des Sparrens, wodurch man dieselbe Backenschmiege wie früher erhält; nur ist der Genauigkeit wegen anzurathen, das erste Stichmaaß je nach dem mehr oder weniger spitzen Winkel der Backenschmiege, wodurch die Stichmaaße verschieden werden, so lang zu nehmen, daß das zweite Stichmaaß möglichst lang wird und ziemlich bis an die Hinterseite des Sparrens reicht. Diesemzufolge muß man also dann, wenn, — auf dieser Seite angenommen, — die Gradlinie den Sparren in einem spitzern Winkel durchschneidet, das erste Stichmaaß länger, bei einem weniger spitzen Winkel kürzer nehmen, welches z. B. aus Fig. 8 zur Seite zu ersehen ist, wo bei einem schiefwinklichen Gebäude eine Gradlinie f a einen Sparren in dem hier angegebenen wenig spitzen Winkel durchschneiden kann, wo also das erste Stichmaaß a b weniger lang genommen werden darf, damit die von b gezogene Rechtwinkliche b d, die durch den Sparren gezogene Linie vom Grad noch in c trifft.

Wie hieraus zu ersehen ist, so bleibt das Anschreiben der Backenschmiege nach dem aus der horizontalen Projection des Winkels entnommenen Linien, bei jedem nach der gegebenen Regel gleich; ebenso wenig ändert auch der Dachneigungswinkel nicht die Backenschmiege, weil dadurch die horizontale Projection nicht geändert wird; sondern es erhält nur die Lothschmiege, allemal lothrecht auf den Balken gezogen, zur Dachneigung einen andern Winkel.

Fig. 8 D zeigt einen aufgestellten, nach der Loth- und Backenschmiege verschnittenen Schiftsparren und, um die horizontale Projection zu zeigen, noch nach den Linien, welche die Backenschmiege bestimmen, wagrecht verschnitten, wodurch man diese Stirnfläche = △ m 2 3, Fig. 8 A, erhält.

Bei dem zum Balken N gehörenden Sparren wurde dessen Bundseite nach der längsten Seite angenommen, daß derselbe nach der Hinterseite immer kürzer wurde, und man trug das Stichmaaß für die Backenschmiege von der Lothschmiege zurück; ist jedoch derselbe auf der kurzen Seite bündig, (wie II, Fig. 8 A) so trägt man dieses Stichmaaß von der auf dieser Seite bestimmten Lothschmiege (r) nach (w) auswärts, zieht daselbst eine Rechtwinkliche, schneidet dieselbe mit ihrem aus der Grundfläche bestimmten Maaße, (w v) und verbindet diesen Punkt (v) mit dem der Lothschmiege (r), welche Linie man bis an die untere, länger werdende Seite (t), verlängert. Die Backenschmiege wird bei Annahme beider Seiten gleich gut passen, doch zieht man es in der Praxis vor, die lange Seite zur Bundseite oben zu haben, und danach werden auch die mit Schiftsparren versehenen Balken, Stichbalken, Kehl- und Stuhlbalken, eingetheilt und gelegt. Kommt es aber vor, einen Schiftsparren so abbinden zu müssen, daß dessen lange Seite, aber zugleich Bundseite, unten zu liegen kommt, so schnürt man deren Lothschmiege über die obere Seite, winkelt sie auf der Dachseite und der dieser entgegengesetzten eigentlichen Unterseite des Sparrens herunter, und erhält danach auf der Bundseite die erforderliche Lothschmiege.

Wenn, wie schon früher bemerkt, die Grundlinien der an eine Seite eines Gradsparrens stoßenden Sparren parallel sind, so gelten auch die, zu Bestimmung der Backenschmiege eines solchen Sparrens erhaltenen Stichmaaße für die an alle diese Sparren, doch sind für die auf der andern Seite anstoßenden Sparren andre Stichmaaße zu nehmen, wenn die Grundlinien derselben unter anderm Winkel zu dieser, als zur anderen Seite des Gradsparrens stoßen; doch macht dieses weniger Schwierigkeiten, wenn nur erst die Lothschmiege und dadurch eine Länge eines Sparrens gefunden ist, welches z. B. auf dem Balken B leichter ist, da man auf demselben ihren Grundpunkt hat; schwieriger und umständlicher ist es jedoch, (obgleich dem vorigen ähnlich), die Länge der Schiftsparren zu den Stichbalken zu erhalten, weil durch Auftragen ihrer Grundlinien leicht Irrungen entstehen.

Zum Abbinden dieser Sparren trägt man aus Fig. 1 die Linie vom Anfallspunkte e, bis zum Stichmaaß k, weil der auf diesen Stichbalken bis an den Anfallspunkt c reichende Sparren, die Lehre für die übrigen auf dieser Seite hier mit der der andern Seiten gleich ist, auf den Lehrbalken vom Mittel nach der betreffenden Seite auswärts, so daß die zum Abbinden aufgelegten Stichbalken mit ihrem Stichmaaß nach diesem Beimittel zu liegen kommen; ist dann z. B. in dem aufgelegten mit 4 bezeichneten Stichbalken ein Sparren eingepaßt, so erhält man dessen Länge, wenn man das frühere vom Stichmaaß abgenommene Maaß seiner Grundlinie — von k bis o auf dem Lehrbalken vom Stichmaaß nach dem Mittel — nach o trägt und von hier eine Rechtwinkliche nach dem Sparren zieht oder die Entfernung dieses Punktes o vom Mittel p abnimmt und oben, in passender Höhe vom Mittel p auf den Sparren herüberträgt, wonach man über denselben die Lothschmiege in der Linie o o erhält. Wenig Schwierigkeiten dürfte wohl hiernach noch das Einbinden der Kehlbalken verursachen, wenn diese mit ihrem Stichmaaß auf das an dem Kehlbalken der Lehre angeschriebene, gelegt werden.

So dürfte es denn, nachdem hier beim Abbinden dieser beiden Schiftsparren gezeigten Verfahren, leicht sein, dieses mit den andern thun zu können, — da sich dasselbe gleich bleibt, und sich nur die Länge der Sparren ändert — und nun noch das Abbinden der beiden Gradsparren übrig bleibt. Zum Abbinden eines solchen, Fig. 3 B, verlängert man den Lehrbalken durch Auflegen eines Bretes in dessen Richtung, welches man darauf befestigt und soweit noch herausreichen läßt, daß der, nach dem Stichmaaß c l, Fig. 1, vom Mittel p, Fig. 3, aufgelegte Gradstichbalken liegen kann. Nach der Befestigung und Unterlagerung dieses Bretes wird die auf den Lehrbalken geschnürte Kammlinie auf dasselbe mittels Aufschnüren verlängert, dann das erwähnte Stichmaaß, aus Fig. 1 nach Fig. 3, von p auf das Bret nach l getragen, und der Stichbalken sowohl mit seinem Stichmaaße nach dem aufgetragenen, als auch mit der, an ihm aufgeschnürten Kammlinie nach der auf das Bret geschnürten, gelegt. Hatte man an dem unverschnittenen Stichbalken der Balkenlage von dem in einem Winkel 2 sich vereinigenden Verschnitten der Balken nach zwei Seiten, zur Bundseite desselben eine Rechtwinkliche gezogen und dazu wieder eine an der Seite herunter, so erhielt man hier bei dachrechtem Verschnitt, Fig. 3 B, in dem untern Punkte 2 den Anfang der Dachneigung. Von diesem Punkte zieht man eine Schnur nach dem Forstpunkte c, so erhält man an der Oberseite des Stichbalkens das Auflager des Sparrens in die Dachflucht. Dieser wird dann hier eingepaßt, in der Mitte der Kehlbalken nach seinem Stichmaaße eingebracht, oben der Sparren von dem Forstpunkte c lothrecht herunter, der Stichbalken nach der Dachflucht rechtwinklich zur Bundseite verschnitten. Nun kann aber auf der Dachseite der Stichbalken weder so verschnitten, noch der Sparren seine rechtwinkliche Form behalten, sondern es wird die Dachseite mitten auf dem Stichbalken und Sparren hinauf, auf der Gradlinie nach beiden anschließenden Dachseiten gebrochen, — abgegradet —, welchen Bruch man sehr leicht aus der Oberseite des Stichbalkens, Fig. 9 A, B, erhält. Hat man den Sparren nach seinem Anschreiben heruntergenommen, so winkelt man die Dachflucht*) auf die eigentliche Oberseite des Stichbalkens, Fig. B, und zieht von dem Punkte a aus, wo diese Linie die Gradlinie durchschneidet, Parallelen a b, a c zu dem vorn aufgeschnürten äußersten Verschnitt d e, d f nach den beiden Dachseiten. Ist nun der Sparren eingepaßt, so merkt man an dessen Ober- und Unterseite den Punkt g an, wo diese von den genannten Parallelen geschnitten werden, oder wo letztere auf der, gegen den Sparren h i k l vorspringenden mehrern Stärke zum Vorschein kommen.

Leichter wird die Bestimmung der Abgradung des Gradsparrens, wenn man den Stichbalken nach der Dachflucht verschneidet, dann von oben parallel mit dem äußern Verschnitt

---

*) Dieses Verfahren wird auch ähnlich beobachtet, wenn kein dachrechter Verschnitt ist.

nach unten abgradet, und nun an der Stirnseite des eingesteckten Sparrens die Diagonalen a g zu den vorspringenden Dreiecken a i g anschreibt; diese werden auf der Dachseite die Gradlinie treffen, auf den andern beiden Seiten die Punkte g, Fig. A, bezeichnen, bis zu welchen dieselben sattelförmig abgearbeitet werden müssen.

Dieses kann jedoch am obern Ende des Sparrens nicht eben so viel betragen als am unteren, weil jenes schwächer ist, und findet man das Maaß der Abgradung für das obere Ende ebenfalls nach Vorhergehendem, wenn man nach Wegnahme des Sparrens die obere Stärke desselben an seinem Aufstand auf dem Stichbalken, aufzeichnet, wobei die, die Stärke bestimmenden Linien p p, die Abgradungslinien des Stichbalkens in m schneiden werden, welchen Durchschnittspunkt man überwinkelt, bis diese Linie die, die untere Stärke des Sparrens bezeichnende Linie in o schneidet, so daß man dann, nach dem Einstecken des Sparrens, Fig. A, von diesem Durchschnittspunkte o rechtwinklich zur Dachseite a des erstern die Tiefe der Abgradung abmessen und oben antragen kann, welches besser ist, als dieselbe nach a g oder a o wagrecht abzumessen und ebenso anzutragen. Nach diesen beiden, die Abgradung einer Seite bestimmenden Punkten wird ein Schnurschlag gethan um von diesem nach der Gradlinie das überflüssige Holz abarbeiten zu können. Bei diesem Abschnüren ist aber dasselbe zu beobachten wie bei dem Arbeiten der schiefwinklichen Stuhlrahmen, indem man dazu den Sparren nicht auf seine breite Seite sondern etwas aufgewendet in einen Sattel legt, Fig. 10 A, B, so daß die Linie g a, welche die Stärke der Abgradung mit der Gradlinie verbindet, lothrecht ist, wodurch auch die am schwachen Ende des Sparrens in dieser Weise gezogene Linie lothrecht wird, welches nicht der Fall sein könnte, wenn man, unüberlegt, die dortige Abgradung eben so tief als unten angeschrieben hätte. Das Anschreiben der obern Abgradung, und damit das Aufschnüren derselben auf den breiten Seiten des Sparrens, kann man sich, genau genommen, ersparen, wenn man diesen in den Sattel so legt, daß man von der Gradlinie anfängt zu arbeiten; doch geschieht dieses Aufschnüren der Genauigkeit wegen, in der Praxis, und wird dazu der Sparren, bei etwaigem Einbiegen, in der Mitte in grader Richtung gehoben.

Die Gradsparren, welche sich oben am Anfallsgebind, zusammenlegen, müssen dazu nochmals verschnitten werden; doch macht man dieses gern vor ihrer Abgradung, weil sich so die dazu nöthigen Linien leichter bestimmen lassen. Dieser Verschnitt erfolgt nun nach Fig. 11 A. so, daß nur beide Gradsparren zusammenstoßen, der Mittelsparren aber an ihren Seiten anstößt, und nicht bis in den Anfallspunkt reicht; oder er geschieht nach Fig. B., wo an den mittlern Walmsparren die Gradsparren stoßen und derselbe den Anfallspunkt mit erreicht, worauf aber beim Abbinden derselben, wegen dessen lothrechten obern Verschnitt, Bedacht zu nehmen, in jedem Falle aber anzurathen ist, denselben nach der Mittellinie zu verschneiden. Bei dem Anschreiben der hier entstehenden verschiedenen Backenschmiegen, verfährt man aber nach denselben, bei dem der Schiftsparren gegebenen Regeln, nur mit dem Unterschied, daß man hier blos, anstatt des ersten Stichmaaßes, die Grundlinie von der rechtwinklichen ganzen Länge der Schmiegen zu messen braucht — wodurch das zweite Stichmaaß übrig wird — indem man sowohl wegen Bestimmung der Länge der Schiftsparren schon die obere Stärke der Gradsparren zu deren Aufschnüren richtig abmessen mußte, so daß man nun nur noch die obere Stärke des mittlern Walmsparrens abzumessen und zwischen die Gradsparren einzuzeichnen braucht, wonach man die Länge der Schmiegen, entweder in Fig. A. oder B. bestimmt, und in Fig. C. oder D. und E. erhält. So erhält man z. B. eine Backenschmiege, dc, an dem Gradsparren, Fig. C., wenn man aus Fig. A., von dem nach der Linie ab rechtwinklich und nach der Lothschmiege verschnittenen Ende, von a bis an den Durchschnittspunkt d, der zusammenstoßenden Seiten der Gradsparren mißt, und dieses Maaß nach C., von dem die Lothschmiege bestimmenden Ende zur Seite von der Linie aa' wagrecht aufträgt, daselbst eine Parallele dd, zur Lothschmiege zieht und diese mit einer, auf der Stirnseite des Gradsparrens, aus c gezogenen Mittellinie, auf der Dach- und Unterseite verbindet. Ebenso erhält man auf der andern Seite die Backenschmiege cf, durch das Maaß bf = ce. An dem mittlern Walmsparren erhält man die Backenschmiegen gd, id — wenn er zuvor auf der Lehre nach der Mittellinie pp verschnitten —, nach Abzug der zu diesem Verschnitt rechtwinklich aufgetragenen Linie dc, hier durch das für beide Schmiegen gleiche Maaß dh. Die längern

Schmiegen kc, mc in B, des bis an den Anfallspunkt c reichenden Mittelsparrens, Fig. E, erhält man durch Auftragen der Linie cl. Dieselbe Schmiege mc erhält man an einem Gradsparren, Fig. D, durch die Linie cn, während die andre Schmiege co, dieselbe wie cf ist.

Bei dem Abbinden dieser so verschiedenartigen Stücke ist eine größere Aufmerksamkeit als bei dem der frühern Constructionen erforderlich, und ist dabei neben Festhaltung der verschiedenen Maaße, hauptsächlich darauf zu sehen, wie dasselbe mit den verschiedenen Stücken in richtiger Reihenfolge zu geschehen hat, damit bei mehrern Arbeitern kein Aufenthalt ensteht. Dabei kommen viel Arbeiten vor, welche nicht sofort gefertigt werden müssen, sondern gelegentlich nachzuholen sind, wenn man dadurch mit andern Stücken vorarbeiten kann. Es ist dies z. B., das Verschneiden und Abgraden der Gradsparren, und das Einzapfen der, nach Fig. 5, angeordneten Kehlbalken in die Mittelsäule, welches letztere erst dann erfolgt, wenn das zum Abbinden überflüssig gewordene Anfallsgebind aus einandergenommen worden ist, und die Mittelsäule nicht mehr zum Abbinden des mittlern Walmsparrens gebraucht wird, dessen Kehlbalken b, nach Fig. 4, in dieselbe zu verzapfen, während sie sonst mit keinem Kehlbalken, als dem im Anfallsgebind verbunden und zu keinem Abbinden aufgelegt zu werden braucht.

Eine solche aufzuschiebende Arbeit ist auch das Verschneiden der Schiftsparren und danach das Bohren der Löcher für die zu Befestigung derselben einzuschlagenden eisernen Nägel, wobei die Lage der Backenschmiege, mit welcher die Sparren anzuliegen kommen, zu berücksichtigen ist, damit die Nägel in richtiger Höhe aber auch rechtwinklich den Gradsparren treffen, wie x, Fig. 8 A, C, zeigt.

Sind so die Stücke zu einem Dachwerke alle gefertigt, so bleibt nun für das Richten noch Einiges zu erwähnen: wenn schon früher gesagt wurde, daß dabei eine Balkenlage, hinsichtlich ihrer äußern Form, so aufgelegt werden müsse, wie sie abgebunden wurde, — da dieses nach Grundlinien geschah, welche in gewissen Lagen zu derselben angenommen wurden —, so ist hier nun um so mehr darauf zu sehen, weil die Winkel und die

Lagen der Grundlinien zu einander eine verschiedenartigere und abhängenderen ist.

Ist der satteldachförmige Theil des Daches bis mit dem Anfallsgebind festgestellt, so werden die Gradsparren eingesteckt und oben zusammen, an diese die Schiftsparren gelegt 2c. und befestigt. Durch diese Befestigung tragen die gegenseitigen Schiftsparren zugleich die Gradsparren, welche sonst das Anfallsgebind oben zur Seite drücken, dem durch die Mittelsäule noch durch Bänder, oder einen weitern Längenverband, entgegnet werden kann.

Hätte z. B. der Walmen etwas mehr Neigung gehabt als die andern Dachseiten, so schnürte man diese, wie z. B. in Fig. 3 A angegeben, von h' nach c auf den Lehrsparren der letztern, und band die Walmsparren nach dieser Linie, deren Punkt man dann durch Auflegen des Stichbalkens erhalten hätte, ab.

Die, in Vorstehendem gezeigte und erklärte Verschiftungsart heißt: die auf dem Lehrgebind. Es ist für die Praxis in allen Fällen die einfachste und sicherste, und sind daher die übrigen Arten hier nicht erwähnt.

Das Entgegengesetzte vom Walmen, wo die Dachflächen vom Grade abfallen, ist die Kehle, bei der die Dachflächen nach dem Grade hineinfallen. Bei den dazu gehörenden Constructionen gilt das meiste von dem, beim Walmen Gesagte, und es werden nach der hier folgenden Erklärung des Wesentlichsten derselben, bei den Walmen der übrigen Dachconstructionen, nur Details der wichtigsten, durch die Kehle entstehenden Verbindungen gegeben werden.

Ist, Fig. 12, nach den Forst- und Trauflinien der innerlichen Dachflächen zweier, rechtwinklich zu einander stoßenden Gebäude von gleicher Weite, die Kehllinie a b bestimmt, und zwar hier durch Ausziehen von Schnuren, namentlich nach den Forstlinien oder Balkenmitteln auf den von der Kehle beiderseits abwärts liegenden und für jetzt bis mit den, mit Nr. 8 und Nr. 6 bezeichneten Balken, gefertigten Balkenlagen, welche sich in b schneiden. Unter diesen Punkt legt man gern einen Balken, weil hier wie beim Walmen, eine Mittelsäule zu stehen kommt. Wird dadurch jedoch die Eintheilung der bis Nr. 8 dazwischenliegenden Balken gestört oder unzweckmäßig, so theilt man die Balken nach der gegebenen Bestimmung ein, und stellt die Säule auf ein eingelegtes Wechsel. Für die Kehlgradsparren wird dann ein Stichbalken in Richtung der Gradlinie eingebracht, die Stärke des Gradsparrens nach seinen Grundlinien aufgeschnürt und vom Anfallspunkt b ein Stichmaaß nach c getragen. Auf den, mit Nr. 8 parallelen unter dem Kehlsparren durch liegenden Balken erhält man durch das Ueberschnüren desselben die Grundlinie der Kehlschiftsparren, z. B. zu Nr. 10 von der Forstlinie bis d; anders ist es mit den, zum Balken Nr. 6 parallelen Sparrengebinden; ihre, auf der Trauflinie der fehlenden Seite gemachte Eintheilung, — wobei man gern einen Sparren auf die Mittelsäule nimmt — wird auf dieser Seite z. B. auf den Balken Nr. 9 getragen, und danach übergeschnürt, wozu man ebenfalls ein Bret auflegen muß, wenn diese Linien den Gradsparren nicht auf einem Balken treffen. Die Grundlinien dieser Kehlschiftsparren nimmt man von der Mittellinie, (Forstlinie), ebenfalls auf ein langes Maaß oder einen Balken ab, um nun z. B. den Gradsparren, Fig. 13, abbinden zu können; zuvor sei jedoch noch das Nöthige über das Kehlgebälke, Fig. 14, gesagt. Hier reicht der Gradstichbalken bis an den Anfallspunkt , wo er mit den Kehlbalken zusammen trifft, welche zu den auf der fehlenden Dachseite nach der Mittelsäule treffenden Sparren gehören, und mit einander in dieselbe verzapft werden, so daß der zehnte und vierte Kehlbalken in ihn zu verzapfen sind. Dieser Stichbalken könnte auch kürzer sein, wenn man den vierten Kehlbalken bis in den neunten, oder diesen in jenen reichen läßt und ihn dann als kurzen Stichbalken in einen dieser beiden verzapft, dem jedoch die Annahme mit ganzem Stichbalken vorzuziehen ist.

Der Kehlgradsparren sollte, entgegengesetzt vom abgegradeten Walmgradsparren, ausgekehlt sein, wie dies bei dachrechtem Verschnitt am Stichbalken geschieht, wobei dann die Backenschmiege der Schiftsparren an der hohen Kante des Gradsparrens ausliefen und die Dachflächen bis an die in deren verlängerten Neigung tiefer liegende Gradlinie zusammentreffen würden. Dieses Auskehlen unterläßt man jedoch und behält den viereckigen Querschnitt des Sparrens bei, weil man dadurch Arbeit erspart, aber auch durch das Aufklauen der Schiftsparren in Verlängerung ihrer Neigung bis an die Gradlinie, dieselben sicherer befestigen kann.

Zum Abbinden dieses Gradsparrens wird nun die Mittelsäule, — zum Abbinden der beiden an sie gelehnten Sparren schon zweimal vorgelegen und unten und oben verschnitten, — noch einmal vorgelegt, aber diesmal gewendet, wie Fig. 15 zeigt, daß sowohl die Diagonale ihres Querschnitts wagrecht, oder unter andern Umständen dieser Lage annähernd, als auch daß eine Achse zu dem, nach dem Verschnitt der beiderseitigen Dachflächen erhaltenen Punkte b, nach unten gezogen, auf die Mittellinie der Lehre zu liegen kommt; dann legt man auch, Fig. 13, den Stichbalken nach seinem Stichmaaße c von dieser Mittellinie b b′ vor, winkelt den auf dem unverschnittenen Vorsprunge durch die aufgeschnürten Verschnitte entstehenden Durchschnittspunkt e an die Seite und von da herunter nach e′, von welchem Punkte man eine Schnur nach dem Anfallspunkte b der Mittelsäule zieht, wodurch man die Dachflucht des oben und unten anzupassenden Sparrens erhält. Am erstern Orte geschieht es, nach Fig. 16 A, B, C, wo man nicht die volle Kante der Säule in dem mitten darauf stoßenden Sparren läßt, sondern dieselbe auf die Höhe, in welcher dieses geschieht, verbricht, wodurch ein Vorsprung entsteht, auf welchem der Sparren liegen kann, und dadurch weniger die Säule schiebt. Der Kopf der Säule bildet die Anfänge zu 4 Dachflächen, Fig. A, a und e sind Forstlinien, c ist eine Walm, d eine Kehlgradlinie.

Fig. 15 A, B zeigt die Verzapfung des Gradkehlstichbalkens in die Mittelsäule.

Die Länge der Schiftsparren, — welche hier von oben herunterreichen, — findet man wie bekannt, durch deren Grundlinie ebenfalls auf der langen Seite als Bundseite, vom Mittel bis auf die Gradlinie; um aber das Anschreiben der hier entstehenden Klaue leichter zu verstehen, so denke man sich erst dieselbe ganz weg, und bestimme, Fig. 17 A, B, mit den Stichmaaßen a b, b c nur erst die Backenschmiegen a l an der Seite a d des Gradsparrens, wobei man ganz so, wie früher erklärt wurde, verfährt. Um nun, Fig. A, die auf dem Gradsparren bis an dessen Gradlinie auslaufende Klaue a f k l zu finden, dessen geometrische Ansicht sich in Fig. B nach a f a′ zeigt, so nehme man den Gradsparren rechtwinklich nach g h verschnitten, und es wird diese Linie auf der Dachseite desselben, Fig. B, wagrecht sein. Zieht man nun, Fig. A, zu derselben eine Parallele aus a, — welches doch der Punkt ist, von welchem lothrecht herunter, die

Seite des Schiftsparrens die des Gradsparrens schneidet — nach n, so ist diese ebenfalls wagrecht, und dadurch bestimmt sich nun der Winkel, in welchem die Unterseite der Klaue zur Bakkenschmiege anzuschreiben ist. Es trifft nämlich die Linie a n die in der Gradlinie auslaufende Dachseite des Schiftsparrens in n, von diesem Punkte zieht man auf derselben rechtwinklich zur Bundseite des letztern die Rechtwinkliche m n, so ist diese wieder wagrecht und a′ m ist, wagrecht gemessen, die in der Bundseite des Schiftsparrens gesehene schräg hinter gehende Linie a n. Hat man nun, Fig. B, in der Linie a a″ die Lothschmiege, f n die nach n a bis auf die Gradlinie f e verlängerte Dachneigung, so trage man, Fig. A, die wagrechte Entfernung von a′ bis m, nach Fig. B, von der Lothschmiege nach der Dachseite, so wird diese in m geschnitten und es deckt die wagrechte Linie a′ m die auf der Dachseite des Gradsparrens von der Seite a′ wagrecht querüber bis an die Gradlinie reichende Linie a′ n, so daß man also das △ a′ m n, Fig. A, wieder wagrecht, in Fig. B, durch die Linie a′ m, durch die von m nach hinten gehende Linie n und von da durch die vorn nach a′ gehende Linie n a′ erhält, welche beide in die Linie a′ m zusammenfallen, so daß man nun den gefundenen Punkt a′ mit dem Punkte f verbindet, in welchem die Dachseite auf der Gradlinie ausläuft, und es ist a′f die Neigung der Linie a′f, Fig. A, welche auf der Dachseite des Gradsparrens von einer Seite schräg nach der Gradlinie geht, und auf seine Länge nicht mehr Fall hat, als die in der Richtung des Gradsparrens liegende Linie n f.

Faßt man nun das, zu Bestimmung dieser Schiftklaue Vorhergesagte kurz zusammen, so erhält man als Lehrsatz Folgendes: man zieht Fig. A, aus dem, die Länge des Schiftsparrens bis an den Gradsparren bestimmenden Punkt a′, zu der Seite des letztern eine Rechtwinkliche bis an dessen Gradlinie; von dem erhaltenen Punkte zieht man eine Rechtwinkliche zur Bundseite des Schiftsparrens, so erhält man das nöthige Stichmaaß in der von diesem bis zum ersten Punkte gezogenen Linie als Wagerechte. Beim Abtragen dieses Stichmaaßes an den Sparren, Fig. B, trägt man nun von der Lothschmiege dieses Stichmaaß wagrecht (rechtwinklich), heraus, nach der Dachseite, bis es diese trifft, wodurch man andererseits wagrecht herüber an jener den Punkt erhält, welcher mit dem Endpunkte der in der Gradlinie auslaufenden Dachseite zu verbinden ist.

Dieses Verfahren wird auch auf der Rückseite des Sparrens nach Bestimmung der Lothschmiege, beobachtet, und ist dieses das in allen Fällen sicherste, nur hat man noch die verschiedenartige Annahme des Stichmaaßes zu bestimmen, da dieses bei einem aufgeschnürten Kehlgradsparren, der am untern Ende stärker als am obern ist, genau genommen, zu jedem Sparren sich verändern muß, wenn man dazu die, nach der Bundseite desselben über den Gradsparren, bis an die Gradlinie schrägliegende Grundlinie der Klaue, a' f, Fig. A, abmißt. Nimmt man bei einem konischen Gradsparren dieses Maaß nicht für jeden Schiftsparren ab, sondern nimmt dasselbe nur von einem und bestimmt damit, so wie mit dem dadurch erhaltenen Stichmaaße an allen Schiftsparren die Klauen — wenigstens an einer Seite des Gradsparrens, für welche diese Maaße Geltung finden — so werden diese zwar zur Seite und der Dachseite des Gradsparrens passen, doch greifen die untern gegen die obern mehr oder weniger auf letztere.

Bei niedrigerem Dach wird aber die Klaue an der Lothschmiege immer schwächer, so daß dann solche Klauen nicht viel zu tragen vermögen. Obgleich nun Manche, auch bei mehrer Stärke der Klaue dieselbe ganz weglassen und die Last dem zu Befestigung des Sparrens, nach x Fig. A, B, eingeschlagenen eisernen Nagel vertrauen, so ist dieses doch nicht anzurathen und erhält man bei obiger Annahme — aber auch in jedem andern Falle anzuwenden — eine stärkere Klaue, wenn man den Gradsparren um so viel, 1—2 Zoll, lothrecht herunter, tiefer legt, so daß man dann, in dieser Entfernung, von der nach dem beschriebenen Verfahren bestimmten untern Linie der Klaue, eine Parallele zieht, und die dadurch längere Klaue auf der Gradlinie verschneidet. Fig. 17 C, D.

Die tiefere Lage des Gradsparrens bestimmt man nach dem Aufschnüren seiner richtigen Flucht, von der man das Maaß seiner Versenkung an der Mittelsäule und am Stichbalken lothrecht herunter trägt, und ihn dann danach auflegt.

Bei verwickelten schiefwinklichen Zulagen mit verschiedenen Walm-, Kehlgrad- und Schiftsparren bei verschiedenen Dachneigungen, macht man auf der Balkenlage bei den entstehenden schwierigen Arbeiten stellenweise einen Boden — Schnürboden — von Bretern, welche man leicht befestigt, und worauf die verschiedenartigen zum Abbinden nöthigen Grundlinien zu den unmittelbar darunter liegenden Hölzern aufgeschnürt, die Maaße aufgetragen werden.

Mehr aber noch — und vortheilhaft — geschieht die Anfertigung eines Schnürbodens, zum Aufschnüren und dem danach zu erfolgenden Abbinden der unter erwähnten Umständen sehr verschiedenartig erforderlichen Sparren. Auf einem solchen Boden läßt sich dieses dann viel leichter und sicherer thun, wenn man mit der Sache selbst im Klaren und sicher ist, und bei nöthiger Aufmerksamkeit einige Geschicklichkeit zu diesem Zeichnen im Großen hat, welche natürlich erst aus der im Kleinen entspringt.

Tafel XVIII.

Nach der ausführlicheren Abhandlung über die, auf der vorhergehenden Tafel befindlichen Figuren, zu den, die eigentlichen Dachflächen bei Walmen und Kehlen bildenden Sparren, und den, bei denselben vorzunehmenden Balkeneintheilungen ꝛc. folgt bei den hierher noch bezüglichen Dachconstructionen, hauptsächlich nur die Verbindung der dabei innerlich angewendeten Hölzer.

b. Bei stehendem Stuhl.

Ist die Balkenlage, nach Fig. 1, wie nun bekannt, nach den Forst- und den Gradlinien — eingerichtet, auch eine Lehre zu dem anstoßenden satteldachförmigen Theile gefertigt und daraus die Lage der Stuhlrahmen bestimmt, so werden diese a, zu beiden Seiten aufgelegt, am Walmen aber, wie beim Einschneiden der dortigen Mauerlatte, wo sie die Gradlinie treffen, ein dazu passendes Stück b querüber gelegt und dieselben auf Gehrung zusammen geschnitten. Da nun unter diesen Stoß eine Säule zu stehen kommen muß, hier aber zwischen zwei Balken trifft, so wird für deren Aufstand ein Wechsel c eingelegt, entweder in der Richtung der Gradlinie oder in der Richtung der Stuhlrahmen a. Dieses Wechsel dient zugleich dem Walmstuhlrahmen als Lager, und es können nun die Stuhlbalken aufgekämmt werden, wobei die Gradstichbalken nicht bis an den Stuhlbalken des Anfallsgebindes, Nro. 3, sondern nur bis an den letzten über denselben hinaus aufgelegten Stuhlbalken Nro. 2 reichen, wenn dadurch die in denselben einzusteckenden Gradstich- und Stichbalken nicht sehr kurz werden, in welchem Falle man dann diesen wegläßt, und die Stichbalken bis zum nächsten länger nimmt. Das Abbinden der Schiftsparren mit ihren nach den Bundseiten richtig eingekämmten Stuhlbalken wird nun hier keine Schwierigkeiten machen; jedoch ist bei dem des Gradsparrens, Fig. 2, wegen der dabei aufzunehmenden Stuhlverbindung, Folgendes zu bemerken: die etwas stärkere Gradstuhlsäule d steht, Fig. 1, mit den Seiten des Querschnitts in der Richtung der Rahmen, und kommt daher beim Abbinden des Gradgebindes übereck zu liegen; sie erhält durch das später, nach zwei Seiten erfolgte Abbinden mit den Stuhlrahmen, keine breite, sondern eine quadratisch geformte Scheere. Der mit derselben einzubindende Gradspannriegel e erhält in ihr die Verzapfung wie bei Fig. 15 A, B, Taf. XVII., gezeigt, andrerseits erhält er, mit dem andern zusammenstoßend, in der Mittelsäule f, welche dazu nicht unbedingt mit aufgelegt zu werden braucht, gemeinschaftlich die Verzapfung, Fig. 6 Taf. XVII., und werden die Gradspannriegel entweder: nach ihrem Abbinden, mit dem dabei aus der Forstspitze nach dem Lehrbalkenmittel erhaltenen Schnurschlage 1 zum Zusammenpassen vorgelegt und dann in die Mittelsäule verzapft, oder: es geschieht ihr Einbinden nach ihrem Zusammenpassen durch danach erfolgtes richtiges Auflegen in dem erwähnten Schnurschlage.

Das, hier in der Richtung der Gradlinie eingelegte Wechsel braucht nicht mit beim Abbinden der Stuhlsäule vorgelegt zu werden, — weil dieses nach einem Stichmaaß geschehen muß, — sondern es wird der Aufstand der Säule nach den Bundseiten der vorgelegenen Stuhlrahmen angemerkt, um sie danach einstecken zu können, und es wird die Länge der Säule unten nach der Oberseite des Balkens abgeschnürt, richtiger nach Höhe des Wechsels, aus der in Abzug zu bringenden Balkenverkämmung, abgemessen.

c) Bei stehendem Stuhl auf versenkter Balkenlage.

Hierbei ist, hinsichtlich des Stuhles, dasselbe wie bei der vorhergehenden Construction, jedoch bei Auflegung der Stempelwandrahmen, a, b, Fig. 3, deren richtige, mit der Trauflinie parallele Lage, noch zu beobachten, weil von der äußern Bundseite derselben, das Stichmaaß für die Schiftsparren abgenommen wird. Dabei fallen in der Balkenlage die Stichbalken weg, es werden jedoch hier, wo der Walmrahmen b nicht auf den, weiter hereinliegenden Giebelbalken Nro. 1 zu liegen kommt, außerhalb des letztern zum Aufstellen der Stempelwandsäulen kleine Stichbalken c nöthig, denen man, wenn auch keine durchreichende Mauerlatte, doch dazu passende, nicht zu kurze Stücke unterzieht. Dagegen ist außer dem, für die Stuhlsäule eingelegten Wechsel, noch ein dergleichen d für die einzustellende Strebe, in Richtung der Gradlinie, nöthig, welches zum Abbinden des Gradverbandes, Fig. 4, mit vorgelegt werden kann, und daher mit einem Abstich zu versehen ist; besser ist es, dieses Wechsel aufzublatten, und dann soweit über den Giebelbalken hinausreichen zu lassen, um die Stempelwandgradsäule e darauf stellen zu können.

Wird hier der Walmstuhlrahmen f so lang, daß zwischen seinem Auflager auf den Gradstuhlsäulen noch eine Säule nöthig wird, so ist sowohl für diese, als auch für die dabei nothwendig werdende Strebe, ein Wechsel g, aber dieses nach Art des letztern anzubringen. Die Gradstuhlsäule h ist hier in Richtung der Gradlinie eingestellt, wodurch sich sowohl die Strebe als auch der Spannriegel i leichter damit verbinden läßt, und die Scheere einen dreieckigen Querschnitt erhält, wegen der aber hier die Stuhlrahmen nicht völlige Auflage haben, sondern vorn auf jeder Seite einen Vorsprung in Form eines Dreiecks lassen. Durch diese Stellung der Gradstuhlsäule wird aber das Anbringen der, von derselben die Rahmen unterstützenden Jagdbänder, erschwert, welches die Stellung der vorigen erleichterte.

Bei dem hier in Mitte der Walmseite angenommenen Binder, kommen mit dem, im Anfallsgebind getheilten, fünf Spannriegel in die Mittelsäule zu stoßen, welchen Uebelstand man dadurch umgeht, daß man nur die drei letzterwähnten k, m, m aufnimmt, zwischen ihnen Wechsel l einlegt, um in diese die Gradspannriegel zu verzapfen, welche Verbindung aber mit vorgelegt und mit Abstichen versehen werden muß.

Die Stuhlsäulen beider Constructionen haben oben keine Zapfen, weil dieselben ihrer Arbeit wegen, öfters weggelassen werden, welches jedoch nicht anzurathen ist; die darauf stumpf in Giehrung zusammenstoßenden Stuhlrahmen, werden zu ihrem Zusammenhalten mit Holzklammern verbunden.

Bei dieser Construction werden die Schiftsparren auf den Lehrsparren vorgelegt, danach ihr unterer Verschnitt und die Klaue angewinkelt, das vom Stempelwandrahmen abgenommene Stichmaaß in der Lehre von der äußeren Seite der Stempelwandsäule auf den Lehrbalken getragen, von da bis zum Balkenmittel gemessen, aber dieses Maaß, von der nach der Forstspitze gezogenen Mittellinie, nach den Schiftsparren getragen, und dann wie bekannt verfahren.

Zum Gradsparren erhält man die richtige Lage am untern Ende, wenn man den wagrechten Verschnitt des Lehrsparrens auf ein danach ausgelegtes und befestigtes Bret schnürt, und darauf vom Mittel das Maaß trägt, welches man auf der Balkenlage vom Anfallspunkte r bis o, — zum Durchschnittspunkt der nach den äußersten Sparrenspitzen gezogenen Verschnittlinien, — erhält. Etwas schwieriger ist jedoch die Bestimmung der Klaue an demselben. Man erhält sie aus dem Grundrisse, Fig. 5 A, wenn man den Winkel der äußern Bundseiten 1 2, 3 2, der Stempelwandrahmen a b in richtiger Entfernung von dem vorher erwähnten Durchschnittspunkte aufzeichnet, darüber die Gradlinie 2 4 und danach 5 6, 5 6′ die Stärke des Gradsparrens zieht, so erhält man die Punkte 7, 7′ in welchen die Rahmen unter dem Sparren hervorreichen, und auf der Linie, aus dem lothrecht unter 8 gelegenen Punkte 8′, Fig. B, C, an der Unterseite des Gradsparrens rechtwinklich gezogen, erhält man den Scheitel 2′, der in einem Winkel einstoßenden Rahmen, welcher mit dem aus der Balkenlage dazu abgenommenen Stichmaaße r 2, oder mit dem angemerkten Winkel 2 auf dem überblatteten und nach seinem Stichmaaß aufgelegten Wechsel, treffen muß, so daß man von diesem aus, nach Auftragen der Linie 8 7, zu den am Gradsparren aufgetragenen entsprechenden Linien lothrechte Parallelen, oder zu der, nach der Oberseite der Rahmen gezogenen Wagrechten 8 9, Rechtwinkliche ziehen kann. Fig. C stellt die nach diesen Linien ausgearbeitete Klaue in der Unteransicht des Sparrens rechtwinklich (nach der Linie c d) daraufgesehen, vor, in welche beim Abbinden die übereck eingestellte Stempelwandgradsäule, bis an 89 das obere wagrechte Auflager der Klaue reichend, eingesteckt wird, wodurch sie den Gradsparren, wenigstens vor einem Verschieben nach unterwärts, aufhält.

Tritt bei einem Dach mit Walmen und stehendem Stuhl der Fall ein, daß die Langseiten desselben z. B. mehr Neigung als die Walmseite haben, so daß also die Gradlinien die Winkel des Gebäudes nicht halbiren, aber auch die in gleicher Stärke aufgelegten und nach den Gradlinien verschnittenen Stuhlrahmen dann ungleich breite Verschnittflächen haben, und wenigstens innerlich gegeneinander vorspringen würden, so macht man deshalb den einen Rahmen nicht schwächer, oder den andern stärker, sondern man läßt diesen, durch die Scheere verdeckten Vorsprung, stehen; oder man schneidet die Rahmen in richtiger Giehrung, unbekümmert um die Richtung der Gradlinie, aber von dem Punkte aus, wo ihre Bundseiten auf derselben sich treffen, zusammen.

Mehr Umstände verursacht aber diese verschiedene Dachneigung bei versenktem Gebälke. Hinsichtlich der Stempelwandrahmen hat man dasselbe zu beobachten wie vorher bei den Stuhlrahmen erwähnt, und wird die richtige Lage des Walmrahmens nach dem Durchschnittspunkt der Bundseite der andern Rahmen mit der Gradlinie, bestimmt, und richtig sein, wenn in der Lehre des Walmens die wagrechte Linie der Klaue, zum Auflager auf dem Rahmen, aus der Lehre des andern Theils wagrecht übergeschnürt wird; oder, es wird umgekehrt, erst nach der, auf der Lehre in dieser Weise bestimmten Klaue, die Lage des Stempelwandrahmens bestimmt. Die hierbei für die Klaue des Gradsparrens entstehenden Abweichungen, lassen sich leicht aus dem dazu, nach Fig. 5 A, gezeichneten Grundrisse entnehmen, wenn dabei der Scheitel des Winkels auf die Gradlinie angenommen wird.

Beträgt jedoch der Unterschied der Dachneigungen mehr, wodurch also bei dem, nach der Regel erfolgten Auflegen des Walmstempelwandrahmens dieser gegen die andern Rahmen weiter nach außen oder weiter nach innen zu liegen kommen kann, so wird es vorkommen, daß dieses nicht stattfinden, sondern die

Entfernung der Stempelwandrahmen von den Trauflinien gleich sein soll. Dadurch kommt der Walmrahmen höher oder tiefer als die andern zu liegen, welches sich an dem, nach der Walmneigung aufgelegten Sparren, durch rechtwinkliches Aufziehen der am Lehrbalken angemerkten Bundseite des aufgelegt gewesenen Walmrahmens, bestimmt, indem man diese lothrechte Linie mit dem Maaße schneidet, welches der Sparren, rechtwinklich zur Dachseite gemessen, in der Klaue noch als Stärke behalten soll, aus welchem Punkte man dann die wagrechte Linie zu ihrem Auflager, zieht.

Dieser, für die Höhe der Stempelwände entstehende Unterschied, sollte aber nicht gern mehr betragen, als die Höhe des höher liegenden Rahmens beträgt, um ihn noch auf den tiefern legen zu können. Dann müßte, genau genommen, der erstere, in Richtung und aufliegender Stärke des Gradsparrens, schräg nach dem andern herunter gearbeitet, und danach die schräge Klaue an diesem gearbeitet werden. Diese umständliche Arbeit vermeidet man jedoch, indem man 1, den Gradsparren auf den tiefern Rahmen klaut, wodurch der höher liegende verschnitten werden muß, aber somit auch sein Auflager verliert; so daß man sich genöthigt steht, wenigstens beim Auflager des ersten Schiftsparrens, eine Säule unterzustellen, und ihn durch ein, schräg unter dem Gradsparren hinweg nach dem tiefer liegenden Rahmen reichendes Stück, mit diesem in einer gebrochenen Linie der Bundseite verbindet; oder 2, man klaut den Gradsparren nach Richtung seiner Stärke, auf den in seiner halben Höhe von oben abgearbeiteten höhern Rahmen, welches besser ist, als 3, den Gradsparren auf den höhern Rahmen zu klauen, weil dadurch zu tief in den Sparren eingeschnitten werden muß.

Wie bei der Kehlgradsparrenverbindung mit stehendem Stuhl in beiden Constructionen zu verfahren ist, dürfte nun leicht nach der, über die Walmgradverbindungen gegebenen Erklärung, zu bestimmen sein.

D. Bei liegendem Stuhl.

Nachdem hier die eigentliche Balkenlage, Fig. 6, wie bei Fig. 1, Taf. XVII., angegeben, eingerichtet ist, und aus der zu dem anstoßenden Theil gefertigten Sparrenlehre (Fig. 7) die Lage und Form der Rahmen und Schwellen gefunden, diese a, a, b danach gefertigt und aufgelegt sind, so werden die auf die Walmseite treffenden a' b' mit den hintern und vordern auf der Gradlinie zusammengeschnitten, wodurch sich deren Lage bestimmt. Fig. 6 A.

Bei dieser Construction besteht nun das Schwierige darin, die Verbindung anzuschreiben, welche die Stuhlsäule mit den darauf zusammenstoßenden Schwellen und Rahmen macht.

Ist, in Fig. 8 A, die Form des Stuhlrahmens und seine Lage auf der Stuhlseite gegeben, so erhält man im Grundriß, Fig. B, die Aufsicht der in der Gradlinie zusammenstoßenden Stuhlrahmen, nach der rechtwinklichen Querschnittslinie a b gezogen. Denkt man sich nun einen Stuhlrahmen lothrecht nach der Bundseite des Sparrengebindes und in dessen Richtung c b schief durchschnitten, so erhält man die, in Fig. C, gezeichnete Durchschnittsfläche c e b' b d, welche nicht höher, aber breiter geworden ist, und danach das Lager für den Stuhlrahmen auf der in Richtung der Durchschnittslinie eingelegten Gradstuhlsäule bestimmt. Hierbei ist aber noch zu berücksichtigen, daß der Rahmen bis auf die halbe Stärke der Stuhlsäule in schräger Richtung c f auf derselben hinliegt, und daß der ebenfalls von der andern Seite anstoßende Rahmen mit diesem in der Gradlinie auf der Dachflucht der Stuhlsäule zusammentrifft.

So wie man nun von dem Stuhlrahmen, Fig. 8 A, an den Binderstuhlbalken die Abstiche macht, welche man später auf die eingebundenen Stuhlsäulen für das Lager der Stuhlrahmen überträgt, so mußte man nun hier von der schrägen Durchschnittsfläche, Fig. B, die Abstiche an dem aufgekämmten Gradstichstuhlbalken machen. Dazu schreibt man, Fig. D, dessen Seite lothrecht herunter auf, und um den Rahmen herum, welche Linien b d, d c, c e, e b', b' b, die Grenzen der Durchschnittsfläche sein würden, dann legt man auf der Dach- und Unterseite des Rahmens, nach den daselbst gezogenen Linien ein Winkeleisen auf die hohe Seite, daß es an dem Stuhlbalken breit anzuliegen kommt, an welchen man nun danach die parallelen Fluchtlinien nach f und g zieht. Zu Bestimmung der Abstiche auf denselben, von der Unterkante des Rahmens an, kann man hier nur auf der Dachseite das, mit dem Abstich versehene Winkeleisen, anhalten, — weil hier ein spitzer, unten aber ein stumpfer Winkel entsteht, — so daß man den Abstich hier und wohl auch oben, weil man hierzu ein längeres Maaß haben muß, nach der Schmiege in i und h ansticht.

Ist nun beim Abbinden des Gradsparrens der Stuhlbalken eingebunden, die Säule eingelegt, Fig. E, wobei, hinsichtlich des Gradspannriegels, das frühere, über deren Anwendung Gesagte, gilt, so zieht man die Fluchtlinien von jenem auf diese herüber, nach k und l, bestimmt die Länge durch Abtragen des gehabten Stichmaaßes, und erhält durch Verbindung der aufgetragenen Abstiche c, e die Unterseite des Rahmens. Hatte man beim Aufkämmen des Gradstuhlbalkens dessen Kamm nach dem innerlichen, Fig. B, von den zusammenstoßenden Fasen der Stuhlrahmen gebildeten Winkel b m b′ vorgestrichen und eingelassen, so streicht man, Fig. E, hier noch, vor Wegnahme der Stuhlsäule, auf ihrer, an den Stuhlbalken stoßenden Stirnfläche, diesen Winkel nach der betreffenden Stirnfläche — b m, m b″ des Kammes auf. Nach diesem Winkel erhält die Scheere ihre Form des Durchschnitts, doch müssen dazu von dem Punkte n aus, wo die untere Fluchtlinie I g die Stirnfläche der Stuhlsäule trifft, Parallelen n o, o n′, Fig. B, gezogen werden, weil bei der hier größeren Fase die zu derselben lothrecht gezogene Linie die Stuhlsäule nicht auf der Stirnfläche, sondern in der Scheere bei b′, Fig. D, trifft.

Hatte man aber auch auf der andern Seite des aufgekämmten Gradstichstuhlbalkens in der gezeigten Weise die Abstiche vom Stuhlrahmen auf- und dann beim Abbinden wieder zurück auf die untere Seite der Stuhlsäule getragen, so kann man nun nach den angeschriebenen Linien die Scheere und den Zapfen arbeiten, wonach dann die Stuhlsäule hier die Form, nach Fig. F, erhält.

Zog man, Fig. C, die für die Unterseite des Rahmens gezogene Linie bis n an die Dachseite der Stuhlsäule, dann von dem Abstich c auf der Dachseite des Rahmens die Wagrechte c s nach der Dachseite der Stuhlsäule, ferner auf diesen von dem so erhaltenen Punkte s eine Rechtwinkliche s f, Fig. B, bis an die Gradlinie, in welche die Flucht f t von der Gradlinie der Rahmen trifft, so kann man den erst erhaltenen Punkt r mit dem auf der Gradlinie verbinden, nach welcher schrägen Linie r f die Brüstung angeschnitten wird. Von dieser bleibt ein kleines Dreieck c r f von dem Rahmen unbedeckt bis an die diagonale Linie c f, in welcher der Rahmen auf der Stirn der Stuhlsäule hinliegt; sie ist hinter c f an der aufgestellten Stuhlsäule wagrecht, und giebt bei der mühsamen und schwierigen Ausarbeitung des Zapfens und der Scheere, wobei die maaßgebenden Linien nicht alle zuvor, sondern während der Arbeit angeschrieben werden können, einigen Anhalt.

Etwas schwieriger ist die Bestimmung der Linien zu dem Verschnitt am untern Ende der Stuhlsäule, Fig. 9 B, weil dieselbe auf dem stärkern, zu beiden Seiten vorspringenden Stichbalken steht, so daß die an denselben, für den ebenfalls in seiner Richtung a b gedachten Verschnitt der Schwelle, angeschriebenen Stichmaaße i k, Fig. A, nicht unmittelbar gelten können, wenn sie danach in a und e auf die beim Abbinden gegen den Stichbalken etwas tiefer liegende Stuhlsäule übergetragen werden, sondern es müssen dieselben wagrecht und parallel um so viel nach außen zurückgeschrieben werden, als, rechtwinklich zur Bundseite oder Gradlinie gesehen, der Vorsprung c d, Fig. B, beträgt, welchen die, nach der Seite des Stichbalkens angenommene Durchschnittsfläche der Schwelle, gegen die dann weiter nach seitwärts vorrückende Durchschnittsfläche an der Seite der zurückliegenden Stuhlsäule macht, wodurch man dann auf derselben, Fig. C, die Fluchtlinien a' i', e' k' und den schrägen Aufstand der Säule auf der Schwelle nach a' e' erhält. Verlängert man dann diese Linie auswärts nach l, zieht ferner von e' eine Wagrechte nach dieser Seite und von da auf der Dachseite eine Rechtwinkliche bis h an die Gradlinie, in welcher h f, die äußere Flucht der Schwellen verläuft, so kann man auf der Dachseite von dem Punkte l, in welchem sie von der erstern Linie geschnitten wurde, die schräge Linie l h ziehen, nach welcher die Brüstung angeschnitten wird, welches aus Fig. D deutlicher zu ersehen ist, welche das untere Ende der Stuhlsäule zeigt.

Der Uebelstand bei dem Anschreiben dieser Verzapfung von dem stärkern Stichbalken an die schwächere Stuhlsäule, namentlich auf der Hinterseite — wobei es sehr falsch sein würde, die Stuhlsäule, nachdem man sie mit der Bundseite des Stichbalkens oben bündig gelegt hatte, nun mit der Unterseite desselben bündig herunter zu lassen — wird für den mit diesen Arbeiten nicht völlig Vertrauten um so fühlbarer; es ist aber auch im Allgemeinen anzurathen, die Stuhlsäule an diesem Ende, der

Stärke des Stichbalkens gleich zu nehmen, überhaupt aber zu den Hölzern, an welche dergleichen Arbeiten auszuführen, oder von welchen die Angabe derselben abhängig ist, möglichst vollkantige und richtig gearbeitete zu nehmen, indem an schalseitigen und unrichtig vorgearbeiteten Hölzern erst das Anschreiben, dann das Arbeiten und Zusammenpassen solcher verwickelten Verbindungen, erschwert wird. Am belehrendsten würde es aber sein, die, hier möglichst deutlich und verschiedenartig gegebenen Details mit Hölzern zu modelliren, an denen sich die Constructionslinien genau und bestimmt angeben lassen; da es doch zu unverständlich sein würde, jede derartige Verbindung nach allen vorkommenden Linien weitläufig zu beschreiben und auseinander zu setzen.

Hier war die Dachseite der Gradstuhlsäule in die äußerste Flucht der Rahmen und Schwellen gelegt, welche von diesen auf dem Stichbalken bei f', Fig. 9 C, B, von jenem unter dem Stuhlbalken bei u, Fig. 8 B, D, angemerkt wird, um beim Abbinden die betreffende Stuhlsäule nach diesen Punkten vor- und einlegen zu können. Dadurch kommt, nach Fig. 10, welches der Durchschnitt der Gradverbindung in der Gradlinie ist, die Stuhlsäule nicht an den Sparren zu liegen, welches jedoch besser ist, als wenn sie, durch unrichtiges Abbinden noch weiter davon entfernt liegt. Wird sie an den Gradsparren gerückt, so springt sie gegen die schräg einstoßenden Schwellen und Rahmen nicht mehr in zwei Dreiecken, sondern in zwei, auf der Gradlinie zusammenstoßenden Trapezen vor; welche man aus dem Grundrisse dadurch leichter abnehmen kann, daß man die schrägen Linien, sich kreuzend bis an die Dachseite der Stuhlsäule verlängert, nur darf man sich beim Abtragen derselben nicht irre machen lassen, wenn man annimmt, daß man erst die Construction bei der hier angenommenen gleichen Flucht ausführt, und dann die nach der Dachseite mehrere Stärke auflegt.

Sind die obern und untern Enden der Gradstuhlsäulen gearbeitet, auch die zu deren Zapfen nöthigen Löcher in den Rahmen und Schwellen gearbeitet, so wird nun z. B. die Walmstuhlwand vorgelegt, Fig. 11. Dabei werden die Gradstuhlsäulen übereck aufgelegt, welche Lage die genau gearbeiteten Scheeren, Zapfen und Löcher bestimmen, sichrer aber nach Anhalten des aus der Zulage entnommenen Winkels x an die Fase des

Stuhlrahmens und die obere schräge Verschnittlinie der Stuhlsäule erhalten wird. Oder: man zieht auf der eingebundenen Stuhlsäule eine Wagrechte, 12, Fig. 10 und 11 A, später dazu auf der Dachseite eine Rechtwinkliche 1 4, so erhält man einen horizontalen Durchschnitt der Stuhlsäule 1 2 3 4, Fig. 6 A. Zieht man durch denselben eine Linie 5 6, parallel mit der Trauflinie, nimmt dann das Maaß 1 6 und 1 5 und trägt jedes auf die zugehörige Linie an der Stuhlsäule, Fig. 11 A, so muß die, diese beiden bestimmten Punkte 5 6 verbindende Linie wagrecht sein, wenn die Stuhlsäule ihre richtige Lage haben soll.

Nachdem so die Stuhlsäulen vorgelegt und die Schwellen und Rahmen angesteckt, deren Löcher an den schmalen Seiten und danach die Zapfen an den Stuhlsäulen rechtwinklich gearbeitet sind, wird die Stuhlwand im Winkel gezogen, welches hier mittels des Deichselwinkels geschieht und zwar auf einem, einige Zoll von der Fase entfernten Schnurschlag und einer ausgezogenen Schnure nach dem, auf Rahmen und Schwelle angeschriebenen Mittel der Balkenlage. In jedem Falle und unter allen Umständen geschieht aber dieses Einwinkeln richtiger auf folgende Weise: auf der Balkenlage trägt man ein Maaß von dem Kamme des Rahmens aus 1, oder aus einem andern in der Kammlinie liegenden Punkte, zu beiden Seiten nach der Fase der Schwelle über 2 und 3, welche Punkte herunter zu lothen sind. Bei dem vorher erwähnten Einwinkeln der zusammengesteckten Hölzer, muß dann die Entfernung der, auf der aufgeschnürten Kammlinie an der Fase der Schwelle gelegenen Punkte 2 und 3 von dem Punkte 1 an dem Kamme des Rahmens, einander gleich sein; ist dieses der Fall, so werden die Hölzer wo nöthig noch zusammengebessert, der Winkel nochmals berichtigt, und die Bänder eingebracht, welche jedoch, von Manchen, wegen ihrer an den Gradstuhlsäulen verursachenden Mehrarbeit, aber fehlerhafter Weise, weggelassen werden, wenn nicht (wie hier eine angegeben) bei mehrer Länge des Stuhlrahmens, eine Mittelstuhlsäule nöthig wird. —

Leichter geschieht nun das Einbinden der Gradstuhlsäulen in die Längewände, indem bei ersterem das Vorhergehende gilt, die richtige Lage der Wände aber mit den rechtwinklich zu einanderstoßenden Hölzern bestimmt wird.

Wenn man bei unverschwelltem Stuhl, Fig. 6 B, durch die am untern Ende der Gradstuhlsäule anzubringende einfache Verzapfung in den Stichbalken, eine Erleichterung hat, so ist doch dann das Abbinden der Gradstuhlsäulen in den Stuhlwänden, Fig. 11 B, etwas schwieriger, weil die Schwellen fehlen, welche die richtige Entfernung der Säulen gaben und festhielten. Auf der Balkenlage wird dabei die oben eingesteckte Gradstuhlsäule mit ihrem untern Ende so aufgelegt, daß über den Punkt 4, in welchem die Gradlinie die äußere Aufstandslinie der Stuhlsäule auf dem Stichbalken schneidet, der diesem entsprechende Punkt 4 der Stulsäule liegt; geschieht aber das Abbinden dieser Stuhlwände nicht auf der Balkenlage, so muß auf dieser zu diesem Punkte ein Stichmaaß von einer, rechtwinklich zum Rahmen stoßenden Säule, oder einer danach aufgeschnürten Linie, abgenommen werden, um danach die Gradstuhlsäule vorlegen und abbinden zu können.

In Fig. 6 war der Anfallspunkt des Walmens so angenommen, daß dessen Neigung der der andern Dachflächen gleich war, wobei also die Gradlinien die Winkel der Grundfläche halbirten; es kann jedoch vorkommen, daß der Walmen z. B. eine steilere Neigung erhält. Es sei nun, Fig. 12 A, c d e f g die Schablone des Stuhlrahmens zu den Langseiten nach der Dachflucht a b, so hat derselbe im Grundriß, Fig. C, die Linien aus c d e, und werden von der Gradlinie in h m l geschnitten; soll nun ein Walmenrahmen rechtwinklich zu diesem stoßen, dessen nach der Gradlinie entstehende Querschnittsfläche genau die des andern deckt, so müssen die, dessen Aufsicht angehörenden Linien, mit den entsprechenden des andern in der Gradlinie zusammenstoßen. Dadurch erhält man für den Walmrahmen den Querschnitt c′ e′ und sowohl nach den beiden gleichen Höhen, Fig. A, als auch nach der Dachneigung a′ b′, Fig. B, desselben, die von A verschiedene und unten schiefwinkliche Schablone c′ d′ e′ f′ g′, so daß also, genau genommen, derselbe nach dieser Schablone angefertigt werden müßte.

Will man jedoch in dem Arbeiten der Stuhlrahmen, wegen vielleicht einem Stück, keine Aenderung treffen, so kann man zu diesem, als zum Walmrahmen bestimmt, ein mit den andern gleich gearbeitetes Stück nehmen, welches, unbekümmert um die

Gradlinie, in richtiger Giehrung h k mit den Langrahmen zusammengeschnitten wird, wodurch es aber auch in deren Dachflucht kommt, so daß es, nach Fig. D, auf die, in Dachflucht des Walmens gelegte Stuhlsäule, zu liegen kommt, wodurch weniger Schwierigkeiten verursacht werden, als durch den Stoß auf der Gradstuhlsäule, welche, in Richtung der Gradlinie und rechtwinklich zur Dachseite gesehen, in Fig. E vorgestellt ist, und die von der Gradlinie abweichende Linie zeigt, in welcher sich die Querschnittsflächen stoßen.

Tafel XIX.

Weniger Schwierigkeiten entstehen für die Gradstuhlsäule bei liegendem Stuhl auf versenkte Balkenlage, wenn der Stuhlrahmen den rechtwinklichen Querschnitt wie beim stehenden Stuhl hat. Fig. 1, A, B, C, indem sich nach demselben die Lage auf der Stuhlsäule sehr leicht bestimmen und arbeiten läßt, namentlich wenn dabei die Zapfen weggelassen werden.

e. Bei Rahmendach.

Hierbei liegt das Schwierige der Gradverbindung in der Verkämmung der Rahmen zwischen die beiden übereinanderliegenden Sparren, deren Entfernung von einander entweder beim Abbinden auf der Lehre oder bei dem vorher auf der Balkenlage erfolgten Verkämmen mit den Rahmen bestimmt wird. Ist zu der Balkenlage, Fig. 2, das Anfallsgebind oder eine Lehre, Fig. 3, gefertigt, und darin die Lage der Rahmen angegeben, so wird ihre Entfernung vom Mittel c c′ abgemessen, und die Maaße auf die Balkenlage vom Mittel abgetragen und aufgeschnürt. Danach werden die Rahmen d d aufgelegt, in der Gradlinie verschnitten und dann die Walmrahmen i i eingepaßt; dabei wird auch der Kopfrahmen mit aufgelegt, — welcher auf der Walmseite um seine halbe Stärke über das Anfallsgebind reicht, auf welchen Vorsprung die Dachgradsparren klauen —, um über alle die Bundseite der Dachsparren schnüren zu können.

Bindet man nun zuerst ein Gradgebind ab, Fig. 4, so mußte man vorher auf den Gradstichbalken, z. B. von dem Balken des Anfallsgebinds, Fig. 3, diejenigen Punkte 1, 2, 3, 4, in welchen dessen Oberseite von den zu verkämmenden Seiten, sowie den aufgeschnürten Kammlinien der beiden Sparren a, b getroffen wird, parallel mit der Trauf- oder Forstlinie, bis an die Gradlinie schnüren, wodurch man dann von dem Stichbalken die entsprechenden Seiten und Kammlinien an den beiden Gradsparren erhält; dabei ist jedoch zu berücksichtigen, daß die Rahmen nicht in gleicher Tiefe über dieselben und gegen einander verkämmt werden, welches Letztere nur in der Gradlinie der Fall wird, wie dies in Fig. 4 zu sehen ist, wo sich unten die beiden Sparren e f mit ihrer Bundseite und einem daran verschnittenen Rahmen, oben dieselben ihren Durchschnitt in der Gradlinie zeigen. Am Dachsparren ist die Verkämmung an den Seiten niedrig und wird nach der Mitte tiefer, während sie an dem Rahmensparren an den Seiten tief und nach der Mitte niedriger wird. Diesem zufolge muß man also dem Gradsparren nur die aus dem Grundriß bestimmte Höhe geben, weil derselbe bei mehr als nöthiger Höhe, doch über den Rahmen bis zur Dachseite nicht stärker bleiben kann, die aber durch die Einkämmung zerschnittene untere Stärke wenig mehr Festigkeit gewähren wird; dagegen kann man dem Rahmensparren mehr Höhe nach unterwärts geben, weil derselbe mehr durch die erst anfangs tiefere Einkämmung verliert; oder man nimmt dieselbe niedriger, indem man die Sparren mehr von einander entfernt, wodurch dann allein der untere mehr Festigkeit behält.

Je nach der Entfernung, in welcher diese beiden Sparren abgebunden wurden, sind auf dieselben von dem Gradstichbalken die Verkämmungslinien aufzuschnüren, um danach bei dem Verkämmen der Sparren dieselben auflegen zu können. Wie dies z. B. mit dem Rahmensparren hinsichtlich seiner gewendeten Lage geschieht, dürfte, nach früherer Erklärung ähnlicher Fälle, leicht sein, aber hinsichtlich seiner schrägen Lage zur Dachfläche der, von dem anstoßenden satteldachförmigen Theil aufgelegten und aufgekämmten Sparren, entstehen mehr Schwierigkeiten, welche man durch Constructionsfertigkeit mittels verschiedener Hülfslinien überwindet. Diese schräge Lage des Rahmensparrens erhält man theils durch den Verschnitt der andrerseits bereits aufgekämmten Rahmen, — welcher auf seine Gradlinie trifft, — theils aber durch Anlegen mit der Backenschmiege an die Bundseite des Rahmensparrens aus dem Anfallsgebind; unten durch Maaßnahme auf der Balkenlage von dieser Seite des Anfallsgebinds bis auf die Gradlinie seines Aufstandes auf dem Stichbalken. Genauer wird aber nun noch diese Lage bestimmt, wenn man beim Abbinden des Gradgebindes von der Dachseite eine Rechtwinkliche o p über beide Sparren zog, die Entfernung derselben von dem Anfalls- (Forst) punkt c abnahm, und nun dieses Maaß an den aufgelegten Rahmensparren von dem entsprechenden Punkte c, an der Bundseite des Anfallssparrens trägt.

Die nun mögliche Verkämmung der Rahmen auf diesem so gelegten Rahmensparren richtet sich, hinsichtlich der Tiefe nach der bei dem Abbinden im Gradgebind aufgeschnürten Kammlinien. Nach dieser Verkämmung bestimmt sich nun leicht sowohl diese als auch die vorher richtige Lage des Dachgradsparrens (nach dem Punkt c und der Entfernung r s, Fig. 2), wenn dieser schon abgegradet ist. Nach geschehener Verkämmung dieses Sparrens läßt sich nun aber auch sehr leicht die Länge der, zwischen ihm und dem Anfallssparren liegenden Schiftsparren bestimmen, wenn dieselben nach den betreffenden, über die Rahmen geschnürten Linien aufgelegt und eingekämmt, oben angeschnitten werden, demzufolge man ihre Schmiege nicht in der Lehre bei ihrem Abbinden anzuschreiben brauchte.

Dieses Verfahren hat man zu einer Schiftungsart im Allgemeinen angewendet, und heißt: die auf dem Werksatz, — der Zulage.

Ebenso läßt sich nun auch leicht die Walmseite abbinden, wenn man die Gradsparren nach Obigem vorlegt, und dabei darauf sieht, daß eine Linie t c (Mittellinie) rechtwinklich zu t r ist, so daß man von ersterer aus t beiderseits die Entfernung t r abnehmen kann, um danach die Gradsparren in diesen Entfernungen auseinander, oben zusammengeschmiegt, auflegen, und dabei zugleich auch die Länge der Walmschifter bestimmen kann.

Schwieriger wird es jedoch, die Verkämmung der Rahmen in den Gradgebinden zu bestimmen, wenn die Walmseite eine andre Neigung als die übrigen Seiten hat, welches aber wieder dadurch erleichtert wird, daß man folgerichtig verfährt, und den Rahmen der Walmseite denjenigen Querschnitt giebt, welchen der schräge Schnitt der auf der Gradlinie verschnittenen andern Rahmen verlangt, während man die Verkämmung derselben auf den Rahmensparren an deren Seiten nur so tief zu nehmen braucht, daß sie auf dessen Dachseite in der Gradlinie ausläuft.

f. Bei Bohlendach.

Am leichtesten läßt sich die Gradverbindung bei diesem Dache ausführen, indem hierzu nur die Anfertigung eines etwas größern und gegen die andern Bohlensparren nach einem andern Bogen geformten Gradsparrens nöthig ist. Diese Form wird sehr leicht dadurch erhalten, daß man, Fig. 6, auf den Bogen des Lehrsparrens beliebige Punkte annimmt, und diese auf den Balken lothet, daraus, Fig. 5, mit der Trauflinie Parallelen 33′ 22′, 11′, bis in die Gradlinie zieht. Die Entfernung dieser Punkte auf derselben, trägt man nach Fig. 7, auf die Verlängerung des Gradstichbalkens, errichtet darin Senkrechte, und macht diese den entsprechenden, in Fig. 6, gleich hoch, so daß die Verbindung dieser erhaltenen Punkte mit dem eigentlichen Höhe- und Weitemaaße die Form des Gradsparrens giebt, wobei man hier zugleich die Länge der Aufschieblinge erhält, daß man in Fig. 6, den Punkt 3 und 1 in den Auslauf ihrer Schmiegen auf dem Bogen, annahm.

Ebenso machen hier auch die Schiftsparren keine Schwierigkeiten, und würden sich diese nur bei der Verriegelung des Gradsparrens zeigen, Fig. 8, wenn die Riegel b auch diesen durchreihen und verkeilt werden sollen. Diese umständliche und nicht leicht passende Arbeit läßt man jedoch weg, und wird der Gradsparren nur von den beiderseits anstoßenden, aber verriegelten Schiftsparren gegen Seitenbewegung gehalten. Den Gradsparren fertigt man auch aus stärkern oder mehrern und breitern Pfosten, doch ist dabei wohl nur das erstere, weniger das letztere, streng genommen, nöthig. Die Anfertigung der erforderlichen Schiftsparren erfolgt entweder nach der Länge jedes einzelnen, oder es werden dazu Ganze genommen, davon die nöthige Länge abgeschnitten und das verbleibende Stück zu einem andern dergleichen verwendet, wodurch man sich wegen der Schiftschmiegen, manchmal mehr Nutzen als im ersten Fall verschaffen kann.

3. Das Satteldach mit schiefem Gebind, oder auf Gebäude von der Grundform einer Rhomboide.

a mit Windlatte.

In Fig. 9 ist die Balkenlage zu einem Gebäude gegeben, welches die Grundform einer Rhomboide hat, nach deren Winkeln und Seiten die Balkenlage leicht anzufertigen sein dürfte, da die Balken gleiche Länge und parallele Lage haben, und nach welcher auch die Gebinde zu stehen kommen. Ist die Länge der Balken mit Einschluß des Uebertrags abgemessen, danach das Mittel eingetheilt, die Linien übergeschnürt, so wird ein Balken zu Fertigung einer Lehre, Fig. 10, ausgebracht, im Mittel eine Säule eingewinkelt, darauf die Dachhöhe abgemessen, und von diesem Punkte nach dem angewinkelten äußern Verschnitt des Balkens, auf der obern Seite desselben, eine Schnur ausgezogen und die Dachflucht überschnürt. An dem, auf die breite Seite umgelegten Balken, geht aber der vordere Verschnitt, und somit die Richtung der Dachfläche, unter sich, der hintern vor sich, so daß nun beim Auflegen der Lehrsparren auf dieser Seite darauf Rücksicht genommen werden muß, daß derselbe auf seine Stärke in dieser schrägen Richtung ausläuft, und nicht mit der Dachseite über den Anfang der schrägen Richtung zu liegen kommt, wie d l, Fig. 11 A, sondern e e′; ebenso ist es in der Forstspitze, wo der vordere Sparren an der, auf die Hinterseite treffenden Stirn nicht rechtwinklich, sondern nach unten etwas vorgehend verschnitten, sowie daß hier der hintere Sparren danach aufgelegt wird. War nun der Balken an beiden Enden schräg über und nach der Dachflucht verschnitten, so kann man an die Stirn der rechtwinklich gehauenen und damit eingebundenen Sparren, diese schräge Richtung anschreiben, wodurch man die Linie erhält, nach welcher der Querschnitt des Sparrens zu arbeiten ist.

Besser ist es, und leichter für das Abbinden, den nöthigen Sparren beim Beschlagen gleich den richtigen Querschnitt zu geben, welches dann nach einer Schablone erfolgt, welche nun aus der Lehre entnommen, und an alle Sparren nach einer Richtung gehalten werden kann, wenn man nicht hinsichtlich des letztern manche danach wendet, um eine bessere breite Seite zur Bundseite passend zu erhalten.

Aus dem Grundriß, Fig. 11 A, und der Dachneigung in Fig. 11 B ergiebt sich im Querschnitt h i k die erforderliche Schablone a b c f, Fig. 12 A, woraus man ersieht, daß dadurch an, z. B. erst rechtwinklich gehauenen und dann richtig bearbeiteten Sparren, viel Holz verloren geht, und diese dadurch geschwächt werden, so daß man sie von vornherein stärker nach a b d e annimmt, daß man aber durch Beschlagen nach der Schablone erstens an Arbeit erspart, so wie stärkeres Holz behält. Bei diesem Beschlagen ist ebenfalls darauf zu sehen, daß eine schiefwinkliche Seite bei ihrem Abschnüren ins Loth gestellt, und der Stamm bei etwaigem Einbiegen in grade Richtung gehoben wird, weil hier in dem spitzen Winkel leichter Schalseite stehen bleibt.

Ist so das Abbinden der Sparren erfolgt, wobei man das nöthige Beimittel auf der Dachseite der vordern Sparren anmerkte, so wird nun die Windlatte abgebunden, wobei wieder erst die richtige Lage der Sparren zu bestimmen ist, welches nach dem, beim Ausmitteln und Modelliren der Dachflächen gezeigten Verfahren, leichter wird. Legt man, Fig. 10, den aufgelegten Sparren herunter auf den Balken, so wird d der Drehpunkt sein, und c nach f kommen, oder dann in Fig. 9 c nach f. Wollte man jedoch die Sparren in dieser Richtung auf den Balken mit den Bundseiten übereinander legen, so würde dieses falsch sein; denn denkt man sich die Dachseite der durch die Windlatte verbundenen Sparren als eine ebene Fläche, so wird dieselbe beim Aufrichten der im Ganzen verbundenen Sparren mit dem Punkte f in der Forstlinie nicht lothrecht über dessen Grundpunkt c treffen, sondern es wird dieses nur mit dem Punkte c' sein, welcher im Grundriß in der, rechtwinklich zur Drehungslinie der Dachfläche aus c gezogenen Linie liegt, welche mit der Länge der auf dem Balken durch den niedergelassenen Sparren erhaltenen Dachneigung a f aus a in c' geschnitten wird, so daß, wenn nun die durch die Windlatte i verbundenen Sparren h, h, h, wenn sie im Ganzen aufgerichtet würden, mit einem Punkte in ihrer Forstlinie über den dazu in der Grundlinie gehörigen, treffen, welches dann beim einzelnen Aufstellen theils die augenscheinliche Richtung, theils die Bänder der Windlatte näher bestimmen.

Bei dem Auflegen der Sparren hat man aber auch die gewendete Lage zu berücksichtigen, welche jedoch leicht der Querschnitt der Dachseite bestimmt, wenn diese danach wagrecht gelegt wird; unten kommen dabei z. B. die Giebelsparren mit ihrer Bundseite in dem Drehungspunkte d über die des Balkens zu liegen, und die zwischenliegenden werden mit ihrem Beimittel nach einer, in dem Beimittel der erstern ausgezogenen Schnur, gerückt; zu der Lage der Sparren am obern Ende, bestimme man nun z. B. die eines Giebelsparrens nach a c', dann nimmt man die Entfernung der Bundseiten c, f, k, m, der Sparren auf der Forstlinie, und rückt danach die Sparren mit ihrer Bundseite und Forstlinie von c' nach f', k', m', welche Lage man jedoch sicherer erhält und behielt, wenn oben unter die Sparren, der Länge nach, Stücke Holz gelegt werden, (vielleicht die Sparren der Hinterseite) auf denen diese Maaße angemerkt werden, um dann die Sparren beim Einlassen der Windlatte danach einrücken zu können.

Durch die gewendete Lage der Sparren ist aber auch noch für das Einlassen der Windlatte und deren Bänder Etwas zu erwähnen: ist in Fig. 12 A, a b d e der Querschnitt des gewendeten Sparrens h, und i die einzublattende Windlatte, so könnte man in dieselbe den Einschnitt nach l m k d ausarbeiten, weil alle Sparren gleiche Lage haben, so daß erstere in der Richtung a l herunter gelassen werden könnte. Dieses dadurch erschwerte Einbringen vermeidet man jedoch, und arbeitet das Blatt am Sparren an der überhängenden Seite, bis auf Höhe der Windlatte rechtwinklich nach g l, so daß dann diese den Einschnitt nach l g k d, Fig. 12 B, erhält. Die rechtwinkliche Seite am Blatte des Sparrens muß nicht unbedingt in Stärke der anstoßenden Windlatte auslaufen, sondern es kann dieses etwas höher oder niedriger geschehen, und wird beim Einlassen auf folgende Weise verfahren: nachdem die Windlatte aufgelegt ist, wird zu beiden Seiten derselben auf den Sparren vorgeschrieben, diese Breite an denselben beiderseits nach den Seiten der Windlatte (lothrecht) heruntergeschrieben, — aber nicht gewinkelt — und das Blatt des Sparrens verteuft. Dieses wird dann aufgeschnitten, ausgearbeitet, und ebenso an der überhängenden Seite ein Stück in dieser Breite rechtwinklich herunter; dann wird die Windlatte wieder eingelegt und nun erst an diese das Blatt nach der schrägen und der rechtwinklichen Seite des Sparrens angeschrieben &c. welches Verfahren auch bei den einzubringenden Bändern zu beobachten ist.

b. mit Windrispen und mit stehendem Stuhl.

Bei dem Windrispen, oder einfach stehenden, oder doppelt stehendem Stuhl selbst, macht das schiefe Gebind wenig Schwierigkeiten. Die Windrispensäule wird wie gewöhnlich eingebunden, die Stirn derselben nach der Dachseite schräg und schiefwinklich verschnitten, der Windrispenrahmen zwischen die rechtwinklich zur Forstlinie aufgelegten, parallel gewendeten Säulen nach deren Bundseiten oder aufgeschnürten Mitteln eingebracht.

Ebenso werden bei einfach oder doppelt stehendem Stuhl die Säulen in Richtung der Balken M, Fig. 13, mit eingebunden, dabei jedoch darauf Rücksicht genommen, ob sie unter dem Stuhlrahmen N, nach Fig. A, auf einer Seite etwas mehr, oder, nach Fig. B, auf beiden Seiten gleichweit vorzustehen kommen, wonach sich dann die etwa anzubringenden Scheeren richten.

e. mit liegendem Stuhl.

In dem Vorhergehenden wurde gezeigt, daß die Dachseite der bei schiefem Gebind angewendeten Sparren schiefwinklich gearbeitet werden müsse, um in die Ebene der Dachfläche zu verlaufen, während die Unterseite derselben zur Bundseite rechtwinklich bleibt. Dieses störte bei den vorhergehenden Constructionen in keiner Weise, doch ist dieses, bei der jetzt zu besprechenden, der Fall, indem dabei, genau genommen, die innere Seite der Sparren, sowie die Dachseite der Stuhlsäulen — weniger die innere Seite — parallel mit der Dachseite der Sparren sein müßte, weil die Rahmen und Schwellen parallel diese Lage haben. Durch diese Annahme möchte einige Erleichterung für die Verzapfungen der Stuhlsäulen am unteren und oberen Ende entstehen, andrerseits mehr Arbeit und Holzverschwendung nothwendig werden.

Diesem zufolge läßt man die innere Seite der Sparren so wie die Stuhlsäulen rechtwinklich, wodurch die Rahmen und Schwellen an die Sparren nur an eine Seite, jene schräg über den Querschnitt der Säulen zu liegen kommen.

Die Auflage der Schwellen und Rahmen erhält man aus der zur Balkenlage, Fig. 14, gefertigten Sparrenlehre, Fig. 15 und 16; erstere zeigt die Bundseite, letztere die Rückseite des Gebindes nach der Linie h, in welcher Rahmen und Schwelle an den Sparren zu liegen kommen, während sie in der andern abliegen, so daß man also auf der Balkenlage Rahmen und Schwelle nach der Linie auflegen muß, in welcher die innere Seite des Sparrens die hintere Seite schneidet, welches sich auf dem Balken durch den innern rechtwinklichen Aufstand des Sparrens, an dem Stuhlbalken, durch die nach dieser innern Seite rechtwinklich verschnittene Stirn bestimmt, so daß also unter diesem der Rahmen, auf jenem die Schwelle in ihrer Dachflucht, nicht vorzuliegen kommen darf. Leichter wird sich das Gegentheil von diesem auf dem Balken der andern Seite des Daches angeben, weil daselbst Rahmen und Schwelle die Sparren an der Bundseite treffen, nach der Hinterseite aber abzustehen kommen.

Die Schablone zu diesen Rahmen und Schwellen kann man hier entweder aus der Lehre entnehmen, wodurch die Lochseite rechtwinklich zu den parallelen Seiten, aber schiefwinklich in der rechtwinklichen Projection i k wird, welche man davon suchen muß, um danach eine Schablone zum Anschreiben beim Beschlagen zu haben; oder man nimmt die Schablone nach der rechtwinklichen Projection ab und nimmt sie beim Beschlagen so, daß dann beim Anschreiben der Stichmaaße nach dem schrägen Verschnitt des schräg oder schiefwinklich liegenden Balkens die Lochseite zu den beiden parallelen Seiten schiefwinklich wird, und ist letztere Annahme auch in dem hier angeführten Beispiel ausgeführt. —

In Fig. 17 A ist N ein Balken und M eine schräg darüberliegende Schwelle, deren Querschnitt in der rechtwinklichen Projection i k, Fig. 14, M in Fig. B ist; danach ist c d die Dachflucht der Stuhlsäule, welche den Balken in a, und d h die untere Breite derselben, deren Richtung den Balken in g trifft. Zieht man in Fig. A von diesem Punkte a auf dem Balken eine Rechtwinkliche a b, welche der Stärke der Stuhlsäule gleich ist, so daß eine Parallele aus b, mit der vordern Seite des Balkens gezogen, die Hinterseite derselben bezeichnet. Zieht man ferner in Fig. B aus diesem Punkte b eine Parallele zur Dachflucht, so erhält man die Ansicht der Dachseite der gewendeten Stuhlsäule, und würde sowohl hier, als auch an der Unterseite eine Scheere entstehen. Fig. C zeigt den Durchschnitt der Schwelle in Richtung des Balkens mit der rechtwinklichen Ansicht desselben und der Stuhlsäule; die Schwelle wird dadurch an der Lochseite etwas schiefwinklich, wonach die Abstiche in dieser Richtung auf der Balkenlage an den Balken gemacht und beim Abbinden der Stuhlsäule von demselben übergetragen werden. Dieses wird hier auch auf der Rückseite der Stuhlsäule geschehen, wobei der früher erwähnte Uebelstand eintritt, daß, Fig. A, der Balken auf dieser Seite vor der Stuhlsäule i k stärker ist, und man muß sich wie damals helfen, daß man die Abstiche von der Schwelle in der Richtung l m nimmt, und so von dieser Seite des Balkens an die Stuhlsäule, die erhaltenen Abstiche jedoch wagrecht um l n nach auswärts trägt, und aus den nun erhaltenen Abstichen die Fluchtlinien parallel zu den erst gezogenen nimmt; oder, man trägt schon an dem Balken die Abstiche um n l wagrecht nach auswärts, weil sonst die innere Fluchtlinie sammt dem Abstich neben die Stuhlsäule treffen wird, so daß man, bei Annahme der Scheeren das untre ausgearbeitete Ende der Stuhlsäule nach Fig. D erhält, wobei die Zapfen weggelassen sind, um den Raum deutlicher zu zeigen, welchen die Schwelle einnimmt. Dadurch daß die, auf der Schwelle gewendet stehende Stuhlsäule auf der Dachseite nach hinten einigen Vorsprung hat, so kann man in Fig. C dieselbe auf ihrer Bundseite in die Dachflucht o d der Schwelle legen, wodurch zwar auf der innern Seite ein großer Vorsprung oder eine größere Scheere entsteht, welche jedoch nach hinten immer schmäler wird, wie Fig. D zeigt; man kann aber lieber die Stuhlsäule auf der Dachseite etwas mehr vorspringen lassen, oder die Schwelle mehr von den Sparren abrücken.

Auf ähnliche Weise verfährt man bei Bestimmung der Auflage für den Rahmen auf der Stuhlsäule, Fig. 18. In Fig. A ist O der schräg über den Balken N liegende Rahmen mit seinem rechtwinklichen Querschnitt in Fig. B, wo die Dachseite der Stuhlsäule in die Flucht des Rahmens trifft, nach hinten sich aber verwendet, und auf der Stirn das Dreieck a b b′ entsteht. In Fig. C ist die rechtwinkliche Ansicht der Bundseite von der Stuhlsäule, der schrägen Durchschnittsfläche des Rahmens, sowie des Stuhlbalkens, und lassen sich leicht für den Rahmen die Stichmaaße beiderseits an den, wennmöglich mit der Stuhlsäule gleichstarken Stuhlbalken, und dann von diesem zurück auf jene tragen, wonach man dann das ausgearbeitete obere Ende der Stuhlsäule in Fig. D erhält, wo außen auch eine Scheere angenommen ist, der Zapfen aber weggelassen wurde, um den Raum für den Rahmen zu zeigen.

In Fig. C ist angenommen, daß der Sparren nicht unmittelbar auf der Stuhlsäule und den Rahmen liegt, oder daß erster nicht dicht an jenen gerückt wurde; wenn auch dieses geschieht, namentlich bei breiten Stuhlsäulen, so sollte doch der Rahmen von dem Sparren unberührt bleiben, obgleich dieser nach hinten immer mehr abzustehen kommt.

Nach dieser Erklärung über die Verbindung der Stuhlsäulen mit den Rahmen und Schwellen dieser Seite, ist es nun leicht die auf der andern Seite vorzunehmen, woselbst nur der Unterschied stattfindet, daß Rahmen und Schwelle nicht auf der Bundseite der Stuhlsäule, sondern auf der Rückseite in ihre Dachflucht treffen, und erfolgt nun das Abbinden der Stuhlwände. Dazu wurde vorher auf der Balkenlage, Fig. 14, vom Stuhlrahmen, aus einem Punkte a in der Kammlinie der Stuhlbalken, beiderseits ein längeres Maaß nach der Fase der Schwelle an die Oberkante derselben in e und c und nicht auf die höhere Kante nach d und f getragen, oder eine Linie b a rechtwinklich zu e c über Schwelle und Rahmen geschnürt; nach diesen Maaßen oder diesem Schnurschlag werden nun Rahmen und Schwelle, deren Entfernung die eingesteckten Stuhlsäulen, deren gewendete Lage wieder durch dieses Einstecken bestimmt wird, gegen einander vorgelegt, Fig. 19, so daß eine Schnur, nach a b ausgezogen, rechtwinklich zu der, an der Fase aufgeschnürten Kammlinie e c sein muß; oder man macht a e = a e, und bringt nun nach richtiger Einrichtung die Bänder ein.

Bei unverschwelltem Stuhl zieht man zu der Trauflinie von dem Aufstand der Stuhlsäule mit ihrer Dachseite an der nach einer Seite angenommenen Bundseite der Binderbalken, eine Parallele l m, Fig. 14, und zieht zu dieser z. B. von einem Balken aus n eine Rechtwinkliche nach dem Rahmen in o, so daß dann zum Abbinden der Stuhlwände nach Auflegen der Stuhlsäulen über ihren zugehörigen Aufstand auf dem Balken, der angesteckte Rahmen mit dem Punkte o wieder rechtwinklich zu n in der Linie l m zu liegen kommt, wodurch man genöthigt ist, diese Stuhlwände auf der Balkenlage abzubinden, während man dieselben mit Schwellen, eben so sicher neben der Balkenlage vornehmen kann, wozu man bei jenen mehrfachen Umständen ausgesetzt wird.

Tafel XX.

d. bei Dach mit versenktem Gebälke.

Dabei entsteht, nach Wiederholung vorhergehender Constructionen, noch für das Anschreiben der aufgeklauten Sparren einige

Schwierigkeiten. In Fig. 1 ist M der Stempelwandrahmen, N der darauf geklaute Sparren, so ist B die rechtwinkliche Ansicht von der Bundseite desselben, D dagegen die Ansicht rechtwinklich zum Querschnitt des Rahmens. In B ist a b c die Klaue, welche sich nach hinten verringert, wobei sie jedoch dem Sparren, rechtwinklich zur Dachseite, gleiche Stärke läßt; zu Bestimmung derselben auf der Unterseite giebt es wohl verschiedene Verfahren, doch dürfte folgendes richtig und einfach sein: man verlängert die Wagrechte a b bis an die Dachseite nach d, zieht an der innern Seite des Sparrens von a eine Rechtwinkliche und dann von dieser auf der Unterseite zu a d eine Parallele, indem man unter a ein Winkeleisen anlegt und dieses nach gleicher Flucht mit a d einsieht; dann bestimmt man wie bei einem Schiftsparren die Schmiege, indem man, Fig. 1 A, ein Stichmaaß b e nimmt, dazu eine Rechtwinkliche bis f zieht, welche Linie e f das andre Stichmaaß ist; das erste trägt man, Fig. B, von b nach e, zieht zu b c, aus e eine Parallele e g, dann aus g eine Rechtwinkliche, welche man von g aus mit dem zweiten Stichmaaß schneidet, welchen Durchschnittspunkt f man mit c verbindet und diese Linie bis an die Unterseite m verlängert, von wo aus man eine Rechtwinkliche m l zu der untern Wagrechten a′ d′ zieht, nach welchen Linien die Klaue, Fig. C, ausgeschnitten werden kann. Oder man trägt die Stärke eines jeden aufzuklauenden Sparrens von seiner Bundseite auf den Rahmen, zieht zu dieser, von dem Punkte o aus, in welchem die Hinterseite des Sparrens die Bundseite des Rahmens durchschneidet, eine Rechtwinkliche o n, dann verlängert man, Fig. B, die Bundseite des Rahmens c b bis p, zieht, rechtwinklich unter c an der Unterseite des Sparrens mit c p eine Parallele c′ p′, trägt von dieser das Maaß n b aus A, wagrecht auf, und zieht zu jener eine Parallele, oder zu der, unter a d gezogenen Linie, eine Rechtwinkliche. Oder: man mißt auf der Bundseite die aus der Klaue zur Dachseite rechtwinkliche Linie b q und trägt dieses Maaß auf der Rückseite von der zugehörigen tiefern Dachflucht rechtwinklich nach der unter a d gezogenen wagrechten Linie a′ d′ von r nach l, von welchem Punkt man dann zu letzterer eine Rechtwinkliche l m zieht. Zu der andern Seite des Daches wird man dann die Klaue auf der Bundseite klein annehmen müssen, weil sie nach hinten sich erweitert.

Diese Klaue wiederholt sich aber auch auf dem Kopfrahmen

bei einem Dach mit schiefem Gebind, oder auf dem Rahmen der Rückwand eines Pultdaches bei derselben Annahme.

e. bei Rahmendach.

Wenn hierbei die zu verkämmenden Seiten der Sparren parallel mit der Dachseite gearbeitet werden könnten, so würde dies zwar für die Verkämmung mit den Rahmen manche Erleichterung gewähren, in andrer Beziehung aber wieder mehr Arbeit verursachen. In vorliegendem Falle sind die Sparren innerlicherseits rechtwinklich gehauen, und bestimmt sich die verschiedenartige Verkämmung der Rahmen auf den gewendeten Hölzern, nach dieser richtigen Lage derselben, worauf hierbei das Meiste ankommt.

Fig. 2 A zeigt im Grundriß, als Aufsicht zwei Seiten eines verkämmten Rahmens mit darüber liegendem Sparren; Fig. B zeigt die Ansicht im rechtwinklichen Querschnitt des Rahmens, von diesem und den beiderseits verkämmten Sparren; Fig. C dagegen diese Ansicht, aber rechtwinklich zur Bundseite, wie dies beim Abbinden der Fall ist, wodurch der in erster Richtung rechtwinklich gehauene Rahmen nun etwas schiefwinklich wird. Schnürt man dabei die Kammlinien an beiden Sparren auf, bis herunter an den Balken, zieht dann von da aus an demselben Parallelen mit seinem schiefwinklichen Verschnitt, so erhält man an der Unterseite der Sparren, wo sie von diesen Parallelen geschnitten werden, daselbst die Anfänge der Kammlinien, welche man jedoch für oben, bei konischen Sparren, auf diese Stärke bestimmen muß, um sie dann aufschnüren zu können, nach welchen Linien der Rahmensparren beim Verkämmen in seinem Querschnitt wagrecht aufgelegt wird, und dadurch die gewendete Richtung der Bundseite bestimmt, doch dürfte es einfach und sicher sein, wenn man nur die Kammlinien auf der Bundseite der Sparren abschnürt, dann die gewendete Lage der Rahmensparren durch einen wagrechten Durchschnitt bestimmt, (wie bei der Gradstuhlsäule gezeigt, Fig. 11 A, Tafel XVIII), welchen man in der Richtung der Trauflinie schräg durchschneidet, und dadurch diejenige Linie erhält, welche, parallel mit der Dachseite, beim Auflegen des Rahmensparrens wagrecht sein muß, wodurch sich ebenfalls die gewendete Richtung seiner Bundseite, sowie die, des später aufgelegten Dachsparrens, welche beide damit in eine Richtung treffen müssen, bestimmt. Diese gewendete Richtung von beiden Sparren erhält man auch durch die Rahmen, wenn dieselben, lothrecht unter ihrer Lage im Gebind, auf die Balkenlage gelegt und darüber die Lage der Dachsparren nach ihrer Bundseite aufgeschnürt werden, wobei allerdings die Schnur nur die obere Kante jeden Rahmens trifft, von welcher man jedoch auf beiden Seiten desselben in schräger Richtung über diese Seiten die Bundseite nach der Schnur herunterlothet und aufschreibt.

Die Bundseite der Gebinde ist jedoch bei allen nach einer Seite anzunehmen, weil sonst, für das schräge Durchstoßen der Längestücke auf die Stärke der Sparren an deren andrer Seite, Differenzen zu bestimmen sind und dadurch Schwierigkeiten entstehen.

Um nun die Rahmensparren hinsichtlich ihrer Lage nach der Länge derselben, richtig auflegen zu können, so muß man sich dieselben als Dachsparren denken, und so verfahren, wie man bei diesen verfahren würde. Ist dieses geschehen, so werden die Rahmen übergeschnürt, aufgelegt und eingekämmt, und geschieht letzteres nur leicht mit den Dachsparren, ohne für diese durch weitläufige Constructionen ihre Lage bestimmen zu müssen. Fig. D zeigt die Kämme der beiden Sparren; in dem untern geht derselbe nach der Hinterseite tiefer ein, während er dagegen am obern dahin ausläuft. Das Gegentheil würde auf der andern, dieser entgegengesetzten Dachseite, der Fall sein, indem der Kamm am untern Sparren auslaufen und am obern tiefer eingehen würde, so daß man wohl im Gebind die Sparren weiter auseinander rückt, und auf dieser Dachseite die Kammlinie am untern Sparren, auf jenen die Kammlinie am obern niedriger annimmt und nicht gleich tief aufschnürt, wodurch die zugehörigen Kämme weniger tief werden.

Das schiefe Gebind macht bei diesem Dach die meiste Aufmerksamkeit nöthig, weil für alle Hölzer des aufgelegten Sparrwerks die Lage jedes einzelnen besonders zu suchen und zu bestimmen ist.

f. bei Bohlendach.

Bei diesem Dach, dessen Sparren ebenfalls auf der Dachseite nach der Richtung der Trauflinie schräg gearbeitet werden müssen, — welches jedoch nicht überall gleich viel beträgt, sondern nach oben abnimmt, — kann dieses Arbeiten der Dachseite nach dem Abbinden der Sparren geschehen, wenn man dabei auf die Bundseite derselben, in beliebiger Entfernung Wagrechte zieht, dazu auf der Rückseite lothrecht darunter ebenfalls eine Wagrechte bestimmt, welche man jedoch, von der Dachseite aus, um so viel kürzer macht, als im Grundriß auf die betreffende Stärke des Sparrens von dem rechtwinklichen Querschnitt desselben, an der, die Hinterseite bestimmenden Linie, durch eine Parallele mit der Trauflinie, schräg abgeschnitten wird; welches Verfahren sich bei jeder Wagrechten wiederholt, indem dazu die Sparrenstärke daselbst abgenommen wird, um das Stichmaaß an der Unterseite zu erhalten. Das Gegentheil findet auf der andern Dachseite statt, wo man das Stichmaaß auf die schmälere Bundseite suchen muß.

Einfacher geschieht dagegen die Bestimmung dieser Abschrägung der Dachseite, wenn man, nach Fertigung derselben rechtwinklich zur breiten Seite des Sparrens, den Sparren so legt, daß dessen schmäler werdende Seite oben kommt, zum äußeren Bogen des Sparrens den Mittelpunkt sucht, diesen dann um so viel wagerecht zur Seite rückt, als im Grundriß derselbe auf die Stärke des Sparrens, von der zur Bundseite rechtwinklich gezogenen Linie abweicht, aus welchem man dann einen Bogen auf die Oberseite des Sparrens zieht, von welchem schräg nach dem äußern der Unterseite, die Dachseite gearbeitet wird. Ist der Bogen aus mehreren Mittelpunkten bestimmt, so muß man ebenfalls diese Abweichungen für jeden zur Seite tragen um die einzelnen Bogenstücke bestimmen zu können. Schwerer wird es dagegen für die Bestimmung der Löcher zu den schräg einstoßenden Riegeln, weil dieselben nur auf der Bundseite von dem Lehrbogen zu bestimmen sind, auf der Unterseite des Sparrens jedoch nicht auf den Radien, sondern auf wagerechten Linien fortrücken, welche zu den Ecken der Riegel auf der Bundseite gezogen und dann lothrecht darunter an die Unterseite getragen und, wenn die Dachseite gearbeitet ist, daselbst durch gleiche Länge der obern geschnitten werden.

Zu genauer Bestimmung der Keil- oder Nagellöcher in den Riegeln, müssen diese nach der Linie gearbeitet werden, in welcher die Bundseite der Sparren die Riegel schräg durchschneidet, wozu letztere lothrecht herunter aus ihrer Lage im Gebind, auf die Balken gelegt, und darüber die Bundseiten — ähnlich wie bei dem Rahmendach — geschnürt werden.

So giebt es hier, als auch bei den vorigen Constructionen mit schiefem Gebind, noch eine Menge Kleinigkeiten, deren Beseitigung wenn auch keine Schwierigkeiten verursachen, doch erst einiges Nachdenken erfordern, und bei genauer Arbeit wohl zu beachten sind.

4. Das Dach mit Windschiefe.

a. bei einfachem Sparrwerk.

Durch die windschiefe Dachfläche entstehen für die dabei angewendeten Constructionen, gegen die bisjetzt erwähnten Dachflächen, die meisten Schwierigkeiten, wobei jedoch Alles, beim schiefen Gebind Gesagte, Anwendung findet, weil jedes Gebind derselben ähnlich wie ein schiefes ist, und nun die Schwierigkeit in Verbindung der verschiedenen Gebinde, liegt.

In Fig. 3 ist ein Theil einer Balkenlage gezeichnet auf welcher, infolge seiner schiefwinklichen Grundform, eine windschiefe Dachfläche entsteht. Die Forstlinie — Mittellinie — geht hier rechtwinklich über die Balken, und es müssen dann, wie leicht einzusehen, die Sparren, über längeren Grundlinien aber gleicher Forsthöhe, länger und dadurch flacher zu liegen kommen, aber auch verschiedenen Querschnitt erhalten, wie dies Fig. 4 zeigt. Ist bei Einrichtung der Balkenlage der äußerste Verschnitt abgemessen und übergeschnürt, so wird der längste Balken ausgebracht, und damit eine Lehre gefertigt. Zu dem Abbinden eines jeden andern Gebindes ist es gut, den Balken mit vorzulegen, und die Sparren nicht fluchtmäßig abzubinden, weil dadurch leicht Fehler entstehen können; dabei ist jedoch darauf zu sehen, daß hier, Fig. 5, die Sparren weit genug herausgerückt werden a, um in ihrer Stärke b den obern schrägen Verschnitt c d des Balkens zu schneiden. Dazu wird an der eigentlichen Unterseite eines jeden Balkens, der schräge Verschnitt c′ d′ angeschrieben, auf dieser mit der Stärke b′ des zugehörenden Sparrens, verteuft, dieser Durchschnittspunkt nach der Bundseite aufgewinkelt a′ und von da auf dieselbe die Flucht nach dem Forsten e geschnürt, in welcher der Sparren aufgelegt wird. Schnürt man dann, von dem Anfang des schrägen Verschnitts auf der Bundseite von der eigentlichen Unterseite nach dem Forsten, so erhält man auf jener die Dachflucht c′ c am Balken und an dem Sparren c e, von welcher dann die Dachseite desselben bis an die Hinterseite b f windschief abzuarbeiten ist, welches sich sehr gut thun läßt wenn diese Seiten vollkantig sind. Ist dieses nicht der Fall, so muß die Bearbeitung auf's Ungefähr geschehen, da hierzu keine richtige Linie auf der Schalseite zu schnüren ist, möge der Sparren entweder gewendet nach dem, an der untern Stirn angeschriebenen schrägen Abfall b c, oder nach dem obern Ende, mit der breiten Seite wagrecht liegen, da, genau genommen, die windschiefe zu bearbeitende Fläche nur in einem Punkte lothrecht zum Beschlagen sein kann, wenn der Sparren dazu befestigt wird, so daß derselbe um dazu eine andere Stelle lothrecht zu erhalten, wieder anders gelegt werden müßte. Zum Arbeiten der windschiefen Dachseite an der spitzwinklichen aber schalkantigen Seite, nagelt man ein oder mehrere Brete — Lehrbrete — daselbst an den Sparren so, daß sie mit der erst rechtwinklich gehauenen Dachseite einen rechten Winkel schließen nach welchem dann alle Linien h g, k i von der, auf die breite Seite des Sparrens geschnürten Dachflucht c c quer über den Sparren treffen; mehrere solche Linien werden dann auf der Dachseite bis auf die beiderseitigen Dachfluchtlinien eingeschnitten, dann die Lehrbrete abgenommen, und nach der Tiefe der Einschnitte die Dachseite gearbeitet.

Bei dem Abbinden der Sparren war aber auch das Beimittel für die Windlatte anzuschreiben, welches auf folgende Weise geschieht: Wenn man erst das längste Gebind als Lehre fertigte, so bindet man darauf das kürzeste ab, zieht dann zu der innern Seite des vordern Sparrens desselben, eine Rechtwinkliche a b bis auf den, des erstern, und verlängert diese andrerseits bis an dessen Balken in c, und wird nach dieser Linie dann über jeden zwischenliegenden Sparren, das Beimittel geschnürt. Sind zwei Lehren anzufertigen, so geschieht dies, nach Anfertigung des kürzesten Gebindes, mit einem mittlern auf der ersten Lehre, um die Richtung der, zu jenem rechtwinklichen Linie, sowohl auf dem Sparren als auch an dem Balken bemerken zu können.

Um nun die Sparren mit der Windlatte abbinden zu können, denke man sich die Dachfläche erst als eine feste windschiefe, unveränderliche Fläche auf die Bhlkenlage gelegt, so wird sie dieselbe jedesmal nur in zwei Linien berühren; denkt man sich nun die aufgestellten Sparren einer Seite durch die Windlatte fest verbunden, Fig. 4, läßt diese Verbindung im Ganzen herunter auf die Balkenlage, so werden die Drehungspunkte in einer

Linie nach dem Aufstand der innern Seite der Sparren sein, in welchen diese aufzuliegen kommen, und man erhält die Lage der Sparren in welcher sie abgebunden werden mußten, um, aufgestellt, die richtige Verbindung zu geben. Bei dem niedergelegten Dachwerk als Windschiefe, kam aber auch nur die innere Aufstandslinie sowie der hintere äußere Sparren zum Aufliegen, während der vordere sowie abnehmend die folgenden, sich nach der Spitze heben, daß sie in die grade aber fallende Forstlinie von dem ersten höhern nach dem letzten tiefern Sparren treffen. Da die Forstlinie hier eine Wagerechte, als Senkrechte rechtwinklich zu der Bundseite der Gebinde ist, so verliert dieselbe ihren Werth bei dem Abbinden der nach der Aufstandslinie niedergelassenen Sparren, weil sie dann dabei als fallend eine kürzere Grundlinie hat. Dieses ändert man dadurch ab, daß man die windschiefe Fläche mit dem kurzen Sparren niederdrückt, wodurch dieser und die Sparren mit dem obern Ende in der Forstlinie zum Aufliegen kommen, die andern Sparren sich aber mit dem untern Ende mehr und mehr heben, sowie daß die Forstlinie wagrecht und ihrer Grundlinie gleich wird. Ziebt man nun in Fig. 4 zu der Forstlinie vorn eine Parallele, so ist dieselbe jener gleich, und man hat darauf als Grundlinie gleiche Entfernung der Bundseite der Gebinde wie in jener; wendet man diese Linie bei der letztangenommenen Auflage der Sparren an, daß man also zu deren Forstlinie auf der Balkenlage eine Parallele zieht, so kann man auf dieser die Bundseiten der Gebinde nach der Eintheilung in der Forstlinie, auftragen, wodurch die Grundlinien dieser Bundseiten parallel, die Sparren zum Abbinden über erstere kommen, und dazu einige Vortheile erlangt werden, wobei jedoch die schräge Lage der Sparren über die Balken, noch störend ist. Da man nun aber wie vorhin erwähnt, beim Abbinden der schräg aufliegenden Sparren, die Forstlinie und dazu eine parallele Grundlinie zur Eintheilung der Sparren nahm, auch der aufliegende kürzere Sparren mit der in wagrechter Fläche liegenden Forstlinie einen rechten Winkel bildete, so kann man ja, Fig. 6, die Sparren mit ihrer Bundseite über die des zugehörigen Balkens und der dazu rechtwinklich gezogenen Forstlinie, e f, genauer mit ihrem Beimittel über die, parallel mit dieser zu dem Beimittel gezogenen Grundlinie a a' legen, welche letzere in der Verlängerung eines jeden Beimittels getroffen wird. Dieses Beimittel ist rechtwinklich zur wagrechten Unterseite des aufliegenden Sparrens, also muß das der andern Sparren g, h, rechtwinklich, — lothrecht — über die aufgeschnürte Grundlinie derselben treffen. Zu nun genauerer Bestimmung der beim Abbinden der Windlatte mehr und mehr geneigten Lage der hinteren Sparren, geschieht dies z. B. mit der des letzten, indem man dazu aus der Lehre, Fig. 4, von der Unterseite des kurzen Sparrens, auf der Beimittellinie von a nach der Unterseite des längsten Sparrens oder nach dessen Dachseite b die Entfernung abnahm und nun hier, Fig. 6, diesen Sparren so hoch hebt, bis dieses Maaß, auf den zugehörigen Balken gesetzt, von der Dachseite dieses Sparrens erreicht wird; von diesem wird an seinem untern Ende auf der Dachseite, nach dem des ersten, eine Schnur i' k' straff gezogen, und die zwischenliegenden bis an die Schnur gehoben, so daß die Dachseite der Sparren in dieser Linie eine grade ist, wie Fig. 7 zeigt. Diese Linie i k zur Dachfläche gehörig, ist im Grundriß, Fig. 3, eine grade, im Aufriß, Fig. 4, eine Wagrechte und es sind nur die im Aufriß auf der windschiefen Fläche wagerechten Linien, im Grundriß — Aufsicht — derselben, grade. Diesem zu folge bestimmt sich die Auflage der Windlatte aus der Lehre, wenn man dazu von dem Sparren des kurzen Gebindes eine Wagrechte nach dem des längern zieht, nach welchen Punkten dann über die aufgelegten Sparren ein Schnurschlag gethan wird, an dem die Windlattenstücke aufgelegt werden und so in eine, auf der windschiefen Dachseite grade Linie kommen. Nun ist aber auch die, in Breite der Windlatte gedeckte Dachseite der Sparren keine parallele, sondern verschieden geneigte, und es müßte sonach die Windlatte danach gearbeitet werden; da aber Letztere nicht in sehr langen Stücken aufgelegt wird, so beträgt der Unterschied der Dachneigung auf ein solches nicht viel, und wird dieser dann bei rechtwinklich gehauenen Stücken halbirt, Fig. 8, wodurch ein solches z. B. nach Fig. A mit einem Ende bei einem Sparren mit flacher Neigung aufwärts, an dem andern, Fig. C, bei einem Sparren mit steilerer Neigung, unterwärts der Dachseite bündig wird, auf der entgegengesetzten Seite etwas tiefer liegt; durch dieses Halbiren der Neigung an den Enden des Stücks, kommt dasselbe in der Mitte zu derselben parallel, aber Fig. B. halb so viel gegen die Dachseite tiefer zu liegen, als dies an den Enden einerseits der Fall ist. Nach diesem so erfolgten Einlegen der Windlatten werden die Bänder eingebracht und stören dieselben, wenn sie nur über zwei Sparren reichen, und wohl auch etwas tiefer, als mit der Dachseite bündig, eingelegt werden, weniger die Windschiefe als lange Bänder, welche sich jedoch auch wegen ihrer Blätter, etwas nach der krummen Linie, welche ihre Dachseite durch die, über die Windschiefe schräge Lage erhält, biegen lassen.

Das Abbinden der Windlatte und das dabei zu beobachtende Verfahren bei Bestimmung der unbequemen Sparrenlage wird noch deutlicher, wenn man sich Fig. 3, auf dem längern Balken ein gleiches Gebind mit dem auf dem kurzen, denkt, und daß dann noch von den vorspringenden Balken, Sparren nach dem Forsten aufgelegt worden sind, die Dachseite derselben mit Bedachung versehen ist. Werden dann die im Forsten entgegenstehenden Sparren weggenommen, so wird diese Seite sich niederlegen, der Aufstand der innern Seite der Untersparren würde die Drehungslinie sein, und die Bedachung der windschiefen Dachfläche würde dieselbe unten, nach dem Aufstand ihrer Sparren, in der nach hinten steigenden Linie i′ k′ abschneiden.

Wollte man die Sparren zum Abbinden der Windlatte so auflegen, wie dieselben bei ihrem zuerst erwähnten Niederlassen treffen würden, jedoch dann die Forstlinie e′ f′, Fig. 3, herunter drücken, um sie wagerecht, und den kurzen Sparren zum Aufliegen zu erhalten, wodurch das untere Ende m des hintern Sparrens bei seinem Heben nach n rückt, so muß man, um die schräge Lage derselben über die Balken zu erhalten, zu einer Grundlinie i e oder i l von der Ecke der Dachfläche auf den Sparren, nach der Bundseite eines Sparrens in der Forstlinie — deren Länge nach der Dachneigung — wie bei einem Gradsparren — suchen, mit welcher man dann von dem, am umgelegten Sparren die Ecke der Dachfläche bestimmenden Punkte i′ — lothrecht über die Bundseite des Balkens treffend, — die Bundseite desjenigen (des letzten) Sparrens in der Forstlinie schneidet, bis zu dessen entsprechenden Punkt man die Grundlinie nahm, und welcher ebenfalls soweit in seiner beim Umlegen erhaltenen Lage geblieben ist, als er mit dem Ende n seiner Dachflucht auf der Bundseite, über die des zugehörigen Balkens gedrückt wurde. Von dem auf diese Weise erhaltenen Punkte e' bestimmt sich dann die Entfernung der Bundseiten in der Forstlinie e' f', wenn dabei die Sparren mit ihrem untern Ende richtig vorgelegt werden.

Nach dieser, über das Wesen der Windschiefe, beziehentlich der beim schiefen Gebind gegebenen Erklärung, wird es nun leicht, die dabei vorkommenden und in Folgendem angeführten Constructionen leichter zu verstehen; die Bestimmung der windschief gearbeiteten Sparren, wiederholt sich bei jeder ähnlichen Dachconstruction, und ist nur noch Einiges für die innerlichen Verbandstücke zu erwähnen.

b. bei stehendem Stuhl, in Verbindung mit versenkter Balkenlage.

Für den Windrispen, sowie für den einfach- und doppelt stehenden Stuhl, Fig. 9, 10, ist hier etwas Neues nicht zu erklären, da diese Verbindungen dieselben wie beim schiefen Gebind sind; dieses gilt auch, bezüglich des Stempelwandrahmens, für die Klauen selbst, obgleich dieselben gegeneinander verschieden sind; doch bestimmt sich nach denselben die Lage des Stempelwandrahmens a, da dieser nicht parallel mit der Trauflinie b c liegen kann, wenn er nicht bei der steilern Dachneigung höher liegen soll, welches jedoch umständlicher als ersteres wird. Diese Abweichung des Rahmens von der, mit der Trauflinie parallelen, Lage, bestimmt sich aus der Lehre nach den beiden Sparren der verschiedenen Dachneigungen, wenn diese, als Lehren, von der Ausladung der Trauflinie b c anfangend, abgebunden, die Höhe der Stempelwand nach einem Sparren — dem steilern — passend angeordnet, und nach dem andern — flachern — Sparren, wagrecht überschnürt, und diese wagrechte Linie mit dem Maaße geschnitten wird, welches die Klaue, rechtwinklich zur Dachseite dem Sparren noch zur Höhe läßt, welchen Punkt man lothrecht herunter nach dem Balken zieht, wodurch man daselbst die Bundseite der Stempelwand erhält, welche man nach der, auf dem ersten, überschnüren kann.

c. bei liegendem Stuhl.

Hierbei bestimmt sich in den Bindern, Fig. 12, einzeln betrachtet, leicht die Schablone der, ähnlich wie beim schiefen Gebind durchstoßenden Schwellen und Rahmen, und liegt das Schwierige nur darin dieselben danach zu arbeiten. Angenommen, man hätte diese Stücke, und, um sie vollkantig zu erhalten, aus möglichst starken Hölzern, nach den zu deren rechtwinklichen Querschnitt genommenen Schablonen, Fig. 15 A, B, gearbeitet, bei denen alle, dieselben verbindenden Flächen windschief sind, so werden nach ihrem Verkämmen auf der Balkenlage die Stichmaaße von ihnen eingestochen. Sind dann dieselben beim Abbinden zurück auf die Stuhlsäule getragen worden, und sollen die Verzapfungen 2c. danach sowohl angeschrieben als auch gearbeitet werden, so wird sich herausstellen, daß die für den Raum des Rahmens oder der Schwelle angeschriebenen drei Linien einer Seite mit der, der andern nicht parallel sind, weil diese Stücke auf der Rückseite der Stuhlsäule eine, wenn auch nicht sehr merklich, andre Dachflucht haben. So zeigt Fig. 13 A, B, C, die Verbindung der steilern Stuhlsäule, — D, E, F, die Verbindung der flachern Stuhlsäule mit der Schwelle; ferner, Fig. 14 A, B und C, D, die Verbindung beider Stuhlsäulen mit dem Rahmen; ähnlich wie beim schiefen Gebind, nur, daß hier die geringe Abweichung der Fluchtlinien von ihrer parallelen Lage, noch zu berücksichtigen ist, wodurch auch das Arbeiten einigermaßen erschwert wird.

Ehe man die Schwellen und Rahmen zu dem nun erfolgenden Abbinden der Stuhlwände, von der Balkenlage nahm, hatte man die Lage zu bemerken, in welcher sich dieselben zu einander befanden; dieses geschieht, Fig. 11, wieder durch Auftragen eines gleichen längern Maaßes von der Kammlinie am Rahmen a beiderseits nach der Fase der Schwelle b, c; oder durch Ueberschnüren einer rechtwinklichen Linie a d. Ebenso mußte man auf der Lehre, Fig. 12, den Unterschied messen, welchen die Neigungen der Stuhlsäulen gegen einander haben, indem man von der Unterseite der steilern, Rechtwinkliche e f, g h, zugleich als Beimittel, nach der flachern zieht. Legt man nun die Stuhlsäulen auf den Balken, so wird man nicht sofort Rahmen und Schwelle leicht anstecken können, wenn man nicht erstere in die richtige Lage zu einander bringt. Diese erhält man dadurch, daß man, Fig. 16, die flachere Stuhlsäule auf ihrem Balken, mit der Bundseite bündig legt, dann von dem Beimittel e nach einer, zum Gebind rechtwinklichen Linie — der Forstlinie i — mißt, und dieses Maaß auf dem andern Binden von dieser Linie seitwärts nach f trägt, und eben so mit dem andern Beimittel von g nach h. Nun wird diese Stuhlsäule, Fig. 17, mit ihren Beimitteln über die auf den Balken getragenen so hoch gebracht, als die aus der Lehre entnommenen Maaße e f, g h betragen, in welcher Lage Rahmen und Schwelle angesteckt, angebessert und dann die Bänder eingelegt werden, wobei man aber zu mehrer Sicherheit sich auch des Winkels a b c, oder der rechtwinklichen Linie a d bedienen kann, obgleich für den ersten Augenblick der Winkel bei der Windschiefe nicht anwendbar scheint; doch ist in Fig. 11 die Grundlinie a b = der Grundlinie a c, den Punkt a, welcher beim Aufstellen des Stuhls lothrecht über diesen kommen muß, haben beide in gleicher Höhe gemeinschaftlich, also muß auch dann die diagonale Entfernung von a herunter nach b und c gleich sein.

Tafel XXI.

Will man sich der Arbeit entheben, Rahmen und Schwelle nicht windschief zu arbeiten, so giebt man denselben die Schablone nach der Neigung, welche sich inmitten zwischen denen, an den Enden eines zu verwendenden Stücks, ergiebt, wozu man bei mehr oder weniger Windschiefe zwei oder drei Binder mit einem solchen Stück verbindet, und nicht zu lang nimmt, damit, wenn bei langer Windschiefe ein andres angestoßen wird, — dessen Schablone ebenfalls nach der, inmitten seiner Länge treffenden Neigung genommen wurde, — die entstehenden Vorsprünge an den gestoßenen, ungleichen Enden nicht zu groß werden, überhaupt die Dachflucht der Rahmen und Schwellen nicht viel von der, an ihren Enden befindlichen Stuhlsäulen, abweicht.

Die Annahme der Rahmen und Schwellen mit gleichlaufendem Querschnitt ist in Fig. 1—5 durchgeführt; die Schablone zu erstern beiden, Fig. 3 F, ist nach der Neigung i h Fig. 2 zwischen dem ersten und zweiten (als letzten) Gebind angenommen, wodurch das Arbeiten und Verkämmen derselben erleichtert wird; das Anschreiben und später das Abtragen der Stichmaaße ist, für sich betrachtet, dasselbe wie früher, und darf nicht stören, wenn die Fluchtlinien von Rahmen und Schwelle nicht mit der, der Stuhlsäulen, parallel sind, denn es wird dann nach Fig. 3 A—H, die Flucht der Schwelle von der, der steilern Stuhlsäule, Fig. C, an ihrem Auslauf an der Fase a —

von der Flucht der flachern Stuhlsäule, Fig. H, an der entgegengesetzten obern Seite b getroffen, welches auch derselbe Fall mit dem Rahmen, und worauf daher beim Legen der Schwellen und Rahmen zum Verkämmen, Rücksicht zu nehmen ist, damit erstere bei der flachern Neigung den gehörigen Abstand vom Sparren hat, letzterer bei der steilern Neigung gegen die nach der innern Flucht des Sparrens verschnittenen Stirn des Stuhlbalkens, Fig. D, soweit zurückliegt, daß er, eingekämmt, nicht von der, über seine Dachflucht gezogene Verlängerung derselben, getroffen wird. Fig. 3 I und K zeigt das untere und obere Ende der steileren Stuhlsäule mit dem für Rahmen und Schwelle ausgearbeiteten Raum; hinsichtlich der Stuhlwand Fig. 4 und 5, ist dasselbe zu beobachten, wie im vorhergehenden Fall angegeben.

d. bei Rahmendach.

Bei diesem Dache ist, in Bezug auf das Auflegen der Sparren, dasselbe zu beobachten wie beim einfachen Sparrwerk angegeben, nur ist hier noch, wegen den Rahmen, Einiges zu erklären, indem man für dieselben verschiedene Lagen hat. In der Lehre, Fig. 7, mit dem kürzesten und dem längsten Gebind, ist der obere Rahmen a zu jedem Gebind rechtwinklich, also seiner Länge nach windschief; der Rahmen b ist nur nach der Dach- und Unterseite windschief, mit den andern beiden gleichlaufend zu denen des hintern Gebinds, also nach dem vordern schiefwinklich; der Rahmen c ist gleichlaufend rechtwinklich gehauen, und rechtwinklich zur Dachseite des vordern Gebinds aufgelegt, wodurch er auf dem hintern ungleichmäßig einkämmt; das Gegentheil ist bei dem Rahmen d der Fall, welcher ebenfalls so gehauen, im hintern Gebind rechtwinklich zur Dachseite ist, und nach dem vordern ungleichmäßig einkämmt; der Rahmen e ist ebenfalls rechtwinklich gehauen, aber weder zum vordern noch zum hintern Gebind rechtwinklich, sondern nach der, zwischen diesen beiden liegenden Dachneigung, aufgelegt, wodurch der Unterschied der einseitigen Einkämmung halbirt wird. Beim Abbinden der Gebinde zieht man ebenfalls rechtwinklich zur Unterseite des vordern Gebindsparrens eine Rechtwinkliche f g als Beimittel über alle folgende abgebundene Sparren, um sie damit beim Auflegen, Fig. 8, über eine, (zum Gebind Rechtwinkliche) zur Forstlinie gezogenen Parallele f g, rücken zu können.

Nach der, für die Rahmen im Gebind bestimmten Lage, sollte man nun, genau genommen, lothrecht darunter, dieselben auf die Balken legen, Fig. 6, und die Bundseite der Gebinde überschnüren, wodurch zwar eine umständliche Arbeit entsteht, welche deshalb aber nicht vermieden werden sollte, indem sich dann anderntheils die Lage der Sparren auf den, windschief mit den Rahmensparren verkämmten Rahmen, nicht so leicht überschnüren läßt. Zu diesem Ueberschnüren legt man also erst die Rahmensparren nach ihrer Bundseite, ihrem Beimittel und in der über den Balken richtigen Entfernung, kämmt darauf die Rahmen nach ihrer in der Lehre durch wagrechte Linien 11′ 2c. an den Sparren bestimmten Lage, schnürt über dieselben die Bundseite der Dachsparren legt diese danach auf, und rückt sie nach dem über die Balken geschnürten Beimittel, um sie nun zu verkämmen.

e. bei Bohlendach.

Hierbei ist für jeden Sparren der Windschiefe, die besondere Form desselben zu bestimmen. Hat man z. B. zu dem längeren Balken den Bogen, oder überhaupt die Form des Sparrens gefunden, Fig. 10, so bemerkt man dessen Aufstand a, in der Balkenlage, Fig. 9, bei a, von diesem Punkte zieht man über dieselbe eine Schnur, nach demjenigen Punkte g, in welchem sich, die Trauf- und Forstlinie, u s, o t, nach dieser Seite verlängert, schneiden würden, so erhält man den Aufstand der Sparren in b, c, d; ebenso bemerkt man den Punkt e, Fig. 10, wo der Aufschieblingssparren f auf dem Bogen ausläuft, lothrecht herunter auf dem Balken in e′ und zieht von e, Fig. 9, ebenfalls eine Linie über die Balken nach dem Punkte g, so erhält man auf denselben die Punkte h, i, k, in welchen lothrecht darüber die Aufschieblingssparren auf den zugehörigen aufgestellten Bogensparren auslaufen, auf welche Weise man auch die Endpunkte l, m, n, o, der obern Aufschieblingssparren erhält. Dann theilt man, Fig. 9, auf dem vorderen und hinteren Balken die Entfernung e l, k o der letzten beiden Linien, in beliebige Anzahl gleiche Theile, (hier zwei in p und q), verbindet diese Punkte durch eine aufgeschnürte Linie, und zieht aus dem Theilpunkte p auf dem Balken, zu welchem der Lehrbogen genommen wurde, eine Lothrechte nach diesem bis zur Dachseite p, Fig. 10. Um nun z. B. auf dem vordern Balken den Sparren zu bestimmen, so zieht man, Fig. 10, zu den darauf erhaltenen Punkten k', q', o', Lothrechte, und schneidet dieselben durch Wagrechte, vom Lehrbogen aus den Punkten, in welchen dieser von den entsprechenden Lothrechten auf e', p', l', geschnitten wurde, wodurch man die Punkte k, q, o, erhält, welche man verbindet, und durch Zuziehung des Aufstands- und des Scheitelpunktes d, t', die Bogenlinie bestimmt. Den erstern Punkt k auf derselben verbindet man mit dem an der Unterseite des Balkens angeschriebenen äußeren Verschnitt s, den oberen o, mit dem Forstpunkte t, wodurch man die Aufschieblingssparren erhält. Oder: man mißt von dem Aufstand a des Lehrbogens wagrecht nach u, dem äußern Verschnitt des zugehörigen Balkens, und berechnet, wie sich dieser Theil zu der Länge des Balkens vom Verschnitt bis ins Mittel von u bis v verhält; ist dieser z. B. der sechste Theil, so nimmt man dann auf dem kürzeren Balken ebenfalls von dessen Länge bis ins Mittel von s bis t, den sechsten Theil s d zum Aufstand des Sparrens, welches Verfahren man auch zu Bestimmung des oberen Aufschieblingssparrens beobachtet, dann aber die Grundlinie der gebogenen Dachseite, wie bekannt eintheilt, und gegenseitig überschnürt. Nach einer dieser beiden Methoden hat man die Form jedes einzelnen windschiefen Sparrens zu bestimmen, dabei jedoch noch auf den, nach dem Forsten abnehmenden Vorsprung, Rücksicht zu nehmen, welchen die Unterseite gegen die Oberseite macht. Sollen nun die Sparren nach den, so gefundenen Linien gearbeitet werden, so läßt sich dieses auf der Lehre nicht gut thun, sondern es geschieht dieses auf einem Schnürboden, auf dem man den Lehrbogen und danach die Form der übrigen Bogen bestimmt und arbeitet. Dabei werden auch zugleich die Riegellöcher mit angeschrieben und gearbeitet, deren Bestimmung ebenfalls Schwierigkeiten verursacht. Die Riegel müssen wagrecht von einem Bogen zum andern gezogen werden, und die Löcher zu einem, in dieser Richtung, gleiche Entfernung von der Dachseite, bis zu einem, am gleichlaufenden rechtwinklichen Querschnitt, angenommenen Punkte, haben, indem man dazu die Maaße von den Lothrechten e e', k k' gleichmäßig abträgt, welche aus einer, über die Sparren von der Dachseite gezogenen Wagrechten e k, heruntergehen, so daß das Riegelloch nach dem Winkel e oder k dieser beiden Linien bestimmt wird, für das dann die schiefe

Richtung, in welcher dasselbe durch den Sparren geht, noch zu bestimmen ist. Diese Richtung erhält man auf der Balkenlage, wenn man daselbst die Lage des Riegels lothrecht herunter aus der Lehre, bestimmt, zu der man dann die schräge Richtung über die Balken sucht, und danach auf die Stärke des Sparrens, die Abweichung von einer, durch denselben gezogenen Rechtwinklichen, abnimmt, welche hiernach oben immer weniger beträgt.

Zu Bestimmung der Keil- oder Nagellöcher in den Riegeln, müssen diese, lothrecht unter ihrer Lage in den Gebinden, schräg über die Balken aufgelegt werden, um die Bundseite der Gebinde, und dadurch zugleich die Richtung dieser Löcher, zu erhalten.

4. Von den Dachconstructionen mit schiefwinklicher Grundform.

Sollten nun hier solche Constructionen und die dabei vorkommenden Verbindungen angeführt werden, so würden dieselben nicht zu erschöpfen sein, weil ihr Vorkommen zu verschieden ist. Dieselben sind aber nicht grade zu fremd, sondern nur unter verschiedenen Abweichungen, Zusammenstellungen von den bisher gegebenen, und diesen ähnlich, daher, nach Verständniß derselben, eine Erklärung mehrerer, bei obigen Constructionen möglicherweise vorkommenden Verbindungen, überflüssig; denn wenn der Lernende nun sich nicht zu helfen weiß, wenn eine, hier erklärte Verbindung ähnlich z. B. unter einem andern Winkel ausgeführt werden soll, so müßten für denselben alle nur irgend möglich denkbaren Fälle angeführt und dennoch der Zweck schwer erreicht werden.

Zum Schluß dieser Abtheilung mögen noch einige Kehlverbindungen und einige Bemerkungen folgen: Ist aus einem gewöhnlichen Gebind mit liegendem Stuhl, Fig. 11 A, die Verbindung und Lage der Stuhlsäule an ihrem obern Ende, so ist in B dazu der Grundriß, wobei der Rahmen w sich in einer Kehlgradlinie b p bricht. Durch Verlängerung aller Linien der ersten Ansicht in rechtwinklicher Richtung zu derselben bis an die Gradlinie, oder, die danach eingelegte Kehlgradstuhlsäule, würde sich für diese und dem aufliegenden Sparren die Ansicht und der Durchschnitt dieser beiden, in Fig. C, ergeben. Die Form im Durchschnitt, nach welcher Sparren und Stuhlsäule auf der Dachseite ausgekehlt, auf der innern Seite abgegradet würden, vermeidet man jedoch, und nimmt die, nach Fig. D, wobei der Sparren auf der Dachseite um die Auskehlung niedriger gelegt, und hier sowohl, als auch unten, grade Querschnittslinien erhält, wodurch er jedoch nur mit seinen lothrechten Seiten auf den Rahmen, in l r, dann aber mit der Unterseite über den tiefer gehenden Winkel l s t desselben, hohl, auf der Stuhlsäule aber damit ganz aufzuliegen kommt, wodurch er wieder etwas mehr Höhe erhält. Darauf ist beim Legen und Zusammenschneiden der Rahmen in der Kehle zu sehen, weil sonst, wenn diese zu weit herauskommen, aus dem Gradsparren gehauen werden muß, wenn dieses nicht auf die ganze Länge der Stuhlsäule geschieht, um sie nicht unter die äußere Dachflucht l r der Rahmen zu legen. Innerlicherseits läßt man die Abgradung der Stuhlsäule auch weg, — wodurch der Spannriegel und das Jagdband leichter einzubinden ist — und zeigt Fig. E das gearbeitete Auflager der Rahmen, jedoch hier ohne Zapfen. Fig. 12 zeigt das untere Ende dieser Stuhlsäule, welche daselbst so stark als der Kehlgradstichbalken angenommen ist, um wie früher erwähnt, das An- und Abtragen der Abstiche für die Schwelle, zu erleichtern.

Fig. 13 zeigt das obere Ende einer Kehlgradstuhlsäule bei liegendem Stuhl, aber mit rechtwinklichen Stuhlrahmen, — oder bei stehendem Stuhl auf versenktem Gebälke, — wodurch das Auflager der Rahmen leicht zu bestimmen ist.

Fig. 14 zeigt die Klaue eines Kehlgradsparrens M, auf den in einer Kehle zusammenstoßenden Stempelwandrahmen N N, wobei es darauf ankommt, wie tief dieselbe zu arbeiten ist, damit die Gradlinie des Sparrens wegen der aufgeklauten Schifter, in der Flucht der anstoßenden Dachflächen bleibt.

Hat man aus dem Winkel der Klaue, z. B. des Lehrsparrens, eine Rechtwinkliche zur Dachseite gezogen, so zieht man von diesem erhaltenen Punkte eine Lothrechte herunter nach der Bundseite des Rahmens, und man erhält dann im Grundriß, Fig. A, zu dieser Bundseite a c, die Entfernung der Lothrechten von derselben, die Linie b d, welche, mit jener parallel gezogen, also auf der Dachfläche rechtwinklich von a c, der obern

Ecke des Stempelwandrahmens liegt, und die Gradlinie in d schneidet, welcher Punkt zu c, — in welchem die Kante des Rahmens auf der Bundseite die Gradlinie schneidet, — in derselben Höhe über der Oberseite des Rahmens wie b liegt. Dadurch erhält man die Dachflucht des Gradsparrens über dem Rahmen, wenn man Fig. B in Höhe der Wand eine Wagerechte zieht, aus dem Punkte c, in welchem diese von der Bundseite der Stempelwand unter der Gradlinie geschnitten wird, das Maaß der in A erhaltenen Grundlinie c d nach d' trägt, daselbst eine Rechtwinkliche errichtet und diese wagrecht in Höhe der Linie b d, Fig. A, auf der Dachseite in d schneidet, welches der Punkt ist, nach welchem die Dachseite des Gradsparrens aufzulegen ist, und werden sich nun die schrägen Seiten der Klaue nach den Bundseiten der Rahmen im Grundrisse leicht bestimmen lassen.

Um bei einem Dach mit fallendem Forsten — wobei also in die Forsthöhe des Lehrgebindes die der andern Gebinde nicht gleich gelegt, überhaupt wenig Anhalt durch dasselbe gegeben werden kann, — die verschiedenen Forsthöhen der Gebinde zu bestimmen, so trägt man, Fig. 15, den Unterschied derselben zwischen dem höhern und dem niedrigern, auf der Balkenlage von dem Mittel a des zu erstern gehörenden Balkens, rechtwinklich zur Seite nach a', welchen Punkt man mit dem Mittel b des niedrigern Gebindbalkens verbindet. Durch rechtwinkliche Linien zur Mittellinie a b, nach der schrägen, den fallenden Forst darstellenden Linie a' b, von der Bundseite der Gebinde, erhält man deren verschiedene Erhöbung über den Forstpunkt des niedrigen Gebindes, welches Verfahren namentlich bei schiefwinklichen und ungleichmäßig eingetheilten Balkenlagen mit Vortheil anzuwenden ist.

In Fig. 16 ist ein Theil der Balkenlage eines schiefwinklichen Walmens gegeben, woraus einigermaßen ersichtlich ist, die hierbei vorkommenden Verbindungen nach dem Verständniß der bezüglich frühern und den dabei gegebenen Lehrsätzen, leicht auszuführen, obgleich z. B. für die Schiftschmiegen von jeder Seite der Gradsparren besondere Stichmaaße, ebenso die Abstiche für die Rahmen und Schwellen auf den Gradstuhlsäulen verschieschieden genommen werden müssen, und danach verschiedene Formen entstehen &c.; die Stichbalken stehen gewöhnlich rechtwinklich zur Trauflinie, weil sie sonst, anders eingelegt, für die, in der erwähnten Richtung aufgestellten Sparren mehr Arbeit verursachen, mehr aber dieses der Fall für die Sparren wird, wenn diese schiefwinklich zur Trauflinie aufgestellt werden, wofür sich aber immer wieder aus den frühern Verbindungen wenigstens eine ähnliche, finden läßt, und sei somit die Aufführung und und Erklärung der wichtigsten, gewöhnlich bei Dachwerken, theilweise aber auch andern Orts vorkommenden Verbindungen, geschlossen.

Tafel XXII.

Vom Ausbau der Gebäude.

Darunter werden diejenigen Arbeiten des Zimmermanns verstanden, welche im Innern eines Gebäudes erforderlich sind. Wenn dabei weniger schwierige Constructionen vorkommen, — ausgenommen bei Anfertigung der Treppen, welche eine weitläufigere Abhandlung erhalten, — sondern mehr practische Fertigkeit erfordert wird, so muß doch derjenige, welcher dergleichen Arbeiten anzugeben und zu leiten hat, genau mit Anfertigung derselben bekannt sein, da gewöhnlich für dieselben keine Zeichnungen, sondern nur allgemeine Angaben gegeben werden. Bei Verschiedenheit dieser, oft mehrer zugleich vorgenommenen Arbeiten, wodurch die Arbeiter zerstreut werden, wird aber genaue Kenntniß mit Ausführung derselben, ihre Angabe und Leitung erleichtern. Zu diesen Arbeiten, als die ersten nach dem Richten eines Dachwerks gehören, aber auch die, welche zu Auflegung der Bedachung erforderlich sind, wobei es auf die Neigung des Daches, auf dessen Bedachungsmaterial, sowie die Art und Weise, in welcher dasselbe aufgelegt werden soll, ankommt.

Fig. 1 giebt die Belattung eines Daches mit Ziegeleindeckung, auf 8 Zoll oder diejenige Weite, daß ein Ziegel den andern auf seine halbe Länge überdeckt, und heißt dieses: einfache Dachung. An die Stirn der lothrecht verschnittenen Balken ist eine starke Latte a genagelt, auf welcher die allemal erst unten anzubringende Doppelreihe, doppelte Ziegelschicht b — liegt, und auf der ersten Latte c des Sparrens hängt, welche soweit hinaufgeschlagen wird, daß die Doppelreihe vor der Stirnlatte den gehörigen Uebertrag — 5—6 Zoll erhält; dann wird die zweite Latte d aufgeschlagen, aber wegen der obern Reihe der Doppelschicht, welche um die Nasenlänge e der Ziegel hinaufrückt, um diese — gewöhnlich einen Zoll weiter von der ersten — also 9 Zoll — entfernt, als das angenommene Lattungsmaaß — 8 Zoll, beträgt; nun wird auch noch eine dritte Latte f in gehöriger Weite von der zweiten, aufgeschlagen und dann als Probe auf diese drei Latten vier Ziegel aufgehangen, wie sie übereinander zu liegen kommen, um zu sehen, ob sie decken, wenn der obere Ziegel mit seinem untern Ende den darunter liegenden inmitten seiner Länge g trifft, und nicht das Gegentheil eintritt, daß der obere Ziegel inmitten seiner Länge auf dem obern Ende des Ziegels liegt, mit seinem unteren Ende aber absteht, in welchem Fall man dann sagt: der Ziegel klafft. Dieses darf jedoch nicht vorkommen, ebensowenig darf aber auch ein Ziegel nicht zu sehr am obern Ende des untern, h, hohl liegen — stürzen —, weil dadurch in beiden Fällen diese Ziegel leicht brechen, im erstern leicht Regen oder Schnee unter dieselben eingetrieben werden kann, welche Uebelstände aber bei Bohlendach mit Ziegeldachung, nicht allemal ganz zu vermeiden sind.

Unter solchen Umständen hat man sich nun auf verschiedene Weise zu helfen: entweder durch Höher- oder Tieferrücken der Stirnlatte oder einer der andern Latten, oder durch Annahme einer stärkern oder schwächern Latte zur ersten oder zweiten 2c. Hat man auf diese Weise die Lage dieser Latten zu einander gefunden, daß die Ziegelreihen einander gut decken — welches dann auch mit den höher liegenden der Fall ist, wenn die dritte Reihe deckt und man dazu das Weitemaaß der letzten Latte nimmt —, so werden z. B. an einem Giebelsparren und auf einem, 16—18 Ellen davon entfernten, diese Maaße, dann einigemal das angenommene gleiche Maaß, aufgetragen, und nach diesen Punkten die Lage der Latten über die Sparren geschnürt, dabei jedoch, wie sich leicht versteht, die Schnur rechtwinklich zur Dachseite aufgehoben und niederschlagen gelassen.

Die Länge, in welcher das Aufschnüren geschieht, richtet sich nach der, der Latten, so daß man nach dieser 2—3 aneinander stößt, zwei oder drei Schläge, Stöße, aber nicht gern mehr nimmt, weil sonst die Schnurschläge in der Mitte nicht gleichmäßig treffen; das Aufschreiben der Entfernung der Latten, geschieht erst bis in Höhe eines Mannes und werden dieselben nach ihrem Aufschnüren soweit aufgeschlagen. Dann werden von einem Manne, welcher auf den letzten Latten steht, die Maaße für die höhern angeschrieben, diese übergeschnürt und danach die Schläge bis dahin aufgeschlagen. Bei den obersten Latten am Forsten hat man diese aber so einzutheilen, daß je nach flacherem oder steilerem Dach, die letzte noch 1 — 2 Zoll von der Sparrenspitze entfernt bleibt, weil hier ebenfalls eine Doppelreihe kommt, welche sonst bei Satteldach mit der der andern Seite an den Nasen zusammentreffen würde. Sind diese Schläge bis zum Forsten vollendet, wobei man jedoch auf die Ebene der Dachfläche Rücksicht nahm, indem man von höher liegenden Sparrenstellen abhaute, oder in tiefliegenden auflegte, so werden nächstfolgende Schläge mit den Maaßen der erstern angefangen und auf gleiche Weise wie bei den erstern fortgefahren.

Stößt ein Dach z. B. an den Giebel eines andern höhern, so müssen daselbst auf die Latten des erstern noch $\frac{1}{2}$ — $\frac{3}{4}$ Elle lange, keilig gehauene Lattenstücke — Frösche — aufgelegt werden, um dadurch das auf ersterem ablaufende Regenwasser von dem Eindringen in den Zusammenstoß der Gebäude abzuhalten.

Weil das Anfangen und Einrichten der Schläge einigen Zeitaufwand verursacht, so ist es vortheilhaft, bei mehreren Schlägen und Arbeitern jene von einigen immer vorweg einrichten, von andern fortführen zu lassen.

Je nach der Länge der Latten und der des Dachwerks, ist auch auf die zweckmäßige Verwendung derselben bei Entstehung kurzer Schläge, noch mehr aber bei Walmen und Kehlen auf die Verwendung der entstehenden Stücke Bedacht zu nehmen.

Bei dem Belatten einer Windschiefe ist die Eintheilung der Latten auf der flachern und auf der steilern Neigung, bei Berücksichtigung gewöhnlich gleicher Anzahl, zu machen, um sie dann überschnüren zu können. Würde dies aber auf große Entfernung geschehen müssen, so muß man eine oder mehrere Eintheilungen auf mittlern Gebinden machen.

Wegen des richtigen Deckens der Ziegel, welches, wie gesagt, von den untern Reihen abhängt, ist schon, zu flacherem oder steilerem Dach, bei dem Abbinden der Sparren wegen ihrem Einstehen in den Balken, gegen dessen Verschnitt oder die noch daran zu schlagende Bretverkleidung, oder vorstehenden gemauerten Sims, Rücksicht zu nehmen.

Schalkantige Latten werden nach Fig. 2 aufgeschlagen, daß die Seite, an welcher der Ziegel mittels der Nase hängt, vollkantig ist, weil derselbe auf der Schalkante damit leichter herunter rücken könnte; das Weitemaaß der Lattung wird nicht nach der Entfernung zwischen zwei Latten genommen, — wegen ihrer ungleichen Breite — sondern eben von dieser obern schmalen Seite bis zu der über eine andere Latte.

Liegen nach Fig. 3 auf jeder Latte die Reihen doppelt, so heißt dieses: Kronendachung. Dabei werden die Latten weiter auseinandergerückt und läßt sich leichter die gute Deckung der Schichten erlangen. Zur Verkleidung der Balkenstirnen ist ein schmales Bret a und darauf eine gekehlte Leiste b genagelt, welche beide gemeinschaftlich die untere Doppelreihe tragen und dazu in Neigung derselben abgeschrägt sind.

Fig. 4 zeigt eine flachere Dachneigung und einfache Dachung. Die schräge Stirn des Balkens wird ziemlich durch ein Bret a verdeckt, welches jedoch nach unten gegen ein, an der Unterseite des Balkens angenageltes Bret b, noch etwas vorspringt; nach oben ist ein schmales Bret c aufgelegt, um die Ziegel in richtiger Neigung zu halten, und wird durch ein hinterlegtes Bretstückchen d vor dem Hinterdrücken bei seiner Befestigung am Balken, gesichert.

Fig. 5 zeigt eine steilere Dachneigung mit einfacher Dachung. Der Balken ist nicht genau in der Dachflucht verschnitten, sondern derselbe hat eine flachere Neigung, wodurch er nach unten etwas herauskommt, um die untere Reihe zu heben; doch beträgt dieses hier zu viel, denn die dritte Reihe kommt hohl zu liegen, welches nun nur durch schwächere Latten a zu den ersten beiden, und Einlassen der zweiten b, abzuändern ist.

Fig. 6. Werden die Latten enger (6 Zoll weit) aufgeschlagen, so überdecken sich die Ziegel mehr und es entsteht die doppelte Dachung, wobei aber ebenfalls die zweite Latte wegen der Doppelreihe einen Zoll weiter von der ersten gerückt, als das höher angenommene Maaß beträgt. Hier ist ebenfalls der Uebelstand, daß die dritte Reihe auf der zweiten hohl liegt, welches durch eine erste schwächere oder eingelassene Latte a und Tieferrücken des Simsbretes b abgeändert würde. Die Stirn des Balkens ist hier simsartig mit Bretern verkleidet, wobei zu Befestigung der, an Mauer liegenden Unterglieder c, ein Bretstück d zur Seite des Balkens angenagelt ist.

Fig. 7. Hier ist eine Doppeldachung bei flacher Dachneigung, dabei aber zur zweiten Latte a eine stärkere genommen, wodurch alle Reihen gut decken.

Fig. 8 zeigt dieselbe Dachung und Dachneigung wie vorher, nur ist der Balken anders verschnitten und verkleidet.

Wird bei einem Dache Schieferbedachung angewendet, so wird sie entweder auch auf Latten oder auf Bretern befestigt. Dieser Bretbeleg, — Schalung — auf den Sparren wird mit ordinären Bretern angefertigt und zwar gewöhnlich roh, weder auf der breiten noch auf der schmalen Seite — der Fuge, — gearbeitet, wohl auch noch mit kleinen Zwischenräumen aufgelegt. Oft werden aber auch diese Brete gefügt, Fig. 9 a, und dann scharf zusammengetrieben; letzteres ist jedoch nicht anzurathen, weil bei möglicherweise darauf fallendem Regen, die Breter anquellen und sich auftreiben. Die Fuge der Schalbreter wird auch auf den halben Spund gearbeitet; mit diesem müssen die Breter jedoch nach b und nicht nach c gelegt werden, weil sonst, wenn über dieser Fuge ein Dachstein fehlt oder defect ist, das Regenwasser auf dem Bret herunter in die Fuge, dann wohl auch weiter über das andre Bret 2c. läuft, wodurch man nicht erfährt, in welcher Gegend das Uebel sich befindet und dadurch in Länge der Zeit der Schalung geschadet — oder erst später darauf aufmerksam gemacht wird, während in der Fuge b das Wasser nach innen dringen kann und leicht einen äußern Fehler bemerkbar macht. Dasselbe ist der Fall mit den beiden Fugen d, e indem bei d das Wasser eindringen kann, bei e jedoch auf der Dachseite der Breter hinunterläuft. Bei dem Auflegen der Schalung hat man aber, Fig. 10, das untere Bret a nicht mit auf den steinernen und geputzten Sims b zu legen, weil durch das Anquellen und Zusammentrocknen desselben, der Putz an dessen Auflager leidet und abgestoßen wird; die Brete sind dann gewöhnlich auf jedem Sparren mit zwei Nägeln zu befestigen.

Geschieht die Befestigung der Schieferbedachung auf Latten, Fig. 11, so werden dieselben, wenn sie wagrecht zu liegen kommen, von dem Zimmermann nach Angabe des Schieferdeckers aufgeschlagen; kommen dieselben aber auf die Dachfläche diagonal zu liegen, namentlich bei unregelmäßigen Dachsteinen, so schlägt sie der Schieferdecker gewöhnlich selbst auf, und hat nur der Zimmermann den Borden, — Bordleisten — an den Forst- und Trauflinien, den Giebel- und Gradlinien aufzuschlagen, und ist dieses gleichsam die Einrahmung jeder Dachfläche, in Breite eines Bretes a. Bei diagonaler Lage der Latten oder bei wagrechter auf Walmendach werden dann, Fig. 12, an die innere Seite dieser Brete a, zwischen die Sparren ꝛc. Lattenstücke b mit etwas Vorsprung genagelt, um auf diesem die, zwischen den Sparren an die Brete stoßenden Dachlatten c, auflegen zu können.

Die niedrigen Dachfenster -- Schwalbenschwanzdachfenster — bei Ziegeldachung, schlägt der Ziegeldecker gewöhnlich selbst auf, und fertigt der Zimmermann nur den Kasten und Rahmen für das einzustellende Fenster; bei Schieferdachung, namentlich mit Schalung, schlägt aber der Zimmermann das Dachfenster auf. Ist dieses, nach Fig. 13 A, B, mit viereckigem Fensterkasten, welcher von gewöhnlichen Bretern, aus einer breitern Sohlbank a, den beiden schmälern, auf diese gesetzten Seitenstücken b und dem obern, diese beiden verbindenden Querstück c besteht, so werden an die Sparren, auf der nach dem Fenster gelegenen Seite, in dessen Höhe vom Fußboden, Lattenstücke d wagrecht genagelt, und darauf der Fensterkasten mit seiner ins Sparrenlichte eingeschnittenen Sohlbank gestellt. Ist die Schalung bis an dieselbe aufgeschlagen, so bleibt nun erstere im Sparrenlichten e ein Stück weg, indem sie auf beiden Sparren verschnitten fortgeführt, bis die Flucht der kleinen, auf den Fensterkasten gelegten starken Lattensparren f, in dieselbe bei g ausläuft. Diese kleinen Sparren sollten nicht zu kurz sein, damit sie eine weniger flache Dachfläche bilden; sie werden entweder oben auf die Sparren, oder auf die, bis im Sparrenlichten verschnittene Schalung gelegt, mit Schalbretstücken, h, von einer halben Sparrenstärke bis zur andern reichend, abgeschalt, auf die andere halbe abgegradete Stärke Bretstücken i aufgelegt, welche schräg nach der darunter reichenden Dachschalung liegen. Diese Schräge wird dadurch bestimmt, daß man vorn an jede Seite des Fensterkastens, ein in Dreiecksform geschnittenes Bret k befestigt, dessen Diagonale den schrägen Abfall der Seitenschalung bestimmt, und von deren Ende man, schräg nach dem obern Ende des Fenstersparrens eine Linie schnürt, in welcher die Seitenschalung mit der Unterseite auf der untern ausläuft; richtiger geschieht das Aufschnüren dieser Kehllinie, wenn man auf die Diagonale die Schalbretstärke auflegt, und von dem Punkte l, in welchem sie nach der Richtung derselben auf der Dachschalung ausläuft, nach demjenigen m schnürt, in welchem dieses von dem Verschnitt der erst aufgelegten wagrechten Schalung geschieht.

Bei den, in der Ansicht sattel- oder bogendachförmigen Dachfenstern, wird die Schalung derselben nicht nach der Länge des Daches, sondern winklich zu demselben von der Stirnwand des Fensters, aber mit etwas steigendem Forsten, aufgelegt.

Größere Dachfenster — stehende Dachfenster — oder als Thüröffnungen — Luken — Fig. 14 A, B werden von Stammholz angefertigt, und wohl auch schon auf der Zulage mit abgebunden. Ihre Bedachung geschieht entweder auf kleinen Sparrengebinden a, querüber zu den Gebinden b des Hauptdaches gestellt, wodurch zwei kleine Kehlen auf demselben entstehen, wenn man sie nicht hier, wie selten geschieht, in Neigung dieser kleinen Sparren, länger herunter bis auf jenes reichen läßt. Oder man läßt von den Sparren des Hauptdaches, aber in flacherer Neigung c, Sparren auf den Thür- oder Fenstersturz d heruntergehen, wodurch zwar die Kehlen vermieden werden, diese Sparren aber eine, gegen die übrigen, flache Neigung erhalten — wenn sie nicht lang sein sollen oder können — und die beiden Seitenwände der Oeffnung, an deren Aufstand gewöhnlich zuerst Fäulniß entsteht, (woselbst die früher beim Latten erwähnten Keile aufgelegt werden müssen) länger auf den Sparren hinaufreichen.

Die nebeneinander in einer Reihe aufgestellten und verbundenen Fenster — Schalusieen oder Luftzüge, erfordern wie die vorigen, hinsichtlich ihrer Anfertigung aus schwächerem Holze, und ihrem Aufstellen, einige Aufmerksamkeit. Dieselben bestehen Fig. 15 A, B, aus einer Schwelle a, als Halbholz, auf welcher Säulchen b eingestellt sind, welche einen Rahmen c, ebenfalls aus Halbholz, tragen, auf dem dann kleine Sparren d aus schwachem Holz — Kreuzholz — in flacherer Neigung liegen. Bei Eintheilung der Säulchen ist es zweckmäßig, dieselben über einen

Sparren treffend anzunehmen, ebenso die kleinen Sparren darüber aufzulegen, um dies oben auf jenen thun zu können, und erhält man diese Eintheilung dann, wenn dergleichen Luftzüge bei einem abzubindenden Dach angefertigt werden sollen, leicht auf der Zulage. Bei dem Verzapfen der Säulchen kommen sie auf der breiten Schwelle äußerlich, am breiten Rahmen mit einer, einige Zoll von der Vorderseite desselben aufgeschnürten Linie bündig, um dadurch mehr Uebertrag zu erhalten, wodurch das vom Sturme getriebene Regenwasser nicht so leicht nach der Schwelle oder in die Oeffnungen kommen kann. Diese Schwelle muß so weit herausgerückt werden, daß sie die unter ihr anzubringende Doppelreihe Ziegel noch überdeckt, damit das, an sie getriebene Regenwasser auf dieser abläuft und nicht oberhalb derselben eindringt. Darauf ist demzufolge beim Latten Rücksicht zu nehmen, indem dabei sich die Schwelle nach den aufgeschlagenen Latten oder umgekehrt, richtet. Ist die Höhe vom Balken bis an die Unterseite der gleich stark gearbeiteten Schwelle bestimmt, so werden daselbst Lattenstücke in Entfernung von 6—8 Ellen wagrecht an Sparren, — auf der Dachseite in Breite der Schwelle vorspringend, — genagelt, darauf die Schwelle nach einer an ihren Enden angenommenen Entfernung vom Sparren in grade Richtung gelegt, das Maaß abgenommen, nach welchem sie wegen dem vorher erwähnten Ueberdecken der Doppelreihe in die Sparren eingelassen werden kann, was jedoch nicht viel betragen darf, sondern es muß dann auch etwas auf die Sparrenstärke aus der Schwelle genommen werden, welches bei der daselbst schalkantigen Schwelle sogar nöthig wird. Ist das Nöthige aus Sparren und Schwelle genommen, so wird dieselbe eingelegt und mit eisernen Nägeln nach e oder noch mit Holzklammern befestigt.

Sie mußte aber auch ebenso, wie die Säulchen, äußerlich mit einem Falze e versehen werden, in welchen dann der Fensterrahmen gesetzt wird, damit das, an das Fenster schlagende Regenwasser nicht auf der Oberseite der Schwelle eindringen kann; damit aber dasselbe nicht in den Falz dringt und darin stehen bleibt, so muß derselbe, nach außen einigen Abfall haben, wonach sich dann auch die kleine Scheere der Säulchen richten muß.

Ist der Rahmen auf die eingestellten Säulchen gelegt, so wird gewöhnlich nun erst die Schablone zu den Aufschieblingssparren d abgenommen, wobei jedoch darauf zu sehen ist, daß an der Vorderseite des Rahmens eine Latte f angenagelt wird, welche oben 1—2 Zoll vorgeht um die Doppelreihe auflegen zu können, weil sonst, wenn diese auf die Rahmenecke zu liegen kommt, die Sparren wenig auf denselben zu liegen kommen und an der innerlichen Seite, zum Tragen mehr befestigt werden müssen, welches jedoch nicht so sicher als jenes ist. Werden die Sparren aus längern Stücken geschnitten, so geschieht dies vortheilhaft, wenn es nach deren schrägen Schnitt, — der Schmiege — geschieht, weil man dadurch zugleich die an einem andern erhält; ihre Befestigung geschieht oben, auf dem Sparren, mit einem größern, unten auf dem Rahmen, mit einem kleinern Aufschieblingsnagel.

An den Enden dieser Luftzüge wird entweder der Rahmen gleich der Schwelle auf dem letzten oder einem vorhergehenden Sparren verschnitten, und der zwischen diesem und dem darüberliegenden Aufschieblingssparren verbleibende Zwischenraum ausgemauert, oder der Rahmen wird an jedem Ende über dem vom Ende der Schwellen nächsthereinliegenden Sparren verschnitten, und von den Latten des Aufschieblingsdachs, schräg herunter nach den, bis auf diesen reichenden Latten, mit abnehmend kleinen Lattenstücken in einer Kehle verbunden.

Bei Strohdachung ist das Belatten leicht, weil dasselbe dabei nicht immer so genau genommen wird; um jedoch derselben mehr Dauer zu geben, so wendet man einen Ziegelforsten an, Fig. 16. Dazu werden kleine Aufschieblinge a geschnitten, welche an ihrem untern Ende so hoch sind, daß die Stärke der Strohdachung die untere Doppelreihe nicht aufhebt. Diese hängt auf einem Bret b, welches um seine Stärke auf den kleinen Sparren tiefer gelassen ist, um hier das Decken der andern Schichten zu erhalten.

Ebenso ist das Belatten bei Schindeldachung, nach dem bei Ziegeldachung Gesagten, leicht auszuführen.

Von den Fußböden.

Nachdem die zur Dachung nöthigen Zimmerarbeiten beseitigt sind, erfolgt gewöhnlich das Legen der Fußböden, namentlich der obern. Dazu werden die Brete, je nach Benutzung und Lage der Böden, verschieden mehr oder weniger gut vorgerichtet und verlegt.

Letzteres geschieht am einfachsten mit stumpfer Fuge, wenn zwei gefügte Brete mit den gefügten Seiten aneinander gerückt werden; liegen solche Brete zwischen den Balken hohl, so biegen sie bei Belastung einzelner, gegen die andern ein — sie lassen sich treten — und wendet man daher diese nur da an, wo die Brete mit Erde unterstopft — unterschlagen — werden können. Das Einbiegen dieser Brete wird aber in Etwas dadurch gemindert, daß man zwei oder drei derselben an den Fugen zu einer breiten Tafel verleimt (kittet); mehr aber geschieht dies durch das Spünden der Brete, Fig. 17 a, indem davon welche mit Spund, (gewöhnlich die Hälfte) andere mit Nuth versehen werden, je nachdem sich die gefügte Seite zu dieser oder jenem eignet. Bei stärkeren Bretern und bessern Arbeiten werden nur Nuthen gezogen, Fig. 17 b, weil durch das Spundeisen leicht Vertiefungen gezogen, dadurch beim Verlegen die Fugen nicht dicht werden, bei erstern aber auch noch schwierigere Arbeit entsteht. Dann werden Spunde — Federn — getrennt, welche ziemlich doppelt so breit sind, als die Nuth tief ist, indem sie in die Nuthen zweier zusammenliegender Brete passen müssen. Solche genuthete Brete werden auch — jedoch weniger zu Fußböden — überschoben angewendet, Fig. 17 c, indem die vordere Brüstung des einen Bretes als Spund in die Nuth des andern gesteckt wird, wodurch sie gegeneinander vorzustehen kommen.

Stumpf zusammenstoßende Brete werden bei ihrem Verleimen zu mehrerer Sicherheit noch verdübelt, Fig. 17 d, wozu in die gefügte Seite eines Bretes Löcher gebohrt werden, um in dieselben harthölzerne Nägel stecken zu können, deren Entfernung man an die anzulegende Seite des andern Bretes schreibt, danach wieder Löcher bohrt, in welche die Nägel des andern Bretes passen müssen.

Nuth und Spund werden auch tiefer als gewöhnlich gearbeitet, Fig. 17 e, namentlich an solchen Bretern, welche dem Quellen und Trocknen ausgesetzt sind, so daß ersteres bei nicht ganz scharf in einander geschobenen Bretern noch möglich ist, bei Letzterm der Spund nicht ganz aus der Nuth kommt. Die Kanten der, selten scharf zusammenstoßenden Brüstungen können gebrochen oder gekehlt werden, wodurch ein besseres Ansehen erlangt wird.

Bei gewöhnlich gespündeten Fußbodenbretern werden die Kanten der Nuth und des Spundes gebrochen, um leichteres Zusammenstecken zu haben, Fig. 18 und, wie schon beim Spundhobel bemerkt, die hintere Brüstung des Spundbretes etwas unterzogen, oder das Nuthbret nach der hintern Seite etwas hinterfügt.

Ehe jedoch das Spunden und Nuthen — das Ausziehen — der Dielen oder Spündebreter erfolgt, werden sie, wo und wie dies nöthig, erst gehobelt, — und zwar auf der Kernseite, — dann gefügt, bei welcher letztern Arbeit zur leichtern Erlangung der genauen Fugenseite, dieselbe erst aufgeschnürt wird. Sind dann Breter vollends gearbeitet, so kann mit dem Verlegen derselben begonnen werden, vorher ist jedoch die Lage der Lager auf welcher die Breter befestigt werden sollen, zu untersuchen, und sind dieselben nach einem bestimmten Punkte, an den darüber liegenden Orten abzugleichen, in den tiefliegenden aufzugleichen. Es ist vortheilhaft, wenn ersteres über eine größere Fläche und vielleicht nöthiger in Berücksichtigung der anliegenden aber abgeschlossenen Bodenflächen, und nicht mehrmals stückweise geschieht, wodurch dann in dem Zusammenstoß mehrer Flächen leicht Differenzen, oder in Verlängerung der angenommenen Fläche, schiefe Ebenen entstehen ꝛc. Es ist dies namentlich bei Stockwerksfußböden nothwendig, weil sehr oft die Balken, durch ungleichmäßiges Setzen ihrer Auflagen verschiedene Neigungen ihrer Oberfläche haben, wofür man sich beim Legen der Dielenlager der Parterrefußböden leicht vorsehen kann. Diese Lage der Dielenlager richtet sich nach einem hinsichtlich der anstoßenden Räume, oder der vorhandenen Thür- und Fensteröffnungen anzunehmenden Punkte, nach welchem dieselben, passend eingetheilt, eingelegt und verfüllt, sowie die Zwischenräume, deren Oberseiten gleich, am besten mit trockenem Material ausgefüllt und abgeglichen werden. Ist so die Oberfläche der zum Auflegen und Befestigen der Fußböden vorhandenen Hölzer geebnet, so erfolgt nun das Verlegen. Das erste Bret an der Umfassung eines Raumes — das Randbret — wird an diese gelegt und angepaßt, — weswegen die Seite früher nicht gearbeitet wurde — dann noch eins oder zwei Breter daran gelegt, je nachdem das letzte Nuth oder Spund hat. Dieses ist gewöhnlich mit Nuth, Fig. 19 b, um daran eine Latte c legen zu können, von welcher in 2—3 Zoll

Entfernung eine Klammer eingeschlagen wird, in welchen Zwischenraum gegenseitig Keile d, eingetrieben werden, deren Eintreiben man an der Klammer durch Anlegen eines kleinen Stück Holzes e (bis 1 Zoll stark) erleichtert, und wird je nach Umständen auf jedes Lager oder auf eins um das andere eine Klammer zum Antreiben der Brete geschlagen.

Passen diese zusammengetriebenen Brete an ihren Fugen, so werden sie mit Nägeln auf ihre Unterlager befestigt, dann die Keile, Latte und Klammern weggenommen und wieder 2—4 Brete angetrieben und befestigt bis in die Mitte des Raumes. Auf diese Weise werden nun die Brete von der andern Seite her verlegt bis auf eine Oeffnung, welche weniger als die Breite eines zu verwendenden Bretes beträgt. In diese Oeffnung wird nun ein Bret, das Schlußbret scharf passend vorgerichtet, und um dieses einzubringen mit einem verlegten Brete zusammengesteckt, mit der Seite jedoch, wo es an das zuletzt angetriebene schließen soll, mit diesem etwas aufgehoben und sattelförmig zusammengelassen, welche Erhöhung durch Schlagen, Belasten oder Druck 2c. niedergedrückt, und wodurch die nächsten Brete noch etwas mehr zusammengetrieben werden. Hierauf werden die noch losen Brete befestigt und dann die etwa gegen einander vorstehenden Fugen der Brete abgeglichen, — abgeputzt —.

Hierbei ist nun nach verschiedenen Umständen noch Folgendes zu berücksichtigen: bei Fußböden auf Balkenlagen kommen die Brete gewöhnlich quer über dieselben, also meist nach der Länge eines Gebäudes zu liegen, während sie bei denselben auf eingelegte Lager in Parterreräumen nach Lage derselben — gewöhnlich nach deren Länge — oder nach ihrer passenden Länge verlegt werden. Bei nicht durchgängig gleich starken Bretern muß an den schwächern Stellen untergelegt, besser, namentlich bei guten Fußböden, an den stärkern Stellen auf der Unterseite im Auflager abgearbeitet — abgestärkt — werden.

Die Fugen der Brete müssen gut, gespündete Brete leicht in einander passen, weil sonst durch zu starkes Antreiben der Keile, die Latte in die Fuge des zunächstliegenden Bretes Eindrücke macht und dann das später anzulegende nicht gut passen wird, überhaupt aber nur trockene Brete verwendet werden sollten, weshalb dafür beim Verarbeiten, besser schon vorher, Sorge zu tragen ist.

Die Befestigung der Brete geschieht mit eisernen, seltener mit hölzernen Nägeln, entweder auf jedem Lager zweimal, oder nur an den Enden der Brete zweimal, — doppelt — und auf den zwischenliegenden Lagern abwechselnd auf der rechten und linken Fuge einmal, — übers Kreuz —, jedoch mit einiger Genauigkeit auf jedem Lager in gerader Linie.

Sind die Brete an einem Ende breiter als an dem andern, so muß bei ihrem Verlegen darauf Rücksicht genommen werden, daß die angetriebenen Brete möglichst ein Parallelogramm bilden*), damit das Schlußbret nicht zu keilig wird. Dieses darf aber auch nicht zu schmal werden, und muß man beim Verlegen der letztern Brete darauf Rücksicht nehmen, wenn man dasselbe, durch Verwendung schmaler Brete, ziemlich der Breite eines Bretes gleich, erhalten kann. Mit einem schmalen Bret schließt man jedoch nicht gern, sondern legt dieses auf die Lager und hebt dann zwei breitere Brete von den zuletzt angetriebenen dazu sattelförmig in die Höhe, welche daher erst nach geschehenem Schluß genagelt werden dürfen. Diese beiden, mit ihren Fugen schräg zusammenstoßende Brete müssen aber daselbst an der untern Brüstung etwas hinterstoßen, an Zapfen und Nuth etwas abgestoßen werden; weniger ist das Hinterstoßen der glatten Fuge bei stumpf zu verlegenden und zu schließenden Bretern nöthig.

Stoßen die Brete eines Fußbodens mit ihren Enden an die denselben begrenzenden Wände oder Mauern, so müssen die Brete auf diese Länge eingeschnitten werden, welches jedoch nicht allemal genau genommen zu werden braucht, weil der Kalkputz dieser Umfassungen den Abstand der etwas kürzern Brete deckt, welches noch mehr durch Anbringung von Scheuerleisten geschieht.

Wegen des Schlusses eines solchen Fußbodens hat man denselben in eine Thüröffnung oder Fensterbrüstung zu nehmen, wenn sich eine solche an der Stirnseite der Brete befindet.

Ist ein Fußboden länger als die Länge eines Bretes beträgt,

---

*) Beim Legen einer schiefwinklichen Fußbodenfläche lehrt die Form derselben selbstverständlich die Verwendung verschiedener breiter und langen Brete.

so muß das Ende der Brete, an welches andre stoßen, in Breite des Fußbodens nach einer graden Linie verschnitten werden. In diesem Fall richtet man wohl auch das Schlußbret so ein, daß man es, als keilig, von der Seite eintreibt, nach welcher andre Brete anstoßen, doch ist ersteres Verfahren schneller.

Größere Schwierigkeiten verursacht, und genauere Arbeit erfordert das Legen der getäfelten Fußböden, die z. B. je nach Größe eines Raumes aus kleinern Quadraten bestehen, welche von einander durch schmale Bretstreifen — Friese — 4—6 Zoll breit, und in einer gewöhnlich dunklern Holzart, als zu den Fußbodenbretern genommen, getrennt werden. Fig. 20 A, B. In Fig. A liegen an der Umfassung des Raumes die Friese a, a, auf Giehrung zusammengestoßen, und dazwischen die kleinern, sich durchkreuzenden Friese b, b, b, so daß man nun in diese einzelnen Rahmen die Tafeln c, c, c im Ganzen oder in einzelnen Bretstücken einlegen kann.

In Fig. B sind an die Umfassungen erst ein Streifen Fußbodenbret c, d und daran die Friese a, b gelegt, diese jedoch, sowie die sich kreuzenden e, f nicht auf Giehrung zusammengeschnitten, sondern stumpf an einandergestoßen, um beim Einlegen der mit den Holzfasern parallelen Tafeln g, g, g etwas nachgeben zu können, ohne daß dadurch eine Fuge entsteht, welches bei den auf Giehrung geschnittenen der Fall ist, wenn eine Tafel scharf, oder schärfer als die daran stoßende, eingespannt wird, da die Nägel, selbst gut befestigter Friese etwas nachgeben.

Zu solchen Täfelungen müssen die Dielenlager nach den Friesen und der Lage der Tafeln eingelegt, auf Balkenlagen die nöthigen Vorkehrungen durch Einziehen von Wechseln b und Beibalken c — gewöhnlich aus schwächerem Holze — getroffen werden. Fig. 21, A, B.

Sehr verschieden kann das Einlegen der Tafeln erfolgen, indem Tafeln und Friese an der Langseite, seltner an der Stirnseite der erstern gespündet werden. Fig. 22, A, B.

Werden die Friese bei Tafeln, welche nicht über eine Balkenweite reichen, stark genommen, so erspart man die Wechsel und man braucht nur die auf Balken liegenden Friese, die Tafeln aber gar nicht abzustärken, weil diese nicht zum Aufliegen kommen.

Parquetfußboden wird aus kleinern Quadraten gebildet,

Fig. 23, welche aus einer fest eingerahmten Fläche bestehen und stumpf nebeneinander oder mit eingeschobenem Spund, jedoch auf einem zuvor wagrecht gelegten Fußboden — Blindboden — von rauhen Bretern, verlegt werden.

Von den Thüren.

Die einfachsten Thüren bestehen aus ein- oder beiderseits gehobelten und gefügten, stumpf an einander getriebenen Bretern, über welche, Fig. 24, A, B, C, Leisten d, d genagelt werden. Gegen das Senken || Sacken, — einer solchen Thür, namentlich wenn die Brete zusammentrocknen, dient die Strebe c, deren schräge Lage unten auf der Seite anfängt, an welcher die Thür gehängt wird. Wird die Breite einer solchen Thür (gewöhnlich bis zu 2 Ellen) durch Hinzunahme eines schmalen Bretstücks a ergänzt, so darf dieses niemals an die Seite, sondern muß, der Festigkeit wegen, nach der Mitte, und ein breites zur Seite kommen.

Zu besseren Thüren werden die Brete noch verleimt, oder gespündet und auch noch verleimt und die Leisten eingeschoben, Fig. D, welche dadurch schärfer werden, daß man sie an ihrem zuerst einzuschiebenden Ende etwas schmäler als am andern macht, indem man den Grad an jenem Ende etwas tiefer zieht. Die Leisten reichen gewöhnlich nicht über die ganze Breite der Thür, (d unten), sondern lassen, namentlich wenn sie auf der Leistenseite im Falz liegen, auf jeder Seite 1 — 1½ Zoll fehlen, (d oben).

Wird eine Thür, in der Mitte ihrer Höhe, nach der Breite in zwei Theile getheilt, a, b Fig. 25 A, wie dies gewöhnlich bei äußerlichen Stallthüren geschieht, so muß jeder dieser Theile hinsichtlich der Festigkeit als eine Thür für sich, bestehen, jedoch, hinsichtlich der leichtern Anfertigung, nicht jeder für sich vorgenommen werden, sondern es wird für die Oeffnung eine ganze Thür so angefertigt, daß sie, in erforderlicher Höhe getheilt, dem Zweck entspricht; beim Einpassen ist aber darauf Rücksicht zu nehmen, daß die Theile a, b, Fig. B, zum Hängen etwas auseinander gerückt werden können, und wird diese Fuge dann gewöhnlich innerlich mit einer am obern Theil befestigten Deckleiste c verdeckt, äußerlich werden am untern Theil z. B. Leisten d, d angebracht.

Wird eine Thür mehr als 2 Ellen breit, so wird dieselbe nach ihrer Länge getheilt, Fig. 26 A, dabei jedoch darauf Rücksicht genommen, daß z. B. bei 2—2½ Elle Breite, für gewöhnlichen Durchgang eines Menschen ꝛc., nur ein Theil — Flügel — 1 Elle 3—6 Zoll breit, geöffnet zu werden braucht, während der andre schmälere 21—24 Zoll breit, dazu fest bleibt und nur bei Erfordern geöffnet wird; bei breitern Thüren können beide Flügel gleiche Breite erhalten.

Die stärkern Brete zu der breiten Thür (äußerlich dem Witterungs- innerlich dem Temperaturwechsel ausgesetzt) sind von gleicher Breite, nach Fig. 17 e gearbeitet; die Leisten, Fig. B, machen durch ihre verschiedene, namentlich durch die nach der Mitte etwas aufsteigende Richtung, die bei der Schwere eines solchen Flügels nöthigen Strebe, überflüssig, wenn sie scharf eingetrieben und außerdem noch genagelt oder verschraubt werden.

Die Fuge dieser Flügel deckt äußerlich eine Leiste — Deckleiste, Schlagleiste — b, Fig. 26, 27 A, oder es geschieht dies auch noch innerlich durch eine solche Leiste c, Fig. 27 B, in welchen beiden Fällen darauf Rücksicht genommen werden muß, welcher Flügel gewöhnlich gangbar ist, und nach welcher Seite derselbe aufgeht. Danach richtet sich auch die, einigen Zwischenraum lassende Fuge, welche bei starken Thüren nicht rechtwinklich, sondern besser etwas schiefwinklich sein muß, nach e, um sie wegen des Bogens, welchen die Breite des aufgehenden Flügels macht, nicht zu weit lassen zu müssen.

Eine leichte Thür wird aus Latten gefertigt, Fig. 28, zu beiden Seiten derselben jedoch, je nach ihrer Breite, ein Bret 6—12″ angenommen, um auf diese das Beschläge befestigen zu können.

Fig. 29 A, B zeigt eine belegte Thür. Nachdem die Brete a zu einer ganzen, oder dem Flügel einer breitern Thür mit Leisten befestigt sind, wird die äußere Fläche derselben, nach Umständen des bessern Aussehens und der mehrern Festigkeit wegen, mit gewöhnlich schwächeren und an den Fugen gekehlten Bretern b in diagonaler Richtung belegt, wodurch zugleich innerlich die Streben überflüssig werden.

Bei dem andern dazu gehörigen Flügel müssen dann die diagonalen Fugen zu diesen auf dem Zusammenstoß passen; bei einer Thür im Ganzen läßt man die Fugen des Beleges nach

A oder man läßt dieselben auch von beiden Seiten auf einer Mittellinie zusammenstoßen ꝛc.

Etwas schwieriger als die Anfertigung einer glatten Thür ist die einer Thür nach Fig. 30, A, mit Stirnleisten c, den Leisten b, b; indem erstere von den Stirnen der Brete a beiderseits, sowohl auf Giehrung eingelassen, als auch mit diesen noch durch Zapfen verbunden werden.

Ein besseres Ansehen einer solchen Thür erlangt man nach Fig. B, C durch stärkere Hirnleisten und den, zu beiden Seiten diese verbindenden längern Leisten e, e, und wenn dieselben auf den, die Umrahmung schließenden Seiten gekehlt werden.

Zu einer Thür mit überschobenen Füllungen, Fig. 31, A, B, wird erst der Rahmen aus den Längeschenkeln b, b, den (obern und untern) Querschenkeln c, c und dem Mittelschenkel d gefertigt, danach die Füllungen a, a gearbeitet und nach B eingesetzt; dadurch liegen diese gegen die gekehlte Rahmenseite tiefer, während sie auf der Rückseite etwas vorspringen.

Auf ähnliche Weise wird bei der einfachen Füllungs- oder gestemmten Thür*), Fig. 32 A, B verfahren. Hier sind die Rahmenstücke auf beiden innerlichen Seiten gekehlt und die Füllungen auf den vier äußern Seiten spitz gearbeitet, mit einem kleinen Absatz abgegründet, um sie in die Nuth der Rahmenstücke stecken zu können.

Dasselbe ist der Fall bei der Füllungsthür, und weil bei vier Füllungen sich die Mittelschenkel kreuzen — Kreuzthür, Fig. 33 A, B, C. Um die Füllungen nicht zu schmal zu erhalten, werden die aufrechten Mittelstücke d, d nicht so breit als die Seitenstücke, dagegen das mittlere Querstück der mehrern Festigkeit wegen, gegen ein Senken solcher Thüren, als auch deshalb, weil auf demselben theilweise das Schloß befestigt wird, breiter genommen. Bei den frühern Thüren war angenommen, daß dieselben stumpf in Falz gingen, hier ist dagegen, Fig. B, der Rahmen überfalzt, so daß der Falz überdeckt wird, wodurch derselbe besser schließt, und deswegen namentlich bei Zimmerthüren Anwendung findet.

*) Diese, und die folgende Thür werden in manchen Gegenden nur vom Tischler gefertigt, doch geschieht dies auch, bei nicht zu großen Anforderungen, in manchen von dem Zimmermann.

Sind solche Thüren dem Witterungswechsel, also dem Quellen und Trocknen ausgesetzt, so dürfen die Füllungen nicht zu straff eingezogen werden, überhaupt aber sind bei äußerlichen Thüren so viel als möglich Fugen zu vermeiden, in welchen Feuchtigkeit eindringen kann, aber keinen Abzug findet.

Tafel XXIII.

Von den Thür- und Fenstergerüsten. (Thürstöcken 2c.)

Zu den in Mauern befindlichen Thüren hat der Zimmermann auch öfters erst die Gerüste zu fertigen; ein solches besteht, Fig. 1 A, B, aus der Sohlbank a, den beiden Gewänden b, b, dem Sturz c, erstere und letzterer zum Vermauern schräg verschnitten, die Gewände dazu ausgehauen, Fig. C. Die Sohlbank wird manchmal von Stein genommen oder auch, es stehen die Gewände auf passenden, zur Seite, aber über dem Fußboden vermauerten Steinen, um namentlich in Parterreräumen die Bodenfeuchtigkeit von den Gewänden fern zu halten.

Je nach Umständen wird das Holz zu einem Gerüste roh beschlagen gelassen, oder es wird noch, ausschließlich der Sohlbank, mit Bretern auf den drei freien Seiten belegt — bekleidet — Fig. 2, A—D; oder es wird abgehobelt, in welchem Falle man dann gewöhnlich vollkantiges Holz dazu verwendet, um den noch etwa nöthigen Falz in Gewände und Sturz, seltener in die Sohlbank, arbeiten zu können, während man zu belegten Gerüsten schalkantiges Holz verwenden kann, indem man den Falz durch die Bekleidung erhält.

Bei der Bekleidung im Allgemeinen auf drei Seiten, auch der, zu einer Thüröffnung in Fachwand gehörenden Verbandstücke, unterscheidet man das Futter, auf den ins Thürlichte treffenden Seiten, von dem Belege auf den dadurch entgegengesetzten breiten Seiten. Gewöhnliche Thüren erhalten nur einerseits schmales und einfaches Belege a, Fig. 2 C, und ein schmales, aber zu Erlangung eines besseren Falzes, ein stärkeres Futter b. Bessere Thüren erhalten nach Fig. D beiderseits und sowohl breiteres als auch gegliedertes Belege d, f und nach Stärke des Holzes breites Futter e. Das Belege wird oben auf Gehrung zusammengeschnitten, unten steht es entweder in ganzer Länge auf dem Fußboden, oder es erhält, kürzer, daselbst zu seinem Aufstand ein glattes Sockenstück c, welches, sowie die Belegestücke, auf der mit der Mauer sich verbindenden Seite hinterstoßen sind, wodurch mehr Festigkeit für den anstoßenden Mauerputz erlangt wird.

Der untere Anschlag (Falz) einer Thür wird nach Fig. 2 E, dadurch erlangt, daß ein Fußboden gegen einen anstoßenden, z. B. 1 Zoll höher liegt, so daß die Thür an die Stirn der über die Sohlbank reichenden Fußbodenbrete schlägt; oder die Fußbodenbrete stoßen in gleicher Ebene im Thürlichten zusammen, Fig. 2 F, welche Fuge durch das eingelegte Schwellbret g gedeckt wird. Einerseits bildet es durch seine Höhe den untern Anschlag für die Thür — indem es mit diesem am Futter gleich gerückt wird, — andrerseits ist es schräg abgearbeitet.

Aehnlich wie bei den Thürgerüsten, geschieht die Anfertigung der Fenstergerüste, Fig. 3, A — C, sowie die Bekleidung, namentlich der in Fachwand, zu einer Fensteröffnung gehörenden Stücke. Fig. 4, A — C. Bei einem für sich gefertigten, in Mauer gestelltes Gerüst, kommt das Fenster a innerlich, und wird die Sohlbank gewöhnlich daselbst breiter genommen, als die Gewändestärke beträgt, wodurch man neben dem, in Falz gesteckten Rahmen eine Erhöhung b erhält, welche denselben mit dem Falz an den Gewänden, fest hält; nach außen fällt jedoch der Falz weg, und wird die Oberseite der Sohlbank schräg abgearbeitet — abgewässert — um der darauf gekommenen Feuchtigkeit bessern Ablauf zu geben, wobei darauf zu sehen ist, daß diese nicht unter die Gewände in deren Zapfenlöcher dringt, indem dieselben geächselt werden.

Bei einer Fensteröffnung in Fachwand, Fig. 4 C, kommt der Rahmen a äußerlich, und wird der Falz dazu durch die dahin treffenden vollkantigen Hölzer und dem eingesetzten Futter c gebildet. Die Bekleidung umrahmt entweder nach Fig. A die Oeffnung, oder es wird nach Fig. B ein besonderes breiteres Fensterbret d eingelegt, auf welchem die Bekleidung der Gewände steht.

Von den Thoren.

Die größern Oeffnungen z. B. an Scheunen, Schuppen ꝛc. und ihr Verschluß, heißen Thore, deren Anfertigung hinsichtlich ihrer Benutzung manche Schwierigkeit verursacht. Ein Scheunenthor, Fig. 5 A — C, aus zwei Flügeln bestehend, erhält ein Gerüste, welches aus den Läufern a, a den Armen b — b, den

Schwertern, — Streben, Bändern c, c besteht, auf welche die Brete d befestigt werden. Hier ist der mittlere Arm b' eines Flügels gewöhnlich so lang, daß er bis an oder auf den Läufer des andern reicht, wodurch dessen mittlerer Arm b'' höher oder tiefer gerückt werden muß; er heißt dann Schwengel, ist nach Fig. C nach einer gebrochenen Linie gearbeitet, liegt, in Ruhe, mit dem freien Ende nach Fig. R, S in einem Klinkeisen e, welches entweder an der Rückseite des Läufers, oder an die lichte Seite der Thorsäule, oder wie hier bei massiver Umfassung in diese befestigt ist; an ihn wird im Mittel des Thores, der andere Flügel durch den eisernen Ueberwurf f, Fig. Q, auch anstatt des Klinkeisens angewendet, fest gehalten, wenn für gewöhnlichen Eingang und zum Oeffnen des Thores in dem einen Flügel noch eine besondere Thür g angebracht ist, welche zum Hängen die Säule h oben in den Arm b'', unten mit dem kurzen Arm b''' eingebunden erhält; oder es geschieht dies Festhalten, durch verschiedene wagrechte oder senkrechte eiserne Riegel.

Bei einem Thor nach A in massiver Umfassung, wird Fig. C und D auf die äußere Ecke des ins Thorlichte treffenden Schaftes, eine Vertiefung — Vorgelege — zu Aufnahme des Läufers a angenommen, für dessen Aufstand aber unten ein Stein i — Läuferstein — eingelegt, auf welchem er, 12—18 Zoll vom Boden entfernt, anfängt. Die richtige Form und Lage dieses Steines muß nach Beschaffenheit des Thores ꝛc. genau bestimmt werden, welches aber gewöhnlich von den Maurern nicht verstanden und beachtet wird, demzufolge vom Zimmermann angegeben werden muß. Der Läuferstein i, Fig. D, verläuft mit dem Thorlichten und tritt halbkreisförmig vor die Mauerflucht, in welcher auch das Thor zu stehen kommt, und der Mittelpunkt des Halbkreises sich befindet, dessen Halbmesser etwas weniger als die Breite des Vorgeleges beträgt. In diesen Mittelpunkt wird eine eiserne Pfanne — 2—3'' □ brt. $\frac{1}{2}$—1'' strk. — gelegt, auf welcher in einer flachen Vertiefung ein eiserner Zapfen nach Fig. N, P steht, der noch mittels eines Ringes am untern Ende mit dem Läufer verbunden ist. Vom Zapfen reicht ein Blatt $\frac{1}{2}$' lg., durch Nägel und Bolzen befestigt, auf der Seite des Läufers hinan, und kommt hier gewöhnlich etwas gewendet auf eine Ecke desselben, da das andere, wagrechte Blatt auf der Unterseite diagonal von da nach der Mitte reicht, und entweder nach N durch die rechtwinklich aufgebogene Spitze k oder nach O durch die überschlagene Krammel — Haspe — oder nach P durch einen eingeschlagenen Nagel m befestigt wird.

Auf gleiche Weise erhält das obere Ende einen, aber etwas längern Zapfen, Fig. O, welcher in einem Halseisen nach K oder L oder M steckt, dessen Zapfenloch genau über dem Zapfenloch der Pfanne liegen muß. Bei dem Eisen nach K muß das Thor mit dem obern Läuferzapfen zuerst eingesteckt und dann mit dem untern in die Pfanne gehoben werden, wogegen man nach L und M das Thor erst unten einsetzt, dann oben einlegt und den Splint n oder den Griff o einläßt, da die Anfertigung eines solchen Thores auf folgende Weise geschieht: zuerst werden die Läufer eingepaßt und mit den beiden Zapfen, wie nöthig, versehen, danach die Umdrehung derselben untersucht und berichtigt, welche nach den in D und E, dem obern Läuferende, punktirten Linien erfolgt, wodurch sich die Stellung des Läufers in geöffnetem Zustande ergiebt; dann wird die Entfernung der Arme eingetheilt und dieselben — nach dem freien Ende etwas schwächer gearbeitet — eingesteckt, sowie die Schwerter eingelegt. Diese Gerüste werden nun aufgestellt, die Arme im Mittel gegen einander verschnitten, — je nachdem sie, der eine höher der andre tiefer über einander vorbeigehen, und 1—2″ auf den andern Flügel reichen sollen, oder ob sie unter der letzten Bedingung nach Fig. T, in gleicher Höhe liegend, in dieser gegen einander zur Hälfte überschnitten sind — und die Randbrete jeden Flügels befestigt und verschnitten. Hiernach werden nun diese Gerüste wieder abgenommen und umgelegt, um die übrigen Brete leichter auflegen und nach den beiden ersten verschneiden zu können, dann die fertigen Thorflügel eingehangen.

Auf dem Läuferstein n, Fig. F, kommen die Zapfen mitten auf die äußere breite Seite des Läufers, und zeigen die punktirten Linien die Bewegung desselben, sowie den nachherigen Stand.

Ist nach Fig. G der vorherige Läuferstein etwas zu weit herausgerückt, oder springt die untere Mauerflucht gegen die obere, nach welcher die Läufer stehen sollen, vor, — wonach dann der Stein so gerückt werden mußte, — so müssen die Zapfen nach F etwas gekröpft werden, indem der Drehpunkt des Zapfens durch das untere wagrechte Stück etwas — um p q — vor den Läufer gerückt wird, aber dann der wagrechte Theil, namentlich äußerlich vom Blatt bis zum Zapfen, zum Tragen des Thores, stark genug genommen werden.

Etwas mehr Schwierigkeiten entstehen sowohl für den Läuferstein als auch für Befestigung des Thorläufers, bei Fachwand, Fig. H; r ist die starke Thorsäule, an welche einerseits der Riegel s, die Schwelle t auf der Mauer u, sich befindet, andrerseits der Läufer a, äußerlich bündig steht, und i ist der etwas schwieriger herzustellende Läuferstein, da derselbe im Thorlichten nur nach dem Querschnitt des Läufers vorstehen darf; beträgt dieses mehr, so ist dies theils für die Festigkeit des Steines beeinträchtigend, theils innerlich in manchen Fällen hinderlich; beträgt dieses weniger, so muß auch der halbkreisförmige Vorsprung geringer werden, weil sonst bei dem Umschlagen des Thores, für die Höhe des Steines, etwas aus dem diesseitigen Randbrete geschnitten werden müßte, wodurch aber dann beim Zuschlagen eine Oeffnung bleibt, so daß es in diesem Falle am beßten ist, die Zapfen auf die Ecke des Läufers zu nehmen um von deren Mittelpunkt, nach der Breite der Läufer in geöffnetem Stand, den möglichst größten halbkreisförmigen Vorsprung zu gewinnen, dessen Mittelpunkt nicht unbedingt im Mittelpunkt der Zapfen liegen muß, wenn man den Stein im Lichten nur 5—6 Zoll unter dem 7—8 Zoll breiten Läufer vor der Wandsäule stehen lassen will, und wodurch daselbst zwischen dem Stein und dem Randbrete nur eine 2 Zoll breite Oeffnung bleibt.

Selten geschieht das Ueberfalzen des Läufers auf die Thorsäule, Fig. 1, weil dadurch zu jenem ein stärkeres und daselbst vollkantiges Stück Holz erforderlich, überhaupt mehr Arbeit verursacht wird, deren Zweck man für gewöhnlich auf leichtere Weise durch die Leiste v erreicht. Der Falz des Läufers kann stumpfwinklich sein, — wodurch auch für denselben mehr Festigkeit erlangt wird, — da für die Umdrehung die Ecke der Säule etwas gebrochen werden muß.

Leichter erfolgt die Herstellung eines Thores bei Fachwand, wenn der Läufer vor die Thorsäule gestellt wird, Fig. I', wozu jedoch derselbe an den Ecken der äußern schmalen Seite halbkreisförmig gearbeitet werden muß, der Läuferstein aber ähnlich wie bei einem Thor in massiver Umfassung sein kann.

Bei den Thoren mit halbkreisförmigem Bogen, Fig. 6 A, ist darauf zu sehen, daß der in den Bogen treffende Theil der

Brete möglichst gut durch den obern schrägen Arm und das hochliegende Schwert befestigt werden können.

Fig. 6 B zeigt ein kleineres Thor ohne Läufer, aus Bretern und Leisten, als Belege in Füllungen, hergestellt, auf Rollen a, Fig. B, C, D, beweglich, nach deren Stellung das Thor zur Seite bewegt wird. Unten wird dasselbe durch die auf einer, mit Erhöhung versehene Schiene b, Fig. E, beweglichen und dazu gekerbten Rollen, oben in dem Falze eines dazu befestigten Holzes gehalten.

Fig. 7 zeigt ein freistehendes Thor in einer Einfriedigungsmauer; dasselbe hat ein Gerüst nach Fig. 5, ist im untern Theil mit Bretern, im obern aber, der Leichtigkeit und Gestattung des Luftzuges wegen, mit 2—3 Zoll von einander entfernten Latten belegt. Bei einem solchen Thor wird gewöhnlich kein langer Schwengel, sondern ein sogenannter Drehschwengel angewendet, wodurch bei Oeffnung eines Flügels, dessen innegehabter Raum zur Benutzung völlig frei wird, (während der lange Schwengel diesen nach der Höhe absperrt), der andre Flügel aber dann zu noch einstweiliger Befestigung unten einen Riegel, oder in der Mitte eine sogenannte Spreizstange, schräg wagrecht nach einer Säule oder Mauer, oder herunter nach einem eingegrabenen Holzstock oder Stein, erhalten muß.

Der Drehschwengel besteht aus einem, mit den Armen gleich starken Stück Holz a, Fig. B, C, D, 3—4 Ellen lang; er wird ziemlich in seiner halben Länge durch einen Bolzen n b, Fig. C, an dem Ende des mittlern Armes c von dem, für gewöhnlich fest stehenden — einwärts aufgehenden — Flügel befestigt, so daß er sich aber noch bewegen läßt; die längere Hälfte desselben liegt an dem Arm d des andern Flügels in einem Eisen e, Fig. D; über das Ende der kürzern Hälfte liegt das Eisen f, Fig. B, am Arm c befestigt, welches so gearbeitet ist, daß durch ein Vorlegeschloß, das Thor geschlossen werden kann. Beim Oeffnen des Thores wird der Schwengel aus dem Eisen e gedrückt und dann herunter hängen gelassen, so daß der nun lose Flügel geöffnet werden kann. Je nachdem das Thor aus- oder einwärts schlägt ꝛc., kann auch die Befestigung des Schwengels geschehen, nur muß auf die verschiedene Länge seiner Hebelarme gesehen, und in manchen Fällen, auch gegen das Ein- oder Ausdrücken des

Thores, zwei Eisen e, eins am Ende des Armes, das andre am Ende des Schwengels, angebracht werden.

Auf dem Zusammenstoß der Latten mit den Bretern, Fig. C, ist hier ein schräges Bret g, — Triefbret — angeordnet, welches die Stirnen der Brete vor dem Eindringen der Feuchtigkeit schützt; darunter ist eine Simsleiste, und können auch auf die Fugen schmale Leisten kommen; niemals sollen aber, namentlich unten, sogenannte Zockenbrete aufgenagelt werden, weil bei deren Abtreten die Feuchtigkeit dahinter eindringt und dadurch Fäulniß entsteht. Diese Brete müssen dann stärker sein, als die obern, welche auf deren abgeschrägte Seite, geschmiegt aufstehen ꝛc. Aus demselben Grunde ist auch anzurathen, die Arme bei freistehenden Thoren auf der Oberseite schräg zu arbeiten — abwässern — um Feuchtigkeit abzuleiten, und ebenso sollten niemals, z. B. bei Scheunenthoren die Arme äußerlich, und die Brete innerlich sein. Das mittlere Randbret der Flügel reicht gewöhnlich durch, um womöglich oben noch einen Riegel anbringen zu können.

Von den Tennewänden und Scheunenschurzen.

Gleichzeitig mit der Anfertigung der Scheunenthore erfolgt die der Tennewände, welche 2½—3 Ellen hoch, zwischen die früher abgebundenen längern Front- und Mittel- (Unterzug-Säulen eingezogen werden. Fig. 5 H, Fig. 6 A, B, C. Zwischen die Steine i, i, auf denen diese Säulen stehen, werden Schwellen w, 6—8 Zoll stark, 10—12 Zoll hoch eingelassen, auf welchen Säulen nach dem ebenfalls beim Abbinden in Höhe der Wand mit angebrachten Tennewandriegel reichend, eingeschleift werden, um daran Brete befestigen zu können.

Hat man eichnes Holz zu den Schwellen, so erhalten dieselben ein Blatt x, mit welchem sie die Steine überdecken, oder es wird, aus Holz- und wohl auch aus Arbeitsersparniß, das lange Blatt weggelassen, und die vor einem Mittelstein stehende Stirn der Schwelle w', schwalbenschwanzförmig gearbeitet, dann dazwischen ein kurzes und schwaches Bretstück eingeschoben.

Durch den Vorsprung der Schwellen vor den Steinen, hat man aber auch den Vortheil, daß man dann die Tennewandbrete, unbekümmert um die Mittelsäulen, auf diese und die nach den Bretlängen eingetheilten kleineren Säulen schlagen kann, wogegen man, bei den mit den Säulen bündigen Bretern, Fig. C, jene falzen muß, aber auch wegen der Länge der Brete entweder Verluste oder kurze Stöße entstehen.

Hat man weiches Holz zu den Schwellen, aber eichne Pfosten z, um dieselben zu bekleiden, so kann man die Schwellen den Steinen bündig einlassen und die Pfosten über dieselben reichen lassen, von denen man dann die untern Brete y, wenn sie schwächer als jene sind, etwas schräg aufsetzt, oder man läßt die Pfosten bis auf Bretstärke auf den Steinen ein, und rückt die Schwellen um so viel zurück. Die Brete werden gewöhnlich nicht gespündet, sondern stumpf angeschlagen, da die äußere Brüstung der Nuth leicht beschädigt wird. Früher und in holzreichen Gegenden, fielen die erwähnten Thor- und Mittelsteine weg, und man stellte diese Säulen auf die in ganzer Länge durchgehende Tennewandschwelle, welche noch soweit hervorreichte, daß nach Fig. 5 J', der Thorläufer gewöhnlich mit dem starken hölzernen Zapfen darauf stehen konnte, und auch oben mit einem solchen Zapfen in einem dazu ausgearbeiteten Loche des Balkenkopfes stand.

Bei der Arbeit des Dreschens auf einem Tenne, ist es nöthig, daß in die Thoröffnung ein Schurz, Fig. 9, eingestellt wird; derselbe besteht aus 2 Bretern, 24—27 Zoll hoch durch Leisten verbunden, und wird auf eine Schwelle — Thorschwelle — gestellt, welche das Tenne von dem äußern Boden scheidet; die mittlere Leiste ist unten etwas länger, um damit zugleich als Zapfen in diese Schwelle zu stoßen, an den Seiten steckt der Schurz in einem Falz, welcher auf der Thorsäule durch die Leiste y', in Bretstärke von dem Verschnitt der Tennewandbrete angenagelt, erhalten wird; bei massivem Thorschaft wird daselbst zum Einstellen des Schurzes beiderseits ein, schwaches, mit einem Falze versehenes Stück Holz, befestigt. Bei einem Thor auf der Hinterfront einer Scheune, welches während der Zeit des Dreschens selten oder gar nicht geöffnet wird, werden gewöhnlich zwei solche Schurze nach Fig. B, übereinandergestellt.

Befestigung der Bretscheidungen.

Fig. 10 zeigt die Befestigung einer Bretscheidung a an eine Säule a, — erstere mit den Stirnen an diese stoßend — entweder in einem Falze, b, oder zwischen zwei Leisten e, je nachdem das eine oder das andere bequemer auszuführen ist.

Verzinkungen.

Fig. 11, A, B, C, D zeigt verschiedene Verbindungen — Verzinkungen — zweier in einem Winkel auf die hohe Seite zusammenstoßender Pfosten oder Brete. Die Zapfen — Zinken — sind entweder rechtwinklich, oder schwalbenschwanzförmig, auch mit Versatzung, und werden gewöhnlich leicht verkeilt.

Fehlboden.

Fig. 12 zeigt die Auflage des Fehlbodens bei Dielungen, entweder in einem Falze c des Balkens a, welcher denselben schon auf der Zulage erhielt, oder auf einer an denselben genagelten Leiste b. Im ersten Fall muß, zum Einbringen des Einschubes, in jedem Balkenfeld auf einer Seite eines Balkens, in der Breite eines Bretes, der Falz von oben weggeschlagen werden, um daselbst die Brete einlegen und dann an den bestimmten Ort treiben zu können.

Deckenbrete.

Fig. 13 zeigt die Art und Weise in welcher Brete b, oder Latten c zu sogenannten Rohr- oder Stuckdecken angenagelt werden müssen. Bei schalkantigen Bretern oder Latten wird die Schalseite oben nach dem Balken a genommen, damit die unten bis ¼ Zoll breite Fuge zweier Stücke, oben weiter als unten wird, zu welchem Zweck vollkantige Brete oder Latten wohl manchmal hinterstoßen, breite Brete aber allemal 1—2 mal gespalten und beim Anschlagen etwas auseinander gezogen werden, weil sonst breite und eng aneinander liegende Brete durch Anziehen der Feuchtigkeit aus dem angetragenen Deckenputz sich werfen und auftreiben würden. Die einzelnen, aus einem Brete gespaltenen Streifen, müssen jeder und auf jedem Balken einen Nagel erhalten.

Von den Abtritten.

Bei Anfertigung der Abtritte ist darauf zu sehen, daß der Sitz bequem, die Schlotte dicht gearbeitet ist. Der Sitz muß 21—22 Zoll vom Fußboden hoch, die Oeffnung 12 Zoll weit und 4—5 Zoll von der Vorderseite entfernt sein. Bei den Abtritten in Parterreräumen kommt gewöhnlich unter den Sitz je nach der Tiefe bis in die Grube ꝛc. nur ein kürzerer oder längerer Trichter, wogegen aus den Stockwerken vom Trichter noch eine Schlotte nöthig wird, welche bis zum untern folgenden Trichter leitet. Ein Trichter zu einem einfachen Sitz, Fig. 14 A., wird oben 14—16 Zoll weit, und vereinigt sich auf 1—1½ Elle Höhe nach der 10—12 Zoll weiten Schlotte; ein Trichter zu einem Sitz und zu Aufnahme einer Schlotte oder zu einem doppelten Sitz wird aber 2—3 Ellen breit, 1—1¼ Ellen weit und verengt sich auf 2—3 Ellen Höhe in die 12—14 Zoll weite Schlotte.

Bei gewöhnlichen und einfachen Abtritten werden auch gewöhnlich nur ⅘ Zoll starke Brete verwendet; der Sitz wird aus solchen 18—24 Zoll breit. Beim Trichter werden bei unzureichender Bretbreite zu den trapezförmigen Stücken, Keile angesetzt, die Fugen der beim Zusammensetzen des Trichters und der Schlotte sich berührenden Brete gefügt, aber stumpf zusammengenagelt. Oft werden die Brete auf beiden Seiten gehobelt, wohl auch die innern Winkel oder gar die ganzen innern Seiten der Brete mit Pech auslaufen gelassen.

Bei bessern oder größern Abtritten wird Letzteres wohl auch gethan, aber es kommen auch stärkere Brete dazu, welche Leisten eingeschoben erhalten und auf den Fugen gespündet werden, und ist der Trichter, Fig. B, so anzufertigen, daß die Fugen der zu demselben gehörenden Stücke nicht lothrecht (wie rechts) sondern alle keilig in die Schlotte auslaufen (links), und setzt sich der Trichter, unten spitz verschnitten, in die schräg einwärts verschnittene Schlotte.

Der Trichter wird vorn unter dem Sitzbrete durch Brete verschlagen, welches entweder an die unten und oben dazu angenagelten Leisten geschieht, oder sie stecken oben mit der etwas längern Vorderwand des Trichters in einer Nuth unten im Sitzbret. Die Schlotten der übereinanderliegenden Abtritte reichen etwas durch das Sitzbret des darunter befindlichen, und ruhen daselbst durch angenagelte Leisten auf dem befestigten Sitzbret. Die Oeffnungen werden gewöhnlich mit gut schließenden Deckeln, aus zwei, übers Kreuz liegenden schwachen Bretlagen bestehend, von denen die untere der erhaltene Ausschnitt giebt, versehen, dagegen zum Abzug des üblen Geruchs ein Dunstrohr g von dem obern Sitz bis außerhalb des Gebäudes, gewöhnlich durch die Dachfläche reichend, aufgestellt; dasselbe wird von gewöhnlichen Bretern 6—8 Zoll weit und wohl auch ausgepicht.*)

Von den Krippen, Raufen, Ständen rc.

Fig. 15 zeigt den Querdurchschnitt einer Krippe in einen Pferdestall, doch werden verschiedene Anforderungen an die Form einer solchen gemacht, indem die Seitenpfosten entweder höher oder oben enger sein sollen. Die Scheide- und Stirnwände werden etwas eingelassen, die Fugen gut gefügt, beim Verbinden mit einander, getheert und dann mit Flachs oder Hanf belegt, dann gut genagelt, wobei auch die Nägel nach dem Kopfende etwas getheert und umwickelt werden, um das Auslaufen durch die Nägellöcher, zu verhindern, sowie die Winkel ausgepicht. Wollte man die Seitenpfoste, welche z. B. an eine Mauer zu liegen kommt, lothrecht stellen, so kann man die Krippe, ohne große Umstände, später nicht wenden, wenn man die schadhaft gewordene Vorderseite zur Hinterseite nehmen will.

Zu Aufstellung eiserner Krippen wird nach Fig. 16 ein zwar noch etwas theures Geschränke, auf gemauerten Pfeilern rc. liegend, aus 3—4 Zoll starken, 6—8 Zoll hohen Pfosten gefertigt. Der Rand der Krippen a wird in die Längestücke b eingelassen, welche zwischen je zwei Krippen durch Querstücke c und Bolzen festgehalten werden, und welcher Zwischenraum mit sattelförmig gearbeiteten, nach den Krippen abfallenden, diese an dem Querrande etwas bedeckenden Pfosten d, belegt wird.

Die über den Krippen anzubringenden hölzernen Raufen, Fig. 17, bestehen A aus den 3—5 Zoll starken Bäumen a und den 1—1½ Zoll starken Sprossen b, welche in 4—6 Zoll Entfernung jene durchreichen, zwischen denen wohl mehrere und an jedem Ende, eine breitere — Schwinge — angebracht werden. Die Sprossen sollten nicht von ihrer Mitte aus nach den Enden spitz gearbeitet werden, sondern gleiche Stärke bis ziemlich an

*) Verschiedene andre künstliche Vorrichtungen und Einrichtungen der Abtritte, namentlich zu Vermeidung des üblen Geruchs, gehören entweder nicht zu den Arbeiten des Zimmermanns, oder sie erhalten dann genauere Angaben.

die Bäume behalten und dann erst nach der Stärke der Löcher verjüngt werden.

Anstatt der hölzernen Sprossen werden auch schwächere eiserne angewendet, Fig. B, für welche jedoch die Löcher in den Bäumen nicht durchreichen, und mit dem Löffel-, besser mit dem Centrumbohrer gebohrt werden. Um die Sprossen nicht unnöthig lang machen zu müssen, so wird zu Erlangung der mehrern Höhe der Raufe, auf dem obern Baum ein Bret c mittels Bankeisen 2c. befestigt.

In bessere Pferdeställe werden für ein oder zwei Pferde, Abtheilungen durch sogenannte Standwände, aus hartem Holze gefertigt, eingestellt, Fig. 18. Sie bestehen aus einer längern Säule a, deren oberer Theil, mit Haken versehen, zum Aufhängen einzelner Geschirrtheile dienen kann; mit dieser und der kürzern Säule b, an der Krippe, ist unten eine Schwelle c, — schräg nach der Neigung des Pflasters, — oben der Rahmen d, verbunden, welche beide, mit Falz versehen, den Bret- oder Pfosteneinschub e aufnehmen; dergl. Standwände werden im Ganzen verbunden eingestellt, und dann auf die kürzern Säulen, an die hier steinerne Krippe, gewöhnlich ein Rahmen f gelegt, in welchem die Eisen zum Anhängen der Pferde befestigt werden, zugleich aber auch dadurch die Vorderwand der Krippe vor dem Reiben der Halsketten geschützt wird.*)

Von Klotzpflasterungen.

In Pferdeställen sowohl, als auch zu Durchfahrten in Gebäuden, wohl auch auf Straßen, wird Klotzpflaster aus Erlen-, oder Fichten-, oder Tannen-, oder Kiefern-, oder Eichenholz angewendet, wovon es verschiedene und schwierige Arten giebt. Das einfachste — je nach vorhandenem Material — wird aus gleichen, 8—12 Zoll langen Stammabschnitten gewonnen, welche im Umfange von Unebenheiten, wohl auch der Schale gereinigt werden, auf einer, nach Lage des Pflasters geebneten und festen Fläche gelegten Lehm- oder Sandschicht aneinandergestellt, dann die verbleibenden Oeffnungen durch gleich lange Stücke ausgefüllt werden, und nun das Ganze festgerammt. Zu etwas besserem

*) Einige andre Arbeiten in Kuh- und Schafställen, werden nachträglich auf Tafel 26 gegeben.

Pflaster wird das Holz erst vierseitig beschlagen, jedoch nach Umständen aus Holzersparniß nicht alles von gleicher Stärke, da man dann die Stöcke nach ihren Stärken sortiren kann, um sie, wie nun hier geschieht, danach reihenweise fest aneinander stellen zu können. Die, bei nicht ganz vollkantigen Stöcken, entstehenden kleinern Oeffnungen, Fig. 19 A, B, werden dann mit passenden Stücken ausgefüllt, die Kanten der leicht schlüpfrig werdenden Oberfläche der Stöcke, aber etwas gebrochen, Fig. C, um das Ausgleiten auf denselben zu vermindern.

Um das Senken einzelner Stöcke zu verhindern, erhalten dieselben nach Fig. C, D, in der Mitte ihrer Höhe auf zwei entgegengesetzten Seiten einen Einschnitt a, 1 Zoll □ groß, in welchem eine gleich starke, aber zwei Zoll breite und harte, über mehrere Stöcke reichende Leiste b geschoben wird, deren Vorsprung dann in die nächst aufzustellende Reihe greift. Hieraus ist aber ersichtlich, daß sowohl die Stöcke wenigstens gleiche Stärke haben müssen, um für jede Reihe nach ihren breiten Seiten, in welche die Einschnitte zu machen sind, eine grade Linie zu erhalten, als auch daß dieselben vollkantig sein müssen, da man andern Falls die entstehenden Winkel nur durch kurze, bis auf die Leisten reichenden Stücke ausfüllen kann, wenn man nicht, was auch weniger rathsam sein dürfte, dieserhalb kurze Leisten c auf jeden einzelnen Stock anwenden will.

Die kurzen Querleisten nach d, selbst bei vollkantigen Stöcken, sind nöthigenfalls auch noch anwendbar und werden eher eingeschoben als man die Längeleisten einlegt.

Von Fußlamperien.

In Wohnungsräumen wird der Anschluß der Fußböden mit deren Umfassungen durch kleinere oder größere Leisten — Scheuerleisten, — niedrige Fußlamperien — Fig. 20 A—F, vermittelt. Die niedrigen D werden auf den Boden, die höhern F noch an die, in den Umfassungen anzubringenden Dübel 2c. befestigt, und werden deswegen angewendet, um die Wände sowohl vor dem Anrücken der Möbeln, als auch vor dem Berühren beim Scheuern zu sichern. Ihr Zusammenstoß in rechten Winkeln oder rechtwinklichen Ecken geschieht leicht auf Giehrung in 45 °, jedoch anders und obgleich auch leicht, für Manchen doch schwieriger, bei schiefen Winkeln, welchen Schnitt man allemal richtig durch Halbiren der Winkel findet, nach Fig. B und nicht nach C.

Von Stacketen.

Den Riegeln bei Stacketerien hat man, theils wegen Erlangung ihrer größten Tragkraft, theils wegen Sicherung gegen schnelle Fäulniß derselben, sowie der Latten, wo sie an den Riegeln liegen, verschiedene Formen gegeben, Fig. 21, A, B, C, von denen B wohl noch die beßte sein dürfte, obgleich sie für die Latten die größte Berührungsfläche bietet; doch läuft das Wasser schnell von der Latte — obgleich unterhalb wieder daran — während dieses bei A langsamer stattfindet, und in die Risse auf der Oberseite leicht eindringt, — bei C sogar nach der Latte geschieht, und in dem obern Winkel sich leicht Schmuz anlegt, welcher die Feuchtigkeit verhält.

Der Riegel A fordert im Verhältniß den größten Querschnitt, doch kann an demselben auch die Unterseite etwas schiefwinklich — parallel mit oben — gearbeitet werden, um daselbst das Wasser abtropfen zu lassen; überhaupt aber kann nur dadurch ein Stacket länger erhalten werden, wenn dasselbe gut angestrichen und dieses in Zeiträumen von einigen Jahren wiederholt wird.

Leichtere und zierlichere Stacketen erhalten anstatt der vorigen Riegel, dergl. aus 4—6 Zoll breiten Pfosten, Fig. G, welche runde oder quadratisch gearbeitete Stäbe, Fig. D, E, F, durchreichen, deren Befestigung in ihrer richtigen Höhe, durch kleine Nägel geschieht. Die Riegel werden breit gelegt, oben abgewässert, unten beiderseits mit Wassernase versehen.

Andre Stacketerien mit diagonal sich kreuzenden Latten, oder dergleichen aus rohem Material — als starken Stangen zu Riegeln, als schwächere Stangen, ebenfalls sich kreuzend, anstatt der Latten, — erfordern wegen Anlage und Beibehaltung dieser diagonalen Richtungen, einige Aufmerksamkeit.

Hiermit sind die gewöhnlichen, beim Ausbau der Gebäude verschieden vorkommenden Arbeiten, nach denen ähnliche leicht verständlich und anzufertigen sind, geschlossen, doch erhalten nun die Treppen, wegen ihrer oft schwierigen Anlage und Ausführung, einen besondern Abschnitt.

Tafel XXIV.

Von den Treppen.*)

Die Treppen sind, sowohl nach dem Raume, in dem sie aufgestellt werden, als auch in der Art ihrer Zusammenstellung, verschieden. In erster Beziehung giebt es grade, ein- oder mehrmal gebrochene, diese wieder im Bruch entweder mit einer in Treppenbreite wagrechten Fläche — Potest — oder mit spitzzulaufenden Stufen — Wendelstufen; ferner gewundene, entweder im halben oder ganzen Kreis oder in einer Ellypse; sowie Treppen von gemischter Grundform. In anderer Beziehung sind sie meist nach ihrem Zweck oder dem Material, einfach, wenn Fig. 1 die Stufen — Trittstufen — nach a in die Treppenwangen — Stege — b eingestemmt, oder nach c eingeschoben sind, bei welchen letztern die Vorderseite nach dem dreieckigen Querschnitt etwas länger gemacht wird, um sie damit, außer der eingestemmten Versatzung noch etwas auf die Wangen greifen zu lassen. Um zu vermeiden, daß bei dergleichen Etwas hinten hinunterfallen kann, werden die Stufen daselbst schräg gestoßen, um sie an dieser Seite mit Bretern e verschlagen zu können. Der Verschlag kann jedoch auch querüber, von einer Wange auf die andere, angefertigt werden, nur müssen dann die Stufen mit der Unterseite der Wangen verlaufen. Kommen unter die Trittstufen d, etwas von deren Vorderkante zurück, senkrechte Brete f, — Futterbrete, Satzstufen, welche sowohl erstere vor dem Einbiegen sichern, als auch die Zwischenräume der Stufen schließen, so heißen dieselben und auch die Treppe: gefuttert. Dadurch, mag dies nun, wie bei f geschehen, welche an der untern Trittstufe liegt — oder wie bei g, welche zwischen zwei Trittstufen steht, — wird die nothwendigste Breite der Wangen bestimmt, wenn man die vordere Kante der Trittstufe nach h rechtwinklich zur

*) Die hierzu gehörenden Tafeln enthalten ebenfalls meist nur Details; die Zusammenstellung ganzer Treppen ist aber, um Platz zu sparen, mit wenigen und kurzen Stufen gegeben, als dies eigentlich in der Praxis vorkommt, doch ist zu vorliegendem Zweck es gleich, ob eine Treppe z. B. 10 oder 20 Stufen hat und ob dieselben 1 oder 2 Ellen lang sind.

obern Seite der Wange ½—2 Zoll zurücknimmt, andererseits den Winkel, welchen die Unterseite der Trittstufe mit der Rückseite der Satzstufe nach f oder g bildet, auf die Unterseite der Wange nach i, oder rechtwinklich davon entfernt nach k, nimmt, oder richtiger: wenn man nach der gegebenen Höhe und Breite der Stufen, den genannten obern und untern Vorsprung der Wangen rechtwinklich dazu nimmt.

Bei bessern Treppen stehen die Satzstufen wohl auch nach l oder m mit Nuth in den Trittstufen, oder sie erhalten an deren Unterseite beiderseits kleine Leisten n oder auf ihrer Hinterseite eine Umrahmung durch dieselben, wozu auch die hintere Kante der Trittstufen nach o, vorspringt.

Werden die Stufen nicht in die Wangen gestemmt, sondern diese nach den untern Winkeln der erstern ausgeschnitten, Fig. 2 A a, um sie darein legen zu können, b, so heißen dieselben, und danach die Treppe, gesattelt. Die zur Ansicht freistehenden Stirnen der Trittstufen werden dann wohl auch nach c oder d profilirt, und unter ihnen die Leisten e angebracht, wogegen andrerseits die Stufen auch, und zwar die Trittstufen nach Fig. B, in die Wange versetzt werden. Werden die Stufen massiv, gleich den steinernen aus Blöcken angefertigt, Fig. 3 a, b, c, so entsteht die Blocktreppe, deren Stufen zwischen zwei Mauern aufliegend und vermauert, oder, namentlich bei Wendeltreppen einerseits vermauert, andererseits gewöhnlich ohne Wangen frei — freitragend — gelassen worden, wonach dann die Treppe freitragend genannt wird. Bei weniger gutem Material und auch aus Holzersparniß, werden die Stufen nach c gefertigt und dann mit Tritt- und Satzstufe belegt.

Fig. 4 zeigt eine gewöhnliche grade, gefutterte Treppe, — in ihrer Lage von einem Fußboden a nach dem höhern b, oben die innere Seite, unten die äußere Seite einer Wange — deren Anfertigung auf folgende Weise geschieht: ist Fig. 5 in einer Balkenweite, in welche eine Treppe zu liegen kommen soll, a das von einer Seite zuletzt verlegte Bret des untern Fußbodens, b weiter darüber hin, ungefähr das zuletzt zu verlegende des obern, von der andern Seite, so zieht man, wenn die Treppe an einer Wand liegt, an dieser, oder wenn dieses nicht der Fall, daselbst an einem, auf die hohe Seite gelegten Brete, nach der Seite des untern, die Senkrechte c, als Rückseite der Satzstufe, dann in ungefährer nach Rechnung gefundenen Stufenhöhe, die Wagrechte d, als Oberseite der Trittstufe, auf welcher man die Stärke der Satzstufe durch e, und den Vorsprung jener — 1 bis 2 Zoll — durch f abmißt. Dieser Vorsprung ist eigentlich nicht nöthig, da er, namentlich bei schmalen Trittstufen, eher hinderlich als bequem ist, und sollte man dann dieselben mit der Vorderseite der, wohl auch etwas nach hinten überhängend eingestellten Satzstufen, verlaufen lassen, wodurch zugleich ein bequemer Auf- und Niedergang für eine solche Treppe erlangt würde. Doch hat man diesen, bei breitern Stufen und des bessern Ansehens wegen erlaubten Vorsprung auch auf schmälern beibehalten, wodurch man jedoch nur für das Aufsteigen einen breitern Auftritt erhält, für das Niedersteigen nur die Breite der Trittstufe, — von vorn bis an die heruntergelethete Vorderkante der höhern Stufe — in Betracht und in Rechnung kommt. Bei steilern, ungefutterten Treppen würde man durch Weglassung des Vorsprungs für das Aufsteigen schmalen Auftritt, allgemein aber bei der zweiten Art den Uebelstand des leichtern Durchfallens der von einer Stufe zur andern treffenden Unreinlichkeiten, haben.

Verbindet man nun den Punkt f mit dem oben angenommenen Punkt g, durch eine Schnur, so erhält man die geeignete Lage der Treppe. Je nach der Breite der Wangen, welche man aus Erfahrung gewöhnlich 10—12 Zoll, bei bessern 12—14 Zoll breit nimmt, und schon vorher in diesen Maaßen ausschnitt ꝛc., zieht man zu f g in rechtwinklicher Entfernung (parallel) den obern Vorsprung derselben durch die Schnur h i, von welcher man dann in genannter Breite die Schnur k l zieht, welche nun entweder in den äußern Winkel k trifft, welchen die Tritt- und Satzstufen bilden, oder besser, wenn daselbst die Wange nach m n auch etwas vorspringt.

Was nun die Enden der Wangen betrifft, mit denen sie unten und oben auf- oder anliegen und befestigt werden, so geschieht dies unten durch eine Klaue, mit welcher die Wange auf dem Bret a stemmt, welches ohne Unterstützung die Treppe zu tragen vermag, wenn deren Wangen an den beiderseitigen Balken liegen; doch wird daselbst, auch wie oben Fig. 1, ein Wechsel p eingelegt, welches zugleich als Satzstufe dienen kann, — oder es erhält die Treppe ihre letzte Satzstufe für sich

— oder auch: es wird unten und oben ein stärkeres Bret — nach q, Fig. 1 — Einstrichbret — lothrecht eingelassen, welches dort das Bret a zum alleinigen Tragen der Treppe unterstützt, und zugleich in Balkenhöhe die Entfernung zwischen Decke und Fußboden, schließt, hier nur zum Anlegen der Treppe, mit besonderer Setzstufe oder ohne dieselbe zugleich als solche, dient.

Das obere Fußbodenbret b, Fig. 5, gehört, obgleich als oberste Stufe — Austritt genannt, — nicht mit zur eigentlichen Treppe, sondern es wird dasselbe gewöhnlich nach Anlegung der Treppe, in nöthiger Breite, jedoch nicht zu schmal, verlegt, wozu die Wangen nach dem angenommenen Vorsprung der Trittstufen von der lothrechten Linie des Verschnitts am Einstrich, ausgeschnitten — ausgeklinkt — werden.

Ist der Fußboden unter einer Treppe fortgeführt a, Fig. 6, so sollte man niemals, (wie oft geschieht) ein Bret b in Länge nach der ganzen Breite der Treppe auflegen, um die Wangen derselben darauf klauen zu können, weil allemal dadurch, mit oder ohne Hinzurechnung der Stärke desselben zur Stufenhöhe — Steigung — ein unbequemer Antritt entsteht. Dann geschieht hier die Befestigung der Wangen nur durch ein befestigtes Lattenstück c, nach welchem dieselben Einschnitte erhalten; oder es werden dieselben mit einer Klaue versehen, welche in das Bodenbret a stoßen; oder sie liegen stumpf verschnitten auf dem Boden und sind mit großen eisernen Nägeln d 2c. befestigt.

Unter Berücksichtigung dieser verschiedenen Einzelnheiten, deren Vorausschickung nöthig war, wird nun weiter mit Anfertigung dieser Treppe fortgefahren: man nimmt ein Bretstück A, bis 1 Elle lang, und so breit als die Wangen, legt dieses nach der Schnur oder dem Schnurschlag h i, der Neigung der Treppe, und verschneidet dasselbe unten parallel mit dem Fußbodenbret, sowie nach dessen freier Kante, um daselbst die Klaue zu erhalten. Ein dergleichen Bretstück B legt man oben nach derselben Neigung h i, und verschneidet es parallel mit der Oberseite des Fußbodens, sowie nach der Linie n o, welche die Bundseite eines gewöhnlich nun erst danach einzulegenden Wechsels oder Einstrichs ist. Auf diese beiden, unten und oben angepaßten Bretstücke legt man ein Maaß C, um durch Vorschreiben an dessen

Enden p q, die Entfernung der Stücke zu haben, in welche sie auf ein zu verwendentes Wangenstück gelegt werden.

Ist das Wangenstück nach diesen Chablonen wie Fig. 7 zeigt, verschnitten, so wird es an den betreffenden Ort gehalten, und wenn nöthig, angepaßt, dann an demselben unten und oben eine wagrechte, besser $\frac{1}{8}$—$\frac{1}{16}$ Zoll nach vorn geneigte Linie a b, c d gezogen, um nun danach die Lage der Trittstufen bestimmen zu können. Hat man für die Höhe der Treppe von Fußboden zu Fußboden, die Anzahl der Steigungen, Stufen — welche z. B. dabei nicht unter 7 aber auch nicht über 8 Zoll hoch sein sollen, bestimmt, so theilt man die Länge e f, der Wange in diese Anzahl g, h — l, zieht dann aus dem, einer früher gezogenen Wagrechten zunächst liegenden Punkte g, mit dieser eine Parallele g m, um danach die Unterseite der Wange in gleiche Anzahl Stufen zu theilen, welche Punkte n — q man mit den zugehörigen vordern verbindet und wobei aber die so erhaltenen Linien q l, p k der früher daselbst gezogenen wagrechten Linie a b ebenfalls parallel sein müssen.

Nach Fig. 7 wird nun eine andre Wange genau nach Länge und Breite vorgerichtet, dann beide mit den einander gegenübertreffenden Flächen übereinander gelegt, und die an ersterer gemachten Theilpunkte g — l, m — q, an diese gewinkelt, um dann nach ihrer Auseinandernahme die gegenüberliegenden Linien entsprechend zu verbinden.

Ist nun auf diese Weise die Breite der Tritt- und Satzstufen bestimmt, so werden dieselben nach ihrer nöthigen Länge ausgeschnitten und gearbeitet, dabei jedoch auf zwei oder mehrere Zapfenstufen Rücksicht genommen, Fig. 4 c, Fig. 8 a — welche mit einem Zapfen durch die Wangen reichen und durch ihr Verkeilen die Treppe zusammenhalten — aber die Satzstufen, breit genug, nur einstweilig oben gefügt. Dann werden die Stufen einzeln auf die Wangen, wie sie mit ihren Stirnenden in dieselben eingelassen werden, gestellt, und zwar die Trittstufen mit ihren Bundseiten an die zugehörigen Linien, — nämlich mit ihrer Oberseite an die wagrechte, mit der hintern Kante an die, die Vorderseite der Satzstufe bezeichnende Linie, — und nun an der Ober-, Unter- und Vorderseite die Länge und Breite der Versatzung angeschrieben, sowie jede Stufe nummerirt. Die Satzstufen werden mit ihrer Vorderseite nach der zugehörigen Linie aufgestellt, mit der gefügten Seite an die angeschriebenen Stärke der daraufliegenden Trittstufe gerückt, und, wenn sie dann noch die Stärke der darunterliegenden Trittstufe deckt, ihre Versatzung nach deren Unterseite verlaufen gelassen.

Sind nun die so angeschriebenen Versatzungen ausgearbeitet, so werden die Stufen erst in eine breitgelegte Wange eingepaßt, — wozu man die etwas breitern Satzstufen scharfpassend zuspitzt — dann auf gleiche Weise in die andre wonach man die überflüssige Breite der Satzstufen nach einer Verbindungslinie der eingepaßten Seiten, arbeiten kann; nun wird die andre Wange auf die eingestellten Stufen gelegt und mit denselben zusammengeschlagen, gegen deren Auseinanderfallen erst die Zapfen dieser, dann umgewendet, die der andern Wange verkeilt werden.

Ist nach Fig. 9 eine der beiden zum Anwinkeln der einerseits gemachten Eintheilungen übereinanderliegenden Wangen schmäler als die andre, so ist dies zwar kein Fehler, doch können dadurch Fehler entstehen, wenn man auf den gegeneinander vorstehenden Seiten die Theilpunkte b, f der breiten Wange rechtwinklich herüber an die obenaufliegende schmälere, nach e, g anmerkt, so daß man dann auf dieser die Verbindung mit den hintern entsprechend aufgewinkelten Theilpunkten a, e die Linien a c, e g erhält, wodurch die danach eingestemmten Stufen windschief werden. In diesem Falle muß dann an der schmäleren, in denjenigen Punkten d, h, k aufgewinkelt werden, in welchen die Linien a b, e f, i l, die Vorderseite derselben schneiden, wodurch die Stufen beider Wangen auf eine Linie treffen wie i k auf i l. Hierauf wird Fig. 7 auf jeder Wange eine Linie parallel e f aufgeschnürt, welche den Vorsprung der Wange vor den Stufen — rechtwinklich zu derselben aufgetragen — bestimmt; von den erhaltenen Durchschnittspunkten werden dann die zurückliegenden Satzstufen aufgetragen und rechtwinklich zu den Trittstufen aufgeschrieben; hatte man jedoch die Sitzstufen einer Wange vor ihrem Zusammenlegen angegeben und über die Breite derselben verlängert, so konnte man sie dann leichter auf die andre übertragen.

Ein anderes Verfahren bei Eintheilung der Stufen und Bestimmung der Wangen zu einer Treppe, ist nach Fig. 10 folgendes: man nimmt die wagrechte Länge a b der Treppe (Fig. 5 von der Seite des Bretes a bis lothrecht unter o n), sowie deren senkrechte Höhe b c, und zeichnet mit diesen Maaßen auf einem eigends dazu gelegten, oder auf einem ausreichenden bereits gedielten Boden das Parallelogramm a b c d; die Höhe theilte man in die sich ergebende Anzahl Steigungen e, f — c, e' f' — d, wonach sich die Zahl der Auftritte ergiebt, von welcher jedoch allemal einer für den Austritt in Abzug gebracht werden muß, so daß die Breiten a b, d c in einen Theil weniger, also nur 1, 2, 3, a, — 1', 2', 3', d getheilt werden. Durch Verbindung der einander entsprechend gegenüberliegenden Punkte, erhält man die Eintheilung der Stufen, und nach Auftragen der Stufenstärken i, h, unter Hinzurechnung des beliebig anzunehmenden, oder bei vorhandenem Material danach zu bestimmenden obern und untern Vorsprungs, die Breite, aber auch zugleich die Länge der Wange A. Dieselbe muß nicht nach Fig. 7 in einer Spitze e auf dem Fußboden auslaufen, sondern kann, rechtwinklich zu demselben, nach r verschnitten werden, wodurch sie um das Stück e s kürzer wird, welcher Vortheil sich nebst manchem andern und unter schwierigern Umständen in Fig. 10, zu beliebiger Benutzung herausstellt, wenn man nun ein zu einer Wange bestimmtes Stück auflegt, um durch Ueberschnüren der Linien die Stufeneintheilung auf derselben zu erhalten. Der Verschnitt an beiden Enden sollte nun, genau genommen, nach den bekannten wagrechten und senkrechten Linien erfolgen, doch muß man vorher, wenigstens für den wagrechten untern und für den senkrechten obern Verschnitt, als die längere Linie, die Richtigkeit der beim Anlegen dadurch berührten Flächen untersuchen, wenn man nicht, besser, deshalb die in Fig. 5 erwähnten Schablonen anfertigen will.

Ein drittes Verfahren zu Bestimmung der Stufeneintheilung einer Wange, wobei jedoch die größte Genauigkeit erforderlich wird, ist das nach Fig. 11. Dazu muß die Breite und Höhe der Stufen genau berechnet, oder besser auf den abgenommenen Maaßen genau eingetheilt werden; die erhaltene Breite wird auf ein Winkeleisen von a nach b, die Höhe auf den Schenkel von a nach c getragen, dann auf der Wange ein Schnurschlag d e bestimmt, auf welchem die Vorderseite der Satzstufen, aufwärts verlängert, die Oberseite der Trittstufen schneiden, und das Winkeleisen mit den Punkten b und c gelegt wird, um eine Trittstufe nach a b, die Satzstufe nach a c anschreiben zu können, wonach dann das Winkeleisen weiter mit b auf c, mit c auf die Linie d e gerückt wird, um wieder eine Tritt- und eine Satzstufe anzuschreiben 2c.

Hieraus ist ersichtlich, daß die Länge der Wange durch mehrmaliges Auftragen der Diagonale b c bestimmt wird, folglich dieses Maaß erst genau abgenommen, und dann wieder so aufgetragen werden muß, wenn man nicht vorher die Länge und den Verschnitt der Wange bestimmt, und, wenn bei mehrmaligem Auftragen der Diagonale (ähnlich wie bei Fig. 7 der Theile e g, g h 2c.) die Länge nicht aufgehen sollte, die entstandene Differenz durch Vertheilung derselben auf alle Theile, ausgeglichen wird.

Ist ein Stück Holz zu einer Wange etwas zu kurz, um den Stufen bei vorhandenem Raum etwas mehr Auftritt zu geben, so wird nach Fig. 12 eine Block- oder Flötzstufe a, massiv oder noch belegt, als erste Stufe gelegt, auf welcher dann die Treppe festliegt. Eine dergleichen Stufe, wohl auch aus Stein, wird gewöhnlich bei solchen Treppen untergelegt, welche sonst, auf Erd- oder Steinfußboden liegend, daselbst leichter von Feuchtigkeit leiden würden.

Anstatt dieser einfachen Stufe wird aber auch öfters ein breiterer Antritt, — Flötzen, — angelegt, namentlich wenn die erste Stufe nicht weit genug von einer mit derselben parallelen Wand kommt, ohne daß durch eine weitere Entfernung derselben, der Auftritt der Stufen verringert würde. Je nach Umständen werden dann, Fig. 13, querüber zur Treppe zwei Stücke Holz a, oder vier Stücke a b, zu einem Geschränke verbunden, gelegt und abgedielt c, um darauf die Treppe aufklauen zu lassen.

Fig. 14 A, B zeigt die Verbindung einer gewöhnlichen untern Geländersäule mit der Wange. Die Säule ist nicht vorn in deren niedrige Stirn, sondern etwas höher hinauf verzapft, und zwar mit langem, herunter gehenden Blatt, wodurch für dieselbe die größte Festigkeit erlangt wird.

Die Befestigung einer obern Geländersäule geschieht nach Fig. 15, ausreichend durch einen Zapfen in ziemlich ganzer Höhe der Wange, welche etwas kürzer wird, da die Säule in einiger Breite an dem Wechsel 2c. herunterreicht. Diese Säule muß beim Arbeiten der Wange mit abgebunden und für die einstehen, den Stufen gestemmt, um sie beim Anlegen der Treppe mit einbringen zu können.

Fig. 16 zeigt eine mehrmals gebrochene Treppe mit Ruheplätzen, Potest, Flötzen, im Grundriß, deren Treppenarme in ihrer Anfertigung als kleinere grade Treppen nun weniger Schwierigkeiten, mehr aber in der Verbindung mit den Potesten verursachen, welches jedoch später angeführt werden soll.

Eine gewöhnliche Treppenconstruction, namentlich bei beschränktem Raum, ist die einmal mit Wendelung gebrochene Treppe, Fig. 17, im Grundriß, welcher zu Anfertigung derselben genau im natürlichen Verhältniß nach genommenen Maaßen, auf einem Bretboden gezeichnet und eingetheilt werden muß, wie dies größer ein Theil in Fig. 18 zeigt, wobei vorzüglich wegen der bequemen Eintheilung der Stufenbreiten Manches zu beobachten ist. Zuerst wird der Winkel f g h, nach welchem die Treppe, entweder frei oder an Wänden liegend gebrochen wird, gemessen, dann aufgezeichnet, um danach die ganze Treppenbreite sowie darin die Stärke der Wangen auftragen zu können. Die äußerlichen schließen unmittelbar nach ihrer Richtung zusammen, während die inneren wegen der daselbst steilen Steigung der Stufen, in ein aufrechtes Stück Holz — Spindel, Spille — stoßen, welches aber selten viereckig, sondern meist nach einem Viertelcylinder, mit kleinerem oder größerem Durchmesser gearbeitet ist, wodurch auf der Treppe die scharfe Kante wegfällt und die Einbringung der Wendelstufen erleichtert wird.

Um nun die Stufen zwischen der nach Umständen bestimmten oder beliebig anzunehmenden Antrittssatzstufe b, und Austrittssatzstufe c eintheilen zu können, so zeichne man für die Wendelstufen aus dem Mittelpunkte der Spindel einen Bogen a als die Weglinie, welche man beim Besteigen der Treppe verfolgt, und auf welcher die Wendelstufen gleiche Breite mit den untern und obern graden Stufen haben sollen. Da man sich jedoch beim Steigen einer solchen Treppe mehr nach der Wand halten, auch den Winkel nicht nach einem flachen Bogen ausgehen wird, so ist es gut, letztern sowohl nicht aus dem Mittelpunkt der Spindel, sondern aus dem Punkte zu beschreiben, in welchem sich die innern Seiten der innern Wangen schneiden, als auch dessen Durchmesser nur bis auf die halbe Treppenbreite, sondern etwas größer zu nehmen, wodurch man nach Verbindung der Bogenenden mit der An- und Austrittsstufe in paralleler Richtung mit den äußern Wangen, eine etwas längere und bequeme Weglinie erhält, auf welcher nun die Eintheilung der Stufen erfolgt. Dieses geschieht jedoch nicht, wie von Manchen geschieht, in der Weise, daß man den untern und obern graden Theil — Arm — für sich eintheilt, und dann die Wendelstufen auf den quadratischen Flötzen bringt, sondern es geschieht die Eintheilung sämmtlicher Stufen mit gleichem Maaße auf die ganze Länge der Weginie von b bis c.

Die Richtung der Stufen wird nun aber auch nicht dadurch bestimmt, daß alle, auf die grade Theillinie treffenden, rechtwinklich zu derselben von einer Wange zur andern reichen, und die auf den Bogen treffenden, nach dessen Mittelpunkt gezogen werden, sondern es werden erst diese und zwar nach einem, weiter außerhalb der Treppe auf der verlängerten Diagonale des Flötzens gelegenen Punkte e gezogen, um die Wendelstufen nicht so sehr spitz zu erhalten; dann wird aber auch noch die, den Wendelstufen unter- und oberhalb zunächst gelegene erste, wohl auch noch die zweite etwas gewendelt, wodurch diese nach dieser Seite etwas verjüngt, jene aber an dem sonst spitzen Ende, um so viel breiter wird, so daß man den Uebergang von den schmalen zu den breiten Enden auf dieser Seite der Stufen etwas vermittelt.

Um nun die Stufen, — die Trittstufen nach Länge und Breite, die Satzstufen in ihrer Länge — nach diesem Grundrisse schneiden zu können, Fig. 18. ist noch bei der Stärke der Wangen die Tiefe der Versatzung i, zu jeder Satzstufe k rechtwinklich der Vorsprung l (parallel) der darüberliegenden Trittstufe aufzuzeichnen.

Die graden Stufen von gleicher Breite werden leicht abgemessen und aus Bretern oder Pfosten geschnitten; zu den Wendelstufen müssen letztere nach m aufgelegt werden, um die hintere schräge Seite n überschreiben, und den, bei gewöhnlich unzureichender Breite der Pfosten noch nöthig werdenden Keil bestimmen zu können. Die Länge der Satzstufen läßt sich leicht bestimmen, doch wird dieselbe, sowie die der Trittstufen, jetzt noch nicht genau geschnitten, sondern einiger Verschnitt zugegeben, da dieselben durch das Arbeiten — Hobeln und Fügen — welches nun erst geschieht, noch in Breite und Stärke verlieren. Bei diesem Zuschneiden wird jedoch große Aufmerksamkeit und Geschicklichkeit verlangt, damit das Material so viel als möglich vortheilhaft benutzt wird, denn es ist z. B. nach Fig. 19 A, B, nach Umständen, je nach Verwendung der abfallenden Stücke vortheilhafter, die Wendelstufe o entweder nach A oder nach B abzuschneiden rc.

Sind die Trittstufen, bis auf die Hinterseite gut gearbeitet, so werden sie aufgelegt, Länge und Breite übergeschrieben und verschnitten; dieses erfolgt mit den Satzstufen, wenn sie bis auf die Unterseite gut gearbeitet sind, doch ist dabei für die Wendelstufen Einiges zu bemerken: ist Fig. 20 A, eine Trittstufe a stumpfwinklich zur Wange b, so wird ihre spitzwinkliche Seite auf die Tiefe der Versatzung gestirnt, ebenso die darunter befindliche Satzstufe c, um die Versatzung nicht unter sich ausstemmen zu müssen, so daß diese vorn rechtwinklich für die Hinterseite der Satzstufe stumpfwinklich wird. Anders ist es bei der, Fig. 20 B, spitzwinklich in die Wange d stoßenden Stufe e, für welche die Versatzung vorn stumpfwinklich wird; dieses ist auch für die Satzstufe f der Fall, welche die Hinterseite gestirnt und dazu diese Seite der Versatzung, rechtwinklich erhält.

Sind auf diese Weise die Stufen fertig, so erfolgt nun die etwas schwierigere Bestimmung der Wangen, wozu das Aufschnüren, Austragen derselben, welches hier durch Zeichnung der Senkrechten zum Grundrisse, leicht und verständlicher wird, (ähnlich nach Fig. 10) das Schnellste und Sicherste ist. Dazu werden auf einem Boden nach genau abgemessener Eintheilung der Stufenhöhen, Fig. 21, Parallelen gezogen, nach A eine Rechtwinkliche g', von dieser, in Stärke der Wange p, eine andre 1'; dann wird im Grundriß das Maaß von 1 — 3 genommen, eine Steigung höher, und von der Linie 1' nach 3' getragen, woraus wieder eine Rechtwinkliche gezogen wird; dann aus dem Grundriß das Maaß 3 — 5, besser 1 — 5, und dasselbe, noch eine Steigung höher, von der Linie 1' nach 5' getragen, um ebenfalls daselbst eine Rechtwinkliche zu ziehen, auf welche Weise mit den Punkten 7, 9 rc. fortgefahren wird, wodurch man die verschiedenen Auftritte auf der innern Seite der Wange q erhält; zu Bestimmung der, unter verschiedenen Winkeln anstoßenden und daher auf der Wange verschieden breiten Vorsprünge, kann man dieselben aus dem Grundrisse 3 — 2, 5 — 4 rc. abnehmen, und dann im Aufriß von den Satzstufen auf den zugehörigen Trittstufen nach 2' 4' rc. tragen; leichter geschieht jedoch dieses Abmessen, wenn man im Grundriß ein Maaß an die innere Seite der Wange legt, auf dasselbe sämmtliche Maaße g—9 ꝛc. anmerkt, um sie dann auf den betreffenden Parallelen von einer längern Rechtwinklichen g' tragen zu können. Trägt man nun oberhalb zu den gefundenen Vorderkanten der Trittstufen, sowie unterhalb zu der Ecke, welche die Stärke der Trittstufen mit den Satzstufen bildet, rechtwinklich den üblichen Vorsprung, so erhält man durch Verbindung dieser letzten Punkte 2''—8'', 3''—9'', zwei gebogene parallele Linien als Ober- und Unterseite der Wange, woraus sich also das dazu erforderliche Stück Pfoste ergiebt, welche von einiger Breite sein muß, wenn man zuvor noch das untere Ende dieser Wange, aber nicht in der Richtung 4' 2' bestimmt, sondern auf folgende Weise findet: man denke sich die Wange q nach dieser Seite im Grundriß länger, so wird die verlängerte Satzstufe n dieselbe in u' treffen; trägt man nun das Maaß 1' u' daselbst nach dem Aufriß, zieht dazu eine Rechtwinkliche, bestimmt dann auch den Vorsprung o der Trittstufe, sowie den der Wange o', so erhält man die Biegung am Ende der Wange.

Fig. 21 B zeigt das Stück Pfoste, welches nun eigentlich zu der Wange q erforderlich wär, um nach der Breite oberhalb die hochliegenden Enden, unterhalb die tiefliegende Mitte zu decken. Aus Holzersparniß nimmt man jedoch dazu, Fig. C, nach den punktirten Linien ein schmäleres Stück, da man den oberhalb nach der Einbiegung abgetrennten Theil, unterhalb ansetzen kann, wodurch die Wange die Form, und, wenn die Verbindung gut ist, ausreichende Festigkeit erhält.

Hiernach ist es nun leicht, die untere Wange p (mit welcher eigentlich die Erklärung des Aufschnürens hätte angefangen werden sollen) nach Fig. 22 zu bestimmen, nur ist noch für diejenigen Enden beider Wangen Etwas zu bemerken, an welchen sie im Winkel mit einander verbunden werden. Diese Verbindung geschieht gewöhnlich mit der Klaue, entweder nach Fig. 23 A oberhalb auf Giehrung, oder nach B durchreichend; seltner jedoch mit Verzinkung.

Die untere Wange p, Fig. 17 und 22, a Fig. 23, stemmt sich, aufgestellt, mit der Stirn an die Wand h g Fig. 17, und trägt, von oben in halber innerer Höhe für die Stärke der, an dieser Wand gelegenen Wange q ausgeklaut, diese selbst, indem sie, mit der Klaue oberhalb, auf jene passend eingreift.

Die kleine quadratische Fläche, welche im Winkel die sich durchkreuzenden Stärken der Wangen oberhalb und unterhalb bilden, kann weder daselbst nach der obern fallen, noch hier nach der untern steigen, sondern muß, genau genommen, beiderseits von der Höhe im innern Winkel der Wangen wagerecht sein, um dadurch die richtige Vereinigung derselben zu erhalten.

Ist das untere Ende der untern Wange p vor dem Ausweichen gesichert, so trägt sie in vorliegendem Fall ohne weitere Befestigung die obere Wange, welche ebenfalls gewöhnlich ohne Befestigung bleibt, wenn deren oberes Ende gesichert ist. Bei größern schweren Treppen, namentlich aus nicht völlig trocknem Material, ist es jedoch, der Sicherheit wegen, besser, die Wangen ein- oder mehrmal auf die in der Umfassung angebrachten Lagereisen, ruhen zu lassen, wodurch auch ihr Schub gegen die Umfassungen aufgehoben, oder wenigstens vermindert wird.

Nach dem früher erklärten Austragen einer Wange, geschieht auch das der kleinern beiden r, s, Fig. 24, jedoch mit dem Unterschiede, daß, während die ersten Wangen, nach ihren Steigungsnummern übereinander getragen, nach links steigen, diese nach rechts steigen, so daß man zu ihrem Auftragen entweder eine neue, oder bei ausreichendem Boden eine breitere oder eine höhere Eintheilung der Steigungen haben muß, wenn man nicht — und für den Geübteren auch nicht störend — die kleinern Wangen zwischen die größern — manchmal einander etwas durchkreuzend — austragen will.

Ein andres, von dem Geübteren anzuwendendes und etwas einfacheres Verfahren bei Austragen der Wangen, ist folgendes: man legt 2—3 Brete fest aneinander, zieht ziemlich an einem Ende schräg über dieselben eine Linie als erste Trittstufe einer Wange, mißt ihre Breite im Grundriß und trägt sie auf die gezogene Linie; auf dieser errichtet man als Satzstufe eine Rechtwinkliche, macht diese der Steigung gleich, zieht dann in der bestimmten Höhe zu ersterer Linie als zweite Trittstufe eine Parallele, macht diese ihrer Breite im Grundriß gleich, und fährt auf diese Weise fort, die einzelnen Stufen abzumessen und dann der Reihe nach an einanderzutragen, um auf den Bretern, wenn ihre Breite nach der angenommenen Richtung der ersten Stufe ausreicht, die Form der Wange zu erhalten.

Obwohl man nun nach beiden Verfahren die Stufeneintheilung noch auf die zugeschnittene Wange — also zweimal — zu tragen hat, so kommt man dadurch doch schneller zum Ziel, als wenn man die Eintheilung sofort auf das zu einer Wange bestimmte Pfostenstück tragen wollte — namentlich wenn dasselbe nicht die völlige Breite nach Fig. 21 B, sondern nur die nöthigste nach Fig. C hat — da man nur durch Versuche die über dasselbe schräge Richtung der Trittstufen findet, bei unzureichender Breite leicht Fehler entstehen, während man bei ersteren Verfahren das Pfostenstück nach seiner vortheilhaftesten Verwendung auflegen kann.

Ferner ist aber auch, weder bei diesem noch bei jenem Verfahren, anzurathen, die Eintheilung der Stufen auf den Wangen, mit den, nach dem Grundriß gefertigten Stufen zu machen, da die Stirnen der Wendel-Trittstufen nicht die richtige Breite haben, Fig. 25 A, B, a, b, sondern dies nur diejenige Linie c d ist, welche die Tiefe der Versatzung bezeichnet, so daß man diese an jede Stufe überschreiben und beiderseits Rechtwinkliche herunter nach e und f ziehen muß, wodurch mehr Arbeit verursacht wird. Demzufolge ist es besser, die Trittstufen nach dem Grundriß richtig zu verschneiden, nach demselben ihre Breite auf der Wange zu bestimmen, ihre Stärke jedoch nach ihrer richtigen Stellung auf derselben vorzuschreiben. Beim Anschreiben der Breite für die Versatzung der zu stirnenden Wendelsatzstufen, werden diese ungestirnt nach ihrer richtigen Lage zur Hinterseite der Trittstufen aufgestellt und an der Rückseite verstrichen, da die Stirn nur von der Tiefe der Versatzung anfängt, wo die Satzstufe, auf ihre Stärke mit der Stirn parallel durchschnitten gedacht, gleiche schräge Stärke d g mit dieser hat, also dann, wenn auch gestirnt, die Versatzung dennoch ausfüllt.

Was nun noch die Spindel betrifft, so wird diese, wie bei gewöhnlichen Treppen der Fall ist, von mehrer Länge (Höhe) genommen, um daran das Geländer befestigen zu können. Sie wird, breiter nach A, Fig. 17, oder schmäler nach A, Fig. 26, in Stärke der Wangen nach zwei concentrischen Viertelkreisen hohl ausgearbeitet, indem man zu ihrem Querschnitt nach dem Grundriß eine Schablone fertigt; diese dient dann aber auch noch dazu, die im Grundriß an den größern Bogen stoßenden Satzstufen, weniger um die Vorsprünge der Trittstufen, anzumerken und danach an beide rechtwinklich verschnittene Stirnen der Spindel tragen zu können. Die entsprechenden Punkte werden dann durch Schnurschläge verbunden, die Spindel auf den Schnürboden gelegt und die, nach dem Grundriß in dieselbe treffenden Steigungen übergeschnürt, sowie die Verbindung mit den Wangenstücken angefertigt, welche jedoch nicht mit einem breiten, sondern nach Fig. 27 mit einem schmalen Zapfen geschieht, weil ersterer für die Aufstellung einer solchen Treppe hinderlich ist. Das untere Ende der freitragenden Spindel wird dann so verschnitten, daß von jedem Winkel der Stufen noch der an den Wangen angenommene Vorsprung bleibt, während man dieselbe oberhalb nach der Höhe des Geländers, welche von der Vorderseite jeder Trittstufe aufwärts getragen wird, parallel mit der untern Linie verschneidet, jedoch so, daß alle Radien auf den entstehenden gewundenen Stirnflächen, wagrecht sind.

Bei Aufstellung einer solchen Treppe werden erst die längern Wangen p, q richtig gelegt, dann die untern Tritt- und Satzstufen eingesteckt, und die kurze Wange mit dem untern Ende fest angelegt; nun werden die Wendelstufen eingebracht, indem dazu die angesteckte Spindel gewendet und oben übergezogen, dann aber in richtige Stellung gebracht wird; zuletzt werden die obern Stufen, unter jedesmaligem Nachdrücken der dazu oben mehr ausweichenden Wange, eingesteckt, und die Treppe scharf zusammengetrieben; um aber zu wissen, ob dieses ausreichend geschehen ist, so ist es nöthig, daß man beim Einpassen der Stufen, an denselben vorschreibt, wie tief sie in der Versatzung stecken.

Die Befestigung der einzelnen Treppentheile unter sich selbst, geschieht hier mit eisernen Nägeln, da keine Zapfenstufen anwendbar sind, und ist dieselbe einstweilig schon beim Zusammenstecken der Stufen nöthig, weil dieselben dabei öfters aus den Versatzungen kommen.

Schwieriger ist die Aufstellung einer solchen Treppe, wenn sich in deren Breite auf beiden Seiten Mauern befinden. Dieselbe geschieht dann je nach Umständen in einigen größern Theilen, mehrere Stufen mit kurzen Wangen zu solchen verbunden; oder man macht die Treppe etwas schmäler, (was Nichts schadet, da ja die Treppenöffnung ihre Breite behält) um einigen Spielraum für das Einbringen der Stufen zu erhalten, welcher dann halbirt wird, um sowohl nöthigenfalls beiderseits in denselben Keile eintreiben zu können, als auch um beiderseits durch ober- und unterhalb angebrachte, den Zwischenraum verdeckende Leisten, gleich breite Ansicht in Stärke der Wangen zu erhalten.

Erhält eine zweiarmige Treppe ganze Wendlung, so wird die Spindel nach Fig. 26 B; wegen der Wendelstufen ist dann, namentlich beim Uebergang zu den graden Stufen, dasselbe zu beobachten, wie bei der Treppe, Fig. 17, angegeben.

Tafel XXV.

Der, im Austragen der Wangen, überhaupt im Treppenbau weniger Sichere, fertigt die Wendlung einer gewöhnlichen einmal gebrochenen Treppe, wie die zuletzt angeführte, nach Fig. 1, A. — D, woselbst die Wendelstufen auf einem Gestell, Fig. C, nach und nach übereinander gebaut werden, nachdem die wenigen Wendelstufen vorher ungefähr, besser genau im Grundriß A eingetheilt waren. Nach dieser Eintheilung wird das Schwellwerk a gefertigt, auf dasselbe die Säulen b gestellt, und zwischen dieselben nach den Stufenhöhen die Riegel c eingelegt, während auf der rechts gelegenen Schwelle die beiden Steigungen, oder die zwischen zwei Säulen auf Riegel treffenden Steigungen durch aufgelegte Hölzer d, Fig. C, erhalten werden. Sind auf diese Weise die Tritt- und Satzstufen an Ort und Stelle zugeschnitten, angepaßt und befestigt, so wird dann das Maaß zu dem übrigen graden Theil der Treppe abgenommen und dieser wie bekannt gefertigt.

Dieses Verfahren erfordert mehr Arbeit und Material als das vorher angegebene, richtige; dabei werden gewöhnlich die Trittstufen breiter abgedielt, als genau genommen nöthig, die Auftritte nicht allemal gleich breit, und die Steigungen gegen die des graden Theils etwas verschieden hoch, dasselbe jedoch bei einer Etagentreppe nicht allemal gut ausführbar.

Bei der mit Flötzen gebrochenen bessern Treppe, Fig. 2 A—D, werden alle Theile genau und gut, einige geschmackvoller 2c. gearbeitet, in deren Anordnung und Ausführung hier die Schwierigkeit liegt, erstere jedoch aus dem früher Gesagten und der Zeichnung leichter wird. Die Antrittsstufe, entweder von Stein oder als Blockstufe (belegt) von Holz, von mehrer Länge, ist an der Stirn bogenförmig; die nach Fig. C den auf Riegelwerk abgedielten Flötzen beiderseits gelegenen Stufen, stoßen nicht mit grader, sondern etwas gebogener Vorderkante an das in Wangen- oder Geländerhöhe angebrachte schmälere oder breitere Spindelstück und die Wangen, wonach auch die Satzstufen gearbeitet werden müssen. Das Riegelwerk des Flötzen liegt in der Umfassung auf, wodurch dieselbe sich selbst, als auch den aufstehenden Theil trägt, welches besser ist, als dazu angebrachte Eisen, wenn das Riegelwerk wegfällt, und der Boden einerseits in einem schmalen Stege a mit Versatzung steckt, andrerseits z. B. mit Bolzen an der darüberstehenden Satzstufe b hängt. Wird eine solche Treppe nicht, wie Fig. D angegeben, unterhalb verschalt, berohrt und geputzt, d, so muß die sichtbare Unterseite aller Theile genau gearbeitet und zusammengepaßt und dieselben möglichst symetrisch angeordnet werden.

Bei einer Treppe mit ganzer Wendlung — Wendeltreppe — erhalten, wie hier bei der Kreislinie im Grundriß, alle Stufen gleiche Form, ähnlich bei der ellyptischen Linie im Grundriß, und liegt das Schwierige im Austragen, Arbeiten, Verbinden und Vollenden der Wangen, Fig. 3, A — Q. Fig. A ist der gegebene Grundriß, B ein Aufriß, von welchem man jedoch für Bestimmung der Wangen nur die Steigungen benutzen kann, da man dazu jedes der aus mehrern, möglichst gleich langen Stücken bestehenden Wangen, rechtwinklich vor sich haben muß.

Ist Fig. C ein solches in der Mitte einer Trittstufe gestoßenes Wangenstück im Grundriß — nicht zu kurz, um nicht so viel Stöße zu erhalten, nicht zu lang, um nicht Holz zu verschwenden und weil nach den Enden die Holzfasern schräg durchschnitten werden — so ist D die zugehörige Ansicht desselben, woraus Fig. E das Stück Holz bestimmt wird, welches dazu nothwendigerweise erforderlich ist, möge dasselbe nun erst aus größern Stücken geschnitten werden, wenn die Maaße im Grundriß beliebig angenommen wurden, oder aus vorhandenen Pfosten geschnitten werden, nach denen man die Längen- und Stärkenmaaße im Grundriß passend annahm.

Man ziehe, Fig. C, zum äußern Bogen die Stangende a b, verbinde die innern Seiten der Stoßfugen a d, b c — c, mit d, so erhält man die Pfostenstärke, in welcher der Bogen der Wange liegt; für deren Länge zieht man an den Enden des äußern Bogens die Rechtwinklichen e f, g h, so hat man die Aufsicht des nach D in der Steigung liegenden Pfostenstücks, wonach man auch, der Bequemlichkeit und Holzersparniß wegen, von längern Pfosten dergleichen Stücke abschneiden sollte, andre Stücke von ungefährer Länge, dazu rechtwinklich verschnitten, nach E in dieser Richtung länger nehmen muß, weil der Stoß der Wangen nicht rechtwinklich zu ihrer Neigung, sondern lothrecht zu derselben erfolgt, dieselbe also die Form einer Rhomboide erhält. Da, wo in Fig. C die angegebenen Trittstufen an die Wange stoßen, 1, 2, 3, zieht man zur innern Linie f h, Rechtwinkliche 1—4, 2—5, 3—6 mit denen man Fig. E auf der Ober- und Unterseite eines, nach D bestimmten und in richtige Neigung gebrachten Pfostenstücks, den innern Bogen bestimmen kann, wenn man die Entfernungen f d, d 4, 45 2c. abnimmt, wagrecht nach E trägt, nach der Ober- und Unterkante i h, k l lothet, daselbst auf der Ober- und Unterseite, Rechtwinkliche 4—4,″ 5—5″ 2c. zieht, und auf dieselben von vorn die entsprechenden Maaße aus C nach 1, 2, 3 trägt, welche erhaltenen Punkte man verbindet.

Auf ähnliche Weise ist es nun leicht, auf der Ober- und Unterseite des Pfostenstücks, den äußern Bogen zu bestimmen, nach welchen beiden Linien das Wangenstück ausgeschnitten werden kann, und, an den Stirnen lothrecht verschnitten, dann nach Fig. E die Form a 5″ b c 2 d m n o erhält. Da nun an der Wange die Verschnittlinien a d, b c, überhaupt nur die radialen Linien auf der Ober- und Unterseite wagrecht sind, so muß auch diese erwähnte Form der Wange daselbst noch abgeändert werden. Nimmt man nun an, daß Fig. C, der Punkt d nicht höher als a sein soll, welcher mit f wagrecht ist, so erhält man diese Linie a d in E wagrecht, wenn man von f wagrecht nach der aus d senkrechten Linie d m nach d′ zieht, welchen Punkt man mit a verbindet, so ist a d wagrecht, und m d′ die richtige lothrechte Höhe der Wange. Am andern Ende ist, Fig. C, c b wagrecht, zieht man nun Fig. E aus c eine Wagrechte nach der aus h Senkrechten in h′, und zieht von da am Pfostenstück eine Wagrechte nach der aus b Senkrechten in b′, so erhält man durch Verbindung dieses Punktes mit c eine Wagrechte, daß man nun leicht die Wagrechten m r, n′ s an der Unterseite, in der Praxis am einfachsten durch Anlegen des Winkeleisens erhält, wodurch z. B. a d′ rechtwinklich a o 2c. wird. Die Verbindung dieser wagrechten Linien der Ober- und Unterseite, machen diese windschief, wie D zeigt; darauf hat man, hinsichtlich der Breite der Pfosten und ihrem Vorlegen, Rücksicht zu nehmen, weil sich dieselben auf der Oberseite nach **unten**, auf der Unterseite nach **oben** etwas über die eigentliche Breite vor-, andrerseits zurückwenden — verwindschiefen, welches man zwischen den Enden in der Praxis an dem wagrecht breit gelegten Stück wieder am einfachsten durch die Schnur bestimmt, indem man äußerlich von a nach b' eine Schnur spannt, und auf die aufwärts gebogene Fläche schlagen läßt, dann das Stück umwendet, innerlich die Schnur von d' nach c spannt und entweder hinunterschlagen läßt, besser hinunterlothet. Dieses Verfahren, welches hier durch punktirte Linien d' c, 4' 1', 5' 2', 6' 3' rc. angedeutet ist, beobachtet man auch an der Unterseite, wonach die Windschiefen gearbeitet und dann die einzelnen Stücke nach Fig. F, G verbunden werden, um nun auf denselben oder gleichzeitig mit ihrer Verbindung, die Stufeneintheilung angeben zu können, welches auf der eingebogenen Fläche erschwert ist, große Genauigkeit und Geschicklichkeit erfordert. Wären die Wangenstücke genau gearbeitet, auf denselben nach ihrer richtigen Neigung D, Lothrechte angegeben, so findet man wohl auch leichter die Wagrechten, jedoch weniger gern mit dem Winkeleisen, indem man ihr Maaß aus dem Grundrisse im Bogen abnimmt und so aufträgt; oder man nimmt im Grundriß ein grades Maaß für eine längere Entfernung von einem Punkte zum andern, z. B. von 1 nach 2, welches man dann aber nur in dieser Lage so auf die eingebogene Fläche legen kann.

Leichter geschieht das Auftragen der Stufen mit einem Stück Pappe, auf welches von der gradgezogenen Bogenlinie die Breite der Trittstufen unter Beibehaltung der gegebenen Steigung getragen werden, und nach Fig. D die rechtwinkliche Breite, richtiger die lothrechte Höhe der innern Wangenfläche erhält, und so für ein grades Stück Wange passen wird. Wird diese Schablone, hier für jede Stufenbreite gültig, passend auf ein Wangenstück eingedrückt, so kann man auf demselben ober- und unterhalb die nöthigen Punkte anmerken, um nach Wegnahme der Schablone durch Verbindung derselben die entsprechenden Linien zu erhalten.

Etwas schwieriger, aber dem Angeführten gleich, ist das Verfahren bei Bestimmung rc. der bei mehr Steigung mehr gewundenen inneren Wangenstücke, Fig. I—L und liegt der Unterschied nur darin, daß die Stufen in die aufgebogene Seite derselben stoßen, deren Auftragen jedoch ebenfalls nach einer Schablone geschehen kann.

Fig. M, N zeigt einerseits den Anschluß — Austritt — am

obern Fußboden, andrerseits auf diesem den Antritt zu einer dergleichen höher führenden Treppe.

Fig. O zeigt die äußere völlig sichtbare Seite der Wange, die Fuge mit einem Deckbret versehen.

Fig. P zeigt ein Eisen, welche zum Tragen der äußern Wangen in die Umfassung befestigt werden.

Fig. Q zeigt die Anfertigung und Befestigung eines Geländers, dessen Stäbe bei diesen Treppen nach den Stufen eingetheilt werden. Bei einer Wendeltreppe mit ellyptischer Grundform, ist die Anfertigung der verschiedenen Wangenstücke, schwieriger, doch das Austragen derselben, ähnlich wie vorher angegeben.

Leichter geschieht nun die Anfertigung einer Wendeltreppe mit massiver Spindel, Fig. 4 A, B, und ist nur für Letztere noch Einiges zu erwähnen. Zu Eintheilung der Steigungen an derselben, ziehe man auf einem Boden in Entfernung einiger Ellen zwei Parallelen, auf welche man, rechtwinklich zu einander die verlangten Steigungen trägt, legt dann die Spindel zwischen genannte Parallelen und schnürt von deren Theilpunkten über die Spindel unter passendem Wenden derselben. Für die Breite der in dieselbe stoßenden Stufen, macht man sich eine Schablone zu ihrem Querschnitt, an welche man im Grundriß die nöthigen Punkte anmerkt, um sie an die Stirnen der Spindel anmerken, danach mit einander durch Schnurschläge verbinden zu können 2c.

Wegen des Einbringens der Stufen einer solchen Treppe bei ihrem Aufstellen in Umfassung, mußte man wenigstens für eine Versatzungstiefe von derselben mit der Wange abgehen, in welchem Zwischenraum dann Keile eingetrieben werden, um die Wange anzuspannen, so daß bei starker Spindel wohl keine weitere Befestigung der einzelnen Stufen nöthig ist. Bei schwacher Spindel kann man wohl dazu Nägel, Bänder, Schienen anwenden, oder, wie bei Wegfall der Umfassung, die freitragende Wange durch lange Bolzen mit der Spindel verbinden, in welchem Fall aber die Antrittsstufe, welche nun viel zu tragen und Schub auszuhalten hat, besonders gut dagegen verwahrt werden muß.

Tafel XXVI.

Die Ausführung einer Wendeltreppe mit Blockstufen, Fig. 1 A — E, wobei also die Wangen ganz wegfallen, bietet nur in der eigentlichen Bearbeitung der einzelnen hier aber unter sich gleichen Stufen, einige Schwierigkeit. Zuerst bestimme man die Schablonen zu den Stirnen einer Stufe, indem man aus dem Grundrisse die Breiten abnimmt — wobei einerseits diejenige zu nehmen ist, auf welche die Stufe in der Mauer endigt — und dazu die gegen einander verschiedenen Steigungen zieht, dann die Stärke hinzunimmt, mit welcher z. B. drei Stufen a, b, c auf und aneinander liegen, wobei Folgendes zu berücksichtigen ist: jede Stufe mache man gleich hoch, also d e = f g; man mache h i = k l, aber dann nicht i d, eben so l f, gleich breit und rechtwinklich zu der gegeneinander verschieden steigenden Unterseite, der Stufe, wodurch eigentlich f oder d, und somit die Unterseite bestimmt wird, da man d oder f wagrecht beliebig aus- oder einwärts rücken kann — sondern man nehme eine dieser Linien für beide Stirnen von der gleich breit angenommenen Auflage h i = k l, parallel nach i d oder l f, wonach sich, bei gleicher Stufenhöhe, wieder f oder d ꝛc. bestimmt, diese Stoßfläche von einer Stirn zur andern zwar nicht gleiche Breite hat, aber nicht windschief wird, welches nun nur noch die Unterseite ist. An den zu den Stufen bestimmten Blöcken wird nun die Vorder-, wohl auch die Oberseite gearbeitet, erste in richtiger Länge verschnitten, dann an den angehaltenen Schablonen vorgeschrieben und danach die übrigen Seiten gearbeitet. Eine Stufe wird immer mit der nächstfolgenden zusammengehalten, um an dem freien schmalen Ende die nöthigen Löcher der zu mehrerer Befestigung anzubringenden, immer zwei Stufen mit einander verbindenden Bolzen, bohren zu können.

Das Holz zu diesen Stufen muß völlig trocken sein, wenn anders durch das Zusammentrocknen jeder einzelnen Stufe kein nachtheiliges Setzen der Treppe stattfinden soll, gegen welches auch die Antrittsstufe hinreichend gesichert werden muß.

Bei einer mit Flötzen gebrochenen Treppe ist auf die zu demselben gehörenden Stücke zu merken, Fig. 2 A—F; a ist vom Flötzen das Austrittsstück, mit welchem sich vom andern Arm ein Stück b auf Giehrung verbindet, das zum Tragen des Antritts desselben dient, und eben so wie die andern Stufen in der Umfassung aufliegen; an diesen liegen zwei Stücke c, c in Verbindung mit den genannten beiden, und tragen zusammen in Falz die Abdielung des Flötzens, unterhalb auf angenagelten Leisten eine Füllung ꝛc.

Das Schwierigste hierbei ist die Construction der in einer freien Stirn sich vereinigenden und herauswindenden Flötzenstücke, a, b und dann die Verbindung der mit denselben zu verbindenden Stufen, während die übrigen Stufen leicht nach einer Schablone gearbeitet werden können.

Fig. 3 A—F zeigt eine aufgesattelte, mit Doppelflötzen gebrochene Treppe. Der Flötzen besteht aus einem Geschränke von hohen Pfosten, und zwar den beiden Länge- und Hauptträgern a, b, in der Umfassung liegend, zwischen welche die Querstücke c—c eingelassen sind, um sie gegen ein Zusammenschieben des anlehnenden untern (D) und des an- und aufstehenden obern Theils (E) auseinander zu halten. Die Stufen sind an der Umfassung entweder auf die Wange gesattelt und mit fortlaufenden Leisten oder Sockenstücken versehen, E, B oberer Theil, oder sie stecken in der nach gewöhnlicher Art höher liegenden Wange mit Versatzung auf Schwalbenschwanz, B C unterer Theil; andrerseits sind die Stufen profilirt und eben so wie die Satzstufen und Wangen, Träger mehr oder weniger gegliedert oder mit Simsen belegt. Fig. F zeigt die umgelegte mit Füllungen versehene Unteransicht des Flötzens.

Bei den Treppen nach den in Fig. 4—11 angegebenen Grundformen, kommen gegen die vorhergehenden einige Abweichungen vor, doch ist deren Ausführung der Hauptsache nach, dem Erklärten ähnlich und danach ausführbar.

Dem Lernenden ist auch für diesen Theil der Zimmerkunst, anzurathen, hiernach Modelle wenigstens der einzelnen Details, in größerm Maaßstabe anzufertigen, um in den Constructionen sicher zu werden.

Nachtrag zu Tafel XXIII. Von den in Kuhställen angewandten Standt- und Trogscheidungen.

Zwischen eine Kuh um die andre, wird eine Standwand nach Fig. 12, oder verschiedene andre Art, gewöhnlich aus hartem Holze gefertigt, eingestellt, und die Eisen zu Befestigung der Kühe, an den Säulen angebracht. Werden diese Wände deswegen eingestellt, um dadurch zu verhindern, daß sowohl die Kühe sich nicht mit den Köpfen stoßen, als auch einander nicht so leicht das Futter wegnehmen können, so wird dies auch bei deren Weglassung durch die nach Fig. 13 auf die Tröge gestellten Pfosten a erlangt, indem für den Hals der Kuh mitten über dem Troge ein Einschnitt gemacht wird, in welchem die

Kuh den Hals, beim Fressen aus dem Troge, legen muß. Die Befestigung dieser Pfosten geschieht entweder an beigesetzten Säulen b mit Bolzen — weniger bequem durch letztere und Scheidewände c — oder durch winkelrecht aufgebogene Eisen d, welche mit andern, zu beiden Seiten des freistehenden Troges herunterreichenden Schienen, verbunden werden.

Von den Schaafraufen.

Fig. 14 zeigt eine zweckmäßige Construction einer Schaafraufe mit Krippe. Zwei Kreuzböcke a werden durch einen dreiseitigen Sattelbaum b, zugleich als unterer Raufenbaum, und den beiderseitigen obern Raufenbäumen c c, verbunden, von welchen die Sprossen nach ersterem reichen, und an welchem auch der Boden d der Krippe befestigt ist, deren Stirnenden e an den Böcken liegen und die Aufrechtstücke f befestigt erhalten.

Auf die Sprossen wird innerlicherseits am obern Raufenbaum ein schmales Bret genagelt, um das Herunterfallen des klaren Futters auf den Hals der Schaafe, zu verhindern.

Tafel XXVII.

Von den bei Gründungen, Brücken, überhaupt bei Wasserbauten, Gewölbe- und andern Rüstungen vorkommenden Arbeiten.

Vom Grundbau.

Ueber diese Arbeiten sei hier, zu allgemeinem Zweck nur das Nothwendigste in Kürze erwähnt, da dieselben nicht immer, in manchen Gegenden sehr selten ausgeführt werden und wegen ihrer Mannichfaltigkeit und Wichtigkeit eigentlich ein Werk für sich bilden könnten, für Denjenigen, welcher fast nur mit solchen Arbeiten zu thun hat. Die dabei vorkommenden Holzverbindungen und Constructionen lassen sich wohl, nach Verständniß der frühern, bei den betreffenden Angaben ꝛc. leicht ausführen, doch sind dabei eine Menge Nebenarbeiten zu berücksichtigen, welche nicht allemal vorher vom Meister ꝛc. angegeben werden konnten, so daß diese öfters dem Polir überlassen bleiben müssen, von dessen Klugheit und Wissen die Aufsuchung und Benutzung der zweckmäßigsten Angaben und Vortheile abhängt, wegen Förderung der Arbeiten oder gar Abwendung großen Schadens und Gefahren. Hier ist meist Erfahhrung, unterstützt von praktischem Wissen, der beste

Rathgeber und wird daher das, hier darüber Gesagte, auch den, selten mit Wasserbauten Beauftragten, mit dem Nothwendigsten genügend bekannt machen.

Ist der in gewöhnlicher oder etwas mehrer Tiefe ausgegrabene Grund, welcher ein Bauwerk tragen soll, dazu nicht fest genug, so werden, je nach Umständen, Holzstücke — Pfähle — 5—20 Ellen lang und entsprechend stark, in die Erde geschlagen — gestoßen, eingerammt — zu welchem Zweck sie unten, am schwachen Ende eine Spitze erhalten, welche nach Fig. 1 mit rundem Querschnitt, oder nach Fig. 2 dreiseitig, oder nach Fig. 3 vierseitig ist. Diese Spitze muß in die Achse des gradseitig genommenen oder so gearbeiteten, gewöhnlich rund gelassenen Pfahles treffen, welche man auf denselben schnürt, Fig. 1 A, a b, dann die beiden Stirnen danach übers Kreuz einwinkelt, Fig, 1 B, und nun auf der andern Seite von c nach den Stirnen schnürt, nach welchen beiden Schnurschlägen der Pfahl beim Einrammen ins Loth gestellt wird. Die Länge der Spitze beträgt gewöhnlich 1½ bis 2 Pfahlstärken — je nachdem der Boden locker oder fester, reine Erde oder mit Steinen vermengt ist — doch nicht gern länger, da dies bei ersterem ausreicht, bei letzterem eine lange Spitze leichter zerstoßen wird, wenn diese nicht nach Fig. 4 mit einem eisernen Schuh versehen ist; derselbe wird mit Nägeln befestigt, für welche jedoch in demselben die Löcher etwas länger gemacht werden, damit die Nägel nicht locker gestoßen werden, wenn sich der Pfahl beim Einrammen fest in den Schuh einstößt, sondern dabei etwas nachrücken können.

Das Einrammen geschieht durch den Fall eines, in einem Gerüst — Rammgerüst, Ramme, Fig. 5 A—C gehobenen, 2 bis 10 Centner schweren Stück Holzes oder Eisens — Rammklotz, Rammbär. Das Gerüst besteht aus dem Schwellenwerk, Fig. C, mit einer beweglichen Schwelle a, auf welcher lange Säulen — die Läuferruthen — b, b, stehen, welche oben mit dem Kopfstück c verbunden, gegen Seitenbewegung durch die Streben d, d gesichert sind; zu ihrer lothrechten, vor- oder rückwärts geneigten Stellung dienen die Streben e, e welche unten, im Schwellenwerk in den mit mehreren querüber durchreichenden Bolzenlöchern versehenen Scheeren f, h mit längern Zapfen stecken, um sie mittels durchgesteckter Bolzen beliebig vor, oder rückwärts zu stellen, während sie oben, sich einander nähernd und an die Ruthen schmiegend ein längerer Bolzen mit diesen, durch einen Vorstecker noch beweglich, verbindet. Dieser Bolzen durchreicht zugleich die daselbst zwischen den Ruthen anzubringende Rammscheibe g, über welcher in einer Hohlung das Rammtau h liegt, welches einerseits an den Rammbär i in einem eisernen Bügel oder durchgesteckten Bolzen befestigt, andrerseits am Ende, oder, gewöhnlich bei mehrer Länge, ein Stück herein, mit einer Schleife versehen ist, Fig. D, um ein Stück Holz k — Kranzriegel — $\frac{3}{4}$ Elle lang, 2 — 3 Zoll im Durchmesser stark, durchstecken zu können, auf welchen ein, aus einem Strang gewundener Kranz l gehangen wird. An diesen Kranz werden die Rammstränge m befestigt, welche am andern Ende jeder mit einem Knebel n versehen sind, um daran angreifen und ziehen zu können, jedoch so, daß beim Herunterrücken des Bärs bei jedem Schlage, der Knebel nachgedreht wird, wodurch sich der Strang nach und nach abwindet, und somit länger wird.

Das Verfahren beim Rammen ist nun Folgendes: ist das leicht aus einander zunehmende und wieder zusammenzusteckende Schwellwerk mittelst Keilen oder Ueberwürfen gewöhnlich auf einem über die Baugrube gelegten Gerüst- oder Arbeitsboden verbunden, so werden die Ruthen — mit Schwelle und Streben 2c. verbunden — von hinten nach vorn aufgerichtet, indem vorn an dem Rammtau gezogen, hinten an den Stellruthen geschoben und zugleich gehoben wird, dann die Letztern befestigt. Hierauf wird der Bär eingestellt, indem man ihn auf die Schwelle setzt, mit seinem, zwischen die Ruthen passenden Rücken einlegt, und die auf demselben unten und oben angebrachten eisernen Oesen die Bärriegel o steckt, welche den Bär an die Ruthen halten und leicht an deren Rückseite auf- und abgleiten, woraus leicht ersichtlich ist, daß sowohl die Ruthen gleiche Stärke und Entfernung, als auch der darein passende Rücken gleiche Breite, überhaupt die sich reibenden Flächen genau gearbeitet sein müssen. Dann wird das Rammtau an den Bär befestigt, andrerseits in derjenigen Höhe die Schleife gemacht, bis zu welcher die Länge der an den aufgehängten Kranz befestigten Rammstränge — längstens $2\frac{1}{2}$ Ellen vom Boden gerechnet — reichen, um auf den tiefsten Stand des Bären gelangen zu können. Nun wird der Bär langsam bis zur Scheibe aufgezogen, eine Steife unter denselben zwischen die Ruthen auf die Schwelle gestellt, und die Rammstränge auf die Knebel gewunden. Kommt dadurch der Kranz zu tief, so muß entweder die Schleife zweimal — zuerst etwas höher hinauf — gemacht, oder je nach Umständen längere Stränge genommen werden ꝛc. Der Bär wird nun wieder heruntergelassen, das Gerüst an die Stelle eines einzuschlagenden Pfahles gerückt — indem dazu die Schwellen unten so gearbeitet sind, daß sie nicht ganz, sondern nur an ihren Enden aufliegen, um durch Unterstecken mit Hebebäumen, das Gerüst fortbewegen zu können — der Bär wieder aufgezogen, die Steife unter- und ein Pfahl eingestellt, sowie das Polster mit eingebracht, und nach dem obern Ende des Pfahles befestigt. Dieses ist nach Fig. E ein Stück Holz n, welches vorn eine bogenförmige Vertiefung hat, in welche sich der Pfahl q legt, hinten zwischen die Ruthen eingeschnitten ist; es hat auf dieser Seite eine Oese r, um einen Riegel durchstecken zu können, welcher dasselbe, wie die Bärriegel den Bär, an die Ruthen hält, und auf der Rückseite derselben gleitet; auf der Vorderseite hat es zu beiden Seiten der Hoblung einen Haken s, in welche eine Kette t gehangen wird, welche vorn über den Pfahl reicht, so daß noch das Spannholz u eingelegt werden kann, dessen Langbaum beim Niederdrücken den Pfahl fest an das Polster drückt, und so mit dem Gerüst in Spannung hält.

Nun treten die zum Ziehen an den Strängen bestimmten Leute, zum Pfahl in einen Halbkreis auf oder in das Schwellenwerk, machen sich auf das Commando „Achtung" des Schwanzmeisters, welcher das von der Schleife herunterhängende Rammtau hält — zieht und nachläßt — fertig, ziehen bei „hoch auf" den Bär in die Höhe, und lassen ihn weniger schnell auf den Pfahl fallen; nun erfolgen noch mehrere langsame Schläge, bis der Pfahl vielleicht jedesmal noch 2—3 Zoll eindringt — zieht — wenn nicht auf das Commando „hoch auf" des Pfahlmeisters, welcher vor dem Pfahle steht und den richtigen Gang oder Zug desselben beobachtet und leitet, eine Pause eintritt ꝛc. Zieht der Pfahl weniger als dieses Maaß, so geschieht nun das Rammen in Hitzen, 20—24 schnell auf einander folgenden Schlägen, deren Beendigung der Schwanzmeister vor dem vorletzten Schlage mit „Achtung", vor dem letzten mit „Aufgesetzt" commandirt, und welche mit kurzen, zwischen sich lassenden Pausen, so lange fortgesetzt werden, bis der Pfahl fest steht, d. h. wenn er auf jede der letzten Hitzen nicht mehr, oder nach Umständen nur $\frac{1}{8}$ — $\frac{1}{4}$ Zoll ziehen darf; oder es werden alle Pfähle vielleicht erst dem Gerüste gleich, eingerammt, und dann später tiefer in den nöthigen festen Stand, wozu ein Stück Holz — Auffetzer — gewöhnlich von hartem Holze 2 — 5 Ellen lang, 8 — 12 Zoll im Durchmesser stark, nöthig wird, welches als Verlängerung des unter das Gerüst zu treibenden Pfahles dient, da der Rammklotz auf denselben nur bis zur Schwelle a wirken kann. Der Auffetzer ist an beiden Enden mit einem eisernen Ring beschlagen, um das Spalten durch mehreren Gebrauch zu verhindern — aus welchem Grunde man auch an dem Kopf jeden Pfahles, einen von verschiedenem Durchmesser vorhandenen Ringen paßt — an einem Ende aber noch einen eisernen starken Zapfen erhält, welcher in das auf den Kopf des Pfahles passend gebohrte Loch gesteckt wird; das obere Ende wird dann mit dem Polster befestigt, während man das lose Ende des Pfahles nach Erforderniß noch anderweit abspreizt, und nun das Rammen fortsetzt. Steht jedoch ein Pfahl auf seine eingerammte Länge nicht ausreichend fest, so muß nach Fig. 6 ein Stück dazu gestoßen werden, aus welchem Grunde es nicht rathsam ist, alle erforderliche Pfähle sofort nach Länge des eingerammten Probepfahles, vielweniger vorher auszuschneiden; sondern dasselbe geschieht während des Rammens, um bei ungleich dichtem Boden neben einen leicht eingetriebenen Pfahl, etwas längere, andernfalls kürzere schneiden zu können, wobei aber auch darauf Rücksicht zu nehmen ist, daß schwache mit starken abwechseln. Die Befestigung des Stoßes geschieht innerlich durch einen eisernen Zapfen, äußerlich durch angelegte, besser noch eingelassene, mit Nägeln und Krammen versehene Eisenschienen, deren Löcher ebenfalls länglich gearbeitet sind, damit die Nägel in denselben beim Eindrücken der Pfahlstirnen, nachrücken können, aus welchem Grunde die Anwendung von Klammern fehlerhaft ist.

Bei gewöhnlichem lebhaften Ziehen wird der Bär 2 Ellen hoch gehoben und wirkt durch seinen Fall von dieser Höhe. Da nun aber die Wirkung größer, je größer der Fall ist, so werden manchmal Trommelhitzen vorgenommen, welche jedoch die Arbeiter sehr ermüden, da dieselben jedesmal so tief ziehen müssen, daß sie mit dem Knebel auf dem Boden schlagen können, dadurch aber der Bär bis 3 Ellen gehoben wird. Je nach der Länge und Stärke der Pfähle, muß auch das Gerüst größer, der Bär schwerer sein und mehr Leute angestellt werden. Dann ist auch das Gerüst anders construirt, indem z. B. die Leiter, deren Sprossen hier durch die Stellruthen reichen, und nöthig ist, um auf derselben nach dem obern Theil gelangen zu können, in die Streben der Ruthen angebracht wird; oder es wird noch oben eine kleinere Rolle angebracht, über welche ein Seil zum Aufziehen und Einstellen der Pfähle liegt. Zur Erleichterung des Rammens sollte man auf einen Centner Gewicht des Rammbärs — welcher größer von Eisen, kleiner von Holz, durch mehreres und starkes Eisenbeschläge mehr Gewicht erhält — vier Mann, aber nie weniger nehmen, um die Arbeiter nicht zu sehr anzustrengen, und möglichst hohes Aufziehen verlangen und erlangen zu können.

Eine größere Wirkung des Bärs auf den Pfahl erlangt man durch die Kunstramme, bei welcher der Bär durch Maschine oder, langsamer, bei anzuwendender weniger Menschen- oder Thierkraft, mit Räderwerk jedesmal bis zur Scheibe aufgehoben und von da, vom Rammtau ausgehangen, herunterfallen gelassen wird.

Zum Einschlagen solcher Pfähle, welche schräg stehen sollen, kann man auch das Gerüst Fig 5 anwenden, wenn man die Stellruthen unten zurückrückt; doch wendet man auch, je nach Umständen, und bei mehrer Schräge, z. B. ein Stellgerüst, Fig. 7, verschieden construirt, an. Das Gerüst Fig. 5 wird auch zum Einschlagen der Spundpfähle angewendet, welche 3—6 Zoll stark 6—12 Zoll breit und von nöthiger Länge, nach Fig. 8 A—C oder 9 A—E gespündet, und dicht an einander, oder nach Fig. 10 A, B bei Anwendung von Einschub, nach dessen Länge entfernt von einander eingeschlagen, gewöhnlich dazu dienen, eine Wand um eine Baugrube, einen Schwell- oder Pfahlrost ꝛc. zu bilden, um das Eindringen des Wassers in erstern, das Auswässern des andern zu verhindern; das Einrammen derselben geschieht gewöhnlich nach Fig. 11 A, B in Zangen, von welchen die untern wohl auch auf einigen, in einiger Entfernung eingerammten Pfählen, die höhern auf jenen abgesteift liegen.

Diese Pfähle erhalten eine breite Spitze, wohl auch mit

Schuh, seltner noch auf der schmalen Seite abgespitzt, in welchem Fall dies dann nicht schräg, von einer einmal angenommenen Seite nach der andern, geschehen soll, a, in der Meinung, daß dadurch die Pfähle scharf aneinander getrieben werden sollen, welches wegen leichter Beschädigung dieser Spitze nicht allemal erreicht werden dürfte, sondern es ist besser, die Spitze aber auch nicht in die Mitte der Breite, sondern nur etwas davon abweichend b, einerseits $^2|_5$ andrerseits $^3|_5$ davon zu nehmen.

Diese Spundpfähle, Spundwände, werden dann nach Fig. 12 A, B mit einem Rahmen — Holmen — versehen — verholmt — indem derselbe einen Falz erhält, in welchem die Zapfen der erstern stecken, und zu mehrer Befestigung eiserne Klammern angewendet werden, oder es werden nach Fig. 13 zwei Rahmen angelegt und mit Bolzen befestigt, wie dies auch bei den nach Fig. 10 in Fig. 14 A B, entfernt eingeschlagenen höhern, oben noch mit einem Rahmen z. B. als Geländer- oder Rüstungsrahmen 2c. versehenen Pfählen der Fall ist.

Fig. 15 A — D zeigt einen liegenden Rost — Schwellrost, bei welchem entweder die Lang- und Querschwellen a, b, gewöhnlich nur auf der Ober- und Unterseite beschlagen, mit einander bündig überblattet oder besser nur wie die Zangen c überkämmt sind, wonach auch die Sohle in den Gründungen nicht gleich tief ausgegraben wird. Bei Rostmauern von Quadersteinen, kommen diese auf die danach eingerichteten, wechselsweise gestoßenen Schwellen, während bei gewöhnlichen und kleinen Bruchsteinen, dieselben mit 2 — 3 Zoll starken Bohlen belegt werden.

Fig. 16 A — C zeigt einen Pfahlrost, oder den in voriger Fig. gezeigten Schwellrost auf den dazu nach einem besonders angefertigten Grundriß passend eingeschlagenen Pfählen, wobei darauf zu sehen ist, daß dieselben auf einer Grundbreite nicht in eine Linie hintereinander treffen, sondern gegeneinander wechseln, und daß der Stoß der Schwellen ebenfalls wechselt und jedesmal auf einen Pfahl treffen muß. Dieser Schwellrost wird gewöhnlich gebohlt, die Pfähle jedoch wegen den gegen einander höher liegenden verkämmten Schwellen, nicht gleich tief eingeschlagen oder verschnitten, welches letztere, über Wasser, gewöhnlich mit der Schrotsäge geschieht, (wodurch man die an den Köpfen festgeschlagenen Ringe erhält, während man die leichter abgehenden schon früher abnahm, und an den Pfählen Zapfen stehen gelassen werden, zu welchen die Schwellen Löcher erhalten; unter Wasser wendet man dagegen die Grundsäge an, von welcher Fig. 17 eine einfache Construction zeigt. Auf den vier, parallel und wagrecht auf Gerüst 2c. fest gelegten Schwellen a, liegt eine Querschwelle b eingelassen, welche damit auf jenen gleichmäßig fortgeschoben wird, zu dessen Regulirung eine etwas zurückliegende, mit der vordern durch Riegel und Bänder verbundene, über die mittlern Schwellen a reichende Querschwelle, dient. Die vordere Querschwelle erhält unterwärts die mit längern zu verkeilenden Zapfen versehenen Säulen c, welche noch Bänder d erhalten, und unten für eine Rolle durchlocht sind, über welche, eben so wie über die an den Enden der Querschwelle b, einzubringenden Rollen, beiderseits ein Seil e geht, deren unteres Ende mit dem Sägeblatt f befestigt ist, während an dem andern Ende unter fortwährendem Straffhalten beim Schneiden, gezogen und nachgelassen wird. Das Sägeblatt liegt in einem Querschnitt einer Mittelsäule g, welche jedoch nur bis an den Pfahl rücken kann, und dieserhalb so eingerichtet sein muß, daß sie die Querschwelle beim Eindringen der Säge in den Pfahl, an ihrem langsamen Vorrücken nicht hindert, wohl gar bei der nach der Blattbreite erreichten Schnitttiefe, ganz weggerückt werden kann.

Das Verschneiden der Pfähle unter Wasser, welches in gleicher Ebene und ohne Zapfen geschehen muß, ist sowohl mit dieser einfachen, als mit jeder andern, künstlicher construirten Grundsäge, eine schwierige und umständliche, mitunter auch unsichere Arbeit, — bei Spundpfählen später nicht allemal ausführbar — demzufolge wo möglich auch vermieden, oder wenigstens durch Verminderung eines hohen Wasserstandes, etwas erleichtert wird.

Eine einfache Vorrichtung, um das Eindringen des Wassers in eine wenig tiefer gelegene Baugrube, oder das Einschlemmen des ausgeworfenen lockern Grundbodens, zu verhindern, ist die, nach Fig. 18, woselbst hinter kurze, etwas schräg und nicht zu tief eingeschlagene Pfähle, welche zu gegenseitigem Halt durch einen aufgelegten Rahmen verbunden sind, Brete oder Pfosten angelegt oder auch befestigt werden, an welche zu erstem Zweck Erde angeschüttet, zum andern der ausgegrabene Grundboden dahinter geworfen wird.

Eine andre Vorrichtung ist die nach Fig. 19, woselbst von den längern eingeschlagenen Pfählen, Stücke Holz — Anker — an diese befestigt, nach kurzen hinter ihnen eigeschlagenen Pfählen reichen, um das Ueberdrängen der ersten durch die dahinter zu legende Erde, zu verhindern.

In fließendem Wasser und bei mehrer Tiefe der Baugrube sind sowohl diese als auch denselben ähnliche größere Vorrichtungen, nicht vortheilhaft anzuwenden, sondern es werden dann Fangedämme gebildet, welche in einigem Abstand von der aufzuführenden Grundmauer, im Wasser stehen. Dieselben bestehen nach Fig. 20 A, B, aus Bret- oder Pfostenwänden, — gewöhnlich zwei, doch auch nach Umständen bei mehrer Höhe aus 3 bis 4 in gleichen Entfernungen — zwischen welche Erde eingeschüttet wird, wonach dann das Wasser aus der Baugrube entfernt werden kann. Zu diesen Wänden werden entweder Pfähle eingeschlagen und innerlicherseits an dieselben gut zusammengearbeitete Brete befestigt, oder zwischen dieselben eingelassen; oder bei größern, Spundwände eingeschlagen, welche, sowie die vorigen, mit Rahmen versehen werden, um beide durch aufgekämmte Hölzer, zugleich zum Arbeitsgerüst dienend, zu verbinden.

Werden, z. B. bei Brückenpfeilern keine Fangedämme angelegt, daß man also eingerammte Pfähle unter Wasser verschneiden und die Grundmauer auf dem stumpf auf jene gelegten Schwellrost im Wasser fertigen müßte, welches nicht gut, in manchen Fällen gar nicht sicher auszuführen wär, so wendet man Senk- oder Pfeilerkasten an, Fig. 21 A, B. Ein solcher besteht aus einem Bohlenboden a, nach der Grundform des Pfeilers, mit einem Rahmen b durch Bolzen fest umzogen, und außer diesem, noch mit den Streckhölzern c verbunden, auf welchem Bret- oder Pfostenwände d, durch Leisten verbunden, in gefalzten Säulen e dicht schließend stehen, welche gegenseitig durch aufgekämmte und mit dem Bodenrahmen durch Bolzen g verbundene Träger f gehalten werden, über welche dann wieder Längestücke h verbolzt liegen. Ein solcher Kasten wird lothrecht über einen Pfahlrost gebracht, an eingerammte Pfähle ꝛc. befestigt, jedoch so, daß derselbe bei dem nun darin über Wasser zu erfolgenden Mauern, und dem dadurch entstehenden Sinken, nach und nach bis auf den Rost niedergelassen werden kann, zu welchem Zweck wohl auch der Rost nicht erst aufgelegt, sondern, unter den Kasten gebracht, mit diesem zugleich niedergelassen wird. Von diesem werden dann die obern Verbandstücke abgenommen, die Wandbolzen unten ausgehangen, und die Wände abgehoben, um sie wieder zu einem andern Kasten zu verwenden.

Vom Brückenbau.

Je nach den dabei beliebigen Annahmen oder bestimmenden Verhältnissen, giebt es eine sehr reiche Auswahl verschiedener Constructionen, von denen hier beispielsweise einige angeführt seien, ohne jedoch jedesmal den Querschnitt und den darin anzubringenden wichtigen, aber in der Ausführung einfachen und sich wiederholenden Verband, beigefügt zu haben, welcher theils für sich, oder nach den gegebenen, für andre Fälle leicht passend denkbar, in der Praxis dann durch besondere Zeichnungen angegeben ist, ob auch hier nur die gezeigten Binder angeordnet werden, welche durch Querverband die Bahn tragen, oder ob sich der Längenverband mehrmal oder unter jedem Bahnbalken wiederholt. Ebenso ist auch hier wenig Rücksicht auf das Belege der Brücke genommen, welches gewöhnlich aus Bohl- oder Holzstücken, nach Länge oder Breite, oder sich kreuzend, nach beiden Richtungen der Brücke aufgelegt, besteht.

Die einfachste Brücke, von 6—8 Ellen Weite, wird durch eine Lage Balken, — Träger — Trahmer, gebildet, welchen man bei etwas mehrer Länge einen durch Bolzen an alle Balken befestigten Unterzug unterbringt, wodurch die Belastung vertheilt wird, Fig. 21 A. Bei 10—12 Ellen Weite wendet man wohl doppelte — verzahnte — Träger an, jedoch bei 12—16 Ellen Weite, findet eine Unterstützung durch Säulen statt, welche sich bei mehrer Länge, auf 6—8 Ellen wiederholt, Fig. B, welche Entfernung man aber auch durch aufgelegte und unterstützte Jochstücke, Fig. C, noch mehr durch das angebrachte Sprengwerk, Fig. D, größer nehmen kann. Fig. E zeigt die Seitenansicht der unterstützenden Säulen, welche, wenn sie — als Pfähle — in einem Flusse stehen, verschaalt werden, und zwar in der Höhe, in welcher sie bei Eisgang beschädigt werden können, aus welchem Grunde der vordere — Stirnpfahl — schräg eingeschlagen, abgegradet, und zu mehrer Festigkeit auf diesen Seiten noch mit

Eisen beschlagen wird. Bei einer größern Weite dient nach Fig. 22 das doppelte Sprengwerk, dessen lange Streben durch Zangen und Bänder gegen irgend welche Biegung gesichert werden, außerdem aber noch eine Verkreuzung der Brückenträger gegen Seitenbewegung erhalten.

Fig. 23 zeigt eine, bei wenig Uferhöhe anzuwendende Construction mit den nach Fig. 31 Taf. VIII. aufgespaltenen Balken rc., wobei zu Erlangung der horizontalen, oder nach beiden Enden abfallenden Brückenbahn, Säulchen angenommen sind, welche auf Rahmen die Bahnbalken tragen, wenn nicht unter jedem derselben der untere Hauptträger sich wiederholt rc.

Tafel XXVIII.

Fig. 1 A—C zeigt zwei Constructionen bei welchen, wegen wenig Uferhöhe, das auf 20—24 Ellen Weite angenommene Sprengwerk, als Hängewerk auf die Brückenbahnbalken gebracht ist, somit nur auf den Ortbalken — Seitenbalken — stattfinden kann, wodurch aber diese beiden Binder, auf den sie verbindenden Unterzügen die ganze freitragende Last der Brücke zu tragen haben, wenn man inmitten deren Breite nicht einen dergleichen Binder anwenden kann, wodurch die Bahn in zwei Gleise getheilt wird, welches z. B. bei Eisenbahnbrücken stattfinden kann, dann aber dadurch zweckmäßiger wird, daß man für jedes Gleis eine für sich bestehende schmale Brücke herstellt, so daß nöthige Reparatur oder Neubau eines Gleises ohne Störung des andern, geschehen kann.

Fig. 2 zeigt eine Construction bei 30—36 Ellen Weite, in welcher zwei übereinandergelegte und gebogene Hölzer — Curven — als Binder, oder mehrmals angeordnet, die Brückenbahn tragen. Zum Schutz dieser Brücke ist sie mit einem Dache versehen, welches auf den äußerlichen, als Säulen nach oben verlängerten Zangen, oder der doppelten Hängesäulen getragen, wegen dessen Belastung aber noch über jeder Seitenkurve eine höher, bis zur Geländerhöhe gespannte einfache Curve angeordnet ist, welche Construction sich bei mehrer Breite der Brücke wie in voriger Figur wiederholt, wodurch man daselbst Säulen zu Unterstützung und der gegen Einwirkung des Sturmes nöthigen Verbindung des leicht anzulegenden Dachwerks, anbringen kann.

Gegen Seitenbewegung der Bahnbalken werden unter dieselben zwischen Unterzüge ꝛc. fliegende Kreuze, die Hängesäulen daselbst Bänder angebracht, Alles gut verbolzt und verklammert, gegen noch mögliche Einwirkung der Witterung auf beide Langseiten, dieselben aber noch, wenn nicht ganz, wenigstens bis zur Bahnhöhe, mit Bretern verschlagen, deren Befestigung nicht unmittelbar an die Curven, sondern etwas davon abstehend, an dazu passend eingelegte Hölzer geschehen muß.

Bei einer größern, 40—60 Ellen Weite, und verhältnißmäßig wenigen Uferhöhe, findet eine Construction nach Fig. 3 A—C Anwendung. Die Curven bestehen dann wohl auch aus 4—6 übereinanderliegenden Hölzern, nach Erfordern bei Anwendung dreifacher Zangen — Centralsäulen — doppelt neben einandergelegt, gegenseitig verbunden ꝛc. und werden nach den punktirten Linien ähnlich wie die Sparren zu einem Bohlendach, auf einem Stern gefertigt.

Für eine noch größere, 80—100 Ellen Weite, giebt Fig 4 eine Construction, welche wegen ihren bedeutenden Baukosten, gegen baldige Zerstörung, durch ein Dach, wohl auch durch Verschaalung der Seitenwände, gesichert wird. Bei Berücksichtigung der eignen Last, welche eine solche Verbindung hat, ist es leicht einzusehen, daß alle Theile derselben stark genug und sehr gut mit einander verbunden werden, damit sie gleichmäßig tragen.

Weniger und leichter ist die Arbeit des Zimmermanns bei Herstellung einer Kettenbrücke, Fig. 5, da es sich dabei, abgesehen von dem dazu erforderlichen einfachen und leichtern Gerüst, lediglich nur um die Bahnbalken handelt. Dieselben sind hier, wegen der Beweglichkeit einer solchen Bahn, nach deren Breite gelegt, und hängen beiderseits an langen Schraubenbolzen, welche an den, über die Länge der Bahn gezogenen Ketten befestigt sind. Sie müssen daher bei mehrer Länge stärker, oder aus zwei übereinandergelegten Stücken gefertigt werden, Fig. B, woselbst dieselben nicht unmittelbar übereinander liegen, sondern Stücke Holz zwischen sich verzahnt erhalten, um in die von diesen gelassenen Zwischenräume, Verkreuzungen einlegen und befestigen zu können, um Seitenbewegung der Bahn zu verhindern, welches weniger durch das Bohlenbelege geschieht, indem erst kürzere Stücke über 3—4 Balken reichen, auf welche dann lange Stücke querüber, nach Breite der Brücke gelegt werden.

Von den Gewölbe- und andern Rüstungen.

Bei den hierher gehörigen Zimmerarbeiten, namentlich bei größern Gewölbrüstungen, gilt das bei den Brückenconstructionen Gesagte, da für jene oft diese, oder ähnliche erforderlich werden. Bei ihrer Anfertigung ist auf die Schaalung Rücksicht zu nehmen, welche zum Versetzen des Wölbmaterials auf die Bögen gelegt wird und demnach von dem Weite- und Höhemaaße des Bogens in Abzug zu bringen ist; dann aber auch auf das Setzen, sowohl der Gewölbrüstung, als auch des Gewölbes selbst, bei Wegnahme derselben, wozu dieserhalb vorher beim Aufstellen Keile eingelegt werden mußten, welche nun langsam der Reihe nach oder zugleich gelockert werden, wodurch das fest zusammengedrückte Gerüst unter dem Setzen des Gewölbes niederrückt, wohl aber auch, von diesem befreit, sich im Bogen wieder etwas hebt.

Fig. 6 zeigt einen Bogen — Biege — z. B. zu einem Thor im Stichbogen, aus einem Brete oder Pfoste geschnitten; bei etwas mehr Höhe und unzureichender Bretbreite nach Fig. 7, mit einem angelegten Stück, durch Leisten 2c. verbunden, wobei auf zweckmäßige Verwendung des dazu bestimmten Materials, Rücksicht zu nehmen ist, namentlich wenn dieselben von verschiedener Größe, oder, nach Gebrauch als überflüssig, zu andern verändert werden sollen. Bei 1—2 Ellen Höhe, 10—14 Ellen Länge, nimmt man nach Fig. 8 A zur Schwelle ein Stück Holz, stellt darein Säulchen aus Pfostenstücken, auf welche kürzere genagelt werden, um die an jene genagelten, in die Schwelle verzapften und aus Pfosten geschnittenen Bogenstücke zu tragen. Oder man nimmt nach Fig. B zur Schwelle und den Säulen, sowie zu den, die Mittelsäule stützenden Streben, Holzstücke, und scheert erstere zum Einlegen der Bogenstücke aus, welches auch bei Fig. 9 A, B der Fall ist, deren Schwelle in der Mitte oder mehrmale unterstützt werden kann. Dieses ist jedoch nicht überall möglich, und dann finden Gerüste nach Fig. 10 A, B, Fig. 11 A und dergl. Anwendung, woselbst aber nun die Bogenlinie durch einfach oder übereinander gelegte Holzstücke, gebildet wird, welche zwischen den doppelten, die Strebhölzer übergreifenden Zangen liegen. Die Schaalung besteht hier, bei Quadersteinen zum Wölben, aus Holzstücken nach Breite der Brücke, welche wegen des leichtern Ausrüstens, Keile erhalten, die jedoch besser unter- als oberhalb angewendet werden, weil in diesem Fall dergleichen unter jeden Stein zu bringen, aber auch nicht so bequem herauszuschlagen sind. Fig. 11 A, C.

Fig. 11 B zeigt ein Gerüst mit Curven, welche senkrecht unterstützt werden, indem Pfähle in Reihen, querüber zur Brücke eingerammt und mit Rahmen versehen sind; auf diesen liegen Schwellen, welche den doppelten, die Curven unterstützenden Säulen mittels untergebrachter Keile zum Aufstand 2c. dienen. Fig. 12 zeigt die Construction eines großen Gerüstes, bei dem auf seine Länge mehre unterstützte Punkte angenommen worden sind, von wo aus die, die Wölbungslinie tragenden Säulen, Streben 2c. nach derselben abgehen.

Leichter als diese Rüstungen, sind diejenigen beim Häuserbau*) aufzuführen, indem sich ein solches, auch bei hohen Gebäuden, namentlich Thürmen, gewöhnlich nach den Stockwerkshöhen richtet, und so nach und nach übereinandergestellt wird, wie es abgebunden war, wobei vorzüglich mit dem Stoß der übereinander, zwei- drei- oder vierfach nebeneinandergestellten Säulen — Rüststämmen — Rüstbäumen — gewechselt werden muß, und sich danach die Lage der in einen Stoß treffenden Rahmen richtet, welche z. B. wieder so eingerichtet werden, daß einige auf ihnen liegenden Balken in Fensteröffnungen treffen, um sie durchstecken und mit einem innerlichen Gerüst verbinden, so wie beiderseits der Mauer, Rahmen für Auflager der Balken anbringen zu können, wenn man die, zwischen Fensteröffnungen treffenden Balken nicht in die Mauer auflegen will, oder besser, wenn man wegen Gesimsen 2c. in einigem Abstand von derselben, daselbst besondere Rüstbäume mit Rahmen anwendet.

Der Längenverband eines solchen Gerüstes geschieht je nach Umständen aus mehr oder weniger langen, meist beliebig anzunehmenden Bändern, welche zwischen oder zur Seite der Rüstbäume befestigt werden; anders ist es mit dem durch Mauern reichenden Querverband, welcher nicht hinderlich werden darf, dieserhalb auch immer nach Aufführung eines Stockwerks unter die gelegte Rüstungsbalkenlage eingebracht und befestigt wird. Diese

*) Die einfachen, aus runden Stämmen und Stangen gefertigten, gewöhnlich nicht hohen Gerüste, stellen die Maurer meist selbst auf, und geschieht dies leicht unter Berücksichtigung der folgenden Angaben.

Gerüste können verschieden, je nach Form der aufzuführenden Mauern, oder nach dem zu verwendenden Material und wegen dessen Transport, namentlich durch besondere Winde- und Hebevorrichtungen, eingerichtet werden, doch muß dieses danach zu dem beabsichtigten Zweck möglichst passend geschehen, und bei dem dazu zu verwendenden Holzmaterial darauf gesehen werden, daß dasselbe möglichst wenig durchlocht 2c. wird, um es nach dem Abbruch wieder vortheilhaft verwerthen zu können; dieserhalb darf jedoch die Festigkeit des Gerüstes nicht vernachlässigt, dagegen noch die nöthigen Bolzen und Klammern angewendet werden.

Von den Schleußen.

Eine, zum Wasserbau gehörende und wichtige Arbeit, ist die Anfertigung der (beiden) Schleußenthore, welche, inmitten einer Schleuße angebracht, dazu dienen, ein Fahrzeug von einem Flusse in einen tiefer gelegenen, durch die Schleuße verbundenen, oder umgekehrt, zu bringen, Fig. 14 A—H. Gerinne sind kleinere Bauwerke, bei Mühlanlagen angewendet, und ist einiges von dem Folgenden hierher zu beziehen.

Das eigentliche Thor für sich, ist weniger schwieriger anzufertigen, nur muß dieses sehr genau geschehen.

Ein solches breites zweiflügliches Thor wird, zum Unterschied von einem im Ganzen, die Weite einer schmälern Schleuße ausfüllenden Schlagthore, Stemmthor genannt, weil beide Flügel in einem stumpfen Winkel sich zusammenlegen, um den Druck des höher davor stehenden Wassers abzuhalten, durch denselben aber auch wieder die Fuge scharf zusammengedrückt wird.

Ein Flügel besteht aus dem Läufer, von welchem starke Arme nach der, diesem entgegengesetzten Schlagsäule, reichen. Gegen das Senken dieser Verbindung wird auf der Rückseite eine Strebe angebracht, auf der Vorderseite wird das Pfostenbelege in deren Richtung diagonal befestigt — gewöhnlich mit Versatzung eingelassen — außerdem auf der Rückseite noch ein eiserner Zuganker, sowie Bolzen, Klammern und Winkelbänder angebracht 2c.

Das Pfostenbelege fällt unten im Mittel weg, indem diese, zum Ablassen des Wassers nöthige Oeffnung, wieder durch den Schutz gedeckt werden kann, welcher auf den Mittelsäulen gefalzte Leisten erhält, zwischen denen er auf- und niedergelassen wird. Dazu ist auf dem obern Querarm eine Windevorrichtung angebracht, von welcher eine gezahnte eiserne Stange herunter nach dem Schutz geht, und zu deren Gebrauch ein Bret am Oberarm auf Knaggen befestigt ist.

Zur obern Befestigung des Thores dienen die starken Läuferzapfen in den ebenfalls starken und langen in der Mauer gut befestigten Halseisen. Zur untern, als der Hauptbefestigung, dient der Drempel, eine Holzverbindung, welche, weiter ausgedehnt, diese, für die Schleuße wichtige Stelle im Grunde bewahrt.

Der Drempel besteht aus dem langen Hauptfachbaum d, querüber zur Schleuße gelegt, in welchem rechtwinklich der Binder b steckt, nach dem beiderseits von jenem etwas schräg die Schlagschwellen c c liegen, um an diese beide Flügel schlagen zu lassen, wozu der Schleußenboden vor denselben — der Vorboden — 6—8 Zoll tiefer gelegt wird, als der mit den Schwellen bündige Hinterboden. Der Binder wird in gleicher Stärke des kurzen Vorderfachbaums a, also niedriger als die andern Hauptstücke angenommen, Fig. G, und zu den Falzen hinter den Schwellen, passende Stücke aufgelegt. Der Schleußenboden vom Vorderfachbaum a, bis zum kurzen Hinterfachbaum e, sowie der Abschußboden bis ebenfalls zum kurzen Unterfachbaum f, wird aus doppelten Pfostenlagen gebildet, während der unten und oben auf kurze Länge anschließende, aus einer Lage besteht.

Das Schleußenthorgebiet zwischen den Fachbäumen a, f und die Breite der Schleuße mit den Thornieschen, ist durch Spundwände eingefaßt, welche sich noch nach beiden Richtungen verlängern. Inmitten der ersten, unter dem Hauptfachbaum, ist eine starke, unter jede Schlagschwelle, unter dem Binder sich vereinigend, eine schwächere Spundwand, überdies eine Menge stärkere und schwächere Pfähle eingeschlagen, um diesen Theil möglichst fest zu machen, wie dies die hiehergehörenden Figuren deutlich angeben.

Fig. C zeigt die Spundwände und Pfähle unter dem Drempel. Fig. D zeigt die Ober- Fig. E die Unteransicht, Fig. F, G, H die Verbandstücke desselben nach zwei Seiten*).

---

*) Das Verfahren beim Durchschleußen eines Fahrzeugs ist nun, z. B. abwärts, Folgendes: ist dasselbe bis ans Oberthor gebracht, so wird dessen

Zum Schutz der Pfähle eines Joches unter einer hölzernen Brücke, wird ein Eisbrecher vorgesetzt, durch welchen verhindert wird, daß das treibende Eis den Stirnpfahl des Joches sowohl beschädigt, als auch die Gewalt der Strömung denselben mittheilt, Fig. 15 A, B. Hier ist eine Reihe Pfähle in Richtung der Jochpfähle, in gewisser, nach der Brücke mehr und mehr über dem Wasser verbleibenden Höhe, der letzte schräg, dem Strom entgegen, eingeschlagen. Dieselben werden durch zwei beiderseits angelegte Stücke verbunden — gegurtet — und über diese Gurtung der Eisbaum auf die, nach dem andern Ende steigenden, schräg verschnittenen Pfähle gelegt; der Eisbaum, mit den Pfählen verbunden, ist abgegradet und auf diesen Seiten wohl noch mit Eisenschienen belegt. Die Pfähle werden wohl auch nach den Langseiten mit Pfosten belegt, und die Gurtung bei dem, im Flußbett befestigten langen und starken Eisbaum, weggelassen.

Bei einem Brückenjoch mit mehrern Pfahlreihen, ist es nöthig, daß ein Eisbrecher angeordnet wird, welcher zu dem hier gezeigten z. B. beiderseits in paralleler oder nach vorn sich verringernder Weite, noch eine Pfahlreihe erhält, auf welcher die Gurtung liegt, und von welcher beiderseits Sparren nach dem Eisbaum, als Schiftsparren nach einem Gradsparren, liegen.

Der Verfasser glaubt, in diesem Werke das Wichtigste aus der Praxis*) angeführt zu haben; doch hat sich Derjenige im Irrthum befunden, welcher vielleicht geglaubt hat, darin große

---

Schutz gezogen, wodurch das Wasser in der Mittelkammer der Schleuße, so hoch wie in der Oberkammer steigt, so daß nun das vom Druck befreite Thor geöffnet, und das Fahrzeug durchgelassen werden kann. Dann wird das Thor wieder geschlossen, der Schutz des Unterthores gezogen, wodurch das Wasser der Mittelkammer mit sammt dem Fahrzeuge sinkt, und zwar ersteres in gleiche Höhe mit dem der Unterkammer, in welche dann das Fahrzeug nach Oeffnen des Thores gebracht wird ꝛc.

*) Nach dem Verständniß des Angeführten wird es leicht, die bei Reparaturen vorkommenden Arbeiten auszuführen, deren specielle Angabe aber meist der Umsicht und dem Geschick des Polirs überlassen werden muß, da dieselben nicht alle vorher bestimmt werden können, indem sich immer eine aus der andern herausstellt.

und ausgesucht verwickelte Zulagen zufinden da doch nur meist Details und Bruchstücke gegeben wurden, welche als das Material zu betrachten sind, durch dessen Verbindung das Gebäude des praktischen Wissens gebildet wird, und sich in dieser oder ähnlicher Form in solchen Zulagen vielfach anwenden läßt.

Anhang.

Ueber Stellung und Verhalten des Polirs.

Wird nun der Inhalt vorliegenden Werkes im Ganzen noch einmal überblickt, und dabei gefragt: daß denselben sich Derjenige, welcher unter allen Umständen und Verhältnissen als tüchtiger Polir gelten will, zu eigen machen solle? so scheint dies für den ersten Augenblick ein zu großes Verlangen, und nun für den Meister Etwas mehr zu wissen, nicht übrig zu sein.

Wird jedoch berücksichtigt, daß der Polir bei Ausführung der Zimmerarbeiten, hinsichtlich der Leitung und Angabe derselben, der Stellvertreter des Meisters, also diesem in dieser Beziehung — im praktischen Theile — gleich sein soll,*) so wird es leicht begreiflich, wie vielseitig die Kenntnisse des Polirs sein müssen, daß aber auch dann allerdings kein zu großer Schritt mehr bis zum Meister ist und auch nicht sein kann; derselbe jedoch aber immer noch, hinsichtlich seiner theoretischen und technischen Kenntnisse, die ihn in den praktischen mehr unterstützen und sichrer machen, über dem Polir steht, welche Höhe er diesem gegenüber auch behaupten können muß. Es werden nicht alle Polire einander gleich vollkommen, und nicht so leicht die hier, jedoch mit Recht, verlangte Höhe erreichen, doch denken Manche, schon vollkommen und unentbehrlich zu sein, wenn sie einen Zapfen oder einen Kamm anschreiben und eine gewöhnliche einfache Zulage fertigen können, so daß sie dann keine Lehren mehr annehmen wollen und dem Meister, der sie erst eingerichtet

*) Wenn nicht manchmal das Gegentheil der Fall ist, indem Einer, der Meister sein will, nicht erst den Cursus des Polirs durchgemacht hat; sonach dieses Werk für beide paßt.

und ihnen Etwas gelernt hat, trotzen, wohl gar zu einem weniger tüchtigen Meister gehen, dadurch doch den ersten in Verlegenheit bringen, wenn auch nicht viel an ihnen verloren ist. Dieser Umstand ist meist die Veranlassung zu Herausgabe dieses Werkes, um Mehreren Gelegenheit zu bieten, sich selbst und leicht auszubilden.

Das Wichtigste in der Zimmerkunst ist das Abbinden überhaupt — die Ausführung der Zulagen — weil die dabei vorzunehmenden Arbeiten nach den Zeichnungen und allgemeinen Angaben des Meisters mehr oder weniger von dem Polir näher zu bestimmen sind, während die kleinern Arbeiten beim Ausbau 2c. ausschließlich des Treppenbaues, gewöhnlich die Arbeiter, wenn sie dabei nach ihren Kräften angestellt werden, so weit selbst verstehen, und nur der Anstellung und allgemeinen Unterweisung bedürfen.

Ist nun von dem Meister der Plan zu einer Zulage gefertigt, wie dieselbe ausgeführt werden soll, und wie dies mit den gegebenen einzelnen, theilweisen Zulagen der Fall war, wozu die Hauptmaaße gegeben, die kleinern sich aber bei der Ausführung und aus den erstern, in natürlicher Größe speciell ergeben, wohl auch die Tabelle zu den verschiedenartig nöthigen und vorerst zu bearbeitenden Hölzern — Verbandstücke — beigefügt, so mache sich der Polir zuvörderst mit der Zeichnung vertraut, um sich klar zu werden, wie das darin Angegebene gemeint und auszuführen ist, da die Eintheilungen und Constructionen gewöhnlich in der Hauptsache dargestellt werden, und nicht jede derselben auseinandergesetzt ist, so daß es dem Polir überlassen bleibt, die angedeutete Construction dem Zweck entsprechend auszuführen; obgleich der Meister bei seinem zeitweiligen Erscheinen hier und da nach Vorrücken der Arbeiten einige nöthige Angaben macht, so kann er dann dagegen später nicht allemal nachsehen, ob eine gefertigte Arbeit richtig war.

Nach dem Verständniß der Zeichnung wird er das Holz zu den Verbandstücken rechtzeitig und vortheilhaft vorzurichten, diese richtig und gut zu verbinden, die so verschiedenen spätern Arbeiten schon jetzt auszuführen wissen und darauf Bedacht nehmen.

Wenn nun ein Polir das in diesem Werke Gesagte begriffen und aufgefaßt hat, und die praktische Ausführung der angeführten Arbeiten für sich selbst versteht — abgesehen von der selbstverständlichen Kenntniß im Lesen, Schreiben, und Rechnen, um die bei Bauten nöthig werdenden Journale ꝛc. zu besorgen, — so hat dieses aber doch dann nur den halben Werth, wenn derselbe die ihm beigegebenen Leute nicht auf die zweckmäßigste Art beschäftigen, anstellen und beaufsichtigen kann; denn bei Ausführung eines Baues überhaupt — namentlich eines größeren — kann und darf der Polir sich wenig — fast gar nicht — mit der eigentlichen Anfertigung der Arbeiten beschäftigen; dann hat er abwechselnd nur anzugeben und anzustellen, abzumessen, anzuschreiben, dabei stets zu beaufsichtigen, so daß er, bei Vernachlässigung dieses, mehr versäumt, als er durch sein Arbeiten verdient. Wollte er selbst mit arbeiten, so würden die Leute langsamer arbeiten oder öfter müßig gehen und nach Arbeit fragen müssen — welches meistentheils so lang als möglich verschoben werden dürfte — da doch die Arbeiter nicht auf Arbeit warten sollen, sondern umgekehrt jederzeit für Arbeit gesorgt sei; er muß die Arbeit, die Arbeiter, das Material und die Zeit einzutheilen wissen.

Um sich diese Gewandheit anzueignen, muß er sich vorher mit dem Gang der Arbeiten bekannt machen, welches ihm durch seine erlangten praktischen Kenntnisse erleichtert wird, da er keine, oder wenig Zeit zu verlieren braucht, um zu überlegen, wie dies oder jenes auszuführen ist; demzufolge muß er die Arbeiten kennen, er muß wissen, wie dieselben schnell und vortheilhaft ausgeführt werden, was ein Arbeiter leisten kann, und wie lange die angestellten bei anhaltendem Fleiß, jedoch auch unter Berücksichtigung der möglicherweise eintretenden Umstände, damit zubringen, um bei Verzögerung dagegen auffordernd auftreten zu können; er muß immer anhalten und erklären, und nicht denken, daß Alles so ausgeführt wird, wie er es angegeben; er muß vielmehr annehmen, daß er Leute unter sich hat, die immer angehalten sein müssen, und meist nicht überlegen, was sie arbeiten, und wie sie eine Arbeit fertigen sollen, obgleich sie dieselbe, oder eine ähnliche, schon mehrmals gefertigt haben ꝛc. Wissen doch die wenigsten Gesellen nicht, wie viel sie bei anhaltendem Fleiß fertigen können und sollen, daher auch nicht viel fertig bringen, namentlich wenn sie denken, genug gethan zu haben, daß sie die gehörige Zeit bei der Arbeit gewesen sind, und nicht danach fragen, ob sie den für die Zeit bestimmten Lohn verdient haben. Läßt der Polir solche Leute schalten wie ihnen beliebt, so muß natürlich der Bauherr, oder, bei Accord, der Meister im Nachtheil sein, welchen zu umgehen, der Meister sich genöthigt sieht, öfterer nachzusehen, wohl gar selbst mit zu arbeiten, wodurch er von Besorgung und Uebernahme andrer Bauten abgehalten wird. Dieses ist namentlich beim Fertigen der Zulagen der Fall; während bei den Arbeiten des Ausbaues, einzelne in Accord gegeben werden, sonach bei Nachlässigkeit der Nachtheil die Arbeiter trifft.

Er muß aber auch seine Arbeiter kennen, und bald darüber einig werden, bei welcher Arbeit einer oder der andere vortheilhaft zu beschäftigen ist. Dann muß er aber auch darauf sehen, daß die Materialien nicht verdorben und verschwendet werden, da die Leute gewöhnlich unbedachtsam damit umgehen, und das Erste das Beste, was ihnen vorkommt zerschneiden 2c., oder dieselben unordentlich legen und liegen lassen 2c..

Steht ein Polir so mit dem angeführten nöthigen Wissen ausgerüstet da, und versteht auch, wie vorher angegeben, die richtige Anwendung desselben, welche sich jedoch nicht ausführlich lehren läßt, sondern auf persönlichem Trieb und Talent beruht, aber wie schon gesagt, durch Kenntniß der praktischen Arbeiten erleichtert wird, kann er nun wieder doch nur dann mit richtigem Erfolg auftreten, wenn er auch in sittlicher Beziehung ein gutes Beispiel giebt; wenn auch die ihm untergebenen Leute nicht immer die gebildetsten sind, so wird er sich doch durch Behauptung eines gewissen Ernstes in den richtigen Grenzen, die nöthige Achtung verschaffen und erhalten. Vor allem sei er ehrlich, überhaupt gegen Jeden; gegen seinen Meister, seinen Bauherrn, seine Untergebenen und Mitarbeiter, da erstere einem Unehrlichen Nichts anvertrauen können, letztere ihm ausweichen werden. Er veruntreue Nichts, selbst wenn er es unbemerkt thun könnte; er sei aber auch nicht partheiisch und bestechlich, indem er Einem Fehler 2c. nachsieht, während er sie an Andern rügt, oder Einem viel, dem Andern wenig abverlangt 2c.

Er sei ordentlich, mit sich selbst und in seinem Berufe; er halte die rechte Zeit mit Anfang und Ende der Arbeitszeit, erhalte Ordnung mit dem Handwerkszeug, mit dem Material und den Leuten, er sei ruhig und vermeide Streit.

Er sei fleißig; er arbeite die gesetzte Zeit hindurch so viel und so gut als möglich, selbst wenn er sich manchmal Ruhe verschaffen könnte; er sei unermüdet, besorgt und unverdrossen; er hetze nicht noch die Leute auf, wenn die Umstände nicht günstig sind, sondern rede eher zur Sühne; er halte Andre nicht durch unnöthige Reden ab, und versäume nicht die Zeit durch unnöthige Wege.

Besitzt ein Polir diese Haupteigenschaften, abgesehen von andern guten Eigenschaften, welche man ebenfalls von Jedem, welcher nur einigermaßen auf Bildung Ansprüche macht, verlangen kann, so wird und kann er nun — und er soll es auch, eingedenk der schweren Verpflichtung, daß er dem Meister und dem Bauherrn gegen seine Leute verantwortlich ist — mit einer gewissen Strenge auftreten, und nicht leiden, daß seine Leute unehrlich, unordentlich und träge sind, und denselben nicht gestatten, was er sich selbst nicht erlaubt, und im Beisein des Meisters nicht erlauben würde, auf diese Weise mit Erfolg wirken, und dadurch seinen Beruf erfüllen, während dessen er jedoch, wenn er diese Eigenschaften nicht besitzt, seine Stellung nicht vollständig ausfüllt, denn wenn er streng und rechtlich verfahren will, so wirft man ihm seine Fehler und Schwachheiten — welche die Leute leicht ausfindig machen und benutzen — vor, wodurch er den Leuten und dem Meister gegenüber die Gewalt verliert und sich Blößen giebt, so daß ihn dieser nicht in Schutz nehmen kann; bei barschem Verfahren wird ihm entgegengearbeitet, namentlich wenn er in der Praxis nicht sicher ist, zum Nachtheil des Meisters oder des Bauherrn.

Ein tüchtiger Polir wird auch bei einem einsichtsvollen Meister gut belohnt werden da er zu großem Nutzen wirken kann, so daß seine Stellung eine angenehmere wird; ein weniger Tüchtiger mache aber nur seinen Kenntnissen angemessene Ansprüche, obgleich er auch nach Umständen zu gebrauchen und für manchen Zweck vollkommen ausreichend ist, wenn er bei wenigen praktischen Kenntnissen, doch den übrigen Anforderungen entspricht.

Möge demnach wohl ein Jeder, der als Polir wirken will — bezüglich auch später als Meister — dieses Alles bedenken, und die Bedeutung dieser Stellung beherzigen, um sich fähig zu machen, dieselbe mit frohem Bewußtsein auszufüllen, da wenige den, hier gemachten Anforderungen vollständig genügen werden, den meisten in einem oder dem andern Theile oder in Allem noch viel zu lernen übrig bleibt ehe sie den Namen Polir verdienen.

Druckfehler.

Seite	4	Zeile	15	v.	unt.	statt	Parallelograme lies: Parallelogramme.
„	32	„	7	„	„	„	halben multiplicirt, lies: halben Höhe multiplicirt.
„	45	„	15	„	ob.	„	denselben, lies: derselben.
„	65	„	4	„	„	„	verwendenten, lies: verwendenden.
„	69	„	19	„	„	„	baumkanntig, lies: baumkantig.
„	96	„	13	„	„	„	hauptsächlich vor (oben) lies: hauptsächlich vorn (oben).
„	108	„	20	„	„	„	Durchfläche, lies: Dachfläche.
„	108	„	13	„	unt.	„	öfters hinauf, lies: öfters höher hinauf.
„	147	„	10	„	ob.	„	fort, oder, lies: fort zeichnet, oder.
„	149	„	4	„	„	„	sollen. Am, lies: sollen, angewendet. Am.
„	149	„	11	„	„	„	Rellen, lies: Rollen.
„	177	„	4	„	„	„	Linie, Fig. 13, lies: Linie 1, Fig. 13.
„	181	„	10	„	„	„	Leere, lies: Lehre.
„	181	„	9	„	unt.	„	Lehrsparren, lies: Leersparren.
„	182	„	17	„	„	„	„ „ „
„	182	„	11	„	„	„	Leerbinders, „ Lehrbinders.
„	182	„	8	„	„	„	Lehrgebind, „ Leergebind.
„	183	„	2	„	„	„	Lagen, lies: Lager.
„	185	„	3	„	ob.	„	Anfange, lies: Anfänge.
„	192	„	19	„	unt.	„	Lehrgebind, lies: Leergebind.
„	192	„	14	„	„	„	Lehrgebinde lies: Leergebinde.
„	205				ob.	„	Tafel XIV, lies: XV.
„	214	„	11	„	„	„	Grundlinie a b, lies: a b′.
„	218	„	15	„	unt.	„	Linien, lies: Linie.
„	219	„	17	„	ob.	„	den graden Linien, lies: der graden Linie.
„	256	„	20	„	„	„	durchreihen, lies: durchreichen.
„	257	„	11	„	„	„	hintern, lies: hintere.
„	257	„	12	„	„	„	den Lehrsparren, lies: des Lehrsparrens.
„	259	„	1	„	„	„	a, lies: e.
„	277	„	22	„	„	„	o, lies: v.

Seite	279	Zeile	12	v.	ob.	statt	4 lies: 5.
„	305				unt.	„	Signatur 12, lies: Signatur 21.
„	309	„	11	„	ob.	„	dann, lies: dünn.
„	314	„	25	„	„	„	worden, lies: werden.
„	315	„	14	„	„	„	gelethete, lies; gelothete.
„	317	„	1	„	„	„	welche, lies: welcher.
„	317	„	2	„	„	„	verwendentes, lies: verwendendes.
„	318	„	2	„	„	„	angeschriebenen, lies: angeschriebene.
„	318	„	7	„	unt.	„	Sitzstufen, lies: Satzstufen.
„	319	„	4	„	ob.	„	theilte, lies: theilt.
„	329	„	9	„	unt.	„	Stangende, lies: Tangente

Druck von C. F. Grellmann in Riesa.

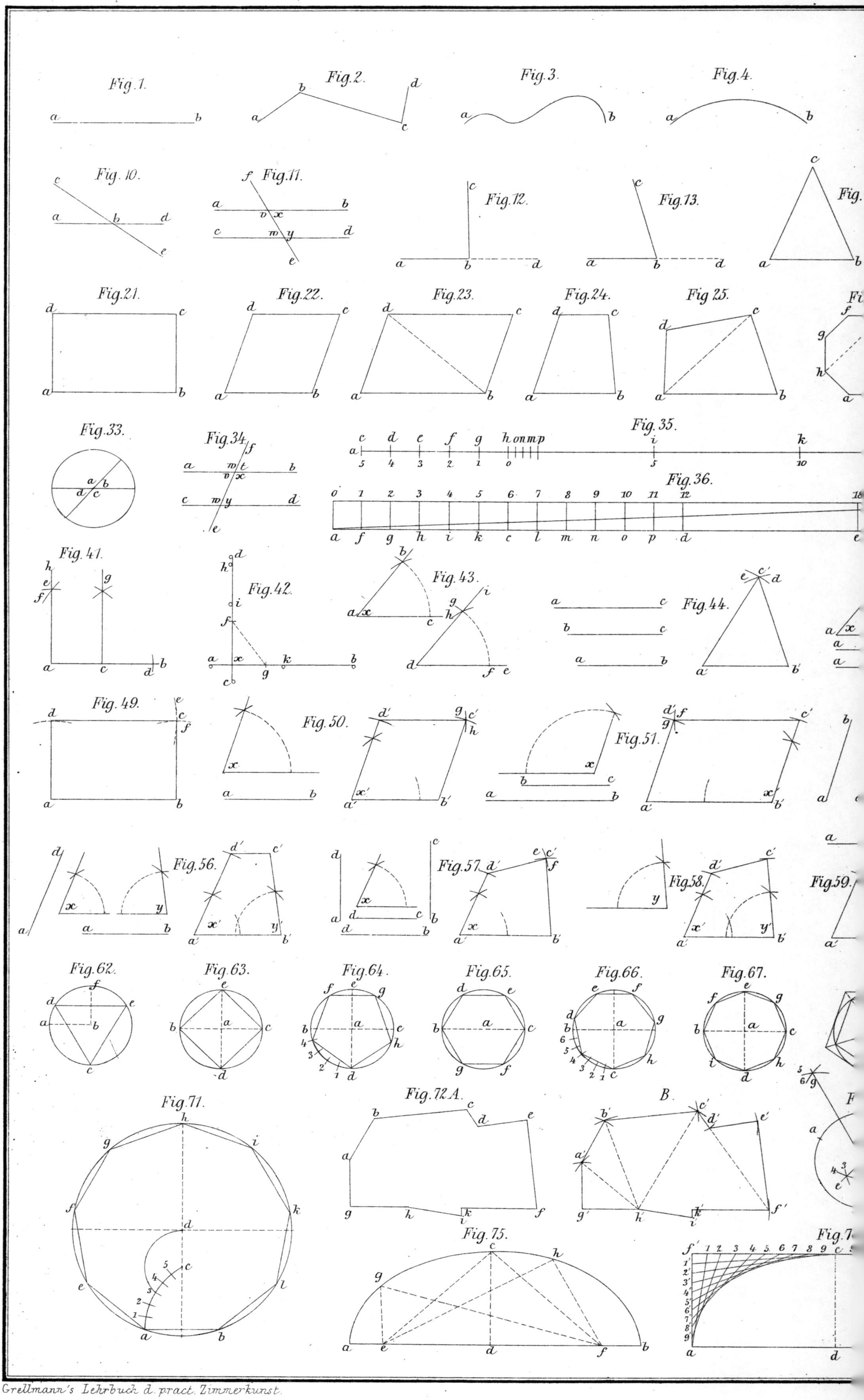
Fig. 1.
Fig. 2.
Fig. 3.
Fig. 4.
Fig. 10.
Fig. 11.
Fig. 12.
Fig. 13.
Fig. 21.
Fig. 22.
Fig. 23.
Fig. 24.
Fig. 25.
Fig. 33.
Fig. 34.
Fig. 35.
Fig. 36.
Fig. 41.
Fig. 42.
Fig. 43.
Fig. 44.
Fig. 49.
Fig. 50.
Fig. 51.
Fig. 56.
Fig. 57.
Fig. 58.
Fig. 59.
Fig. 62.
Fig. 63.
Fig. 64.
Fig. 65.
Fig. 66.
Fig. 67.
Fig. 71.
Fig. 72 A.
B.
Fig. 75.

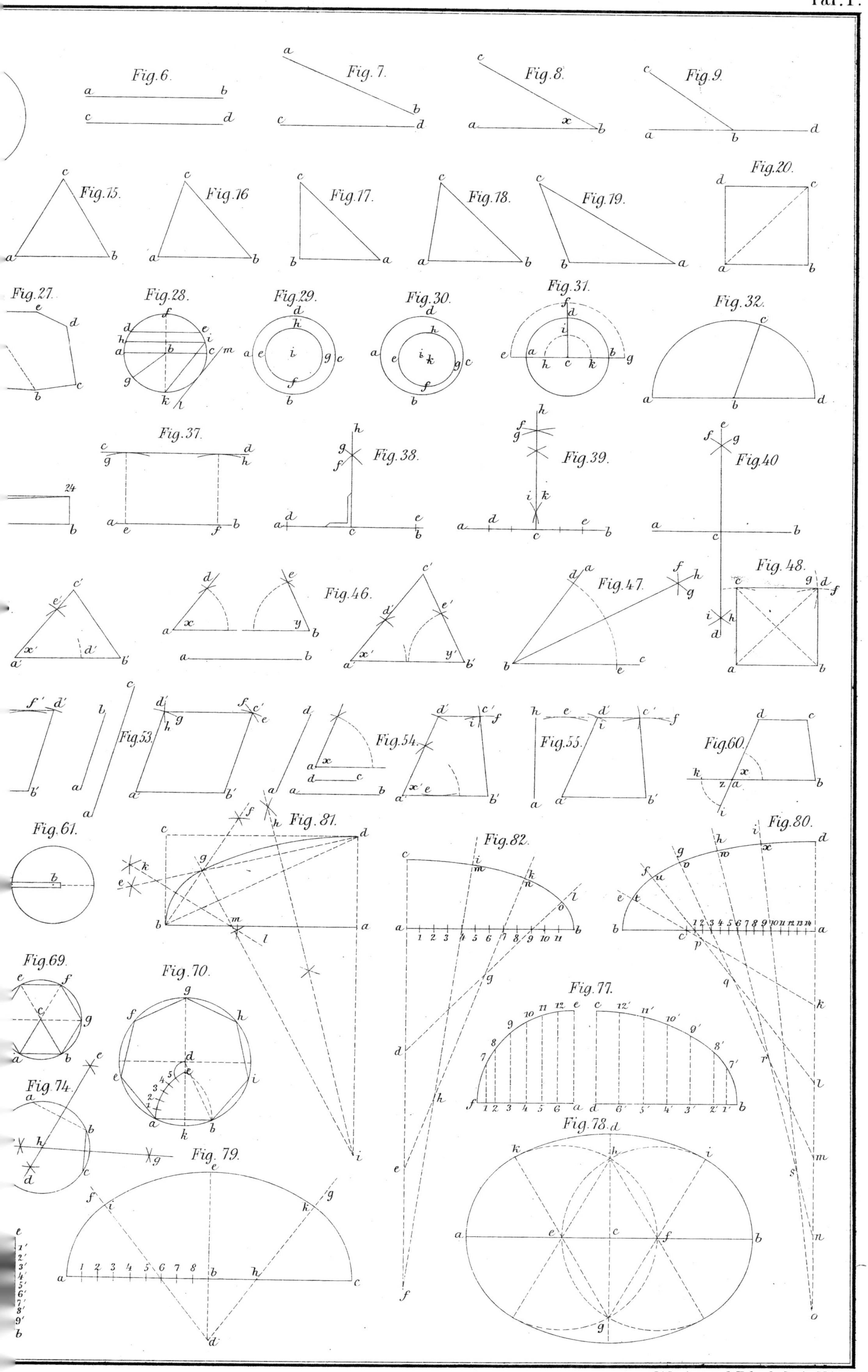

Lith. Anst. v. O. F. Goedsche in Meissen.

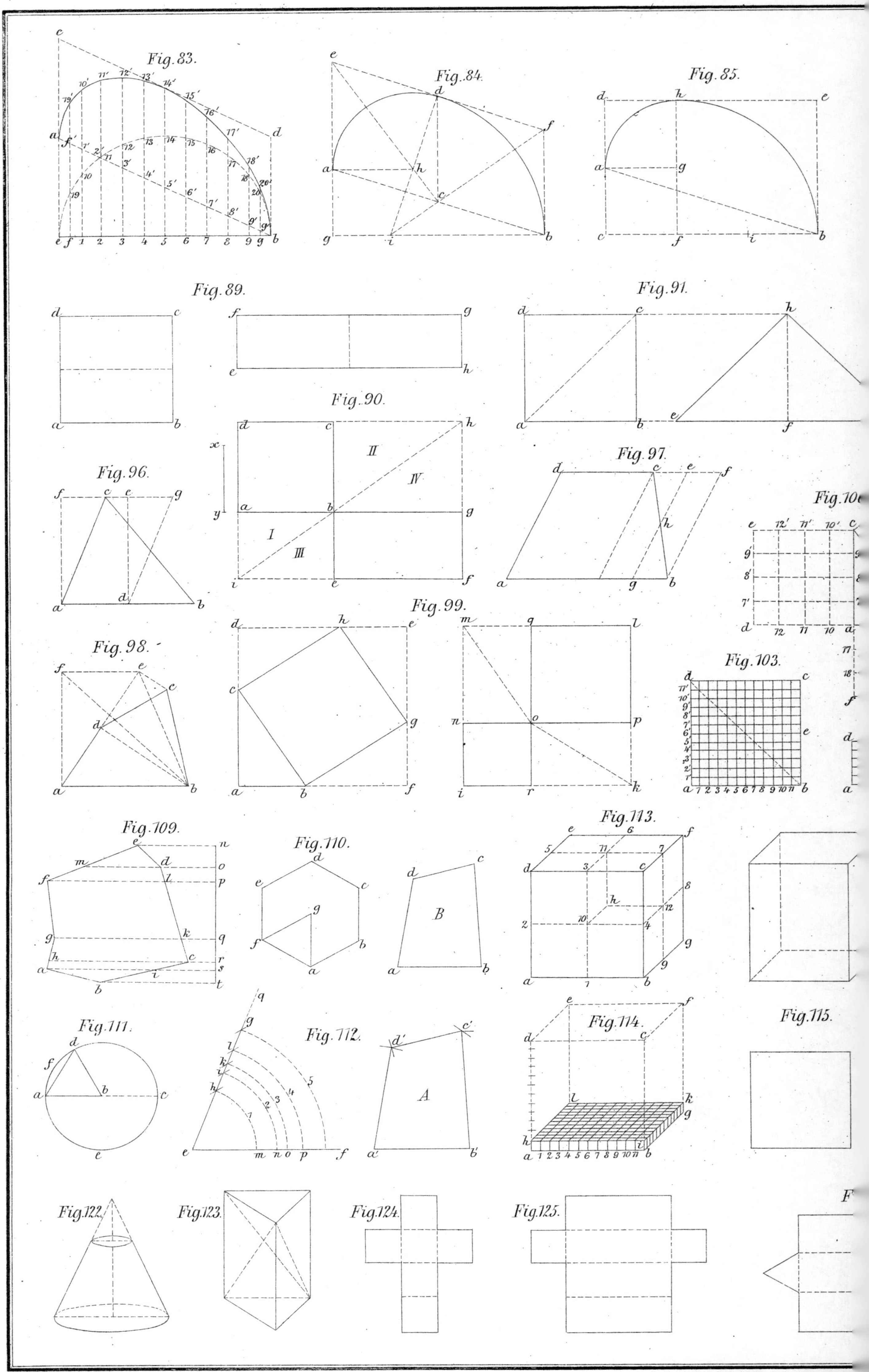
Fig. 83.
Fig. 84.
Fig. 85.
Fig. 89.
Fig. 91.
Fig. 90.
Fig. 96.
Fig. 97.
Fig. 99.
Fig. 98.
Fig. 103.
Fig. 109.
Fig. 110.
Fig. 113.
Fig. 111.
Fig. 112.
Fig. 114.
Fig. 115.
Fig. 122.
Fig. 123.
Fig. 124.
Fig. 125.

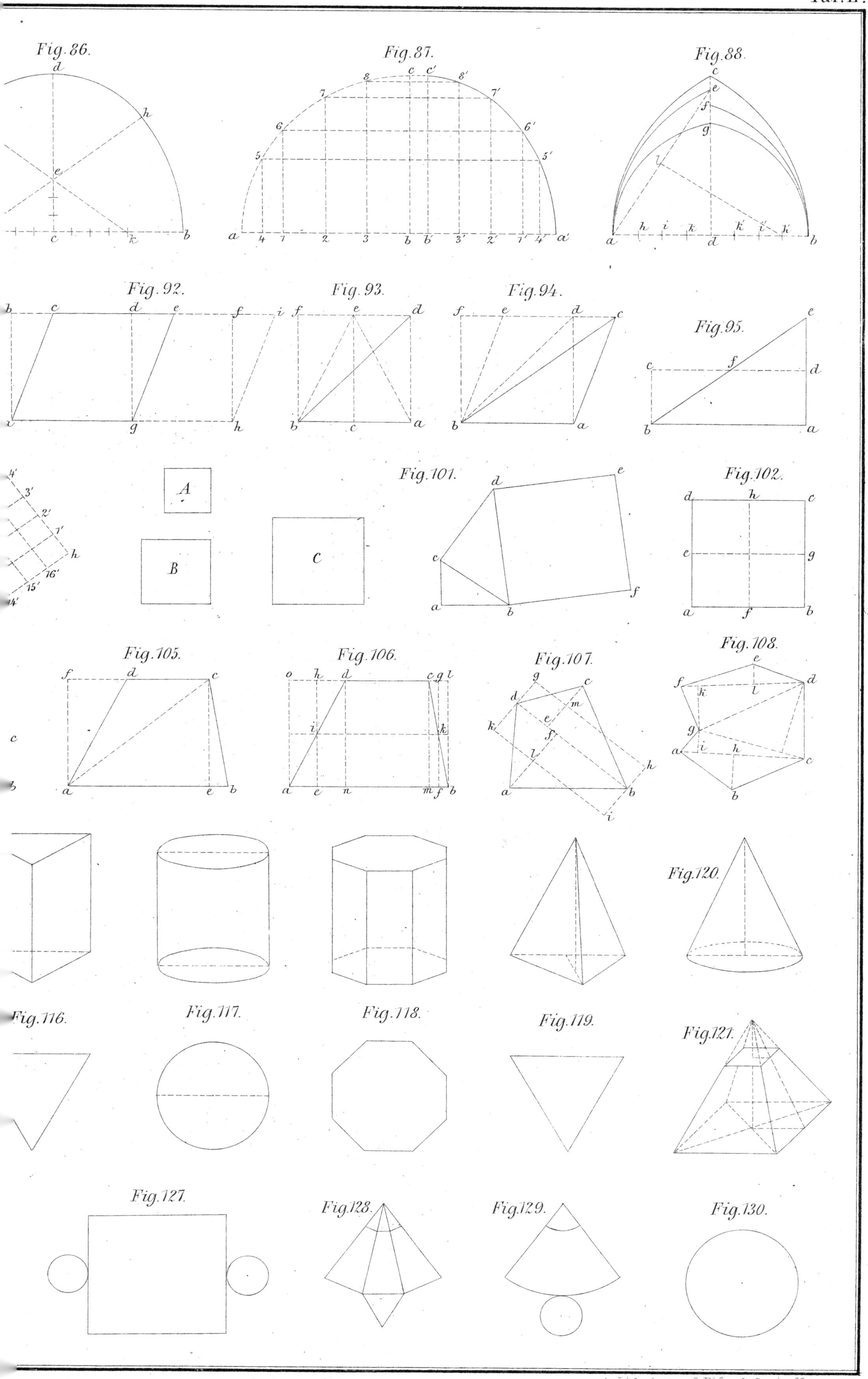

Lith. Anst. v. O. F. Goedsche in Meissen.

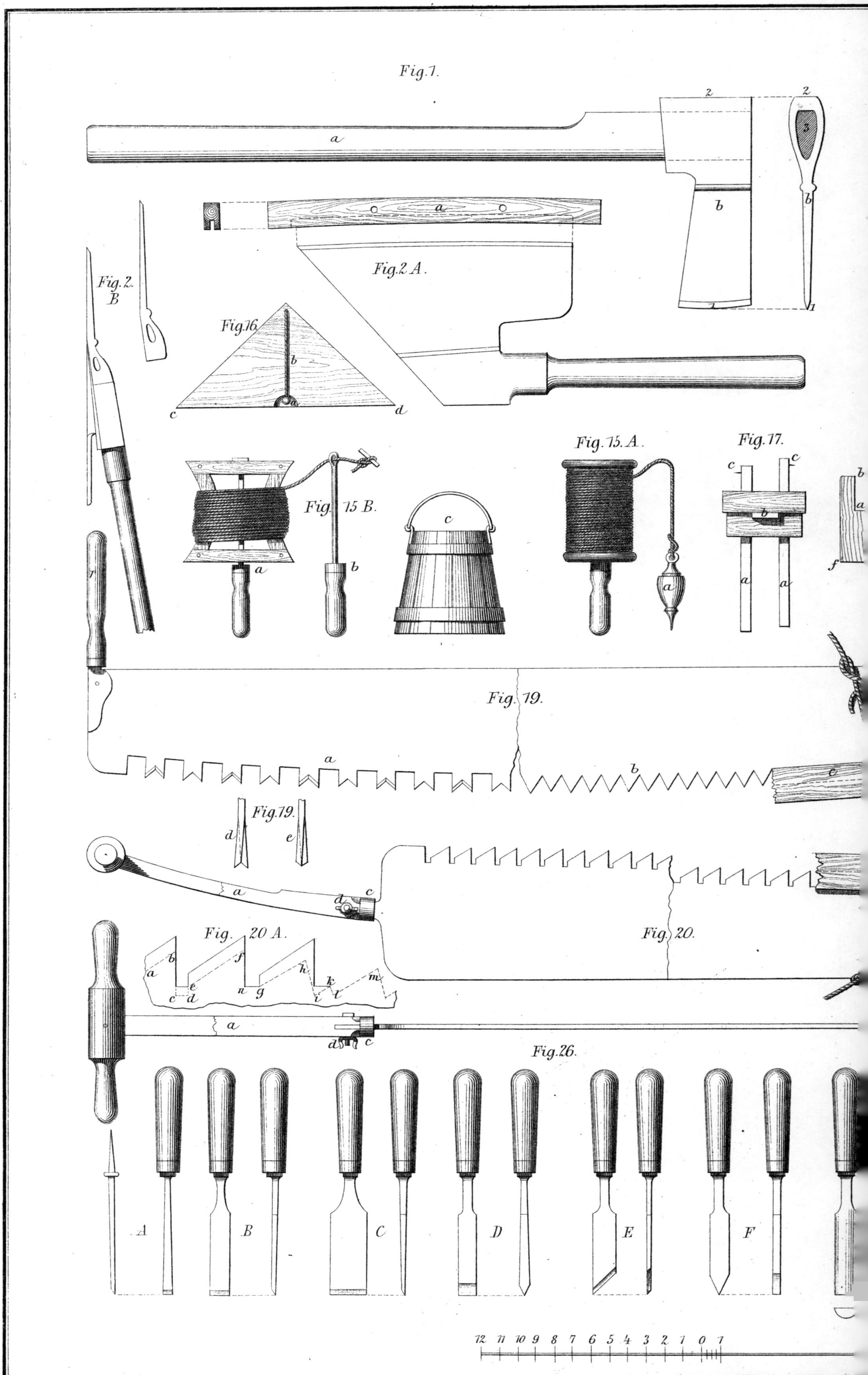
Fig. 1.
Fig. 2 A.
Fig. 2. B
Fig. 16
Fig. 15 A.
Fig. 15 B.
Fig. 17.
Fig. 19.
Fig. 19.
Fig. 20 A.
Fig. 20.
Fig. 26.
A
B
C
D
E
F
12 11 10 9 8 7 6 5 4 3 2 1 0 1

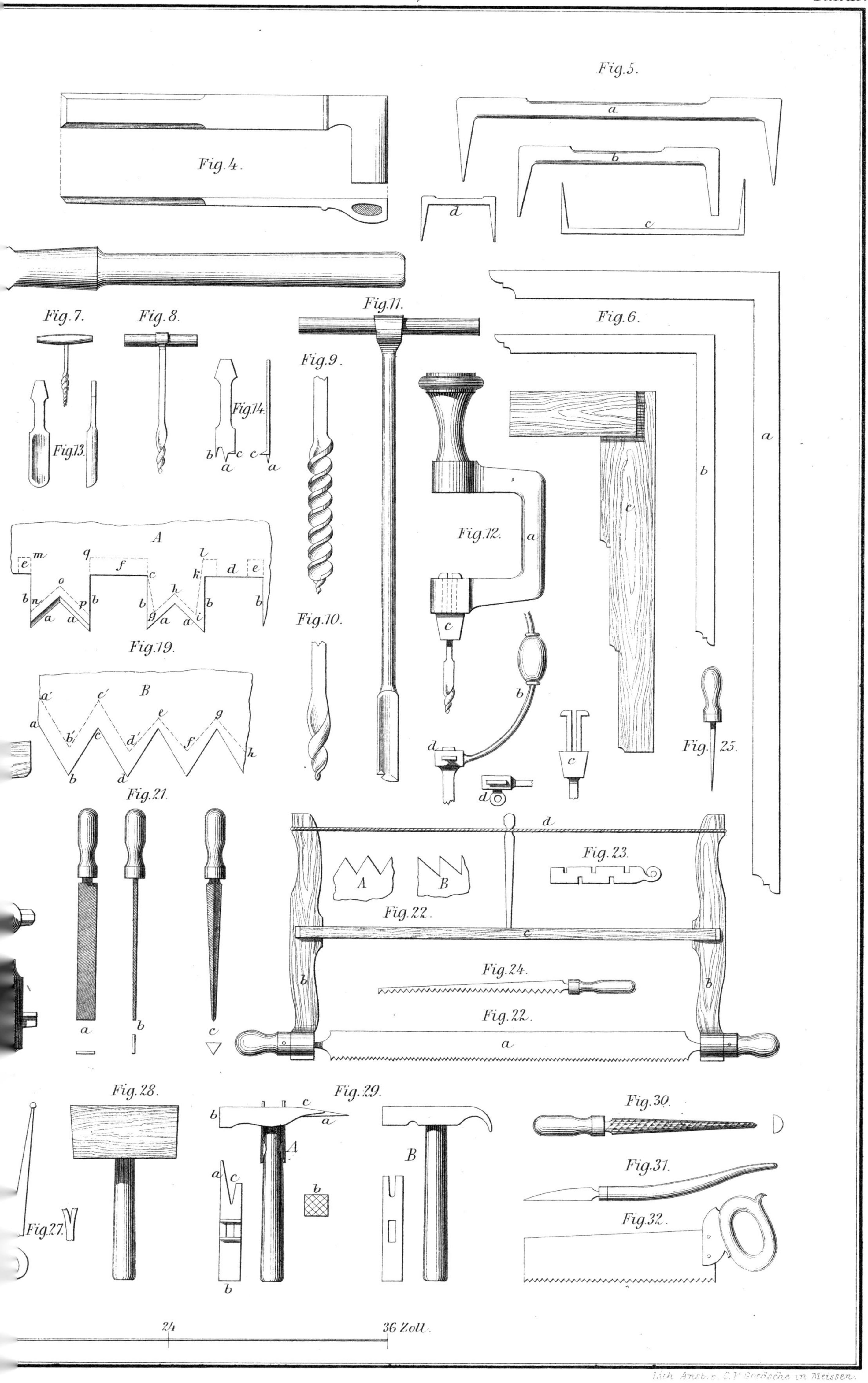

Lith. Anst. v. C. F. Gordsche in Meissen.

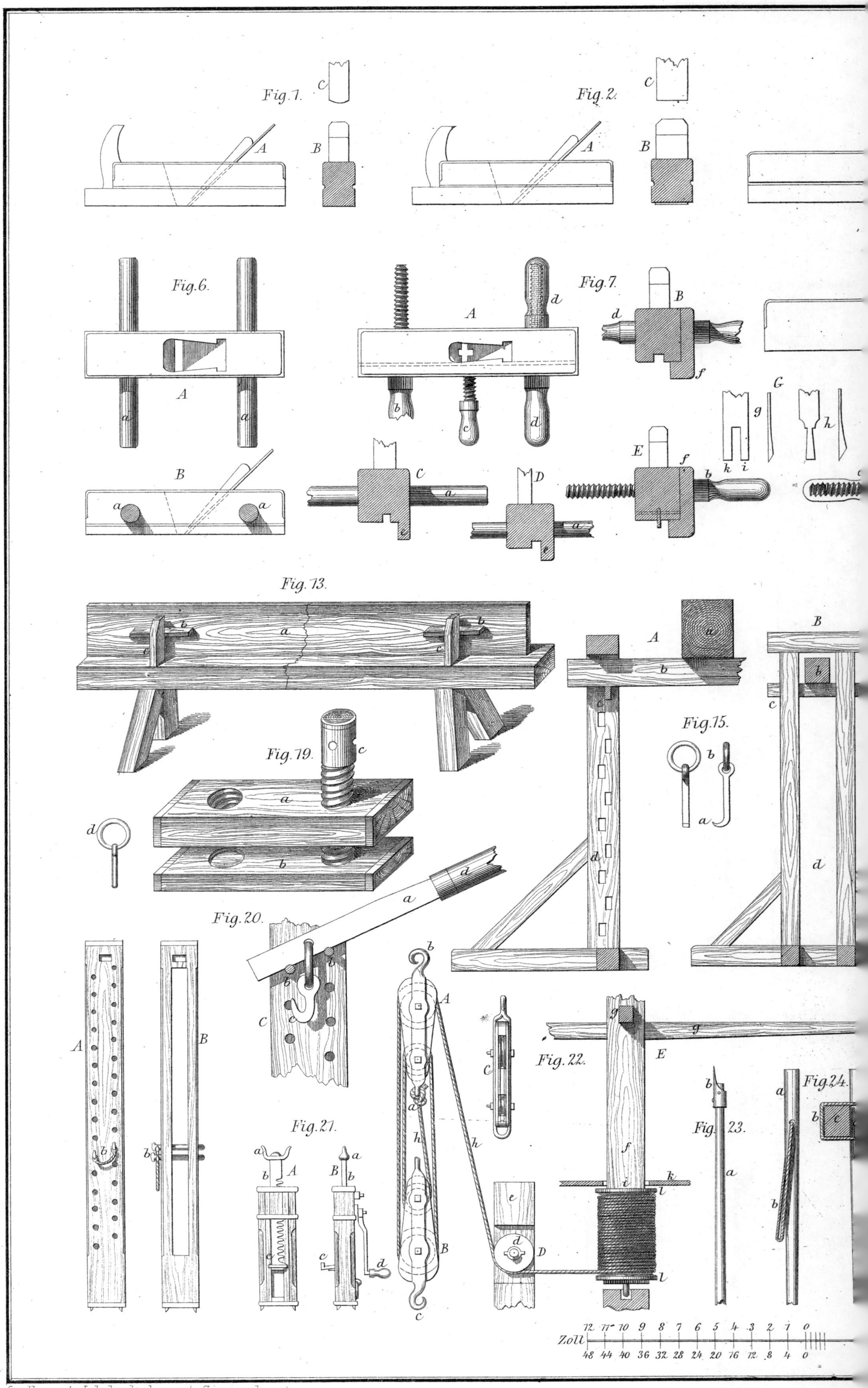
Fig. 1.
Fig. 2.
Fig. 6.
Fig. 7.
Fig. 13.
Fig. 15.
Fig. 19.
Fig. 20.
Fig. 21.
Fig. 22.
Fig. 23.
Fig. 24.
Zoll
12 11 10 9 8 7 6 5 4 3 2 1 0
48 44 40 36 32 28 24 20 16 12 8 4 0

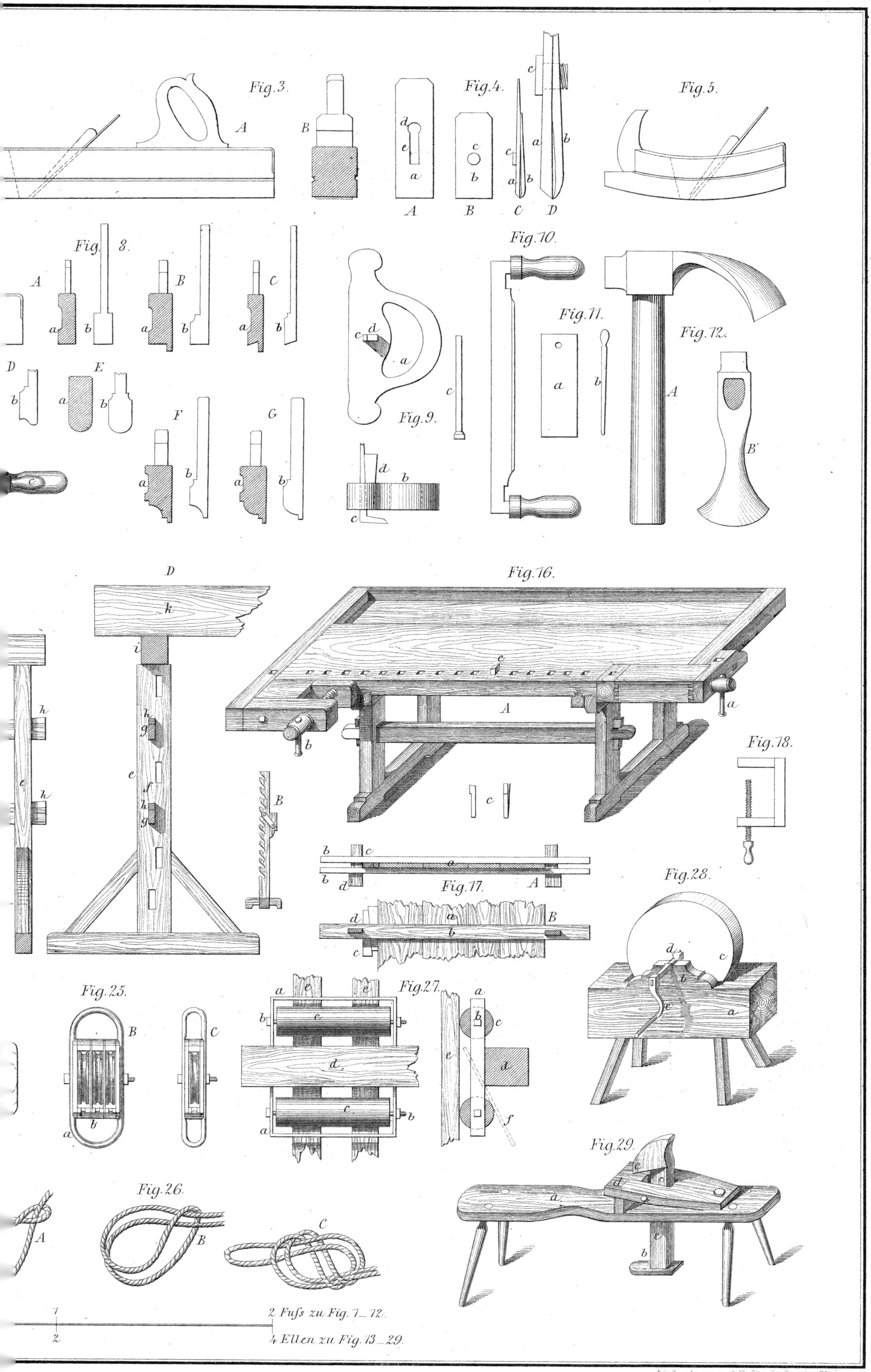

Lith. Anst. v. C.F. Ghedsche in Meissen.

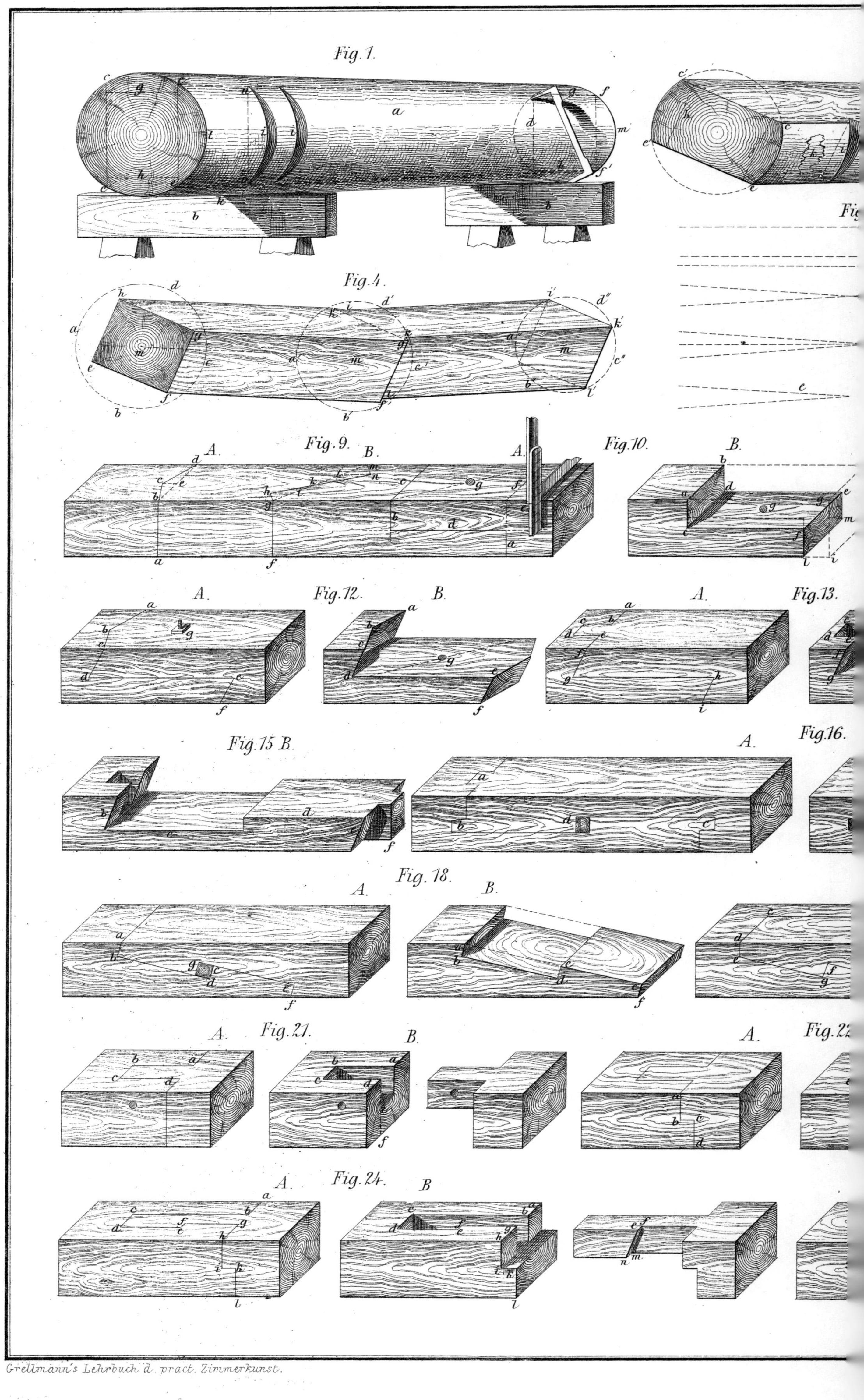
Fig. 1.
Fig. 4.
Fig. 9.
Fig. 10.
Fig. 12.
Fig. 13.
Fig. 15 B.
Fig. 16.
Fig. 18.
Fig. 21.
Fig. 24.

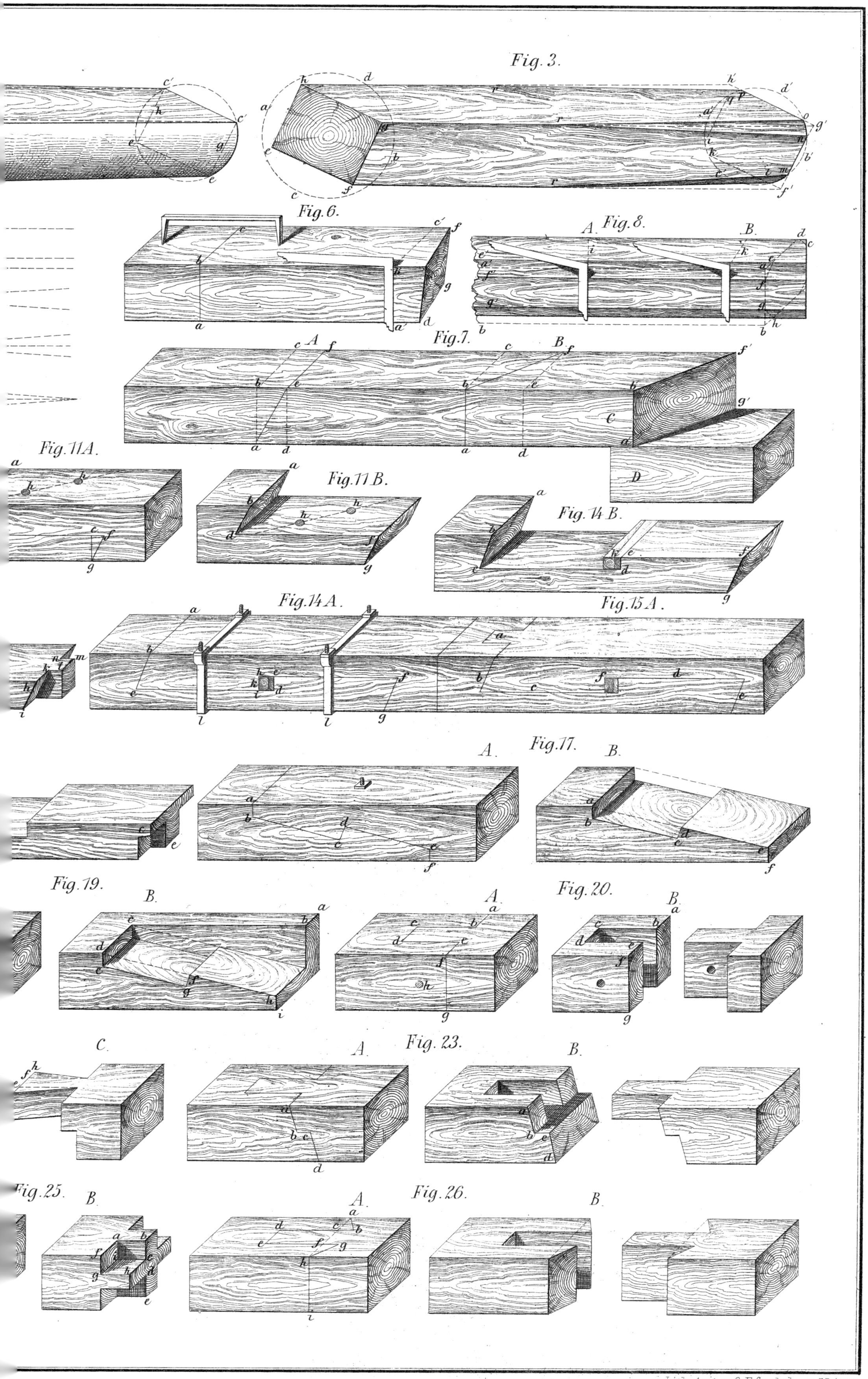

Lith. Anst. v. O. F. Goedsche in Meissen.

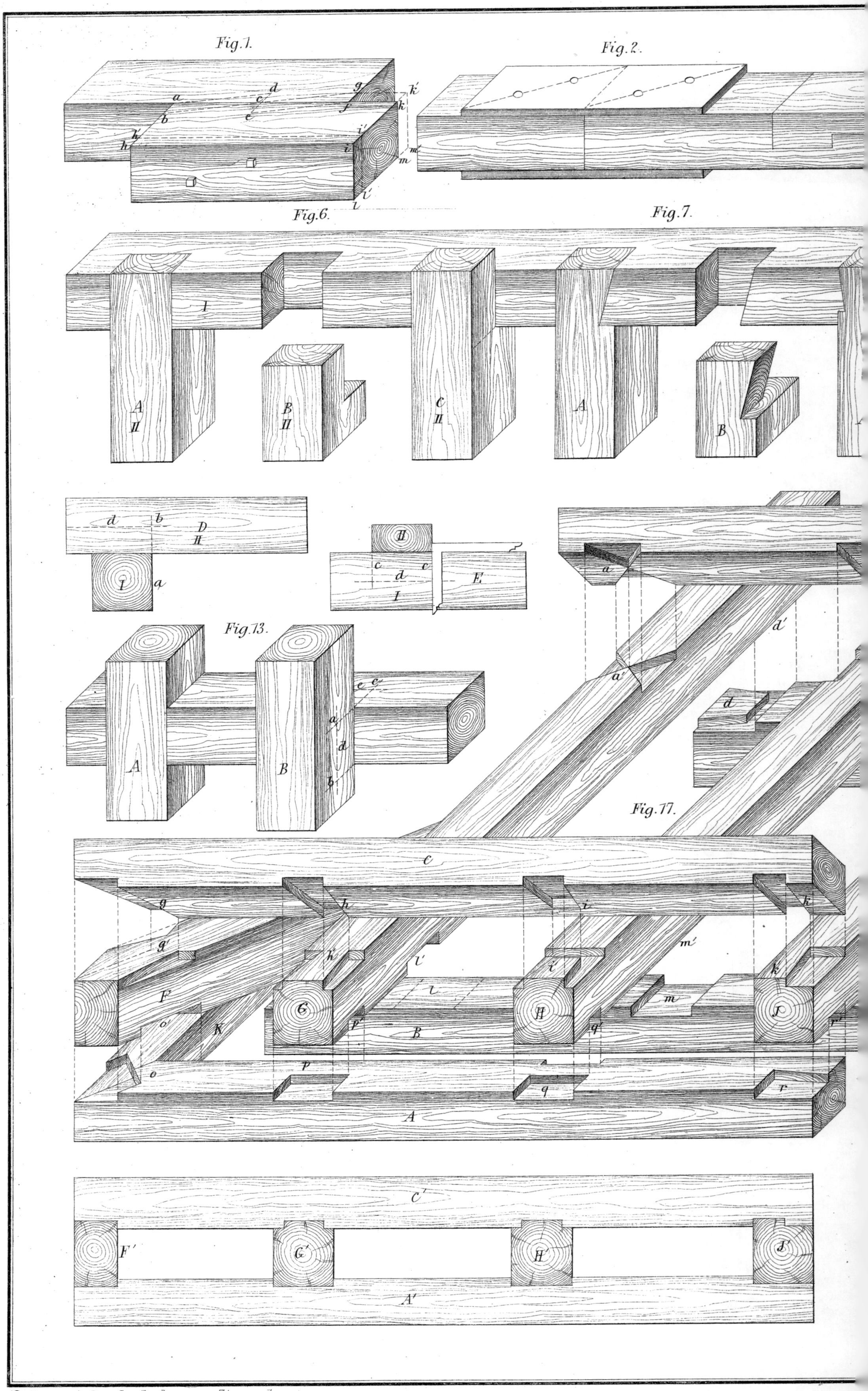

Grellmann's Lehrbuch d. pract. Zimmerkunst.

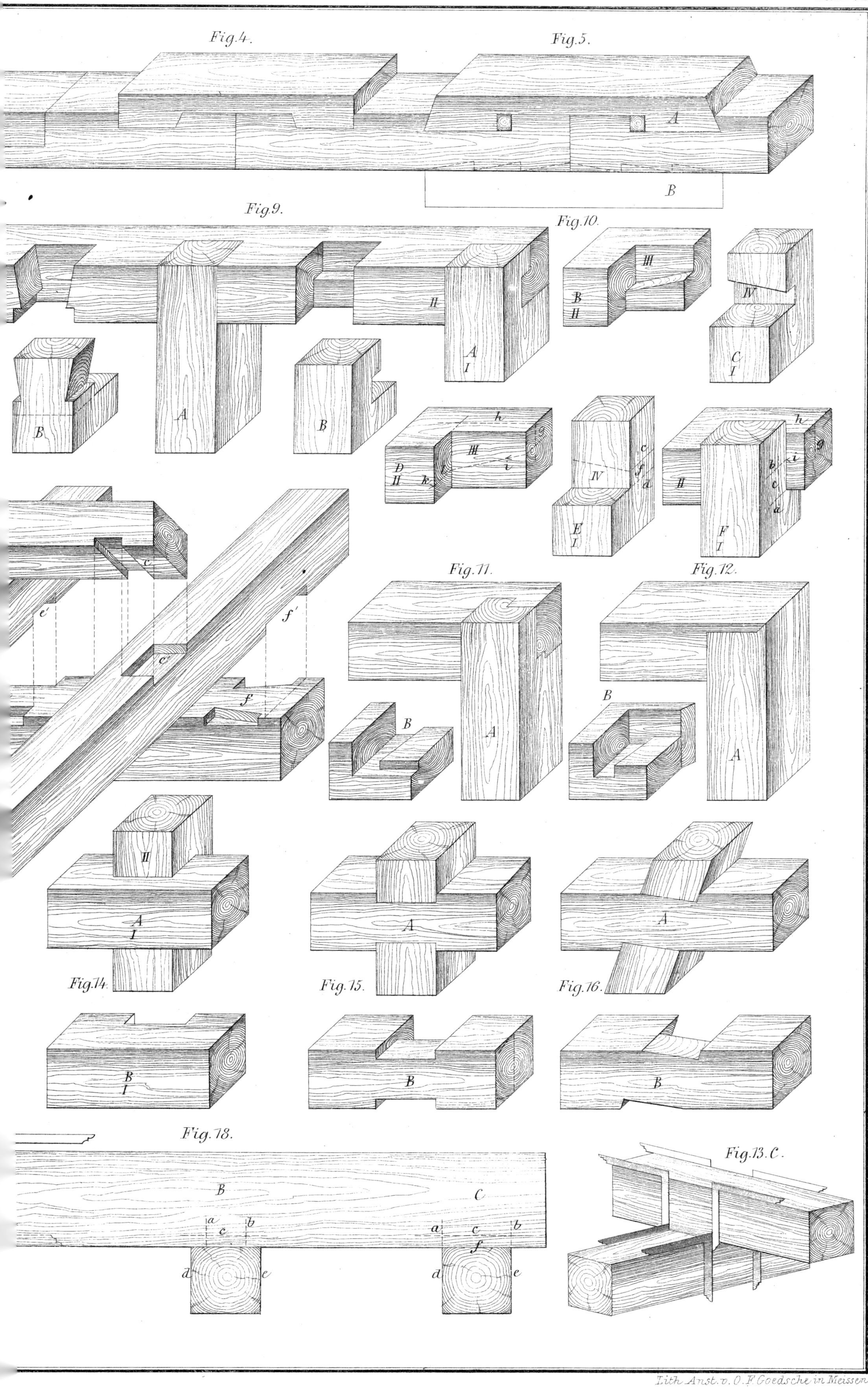

Lith. Anst. v. O. F. Goedsche in Meissen.

Fig. 1.

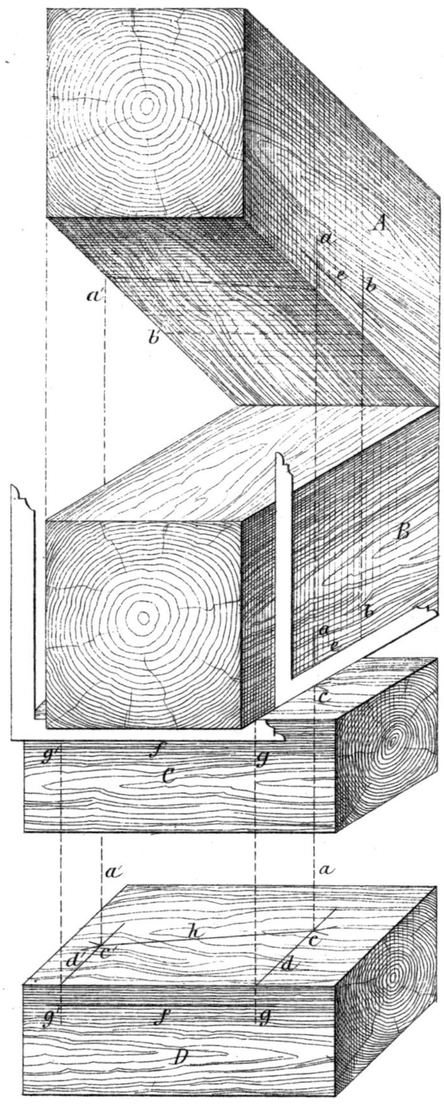

Fig. 2.

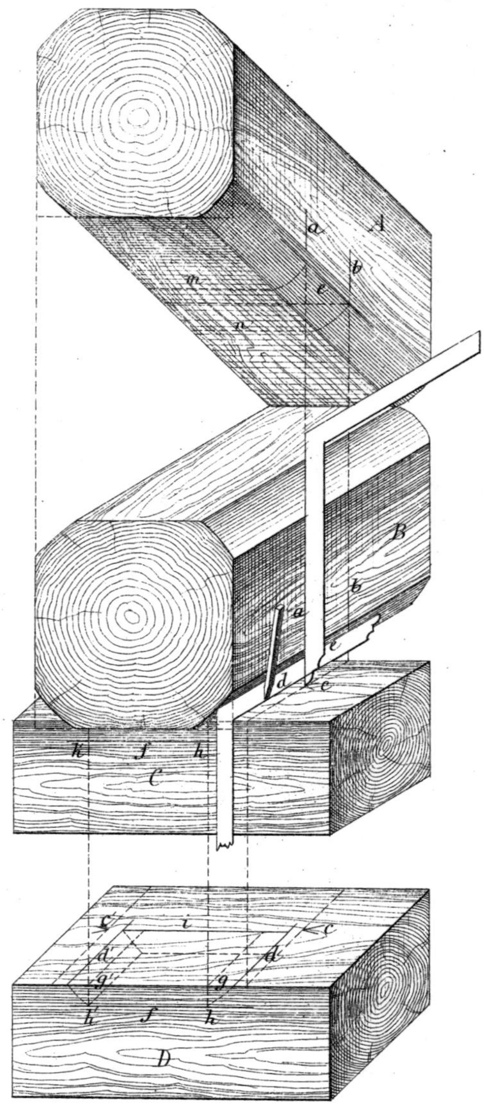

Fig. 4.

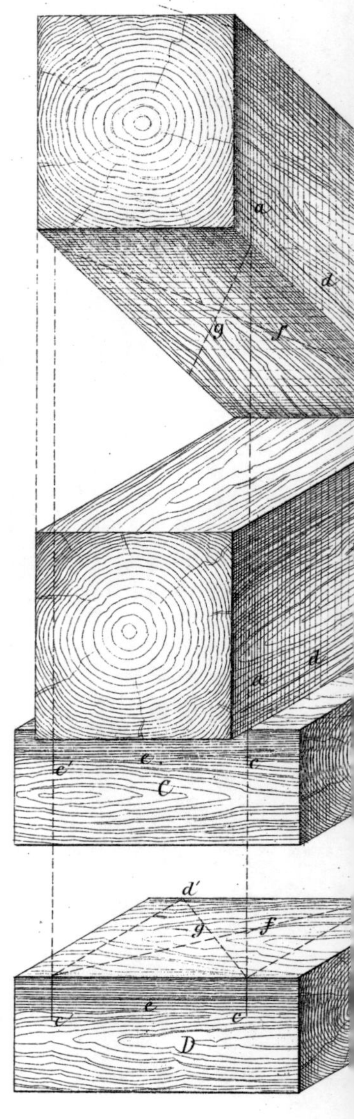

Fig. 3.

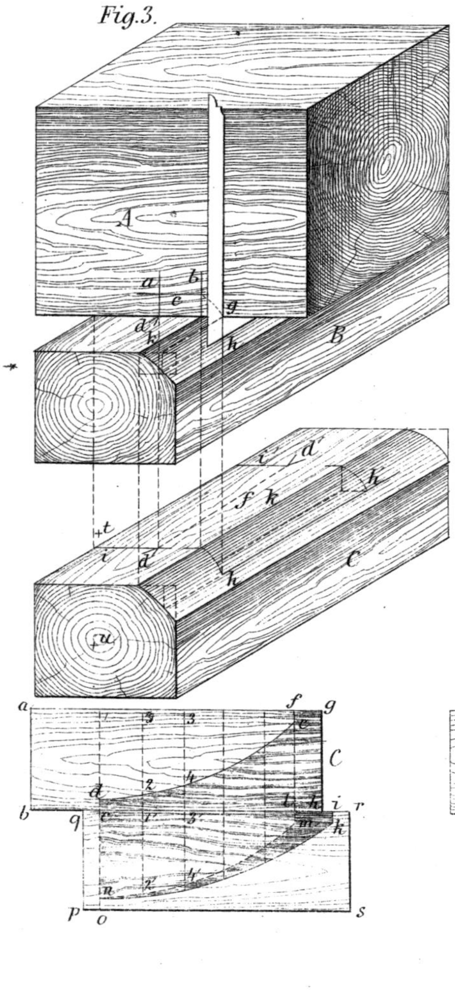

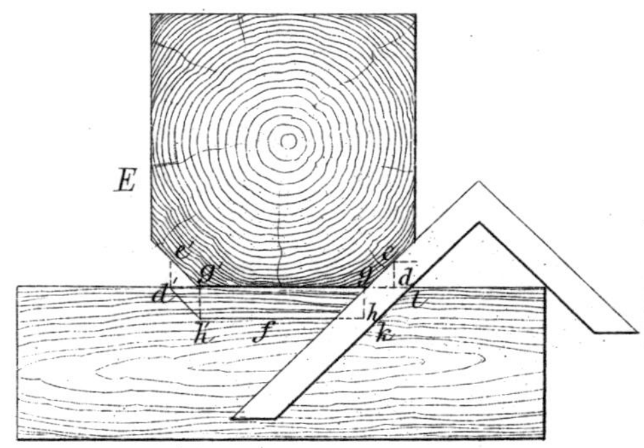

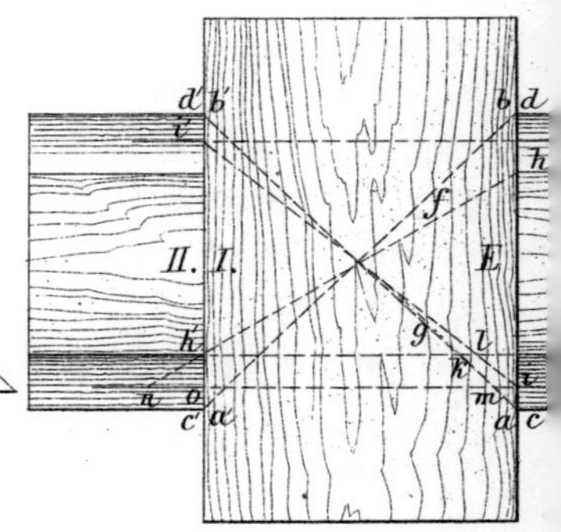

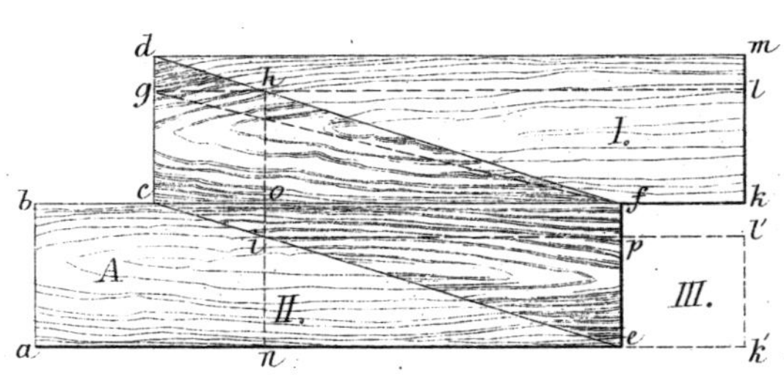

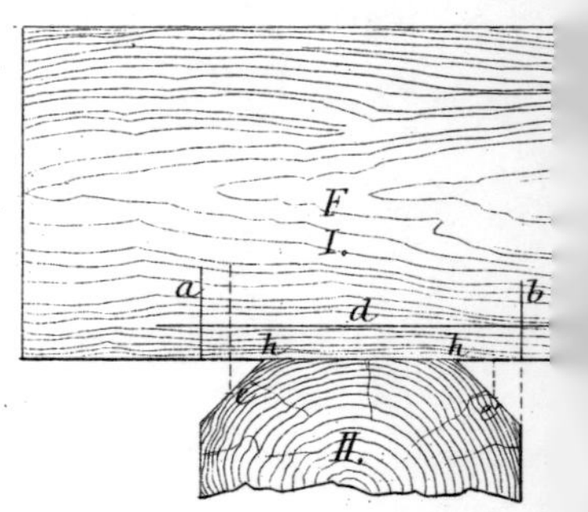

Fig. 9.

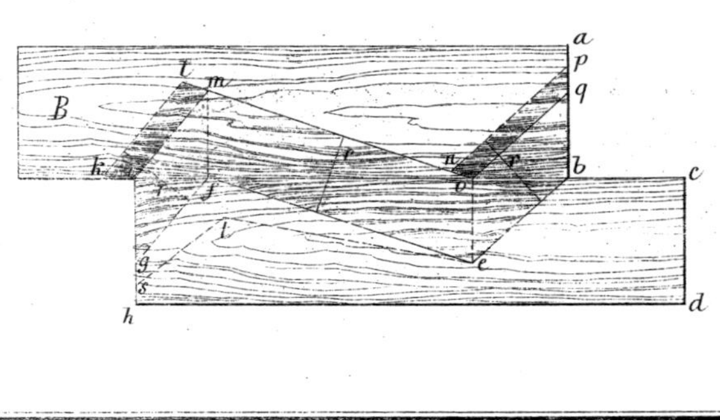

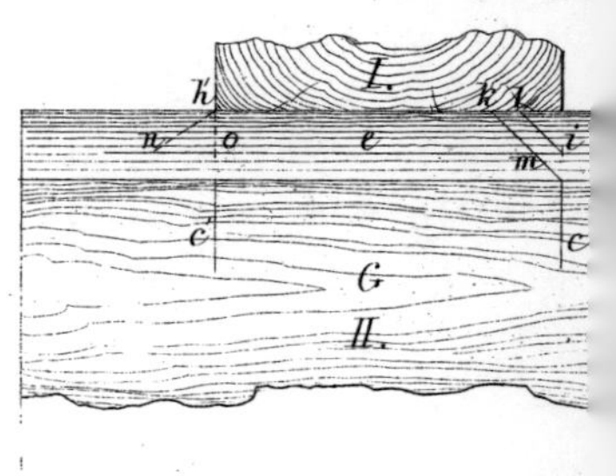

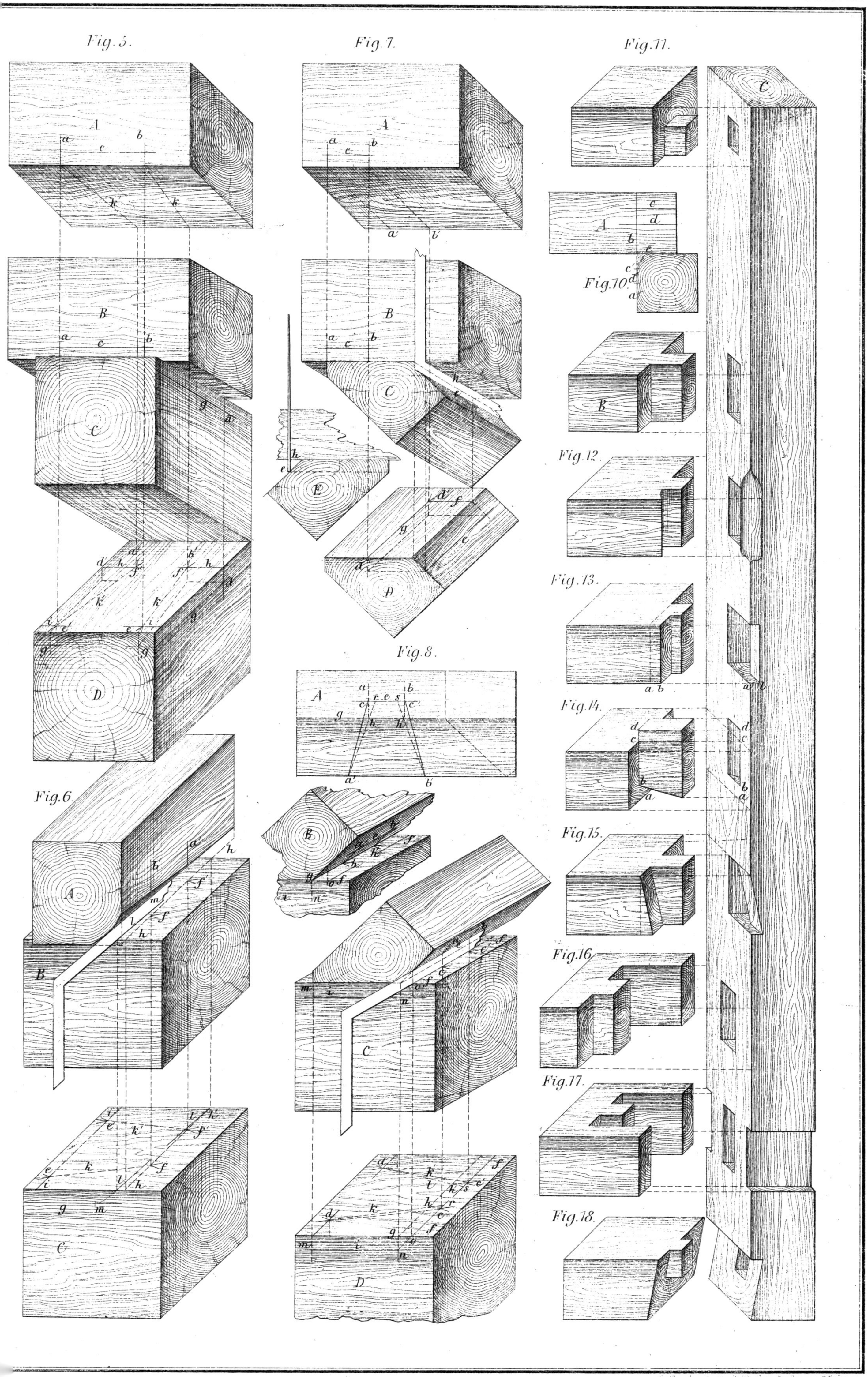
Fig. 5.
Fig. 6.
Fig. 7.
Fig. 8.
Fig. 10.
Fig. 11.
Fig. 12.
Fig. 13.
Fig. 14.
Fig. 15.
Fig. 16.
Fig. 17.
Fig. 18.

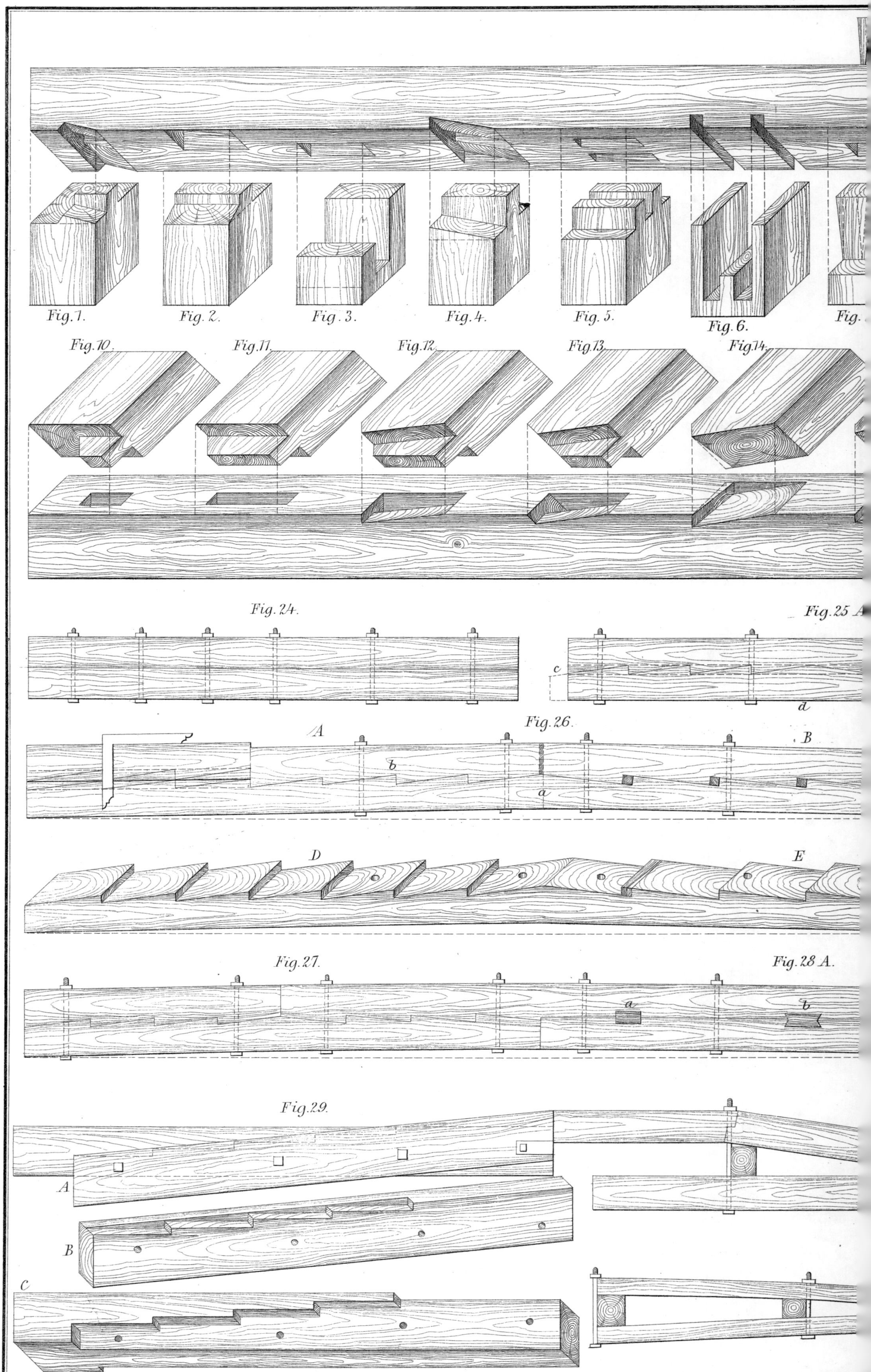

Fig. 1.
Fig. 2.
Fig. 3.
Fig. 4.
Fig. 5.
Fig. 6.
Fig. 10.
Fig. 11.
Fig. 12.
Fig. 13.
Fig. 14.
Fig. 24.
Fig. 25 A
c
d
Fig. 26.
A
B
b
a
D
E
Fig. 27.
Fig. 28 A.
a
b
Fig. 29.
A
B
C

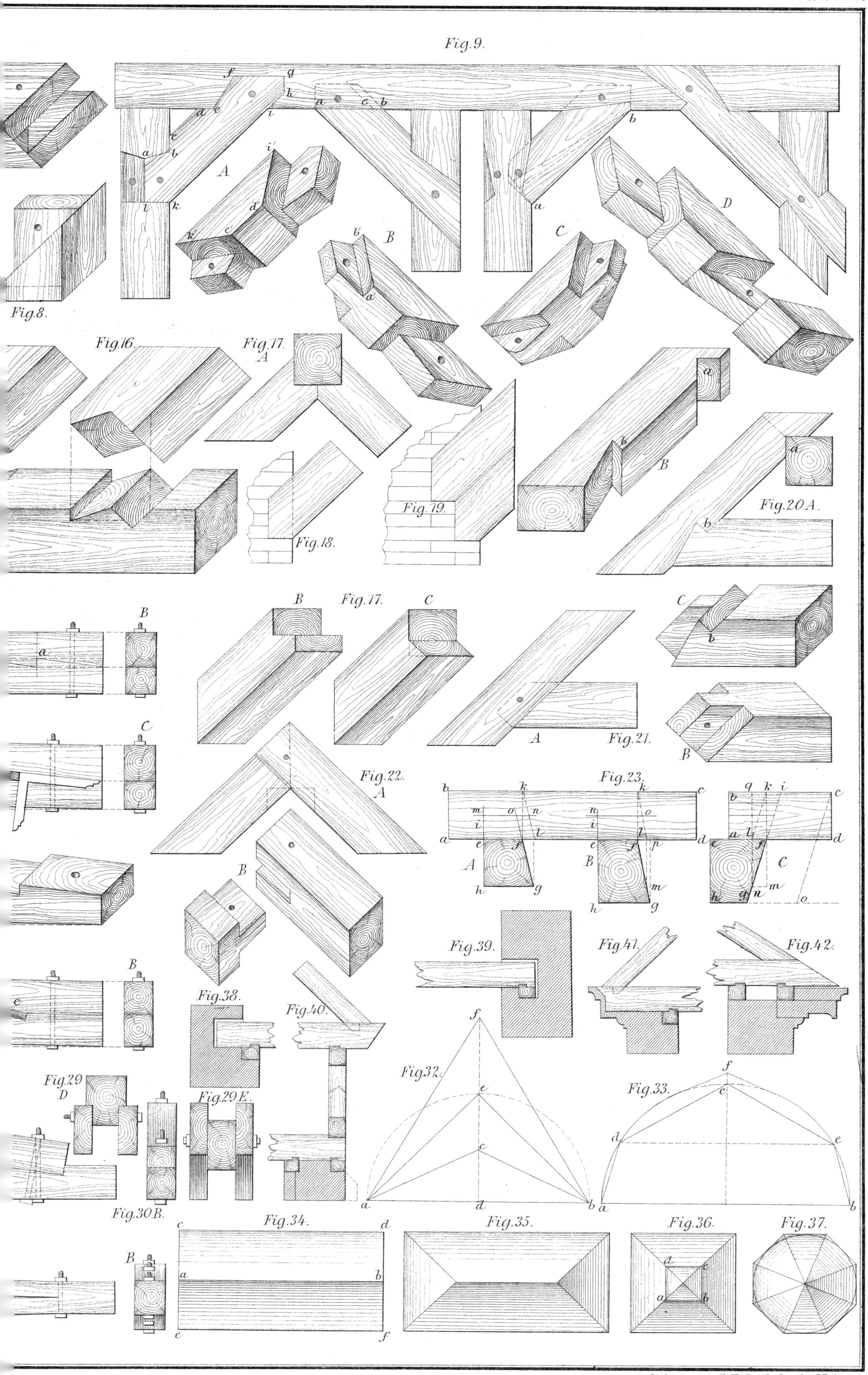

Lith. Anst. v. O. F. Goedsche in Meissen.

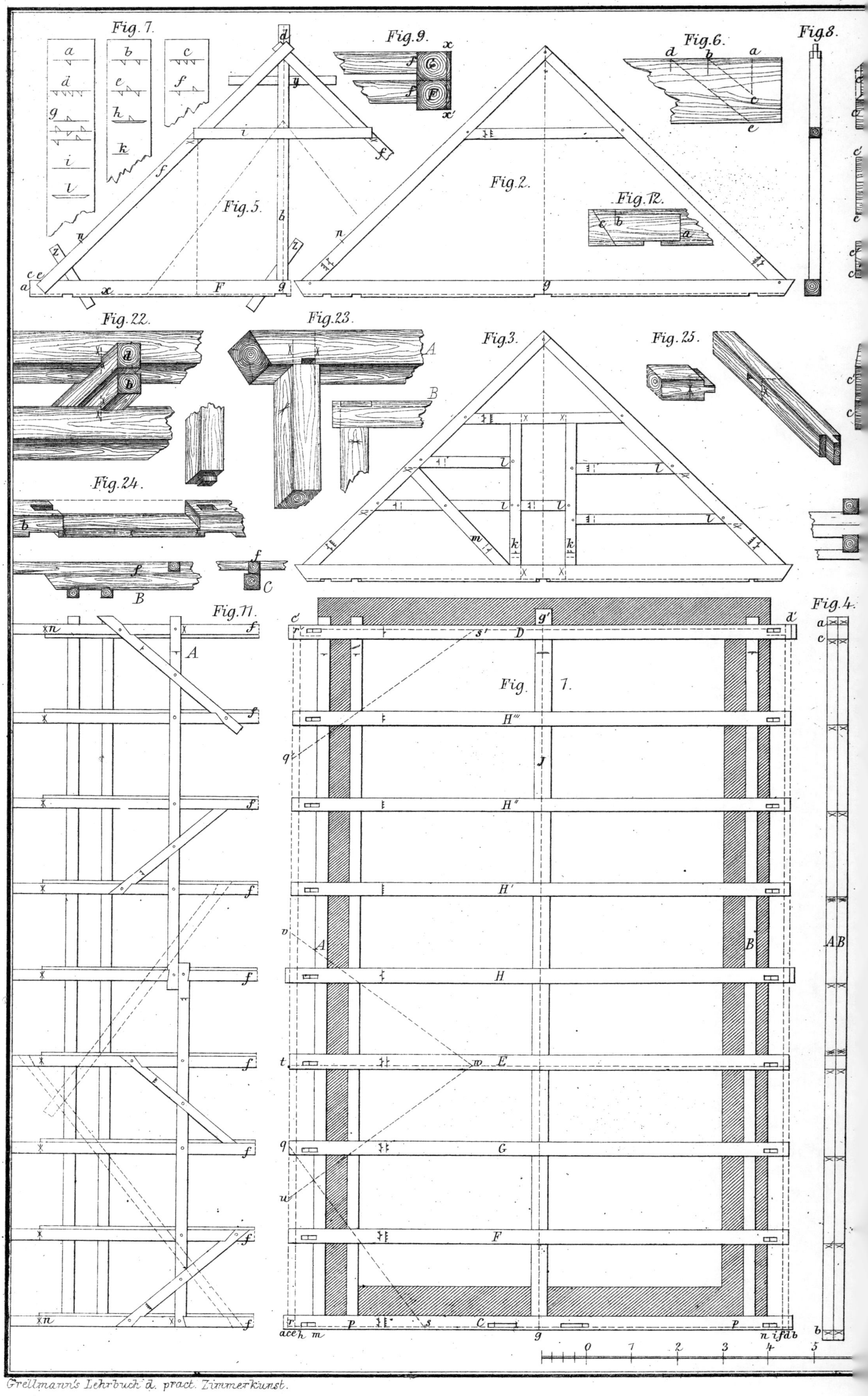
Fig. 7.
Fig. 9.
Fig. 6.
Fig. 8.
Fig. 5.
Fig. 2.
Fig. 12.
Fig. 22.
Fig. 23.
Fig. 3.
Fig. 25.
Fig. 24.
Fig. 11.
Fig. 1.
Fig. 4.

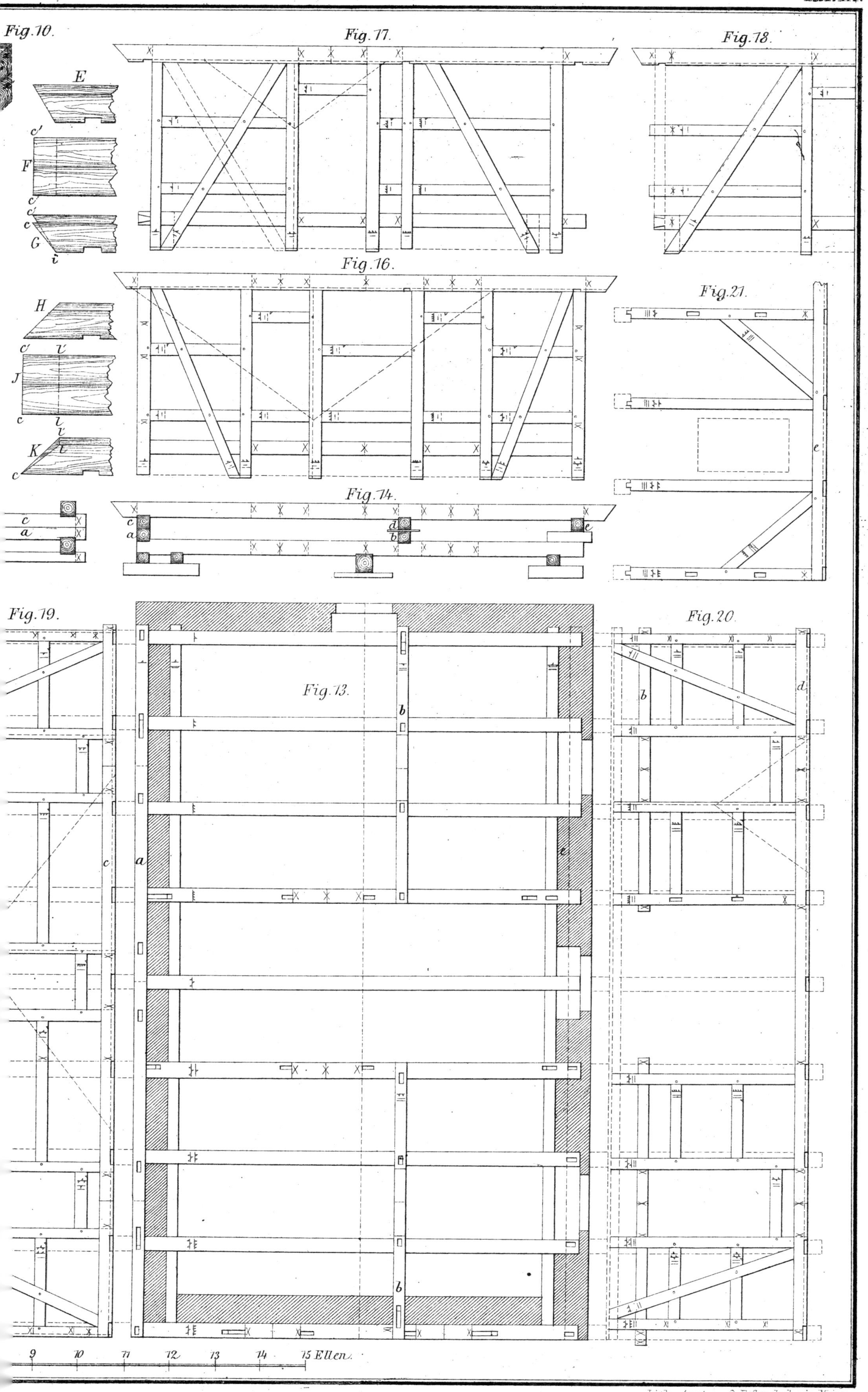

Lith. Anst. v. O. F. Goedsche in Meissen.

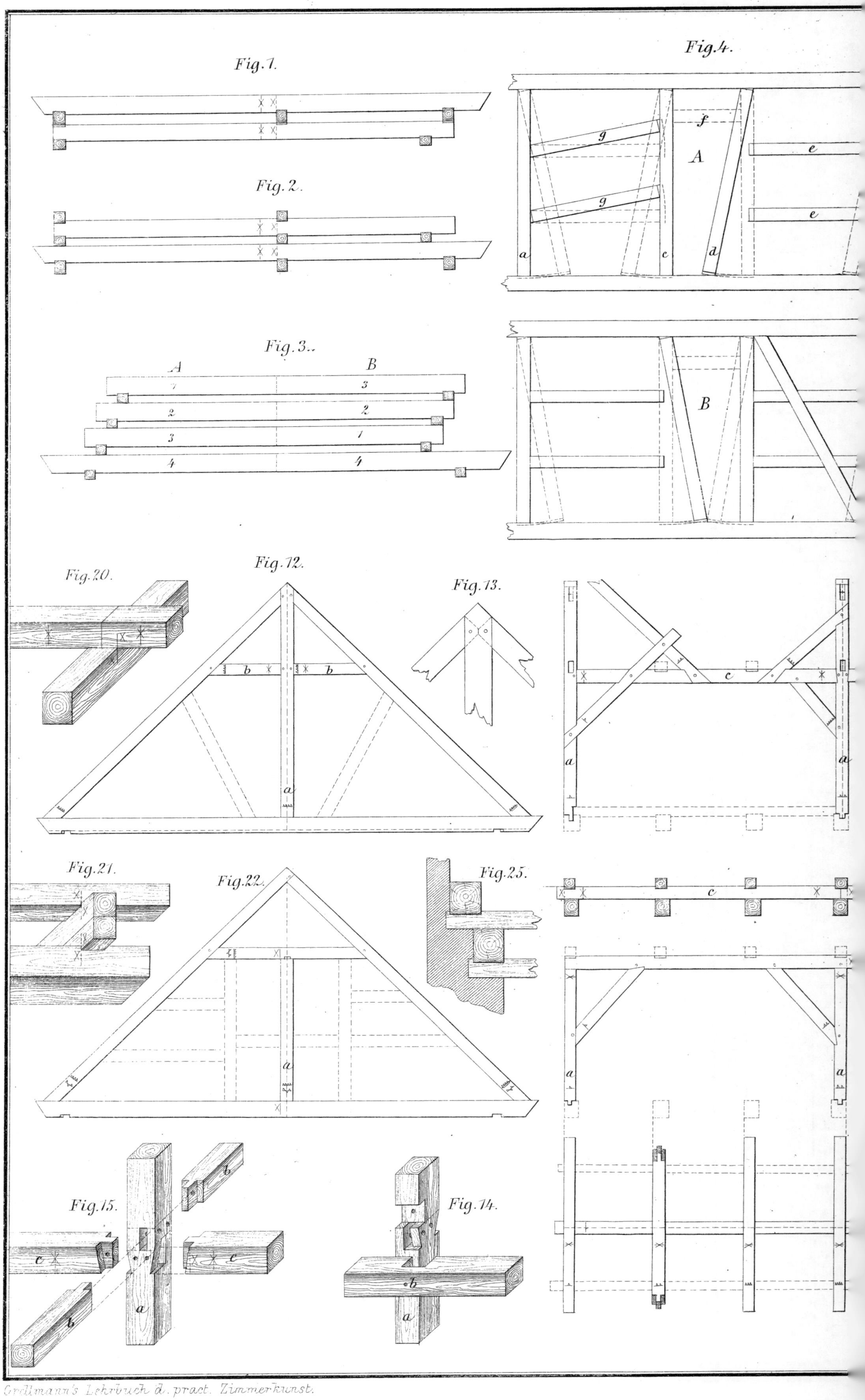
Fig. 1.
Fig. 2.
Fig. 3.
A
B
Fig. 4.
A
B
Fig. 20.
Fig. 12.
Fig. 13.
Fig. 21.
Fig. 22.
Fig. 25.
Fig. 15.
Fig. 14.

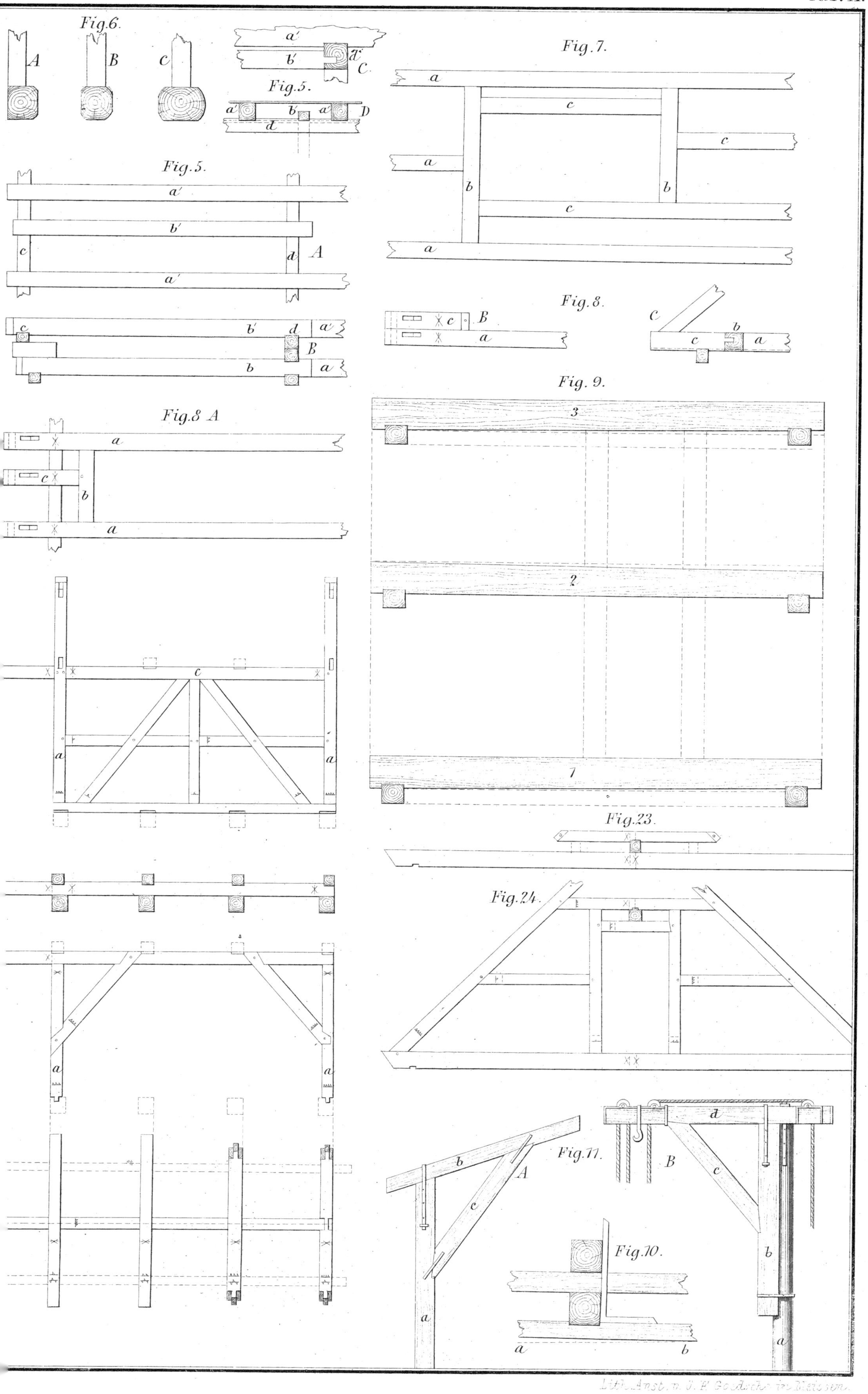

Lith. Anst. v. J. F. Goedsche in Meissen.

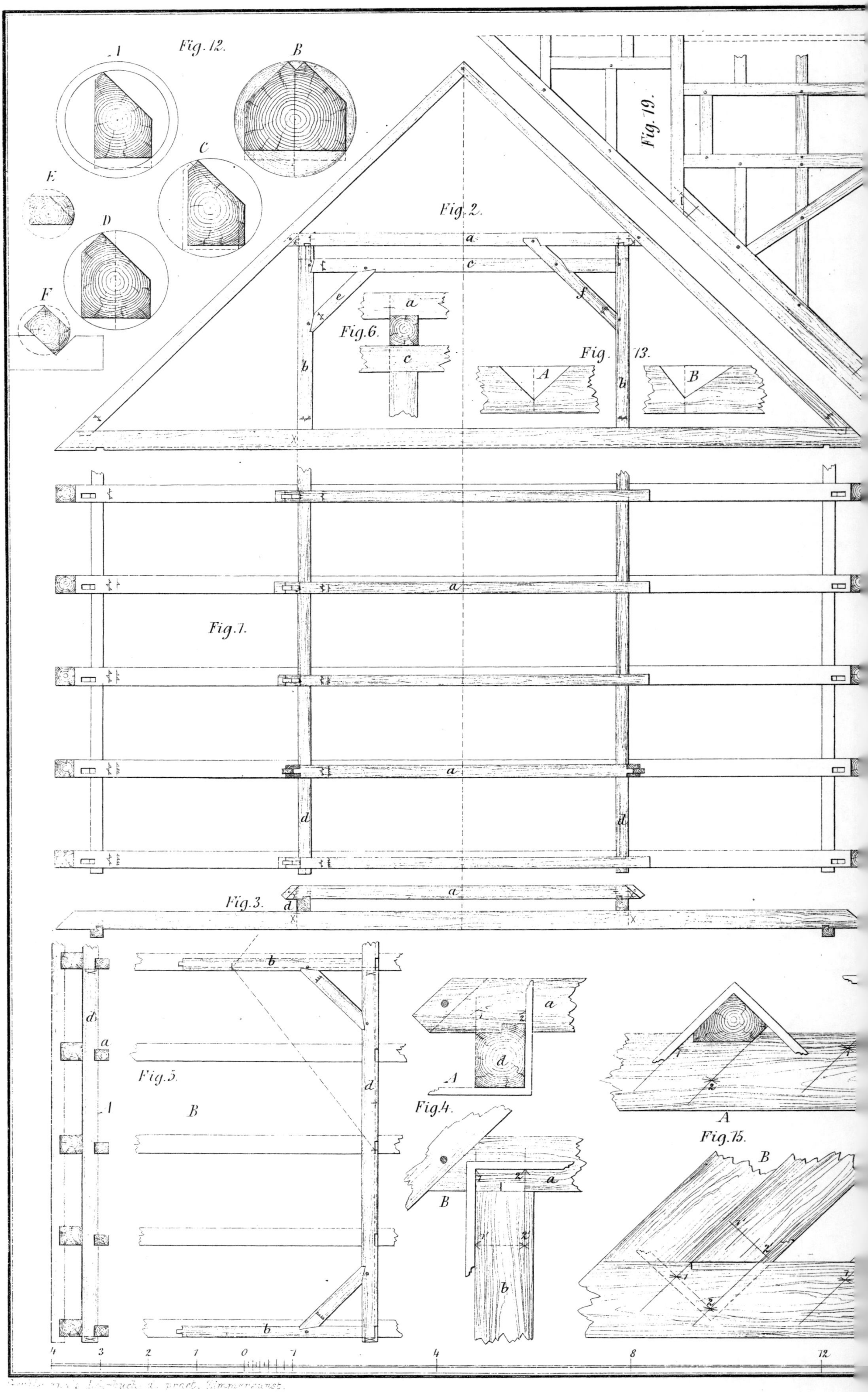
Fig. 12.
A
B
C
D
E
F
Fig. 2.
a
c
e
f
b
Fig. 6.
a
c
Fig. 13.
A
B
Fig. 19.
Fig. 1.
a
d
Fig. 3.
Fig. 5.
A
B
b
Fig. 4.
A
B
Fig. 15.
4
3
2
1
0
1
4
8
12

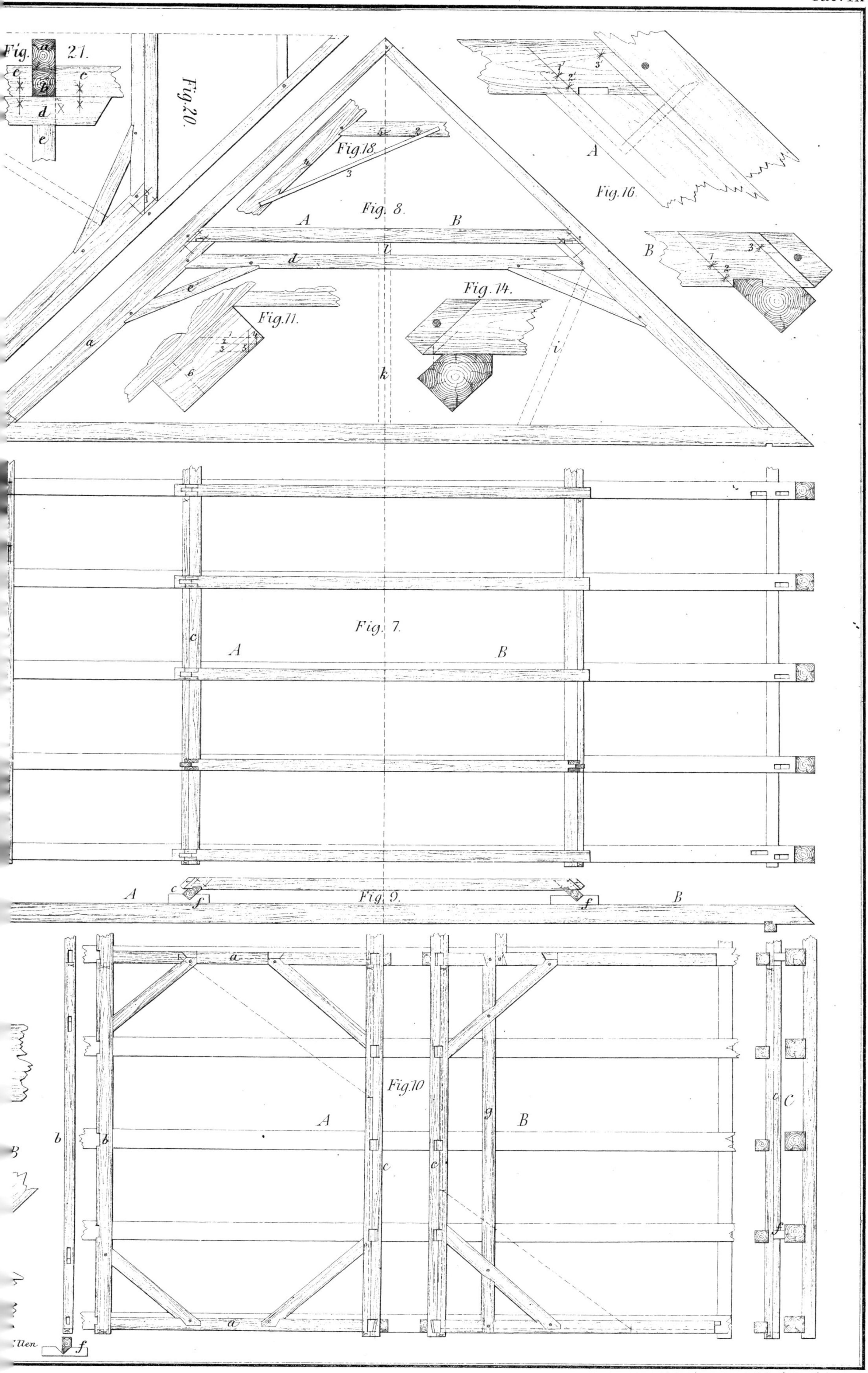

Fig. 21.
a
b
c
d
e
Fig. 20.
Fig. 18.
Fig. 8.
A
B
Fig. 16.
Fig. 14.
Fig. 11.
a
i
k
Fig. 7.
Fig. 9.
f
Fig. 10.
g
C
Ellen

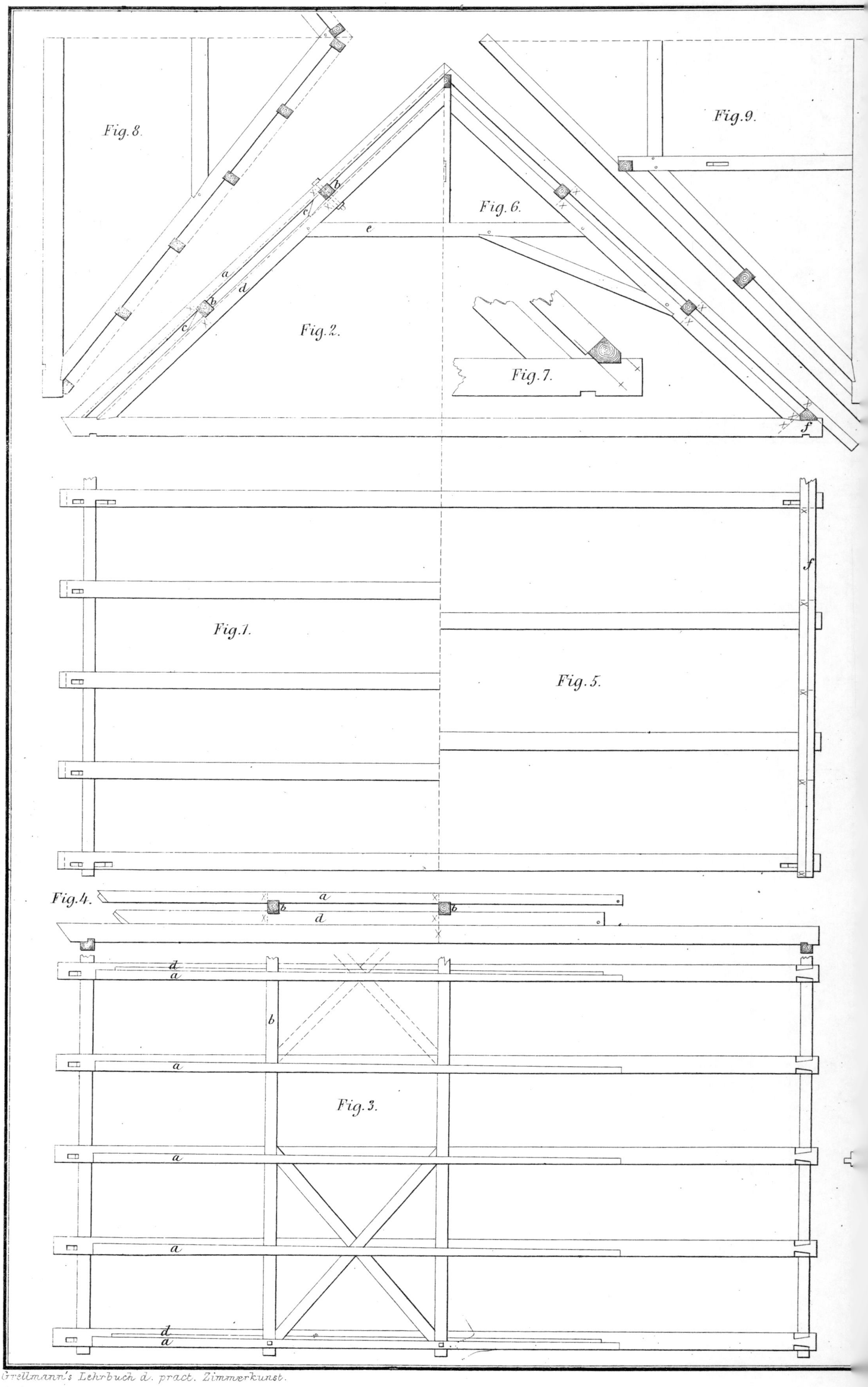
Fig. 8.
Fig. 9.
Fig. 6.
e
b
c
a
d
b
c
Fig. 2.
Fig. 7.
f
Fig. 1.
f
Fig. 5.
Fig. 4.
a
b
b
d
d
a
b
a
Fig. 3.
a
a
d
a

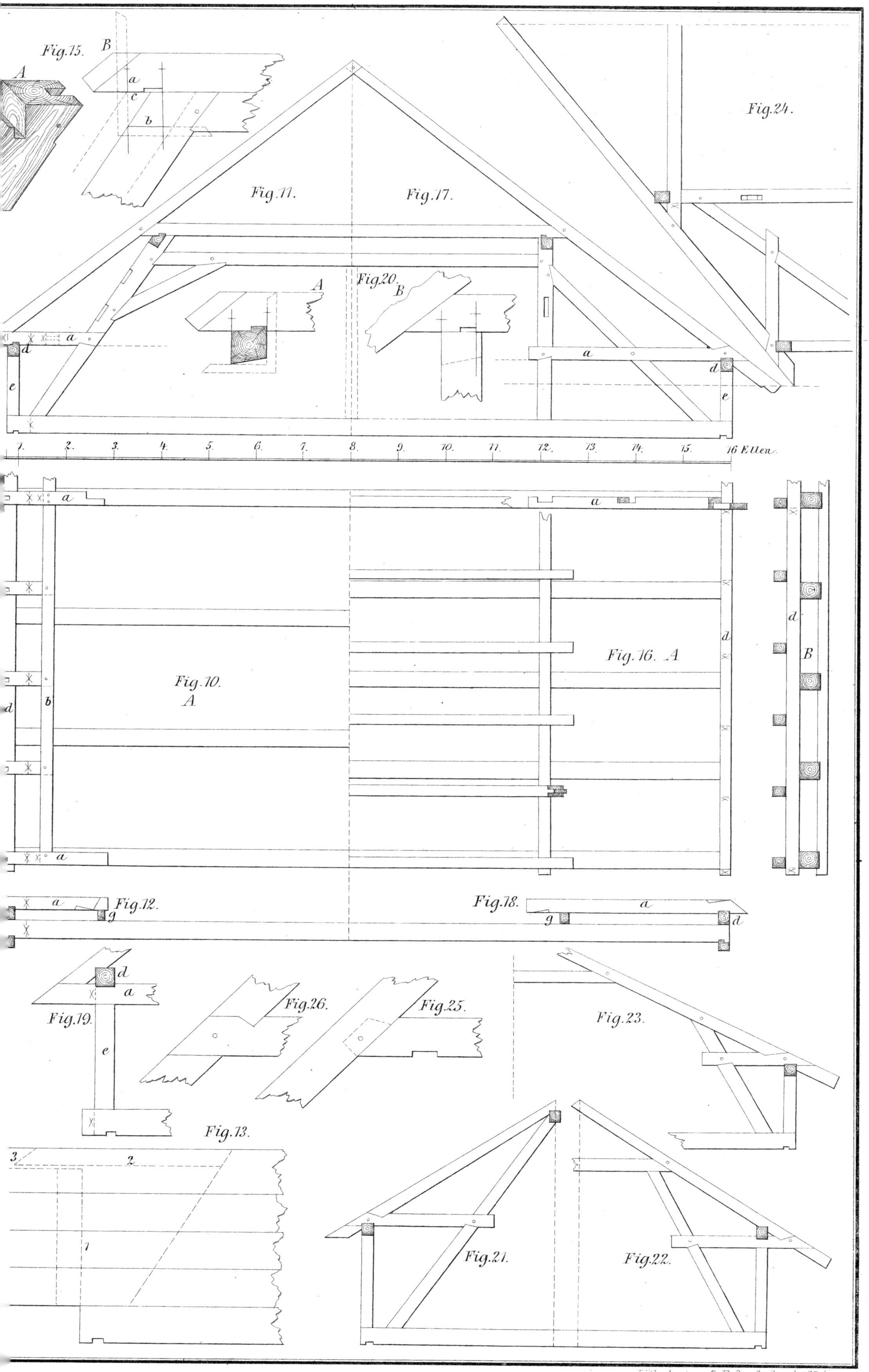

Fig.15.
A
B
a
b
c
Fig.11.
Fig.17.
Fig.24.
Fig.20.
A
B
a
d
e
1. 2. 3. 4. 5. 6. 7. 8. 9. 10. 11. 12. 13. 14. 15. 16 Ellen.
Fig.10.
A
Fig.16. A
B
Fig.12.
Fig.18.
g
Fig.19.
Fig.26.
Fig.25.
Fig.23.
Fig.13.
1
2
3
Fig.21.
Fig.22.

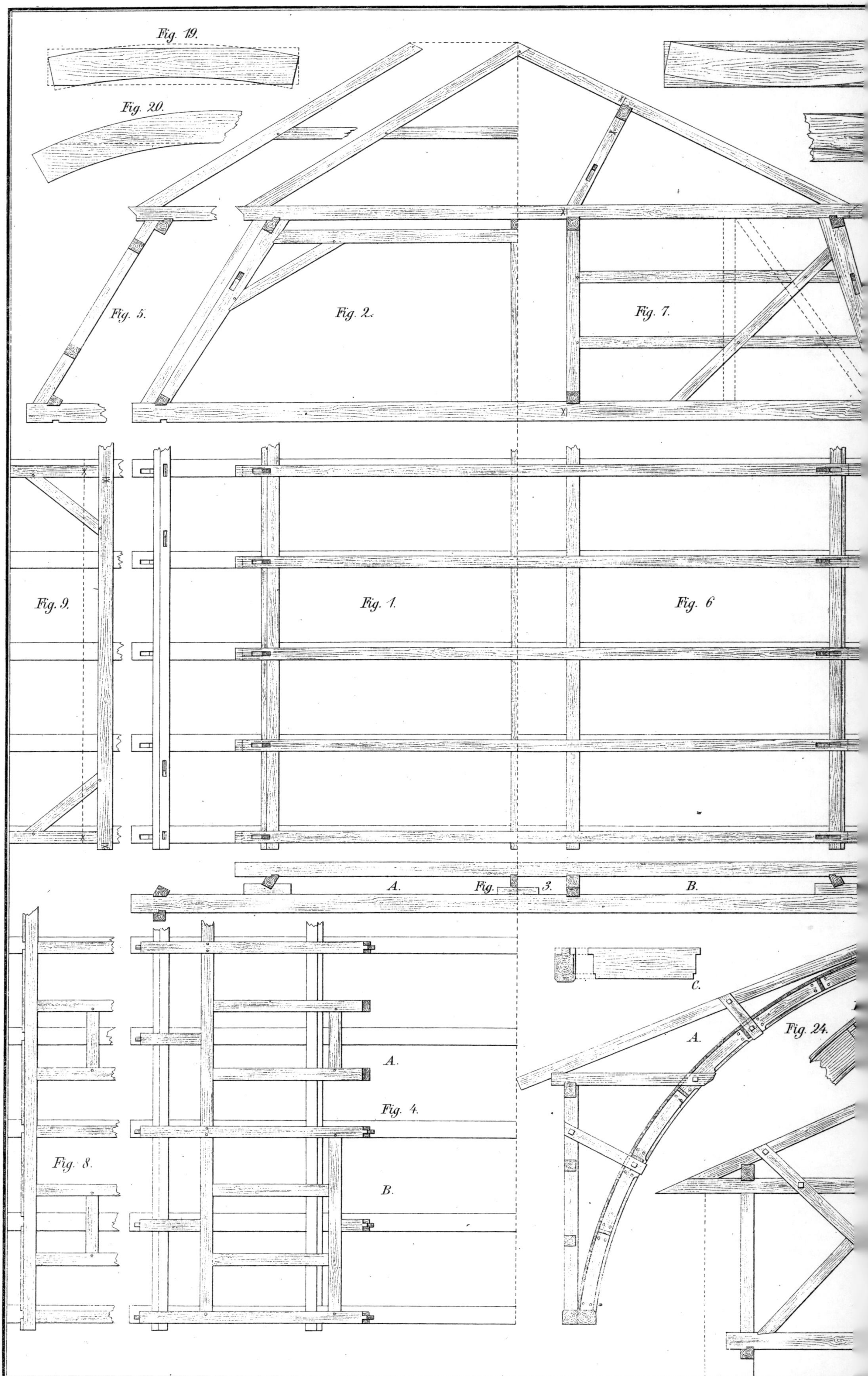
Fig. 19.
Fig. 20.
Fig. 5.
Fig. 2.
Fig. 7.
Fig. 9.
Fig. 1.
Fig. 6
A.
Fig.
3.
B.
C.
A.
Fig. 24.
A.
Fig. 4.
B.
Fig. 8.

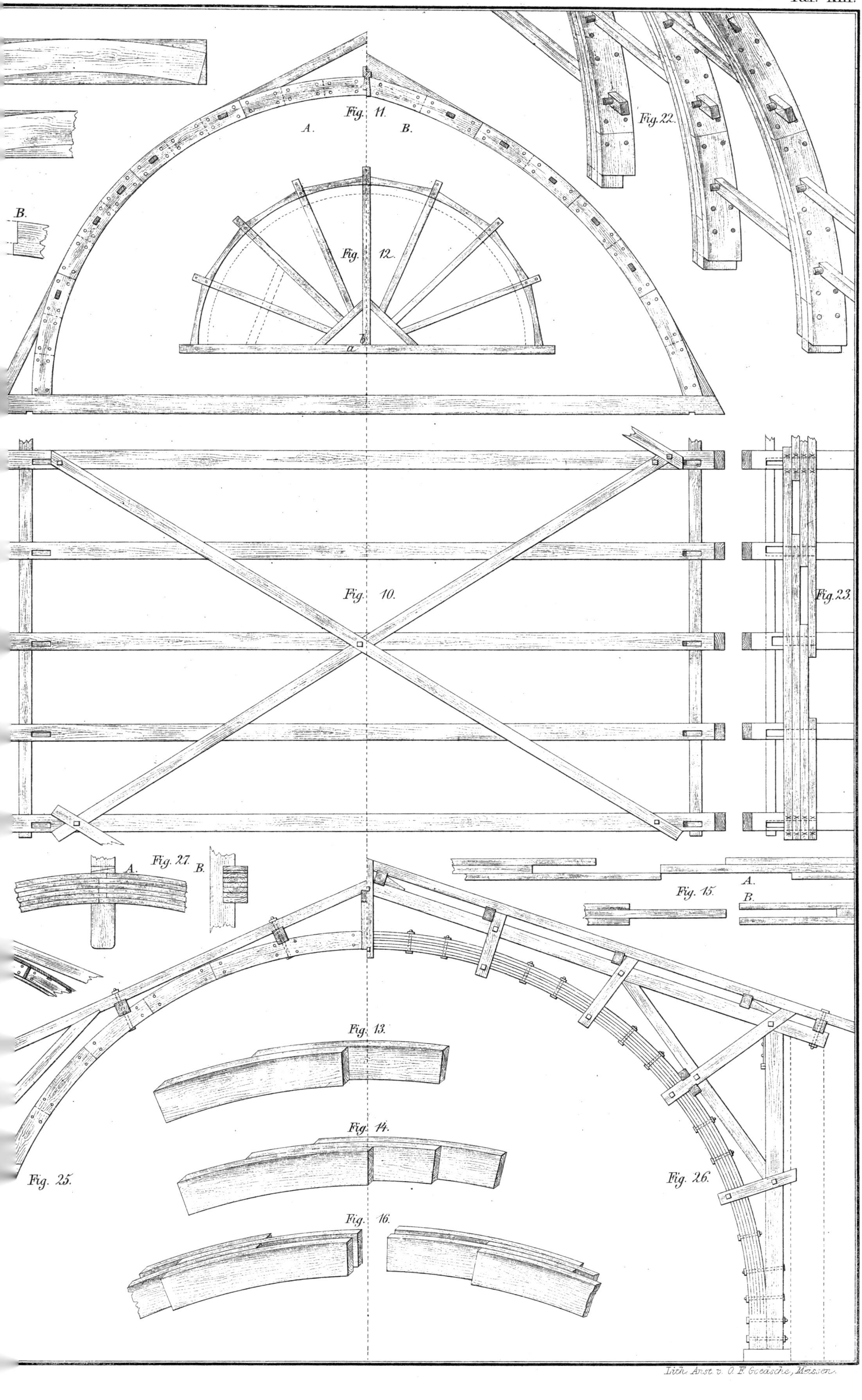

Lith. Anst. v. O. F. Goetsche, Meissen.

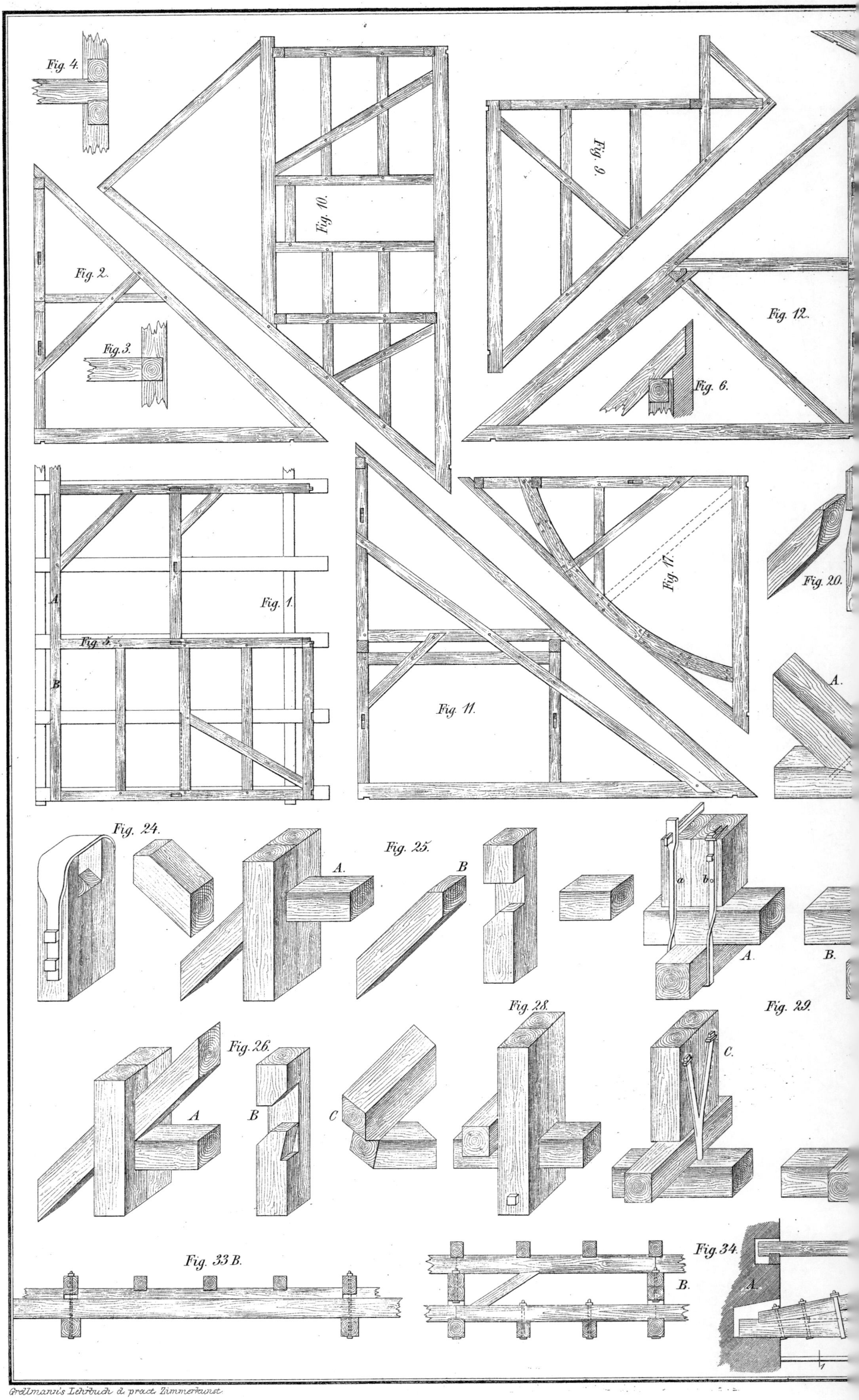
Fig. 4.
Fig. 10.
Fig. 9.
Fig. 2.
Fig. 3.
Fig. 12.
Fig. 6.
Fig. 1.
A
Fig. 5.
B
Fig. 17.
Fig. 11.
Fig. 20.
A.
Fig. 24.
Fig. 25.
A.
B
a
b
A.
B.
Fig. 28.
Fig. 29.
Fig. 26.
A
B
C
C.
Fig. 33 B.
B.
Fig. 34.
A.

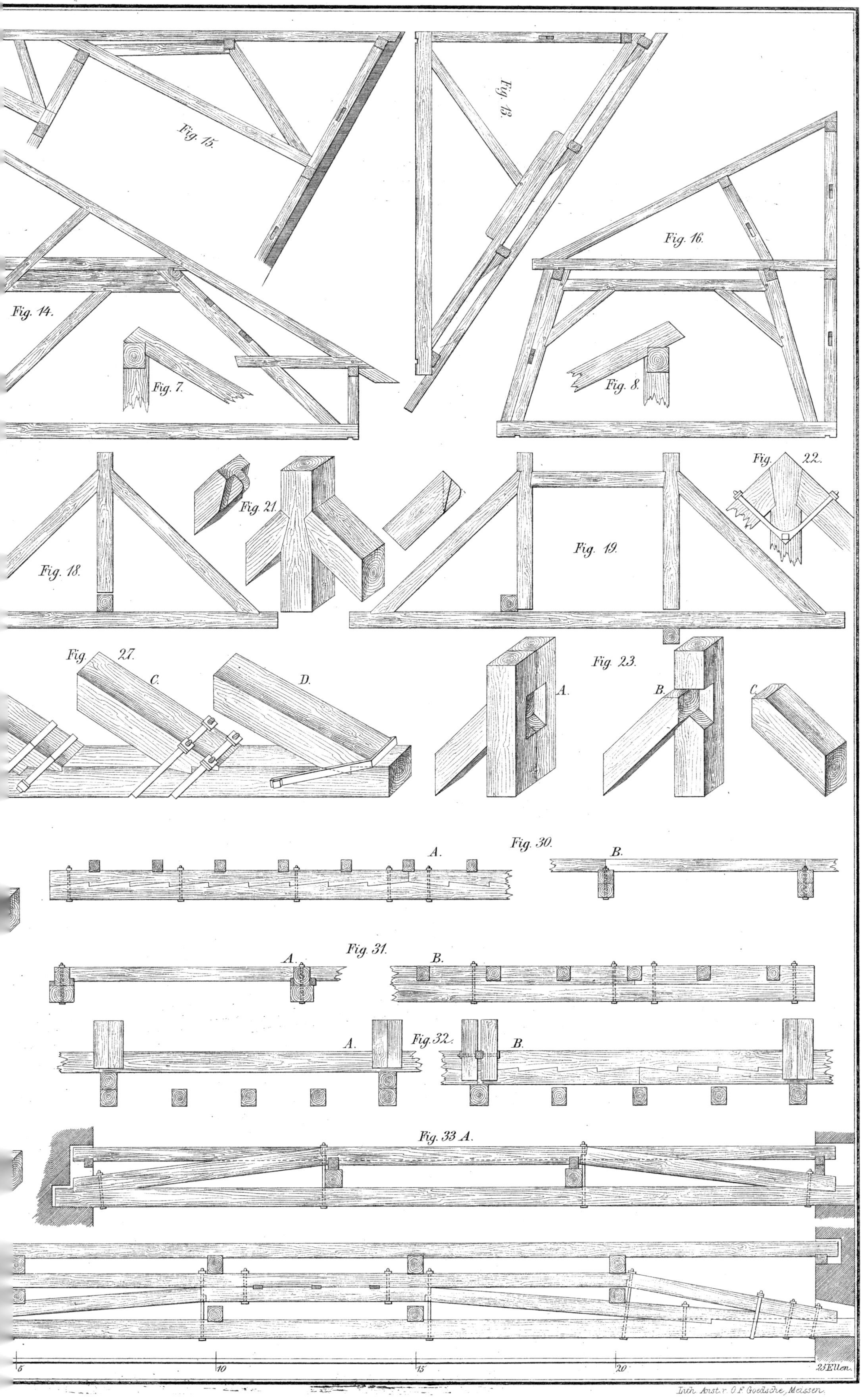

Lith. Anst. v. C. F. Goedsche, Meissen.

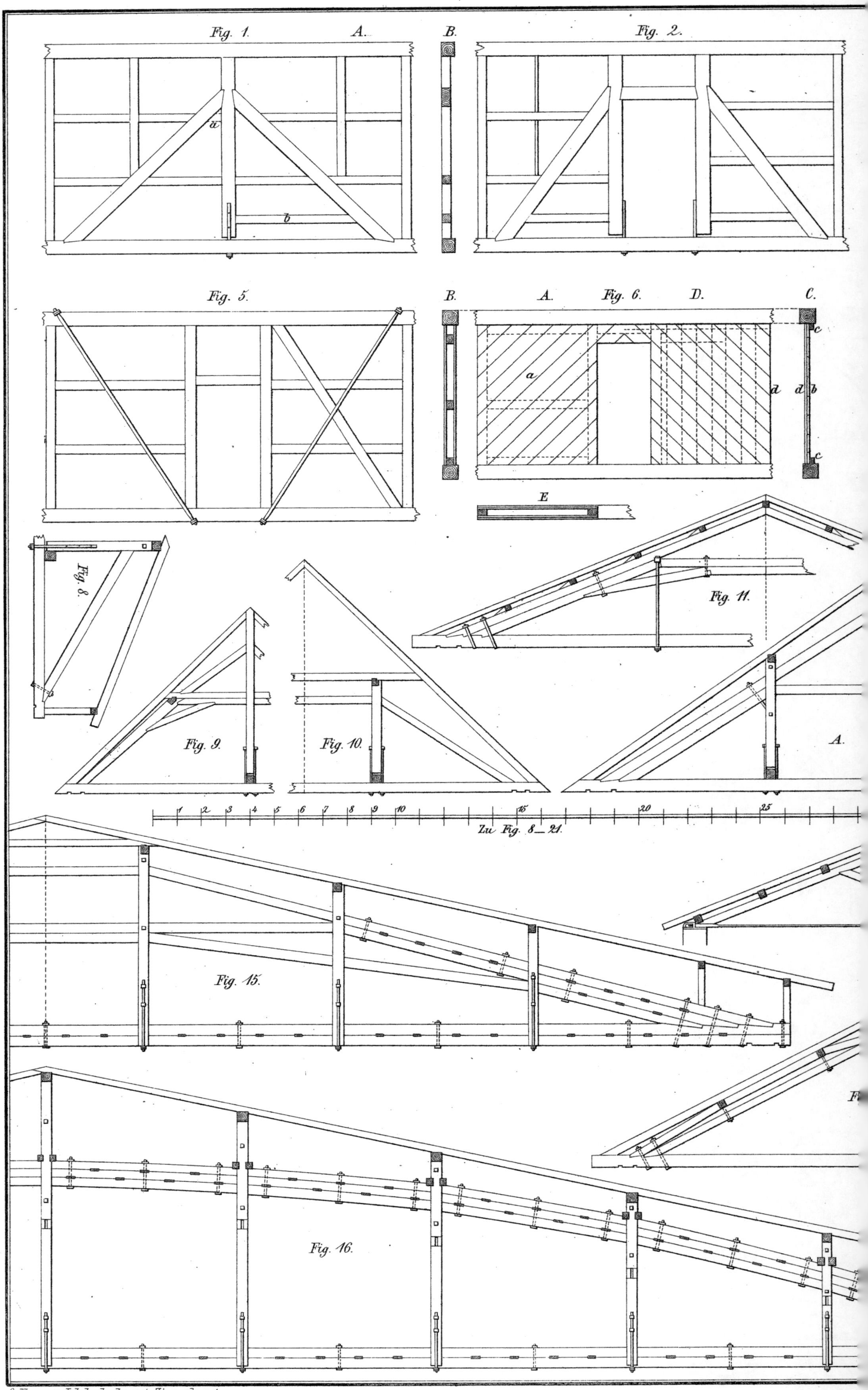

Grellmanns Lehrbuch d. pract. Zimmerkunst.

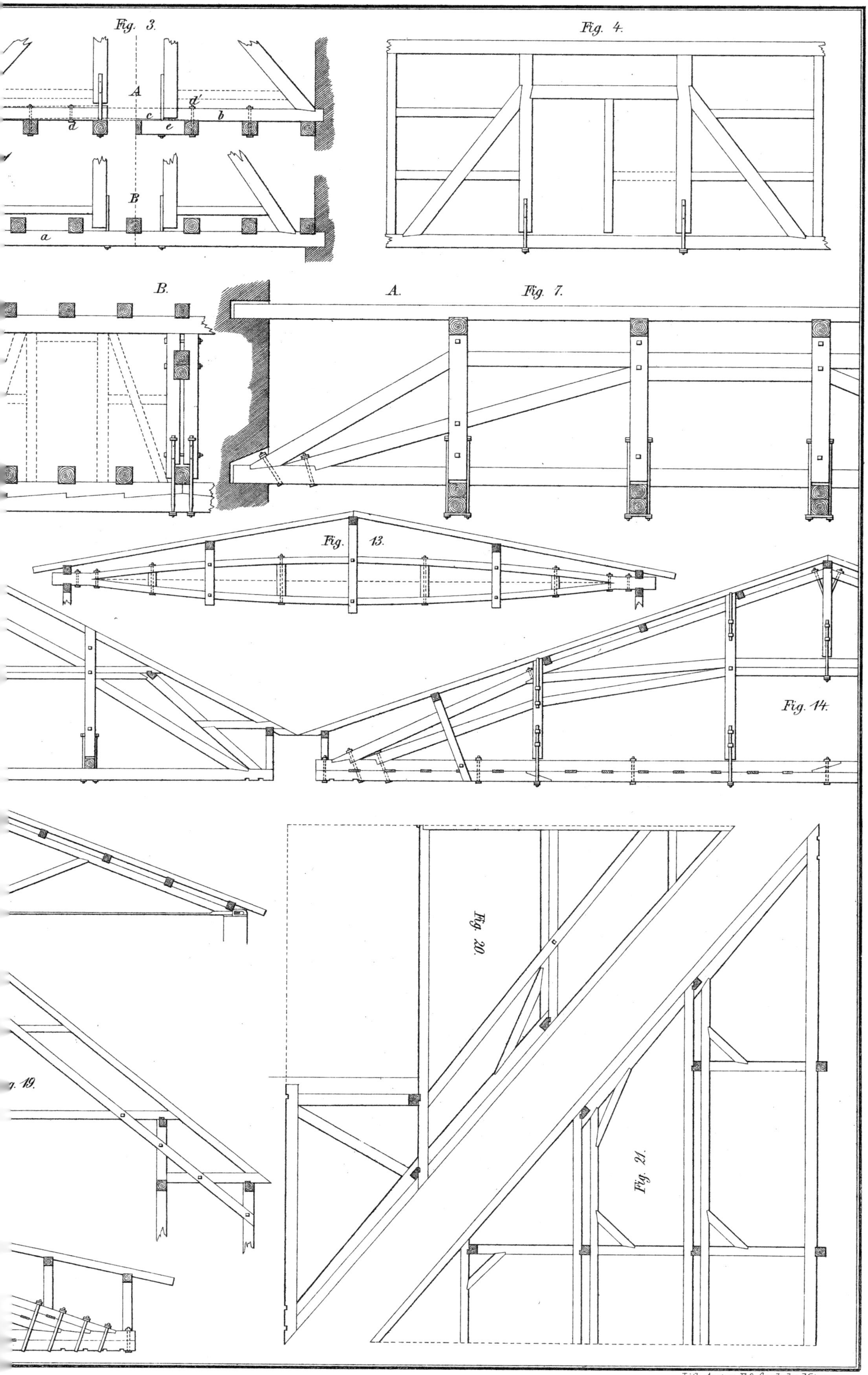

Lith. Anst. v. F. O. Goedsche, Meissen.

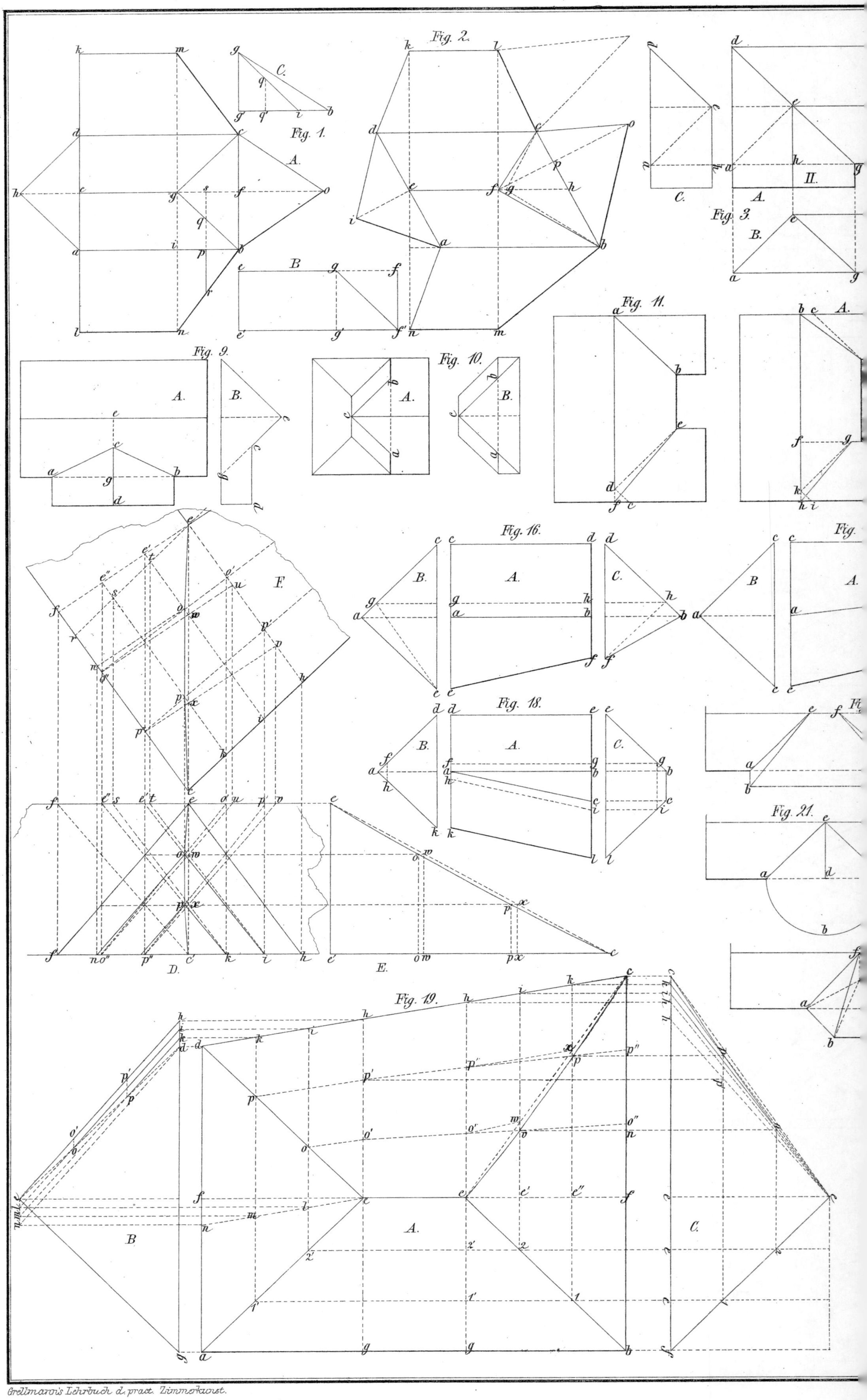
Fig. 1.
Fig. 2.
Fig. 3.
Fig. 9.
Fig. 10.
Fig. 11.
Fig. 16.
Fig. 18.
Fig. 19.
Fig. 21.

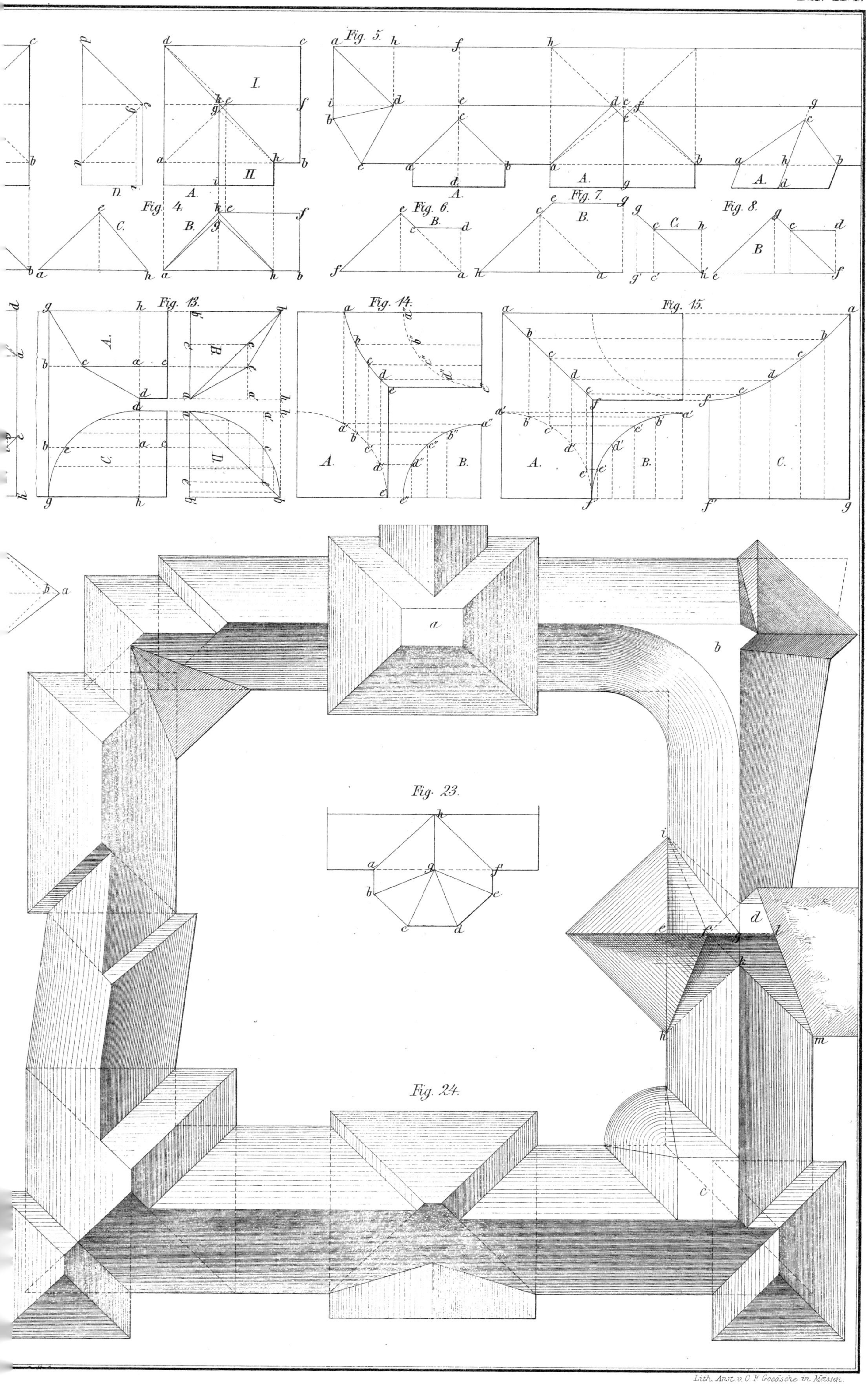

Lith. Anst. v. C. F. Goedsche in Meissen.

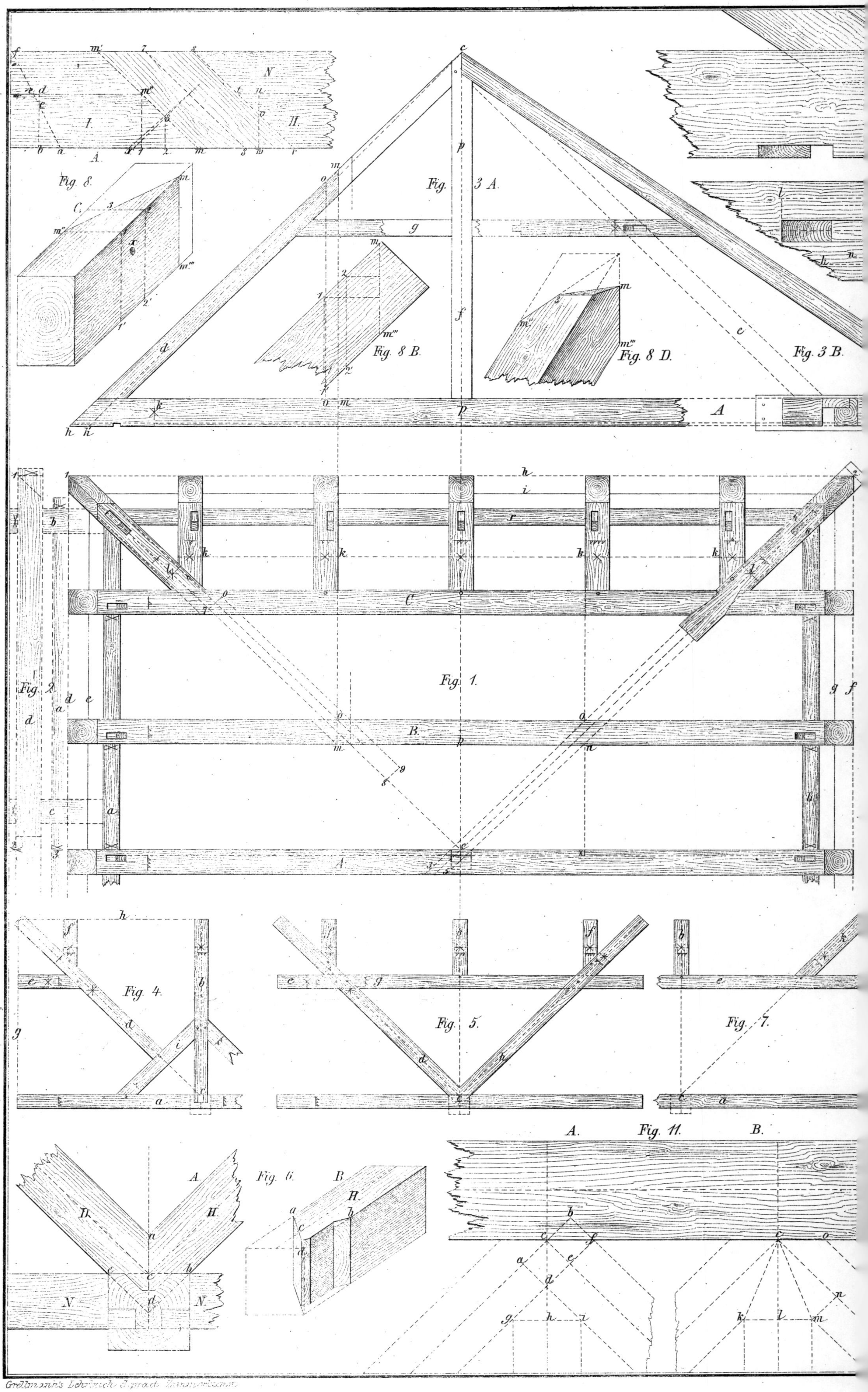
Fig. 8.
Fig. 3 A.
Fig. 8 B.
Fig. 8 D.
Fig. 3 B.
Fig. 1.
Fig. 2.
Fig. 4.
Fig. 5.
Fig. 7.
Fig. 6.
Fig. 11.

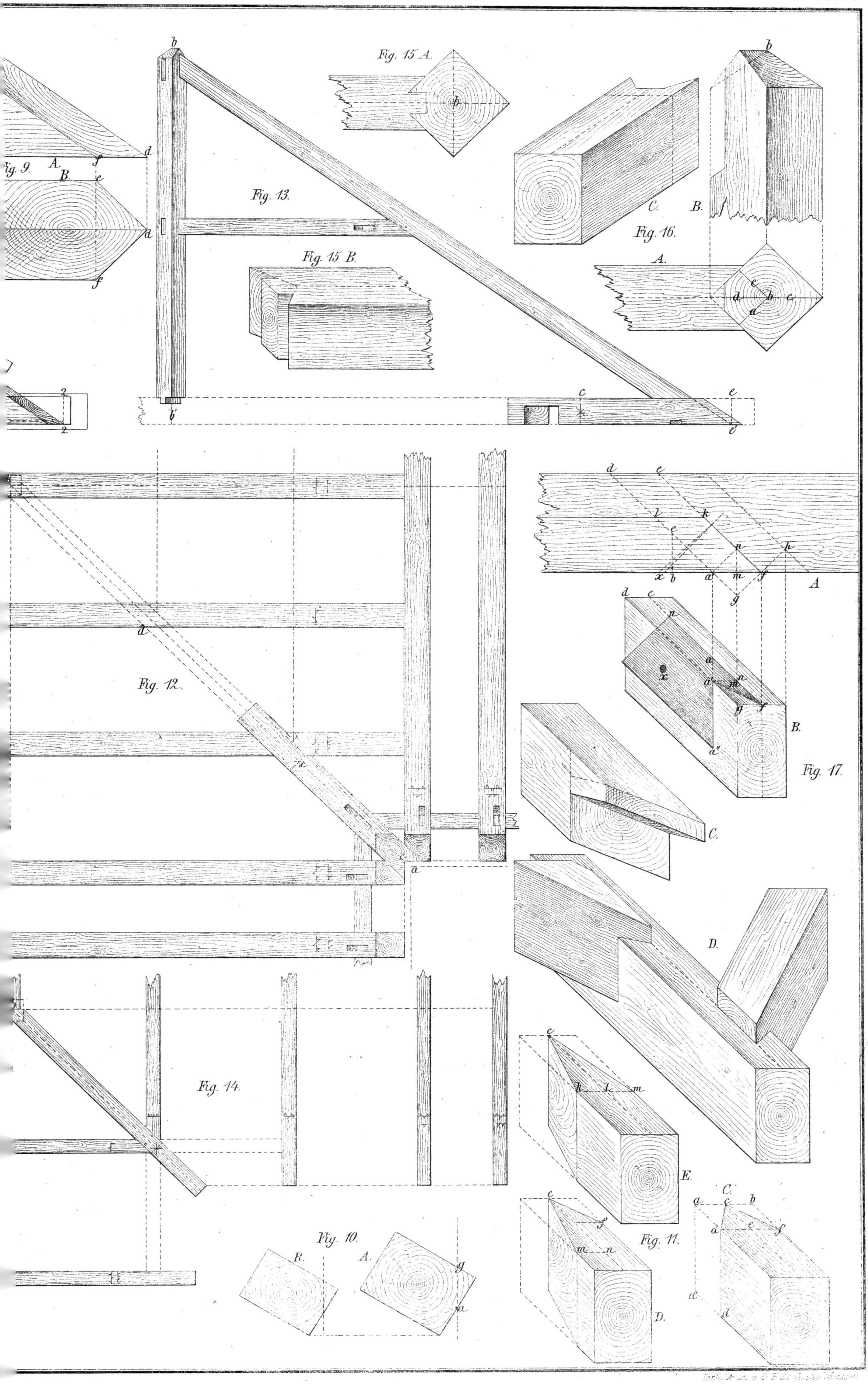
Fig. 9.
Fig. 10.
Fig. 11.
Fig. 12.
Fig. 13.
Fig. 14.
Fig. 15 A.
Fig. 15 B.
Fig. 16.
Fig. 17.

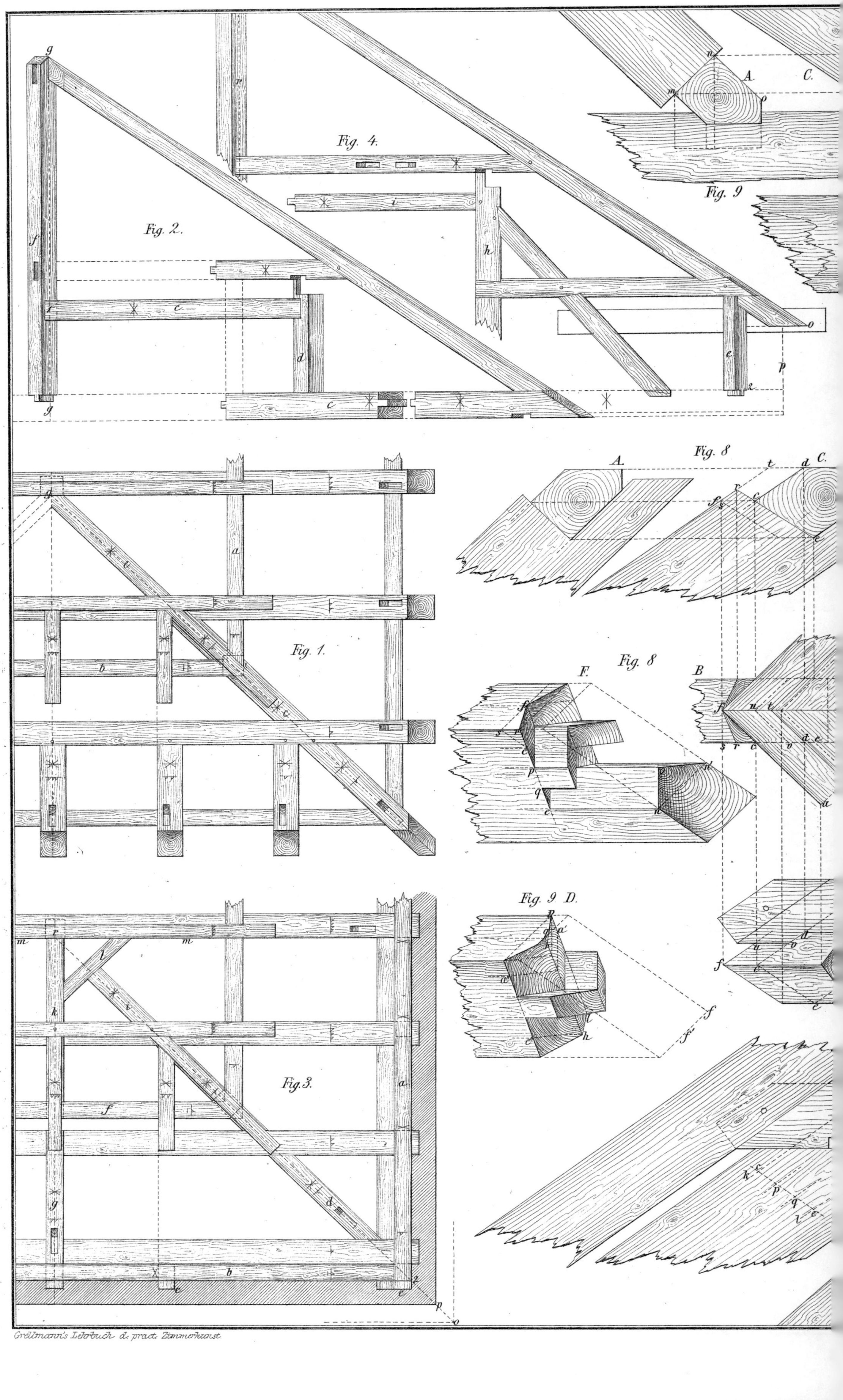

Grellmann's Lehrbuch d. pract. Zimmerkunst.

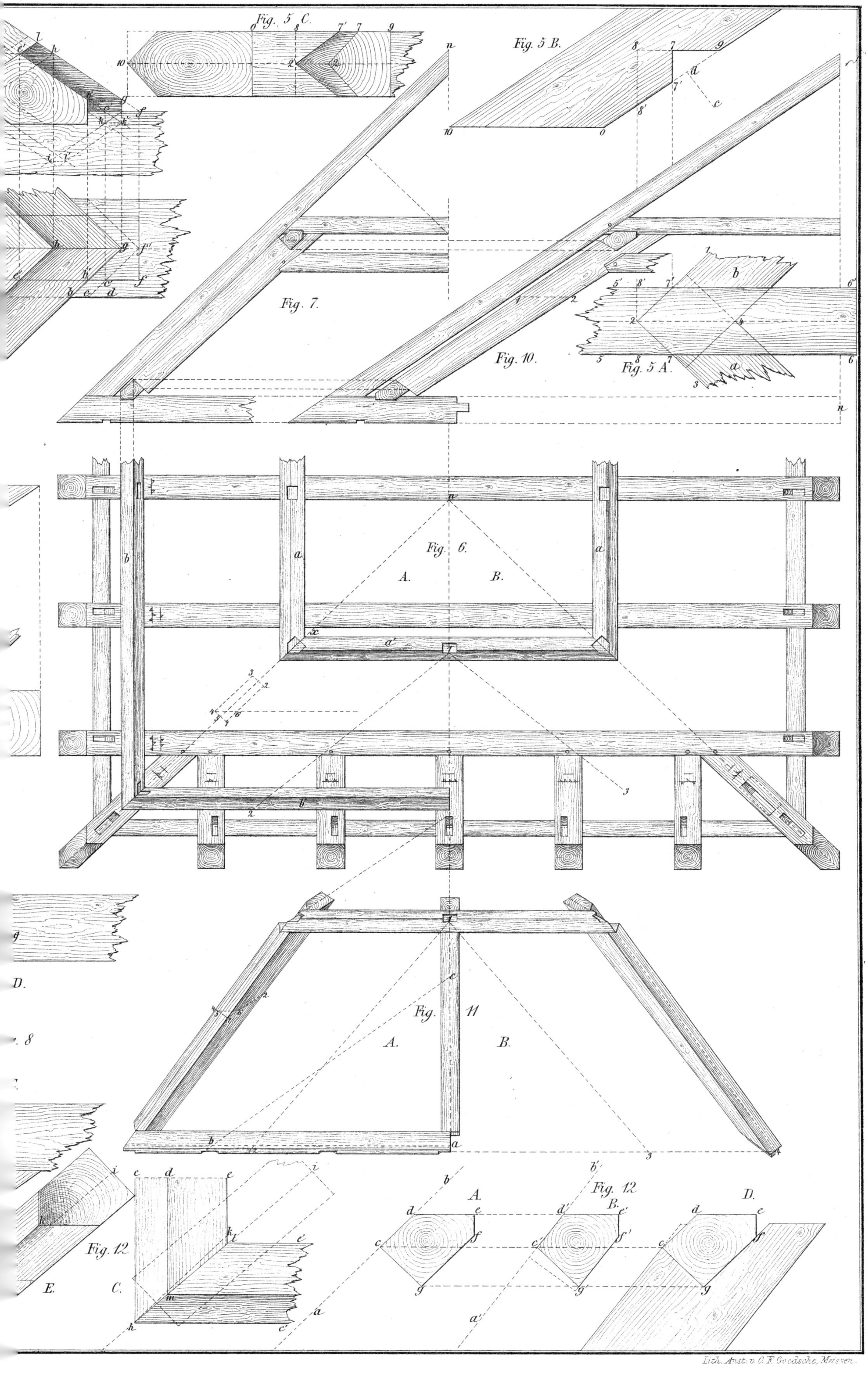

Lith. Anst. v. C. F. Goedsche, Meissen.

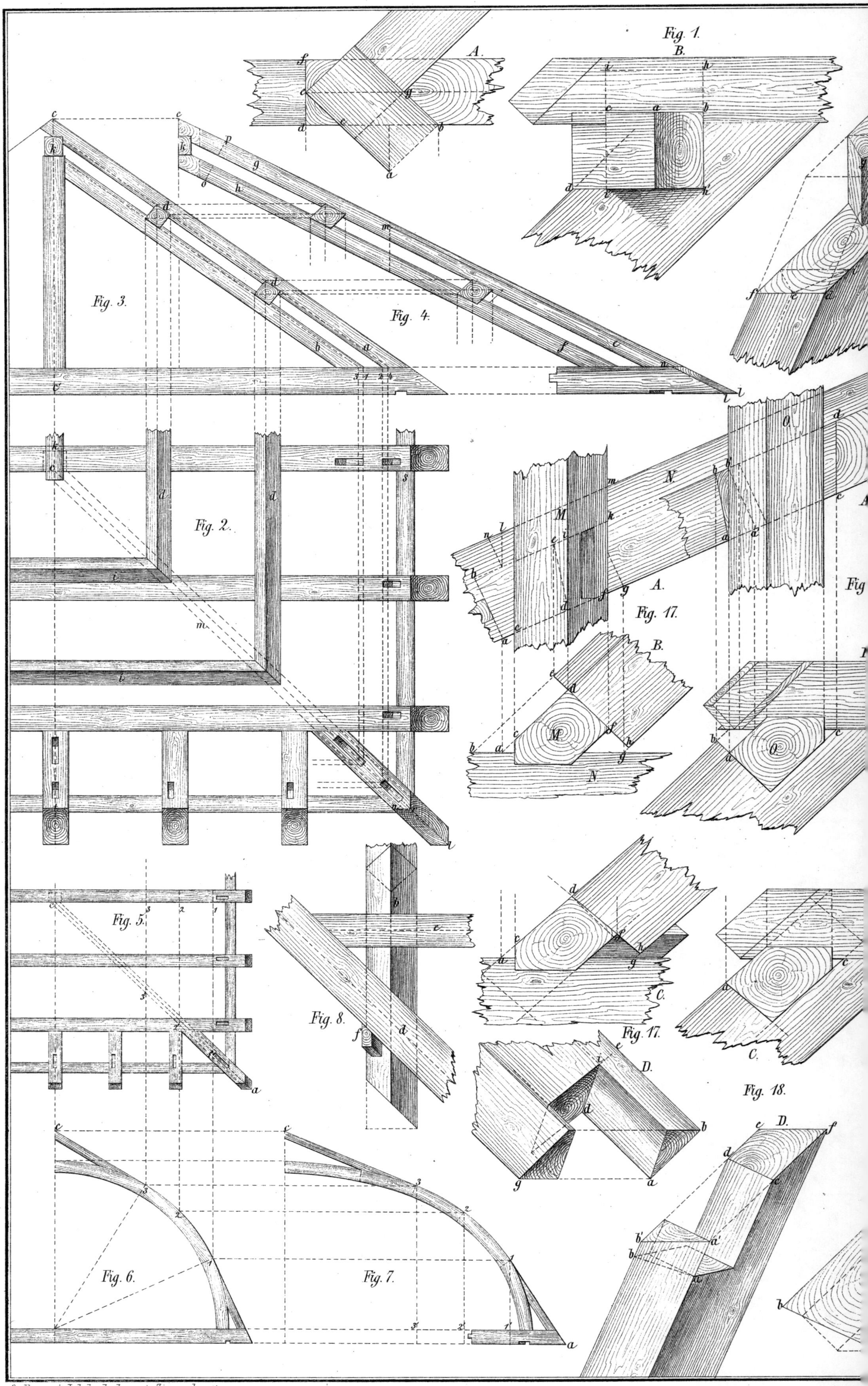

Grellmann's Lehrbuch d. pract. Zimmerkunst.

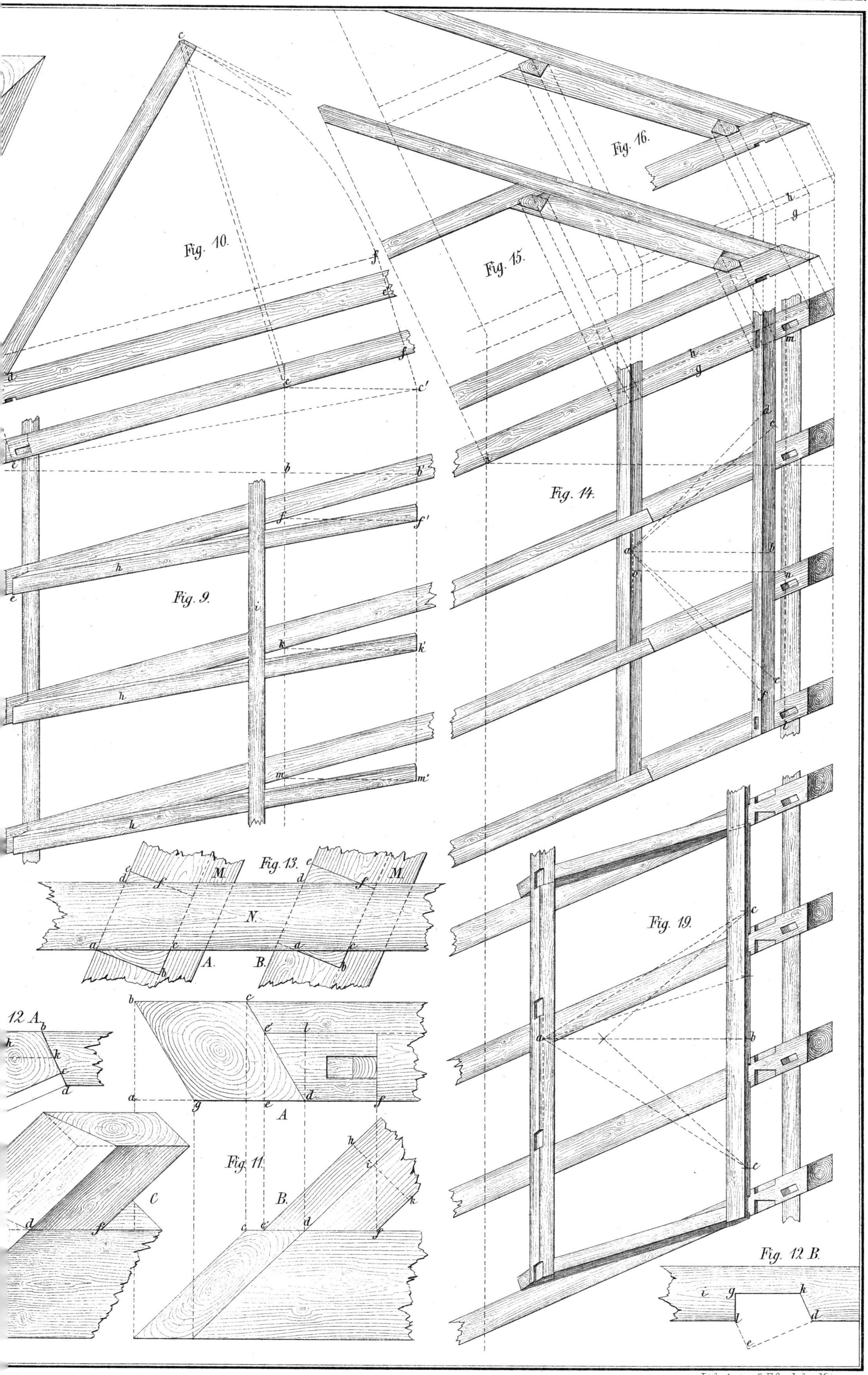

Lith. Anst. v. O. F. Goedsche, Meissen.

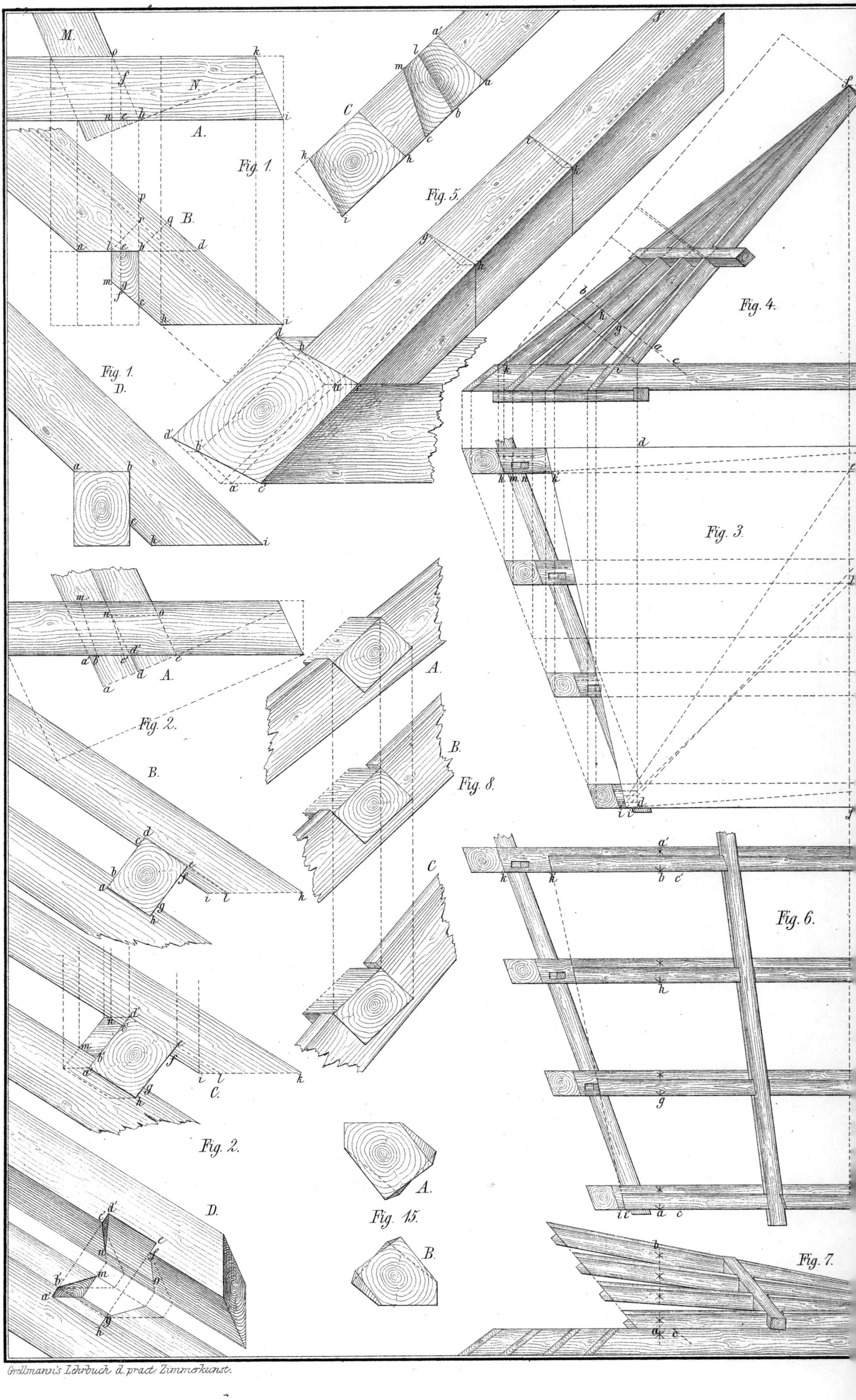
Fig. 1.
Fig. 5.
Fig. 4.
Fig. 1.
D.
Fig. 3.
Fig. 2.
Fig. 8.
Fig. 6.
Fig. 2.
Fig. 15.
Fig. 7.

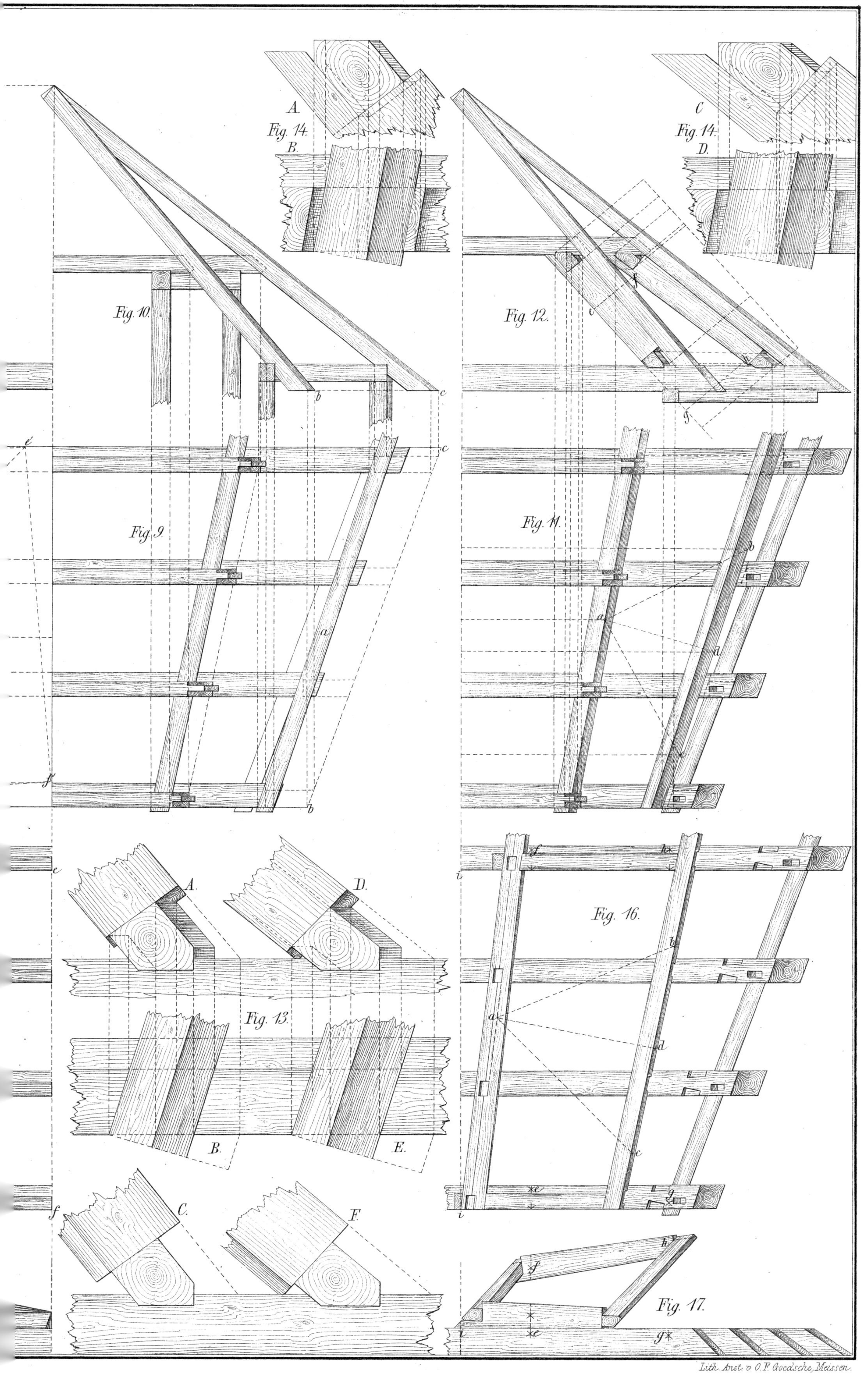
A.
Fig. 14.
B.
C
Fig. 14.
D.
Fig. 10.
Fig. 12.
Fig. 9.
Fig. 11.
A.
D.
Fig. 13.
B.
E.
C.
F.
Fig. 16.
Fig. 17.

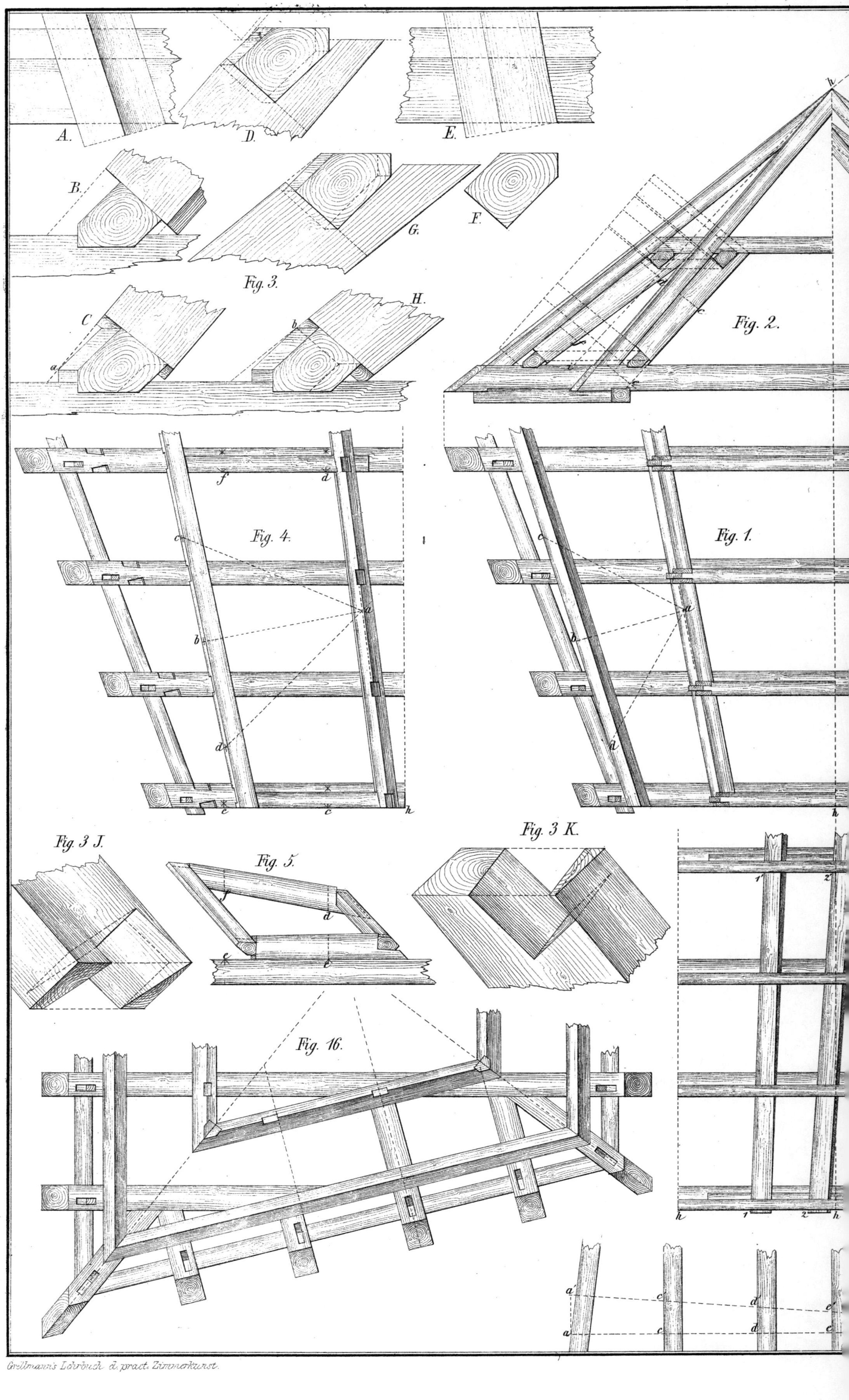

Grellmann's Lehrbuch d. pract. Zimmerkunst.

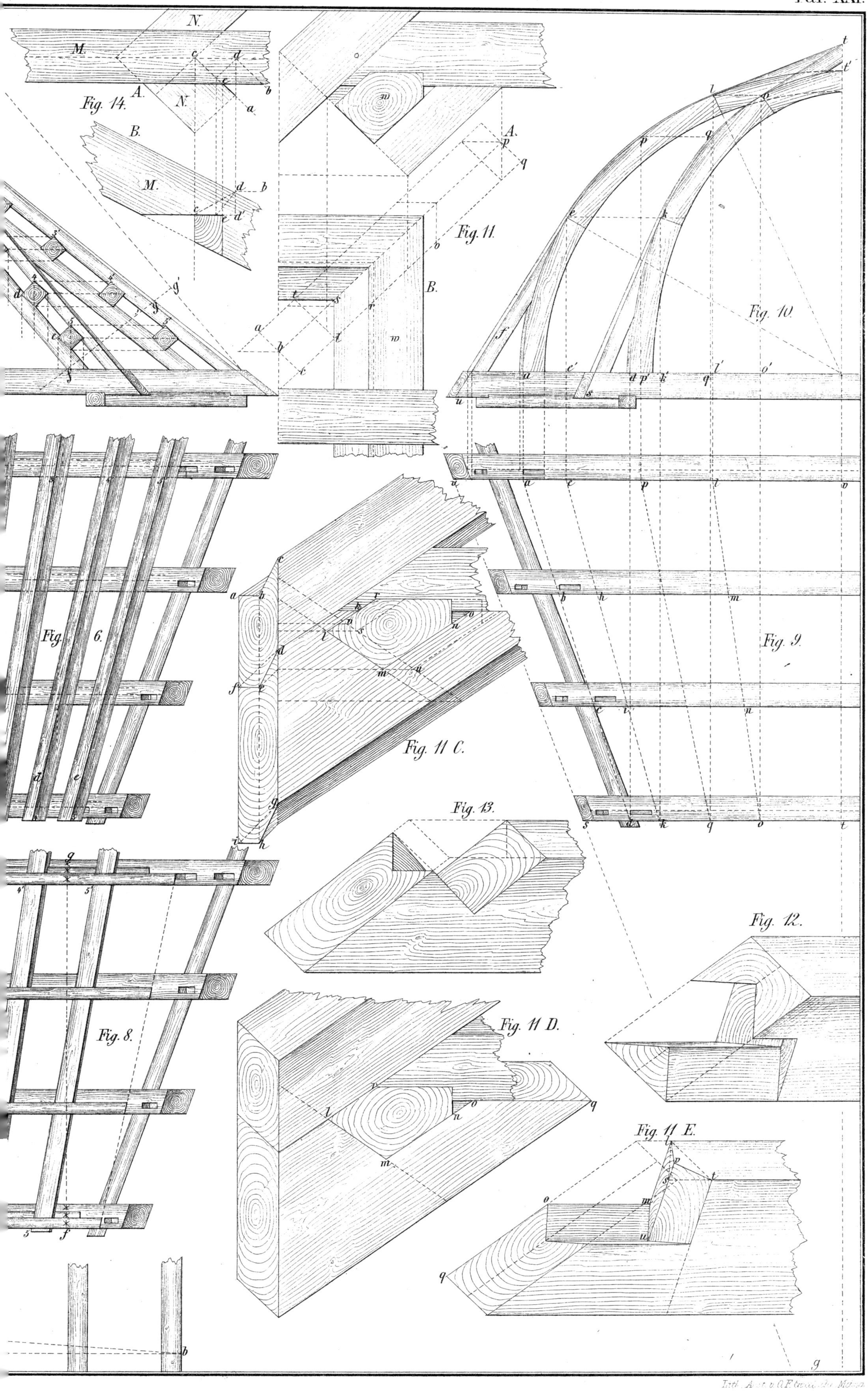
Fig. 14.
Fig. 11.
Fig. 10.
Fig. 6.
Fig. 11 C.
Fig. 9.
Fig. 13.
Fig. 12.
Fig. 8.
Fig. 11 D.
Fig. 11 E.

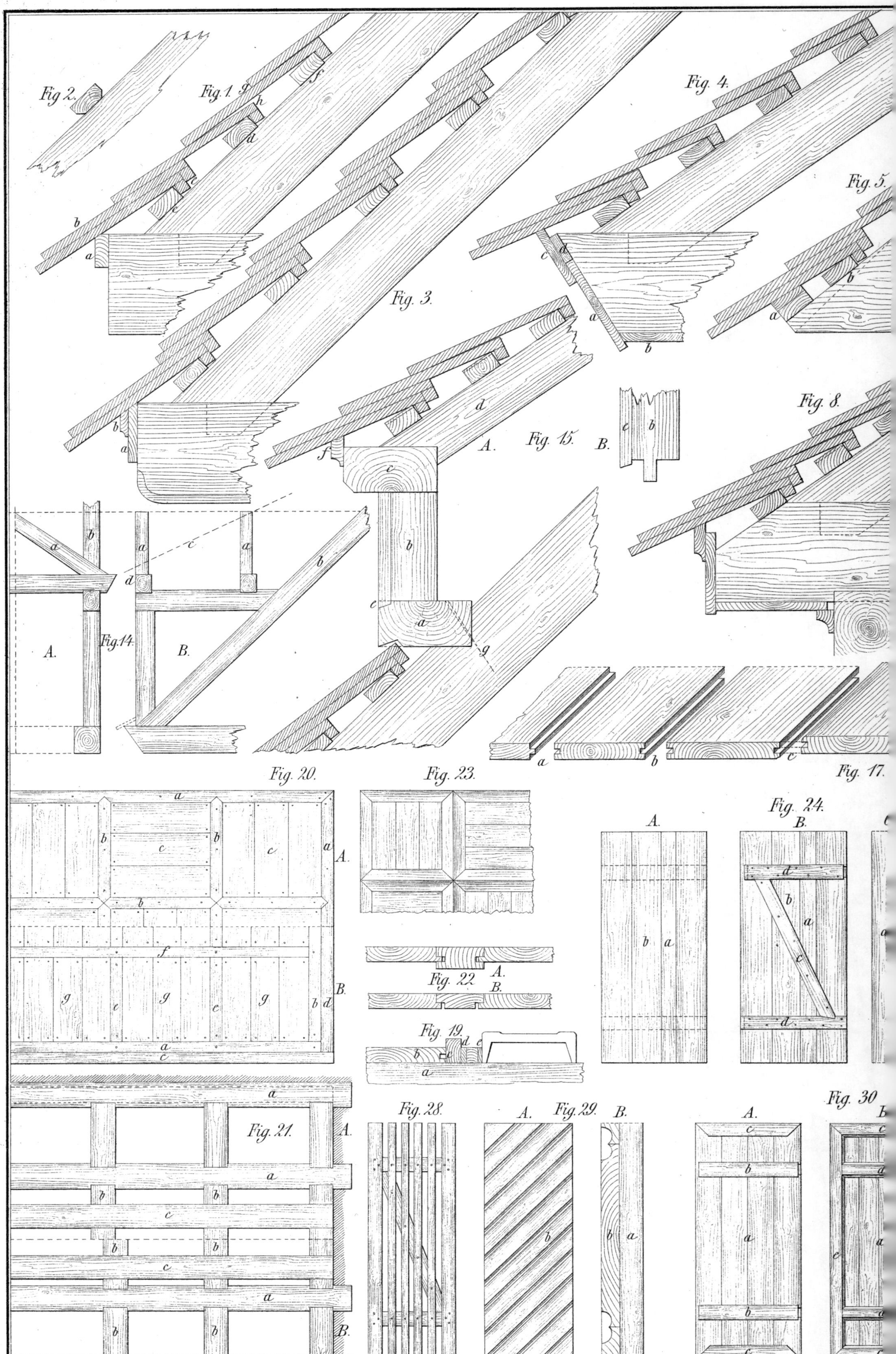

Grellmann's Lehrbuch d. pract. Zimmerkunst.

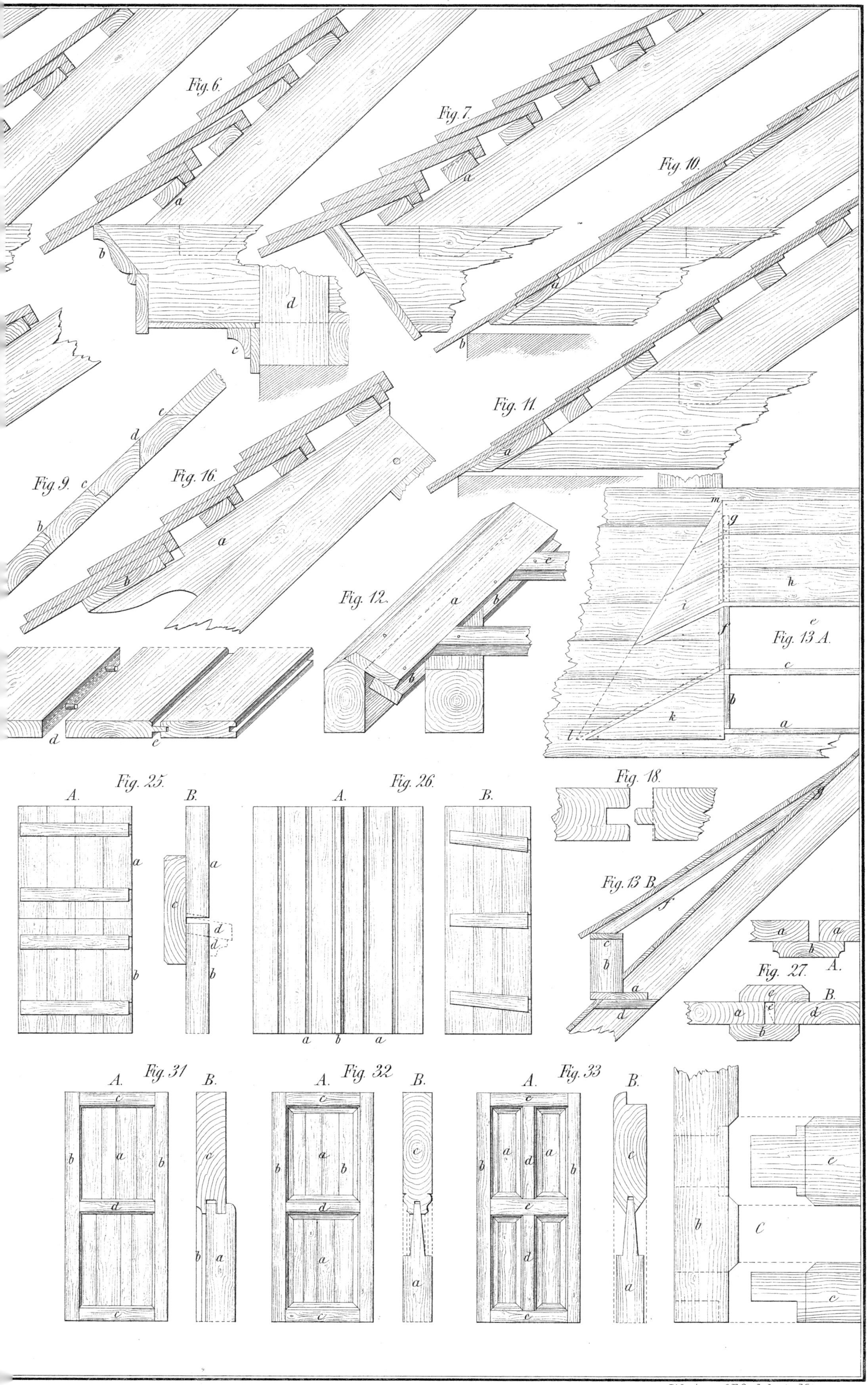

Lith. Anst. v. C. F. Goedsche in Meissen.

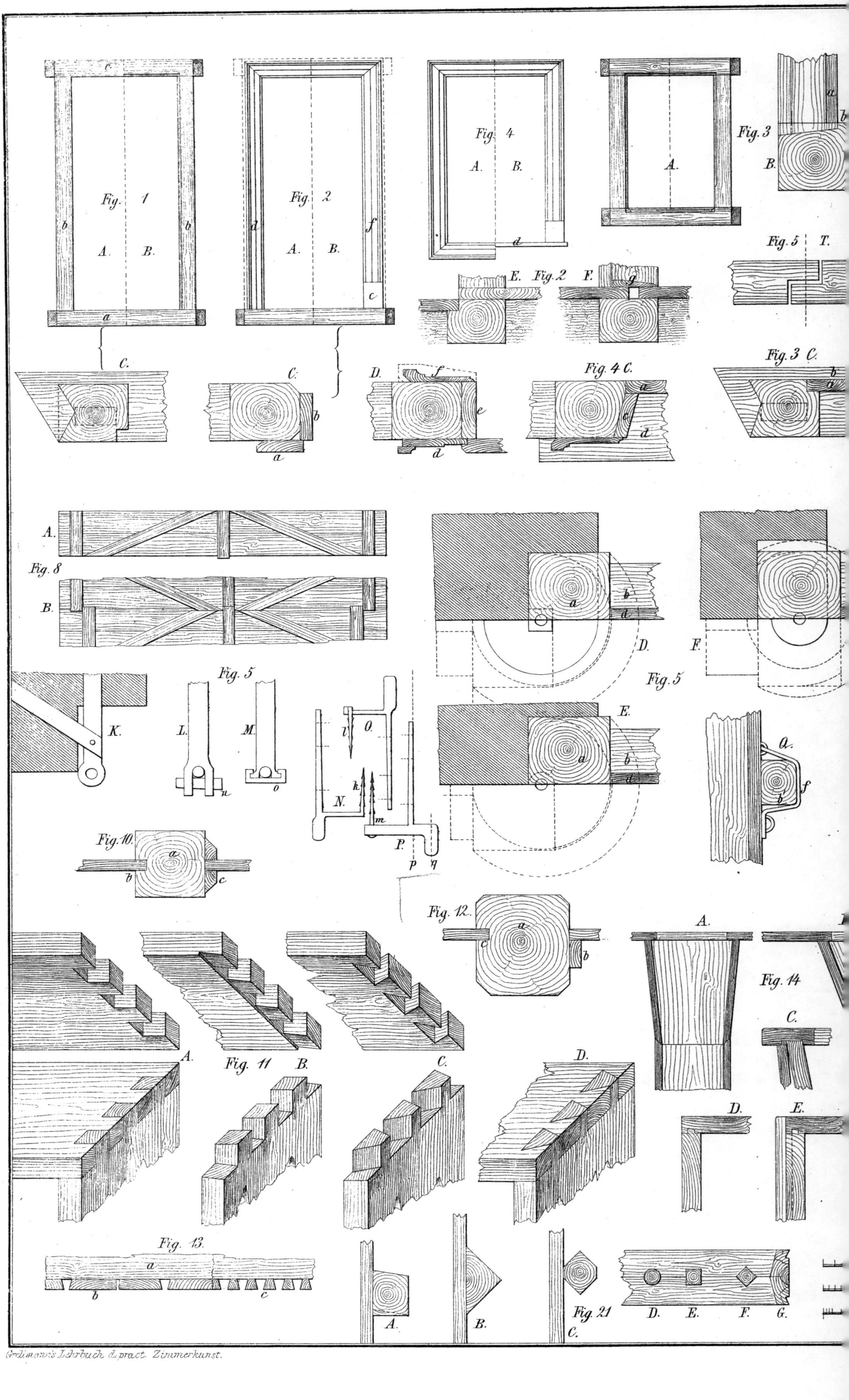
Fig. 1
Fig. 2
Fig. 4
Fig. 3
Fig. 5
Fig. 2
Fig. 3 C.
Fig. 4 C.
Fig. 8
Fig. 5
Fig. 5
Fig. 10.
Fig. 12.
Fig. 14
Fig. 11
Fig. 13.
Fig. 21

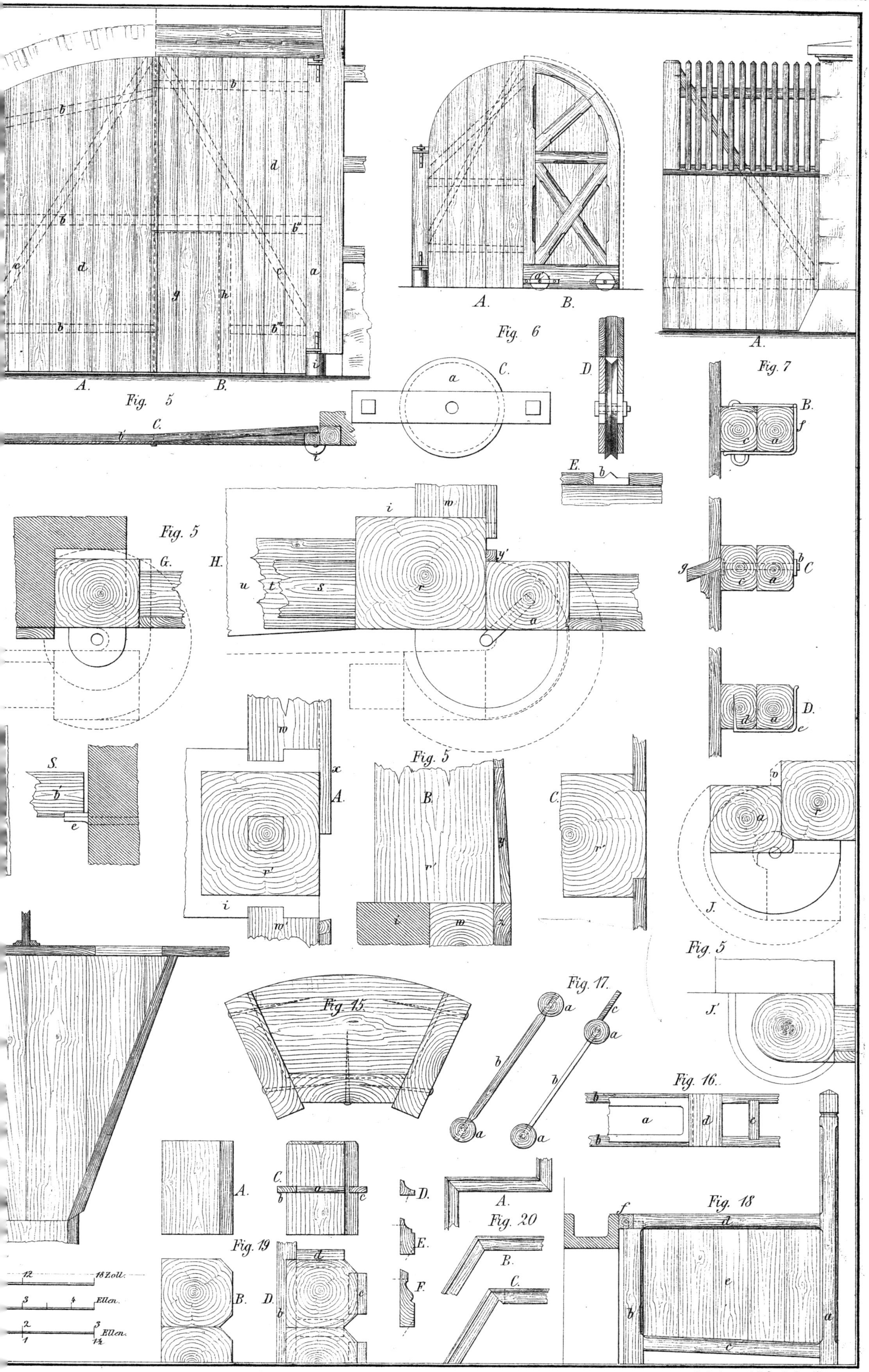

Fig. 5
A.
B.
C.
Fig. 6
A.
B.
C.
D.
E.
Fig. 7
A.
B.
C.
D.
Fig. 5
G.
H.
S.
A.
B.
C.
J.
J.'
Fig. 15.
Fig. 16.
Fig. 17.
Fig. 18.
Fig. 19
Fig. 20
D.
E.
F.
12
18 Zoll.
3
4
Ellen.
2
3
Ellen.
1
1½

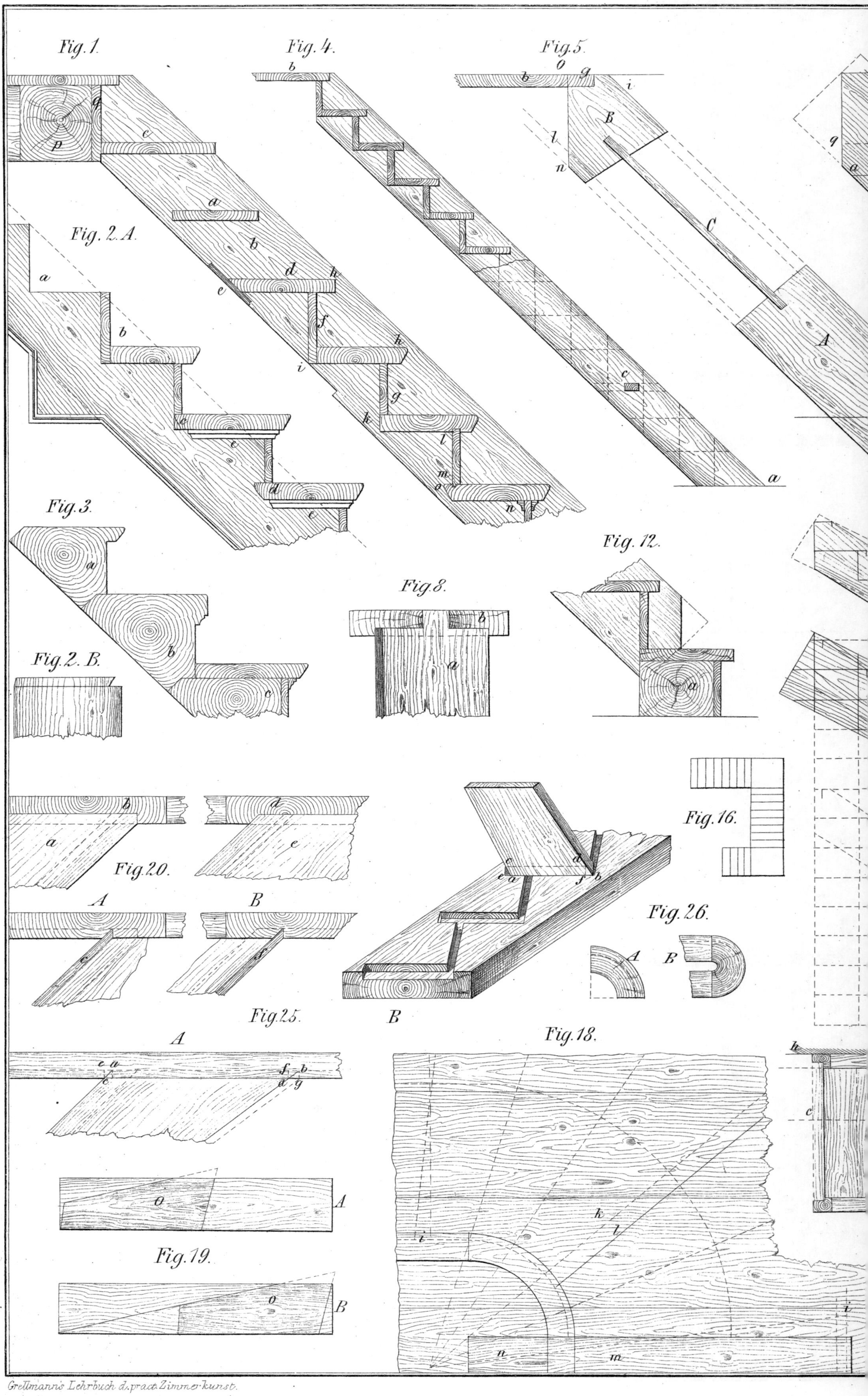
Fig. 1.
Fig. 4.
Fig. 5.
Fig. 2. A.
Fig. 3.
Fig. 12.
Fig. 8.
Fig. 2. B.
Fig. 16.
Fig. 20.
A
B
Fig. 26.
Fig. 25.
B
A
Fig. 18.
A
Fig. 19.
B

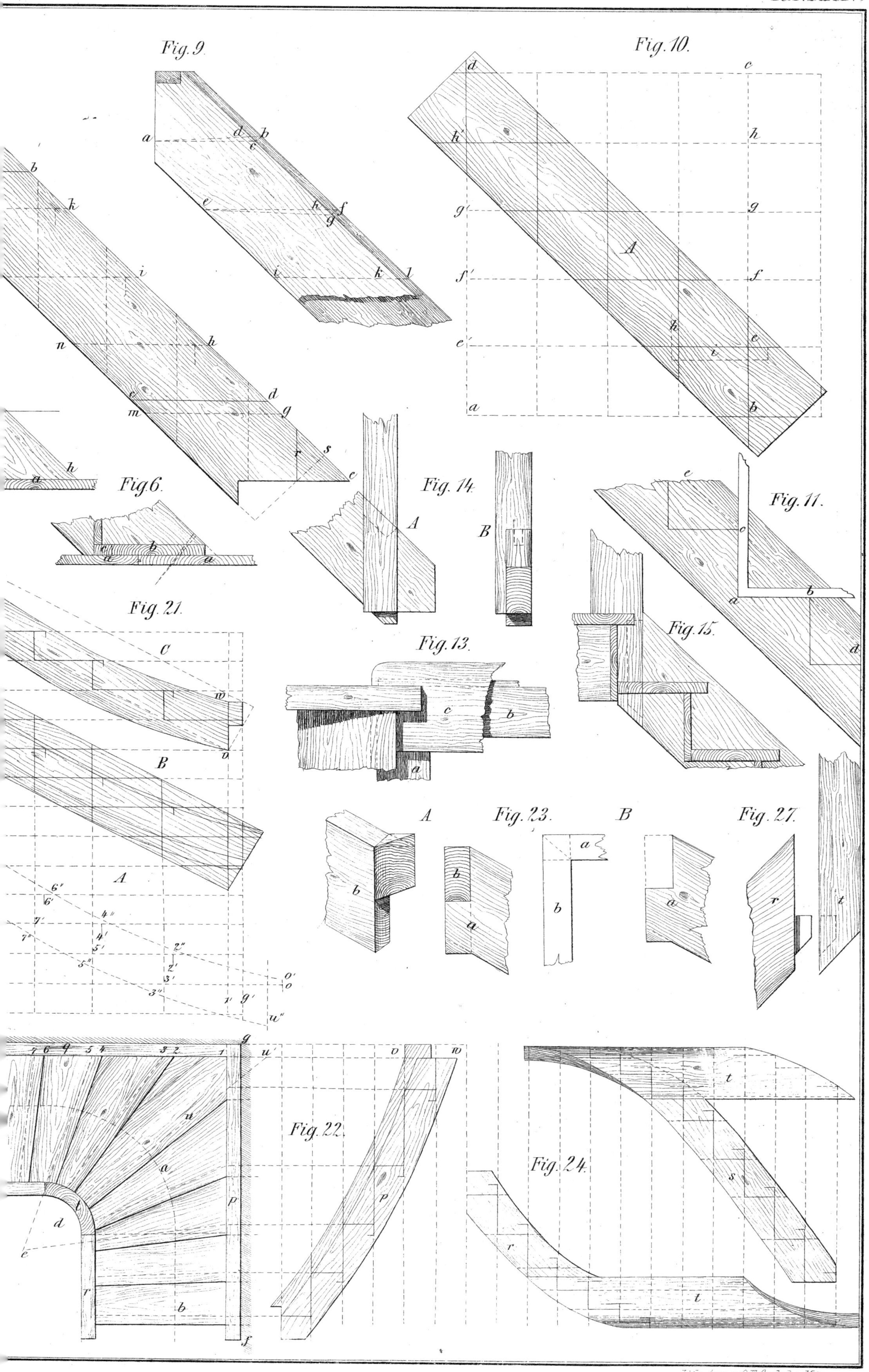
Fig. 9.
Fig. 10.
Fig. 6.
Fig. 14.
Fig. 11.
Fig. 15.
Fig. 13.
Fig. 21.
Fig. 23.
Fig. 27.
Fig. 22.
Fig. 24.

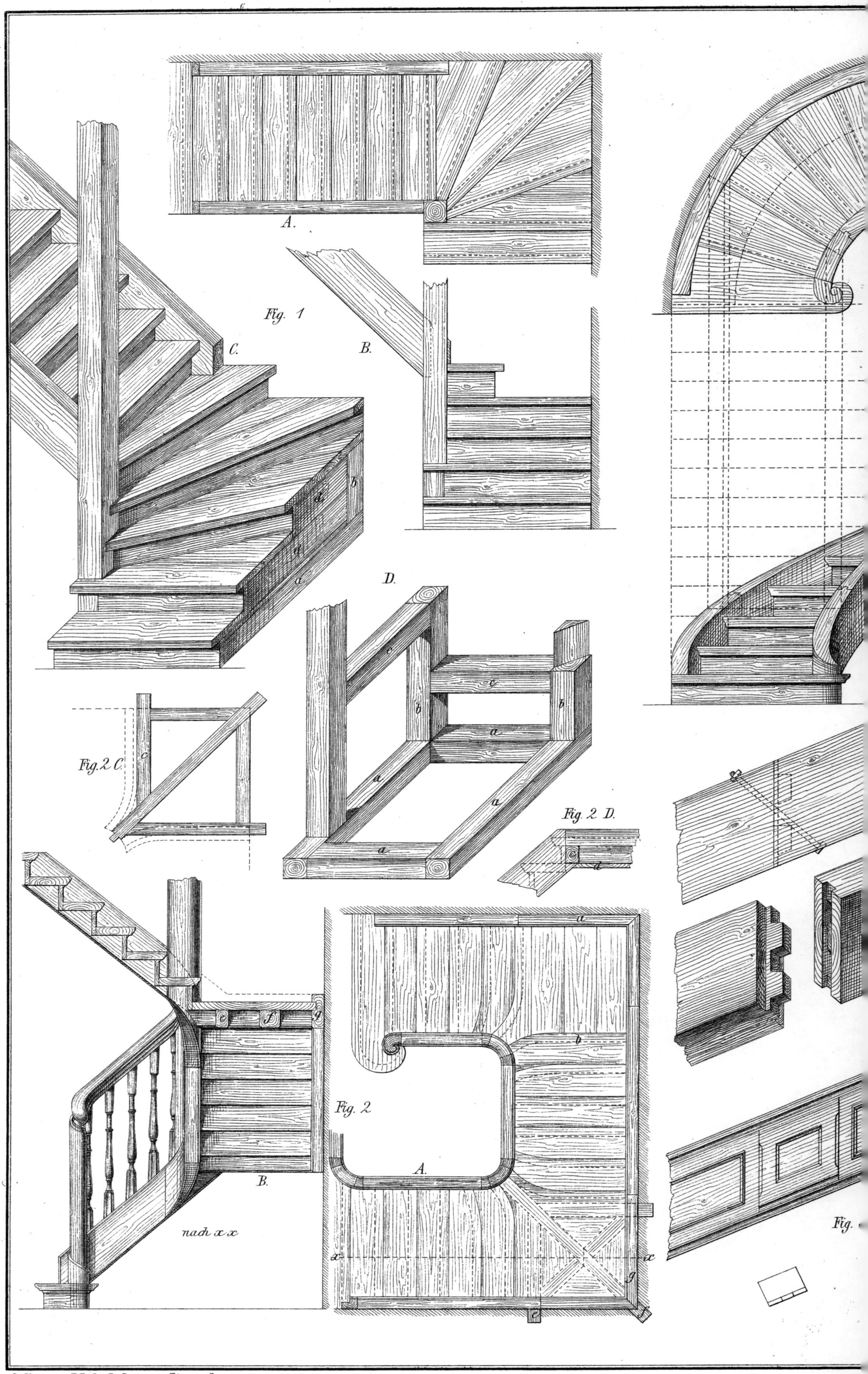
A.
Fig. 1
C.
B.
D.
Fig. 2 C.
Fig. 2 D.
Fig. 2
A.
B.
nach x x
Fig.

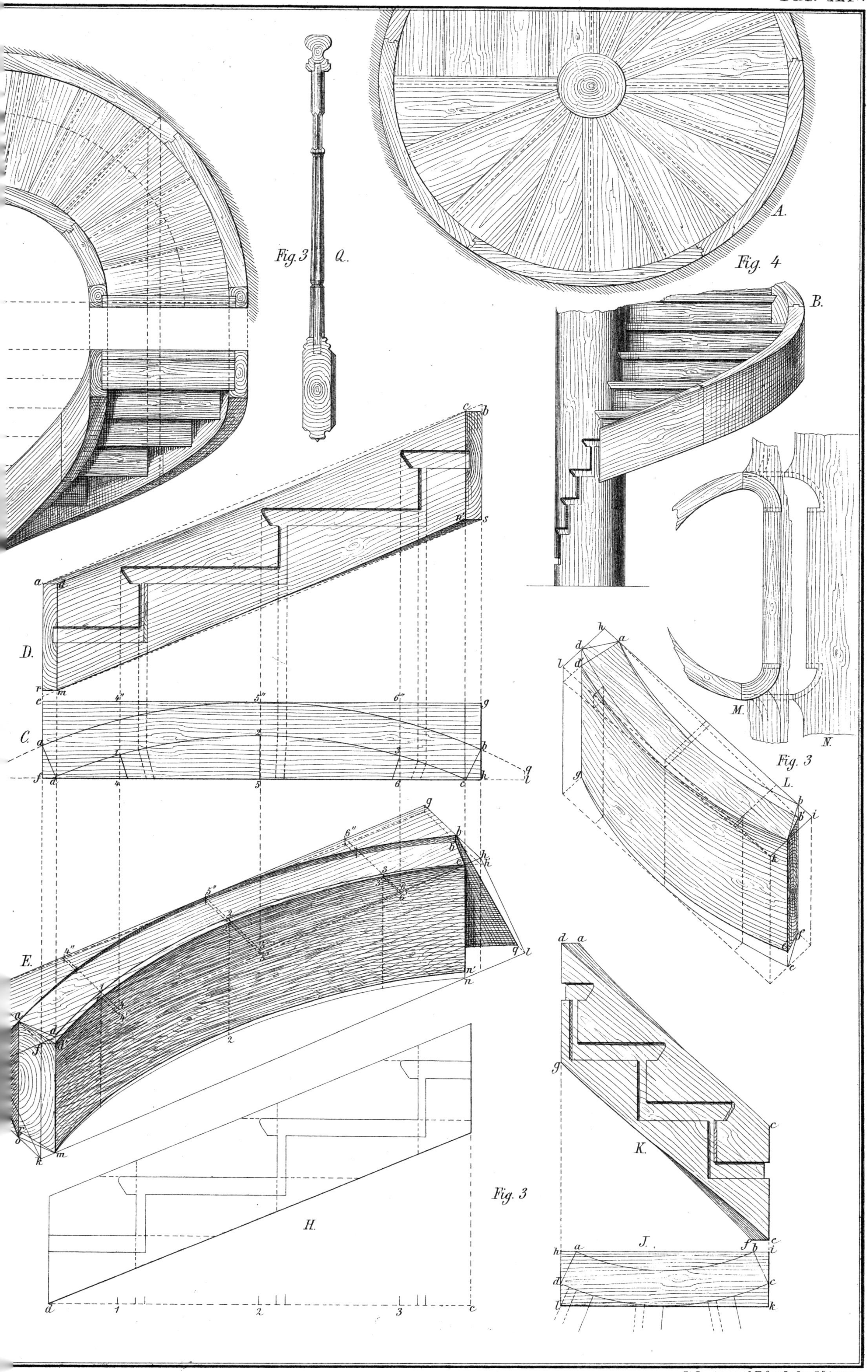

lith. Anst. v. O. F. Goedsche, Meissen.

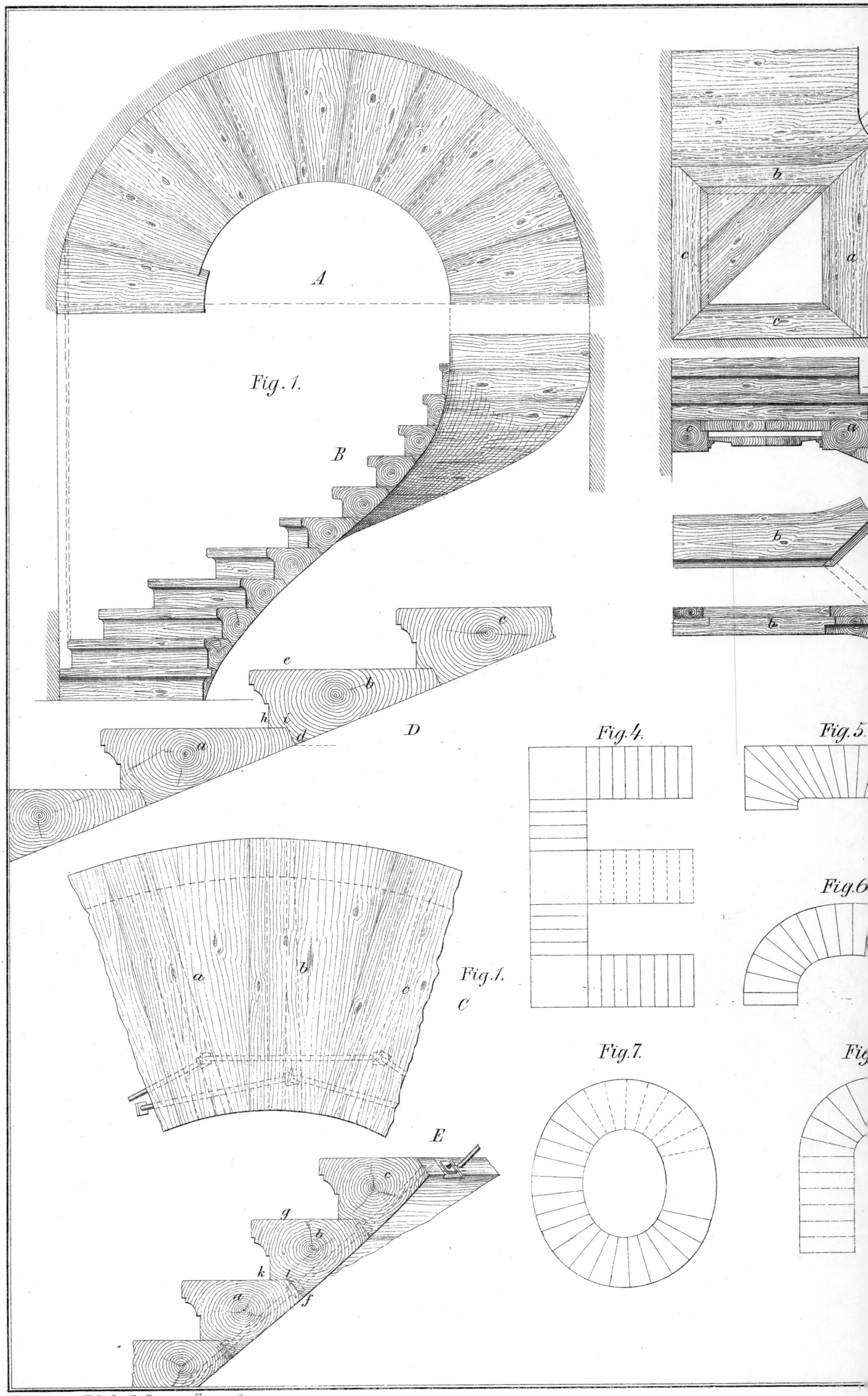
A
Fig. 1.
B
D
Fig. 1.
C
E
Fig. 4.
Fig. 5.
Fig. 6
Fig. 7.

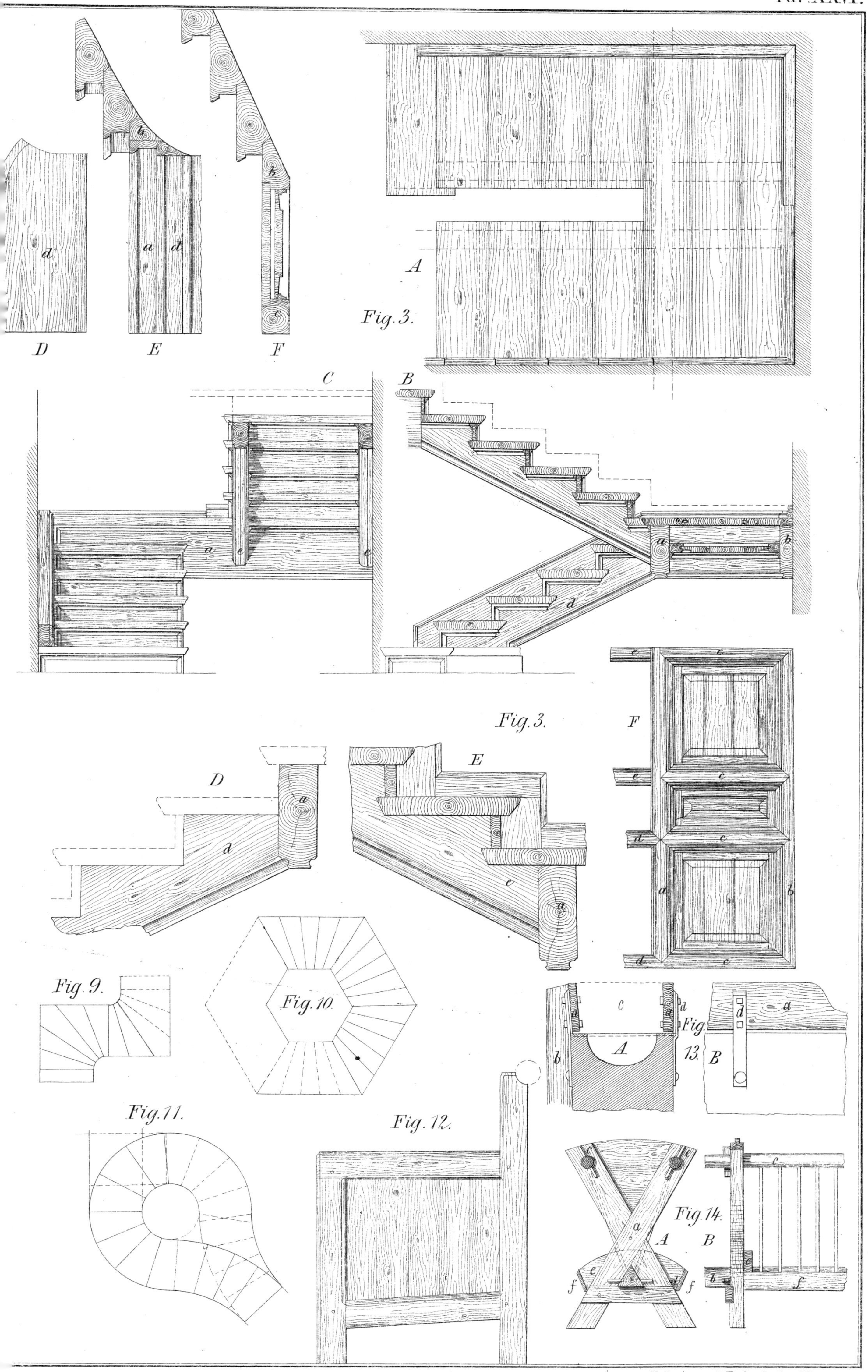

Lith. Anst. v. O. F. Goedsche, Meissen.

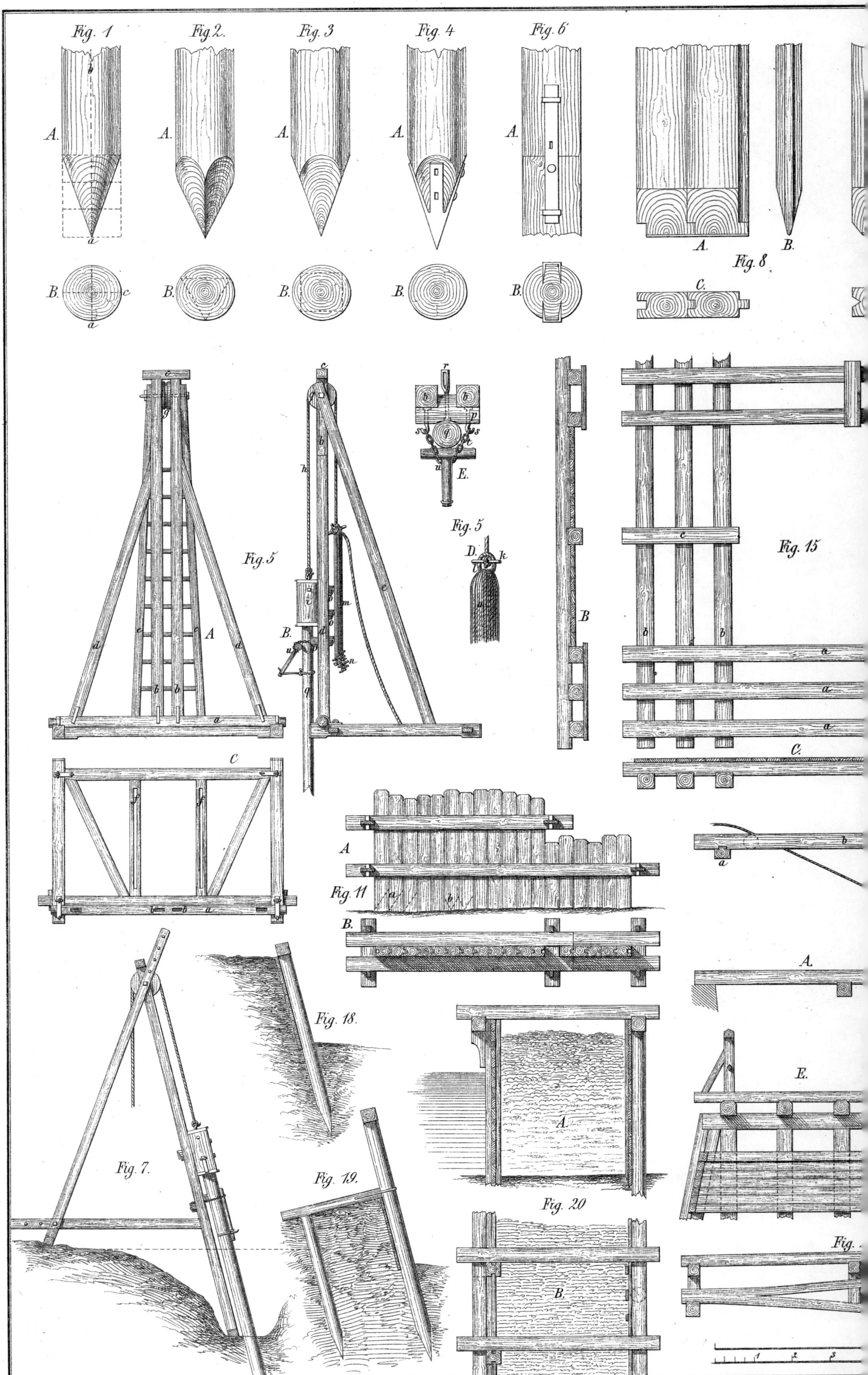
Fig. 1
Fig. 2.
Fig. 3
Fig. 4
Fig. 6
Fig. 8
Fig. 5
Fig. 5
Fig. 15
Fig. 11
Fig. 18.
Fig. 7.
Fig. 19.
Fig. 20

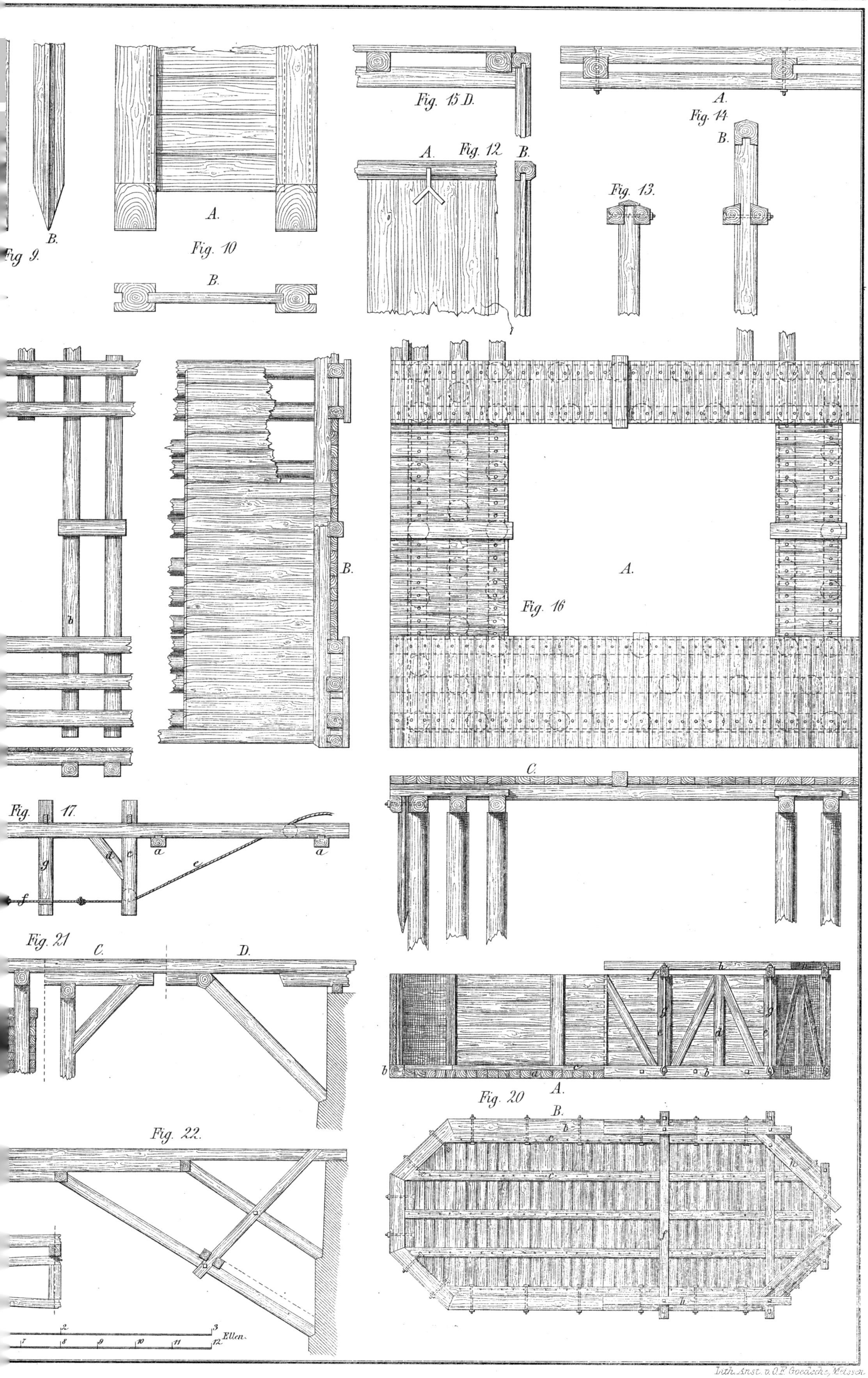

Lith. Anst. v. C.F. Goedsche, Meissen.

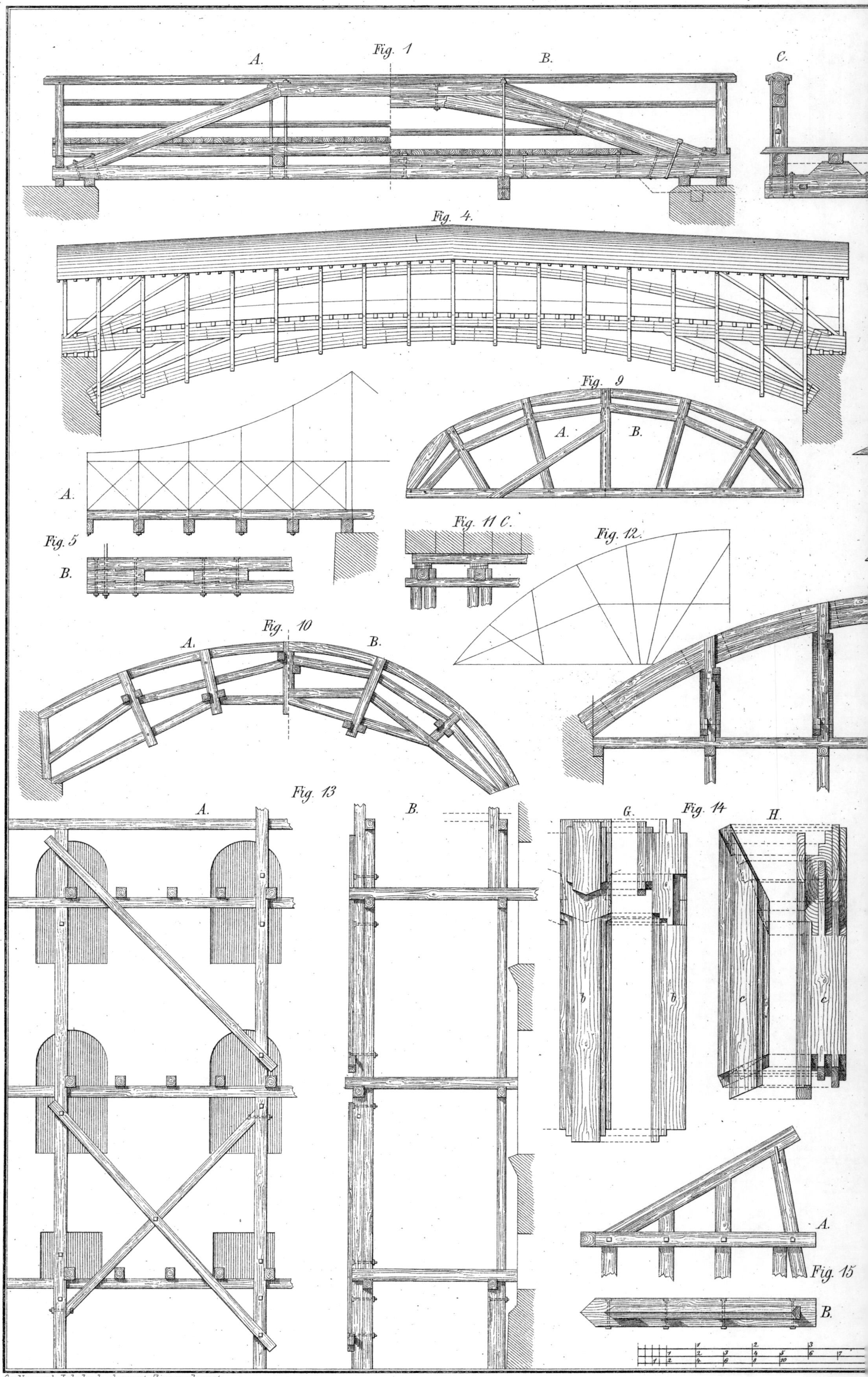

Grellmann's Lehrbuch d. pract. Zimmerkunst.

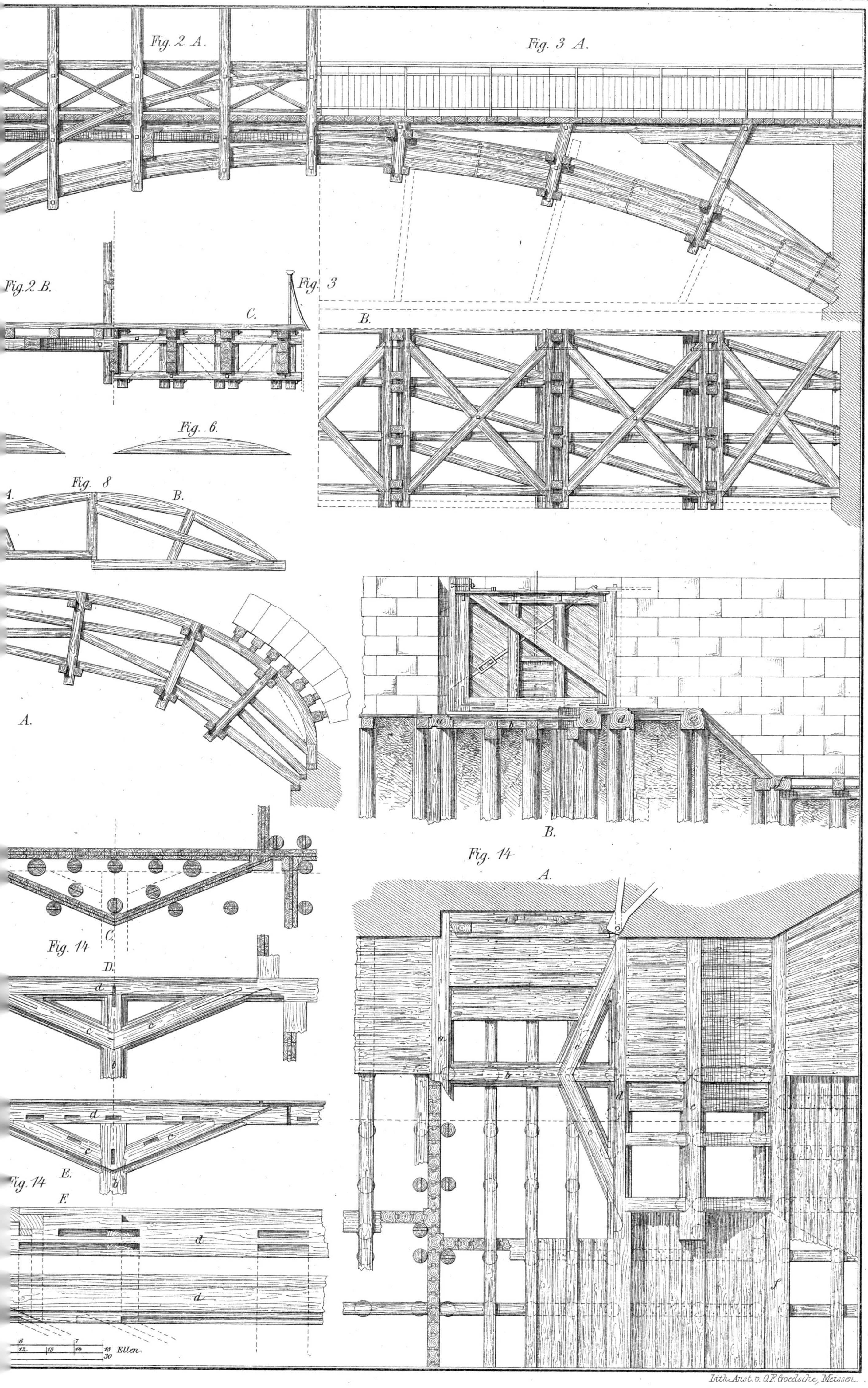

Lith. Anst. v. C.F. Goedsche, Meissen.